JINSHU QIEXIAOYE
PEIFANG
YU
ZHIBEI SHOUCE

金属切削液
配方与制备手册

李东光　主编

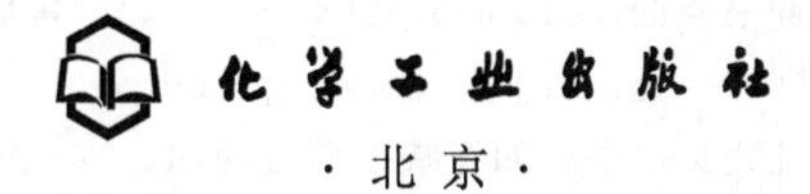

·北京·

内容简介

《金属切削液配方与制备手册》精选近年来380余种金属切削液制备实例，包括油基金属切削液和水基金属切削液，详细介绍了各个原料的配比示例、具体制备方法、产品的优良特性等内容。

本手册可供金属切削液研发、生产、应用的人员和精细化工相关专业的师生使用。

图书在版编目（CIP）数据

金属切削液配方与制备手册 / 李东光主编. -- 北京 : 化学工业出版社, 2025. 1. -- ISBN 978-7-122-46606-8

Ⅰ. TG501. 5-62

中国国家版本馆CIP数据核字第2024XM0344号

责任编辑：张　艳　　　　文字编辑：姚子丽　师明远

责任校对：李雨晴　　　　装帧设计：王晓宇

出版发行：化学工业出版社

（北京市东城区青年湖南街13号　邮政编码100011）

印　　装：北京建宏印刷有限公司

787mm×1092mm　1/16　印张22¼　字数622千字

2025年1月北京第1版第1次印刷

购书咨询：010-64518888　　　售后服务：010-64518899

网　　址：http://www.cip.com.cn

凡购买本书，如有缺损质量问题，本社销售中心负责调换。

定　　价：198.00元

前言
PREFACE

切削液是一种用在金属切、削、磨加工过程中，用来冷却和润滑刀具和加工件的工业用液体，是金属切削加工的重要配套材料。切削液具有冷却、润滑、清洗、防锈四大功能。

金属切削是机械工程加工零部件的主要手段，特别是高精度金属零件，在金属加工过程中，如果在机床精度、工件材质、刀具材质、加工条件、工人技术水平等条件相同的条件下，合理选择金属切削液，对减少摩擦，改善散热条件，降低加工区域温度，延长刀具、砂轮的使用寿命，提高工件精度，降低工件表面粗糙度从而降低切削液使用成本和提高企业经济效益具有十分重要的作用。

切削液的品种繁多、作用各异，分为油基切削液和水基切削液两大类。

油基切削液分为：非活性型（矿物油、动物油、植物油＋活性极压剂＋油性剂）；活性型（矿物油＋活性极压剂＋油性剂）。

水基切削液分为：乳化油型（矿物油＋表面活性剂＋乳化剂＋极压剂或油性剂＋防锈剂）；合成液型（不含矿物油和动植物油，只含大量表面活性剂＋极压剂＋油性剂＋防锈剂等）；半合成液型（含少量矿物油＋表面活性剂＋极压剂＋油性剂＋防锈剂）；化学溶液型（无机盐类、有机胺＋表面活性剂等）。

油基金属切削液的优点：

（1）在机械加工中质量稳定，使用寿命长，并能再生利用。

（2）具有良好的润滑性。在用高速钢刀具切削而且切削速度较慢时可延长刀具寿命，降低工件表面粗糙度。

（3）除偶尔需要过滤外，不需要多花费混合及维护费用。

（4）不受细菌侵蚀影响，几乎不会引起皮肤病，使用中混入其他润滑油除了会降低添加剂浓度外，无其他不良影响。

其缺点是：冷却性差，而且高温下易挥发产生油雾污染环境，必须安装排油污设备，甚至有引起火灾的危险。

水基金属切削液的优点：冷却效果好，克服了使用切削油冒烟、易燃以及加工后黏附于金属表面上的油脂难以清洗的弊病，综合使用成本低。良好的产品均具有冷却、润滑、清洗、防锈四大功能。

其缺点是：因为是用水作稀释剂，故容易使机床和被切削金属材料生锈；若与机床上的其他润滑油混合，就会使润滑油的润滑能力变差，从而降低机床寿命和破坏自身的使用性能。此外，水基切削液容易受细菌和霉菌的影响而变质，降低有效使用期限。在水基切削液中含油的乳化液由于稳定性较全化学合成切削液差，使用寿命一般较短。

使用切削液的主要目的是减少切削能耗，及时带走切削区内产生的热量以降低切削温度，减少刀具与工件间的摩擦和磨损，提高刀具使用寿命，保证工件加工精度和表面质量，提高加工效率，达到最佳经济效果。切削液在加工过程中的这些效果主要来源于其润滑作用、冷却作用、清洗作用和防锈作用。

切削液选用时，应根据加工的工件材质（碳钢、铸铁、铜、铝合金、镁铝合金、耐热合金、不锈钢、镍合金、钛合金等）、刀具材料（高速钢刀具、硬质合金钢刀具）、切削条件（切削速度、进给量、切削深度）、加工方式（车削、铣削、刨削、铰削、镗削、钻削、磨削、攻螺纹、拉削、滚齿、剃齿等）和机床种类（国产一般机床、数控机床、加工中心等）等具体应用条件的不同，对切削液的冷却、润滑、清洗、防锈四个功能的要求有所侧重，只有具有很强的针对性才能达到最佳的使用效果，性价比方可达到极致。

近年来，我国的切削液技术发展很快，切削液新品种不断出现，性能也不断改进和完善，特别是水基合成切削液和半合成切削液（微乳化切削液）在生产中的推广和应用，为机械加工向节能、减少环境污染、降低工业生产成本方向发展开辟了新路径。

为了满足读者需要，我们编写了这本《金属切削液配方与制备手册》，书中收集了大量的、新颖的配方与工艺，旨在为读者提供实用的、可操作的实例，方便读者使用。

本书的配方以质量份表示，在配方中有注明以体积份表示的情况下，需注意质量份与体积份的对应关系，例如质量份以 g 为单位时，对应的体积份是 mL，质量份以 kg 为单位时，对应的体积份是 L，以此类推。

需要请读者们注意的是，我们没有也不可能对每个配方进行逐一验证，所以读者在参考本书进行试验时，应根据自己的实际情况本着先小试后中试再放大的原则，小试产品合格后才能往下一步进行，以免造成不必要的损失。

本书由李东光主编，参加编写的还有翟怀凤、李桂芝、吴宪民、吴慧芳、李嘉、蒋永波、邢胜利等同志，由于编者水平有限，书中难免有错漏之处，请读者在使用时及时指正。主编联系方式 ldguang@163.com。

主编

2024 年 10 月

目录

CONTENTS

配方 1 半合成不锈钢切削液

原料配比

原料		配比（质量份）				
		1#	2#	3#	4#	5#
基础油	环烷基基础油	25	—	—	—	—
	石蜡基基础油	—	20	—	—	—
	植物油	—	—	—	10	—
	合成酯类油	—	—	—	—	30
	聚 α-烯烃	—	—	15	—	—
活性硫极压剂	硫化烯烃	3	—	—	—	4
	硫化烯烃棉籽油	—	8	—	7	—
	硫化脂肪酸酯	—	—	5	—	—
非活性硫极压剂	硫化猪油	10	—	—	5	—
	硫化脂肪酸	—	6	8	—	—
	硫化甘油三酯	—	—	—	—	10
磷酸酯极压剂	三辛基亚磷酸酯	4	—	—	—	—
	亚磷酸二正丁酯	—	—	—	5	—
	异构十三醇醚磷酸酯	—	5	—	—	—
	十二烷基磷酸酯	—	—	8	—	—
	磷酸三甲酚酯	—	—	—	—	5
聚合脂肪酸酯	聚合脂肪酸酯（分子量 1000）	8	—	—	—	—
	聚合脂肪酸酯（分子量 7500）	—	15	—	—	—
	聚合脂肪酸酯（分子量 3200）	—	—	10	—	—
	聚合脂肪酸酯（分子量 5000）	—	—	—	10	—
	聚合脂肪酸酯（分子量 10000）	—	—	—	—	10
低碱值磺酸钙防锈剂	总碱值（以 KOH 计）为 15～60mg/g 的石油磺酸钙	3	—	3	3.5	—
	总碱值（以 KOH 计）为 15～60mg/g 的合成烷基苯磺酸钙	—	4	2	—	3
乳化剂	烷基磺酸钠	—	5	—	4	4
	脂肪醇聚氧乙烯醚	5	—	5	—	—
	脂肪酸聚氧乙烯酯	—	10	8	—	4
	脂肪酸烷基醇酰胺	6	—	—	6	—
异构醇耦合剂	异辛醇	3	—	—	—	—
	异构十六醇	—	1.5	—	—	—
	异构二十醇	—	—	0.5	—	—
	异构十三醇	—	—	—	2.5	—
	异构十八醇	—	—	—	—	2
pH 值稳定剂	2-氨基-2-甲基-1-丙醇（AMP-95）	—	—	8	—	—

续表

原料		配比（质量份）				
		1#	2#	3#	4#	5#
pH值稳定剂	三乙醇胺	15	—	—	—	—
	二甘醇胺	—	10	—	—	—
	甲基二乙醇胺	—	—	—	—	14
	异丁基二乙醇胺	—	—	—	5	—
杀菌剂	异噻唑啉酮	1	2.5	3	2.5	0.5
有机硅消泡剂	乳化硅油	1	—	—	—	—
	甲基硅油	—	0.5	—	—	1.5
	乙基硅油	—	—	2	—	—
	聚醚改性有机硅消泡剂	—	—	—	1	—
蒸馏水		20	20.5	15	25	30

[制备方法]

(1) 称取蒸馏水放入搅拌反应釜中，依次加入pH值稳定剂、异噻唑啉酮类杀菌剂、乳化剂，搅拌0.5～1h至混合均匀形成透明溶液；

(2) 向步骤 (1) 所得透明溶液中依次加入基础油、异构醇耦合剂、活性硫极压剂、非活性硫极压剂、磷酸酯极压剂、聚合脂肪酸酯、低碱值磺酸钙防锈剂、有机硅消泡剂，搅拌1～2h至混合均匀形成半透明液体，即得。

[原料介绍]

所述基础油选自石蜡基基础油、环烷基基础油、聚α-烯烃、植物油、合成酯类油。

所述活性硫极压剂选自硫化烯烃、硫化烯烃棉籽油、硫化脂肪酸酯中的至少一种。

所述非活性硫极压剂选自硫化甘油三酯、硫化脂肪酸、硫化猪油中的至少一种。

所述磷酸酯极压剂选自磷酸三甲酚酯、亚磷酸二正丁酯、三辛基亚磷酸酯、碳原子数为8～20的烷基磷酸酯、脂肪醇聚氧乙烯醚磷酸酯中的至少一种。所述的碳原子数为8～20的烷基磷酸酯选自异构十三醇醚磷酸酯、十二烷基磷酸酯、正辛基磷酸酯、异辛基磷酸酯、正癸基磷酸酯、十六烷基磷酸酯、十八烷基磷酸酯、十八烯基磷酸酯中的至少一种。

所述聚合脂肪酸酯为碳原子数为8～20脂肪酸与多元醇酯化形成的分子量在1000～10000的聚合体。

所述低碱值磺酸钙防锈剂选自总碱值（以KOH计）为15～60mg/g的石油磺酸钙、总碱值（以KOH计）为15～60mg/g的合成烷基苯磺酸钙中的至少一种。

所述乳化剂选自脂肪醇聚氧乙烯醚、脂肪酸聚氧乙烯酯、脂肪酸烷基醇酰胺、碳原子数为8～20的脂肪酸、烷基磺酸钠、烷基苯磺酸钠中的至少一种。所述的碳原子数为8～20的脂肪酸选自正癸酸、月桂酸、椰油酸、硬脂酸、异硬脂酸、油酸、蓖麻油脂肪酸、氢化蓖麻油脂肪酸中的至少一种。

所述异构醇耦合剂选自异构十三醇、异辛醇、异壬醇、异癸醇、异构二十醇、异构十六醇、异构十八醇中的至少一种。

所述pH值稳定剂选自烷基醇胺中的至少一种，具体选自一乙醇胺、一异丙醇胺、三乙醇胺、三异丙醇胺、甲基二乙醇胺、2-氨基-2-甲基-1-丙醇、正丁基二乙醇胺、异丁基二乙醇胺、二甘醇胺中的至少一种。

所述杀菌剂为异噻唑啉酮。

所述有机硅消泡剂选自甲基硅油、乙基硅油、乳化硅油、聚醚改性有机硅消泡剂中的至少一种。

[产品特性]

(1) 本品使用基础油和聚合脂肪酸酯作为不锈钢切削低温阶段的润滑主体，基础油与聚合脂肪酸酯极性分子吸附在刀具与不锈钢表面，形成具有一定强度的润滑层，阻止刀具与工件的直接接触，从而实现润滑减磨的作用。

（2）本品采用活性硫极压剂、非活性硫极压剂与磷酸酯极压剂的复配来解决不锈钢切削中温至高温阶段的润滑要求。随着不锈钢加工的继续进行，加工区域的温度升高（300～400℃），导致润滑层破裂，边界润滑失效，此时极压剂与工件表面发生化学反应产生化学膜，阻止刀具与工件直接接触。不同类型的极压剂具有不同的发挥极压润滑效果的温度范围，磷酸酯类极压剂的作用温度在300～700℃，活性硫极压剂为600～900℃，非活性硫极压剂为800℃以上。因此通过这三种极压剂的合理复配，在中温至高温的广泛温度范围内，切削液均能稳定地发挥极压润滑性能，从而达到良好的加工表面质量并减少刀具磨损、延长刀具寿命。

（3）本品具有优良的润滑极压性能与冷却性能，可有效解决不锈钢加工过程中出现的刀具寿命短、加工工件表面质量不良的问题，且不含甲醛释放型杀菌剂与氯化石蜡，对人体健康无影响。

配方 2 半合成切削液（1）

原料配比

原料		配比（质量份）	
		1#	2#
基础油		30	20
乳化剂	妥尔油	5	6
	菜籽油酰胺	8	8
	异构十三醇聚氧乙烯醚	2	1.5
	四聚蓖麻油酸酯	6	6
调节剂	二聚酸	2	2
防锈剂	硼酸酯	7	7
极压剂	聚酯极压剂	5	7
	硫化极压剂	0.5	1
抗硬水剂	CBJ	1	1
稳定剂	二丙二醇丁醚	1	1.5
杀菌剂		5	5
消泡剂		0.1	0.1
含钙化合物	磺酸钙	0.5	—
	醋酸钙	—	0.5
水		26.9	33.4

制备方法 将各组分原料混合均匀即可。

原料介绍

所述的基础油选自矿物油、石蜡基基础油、环烷基基础油、植物油或者其他合成基础油。基础油在金属切削的过程中主要起到润滑和冷却的作用。上述各种基础油或者多种混合的基础油均能起到良好的润滑、冷却作用。其中，矿物油的成本低、黏度低，在半合成切削液中的应用较为广泛。环烷基基础油是经原油提炼而成、以环烷烃为主要成分的矿物油，其润滑效果、冷却效果以及耐用性良好。

所述乳化剂包括2～8份的妥尔油、2～12份的菜籽油酰胺、0.5～5份的异构十三醇聚氧乙烯醚以及3～10份的四聚蓖麻油酸酯。所述妥尔油中的树脂酸含量为25%～30%。乳化剂是能促使两种互不相溶的液体，例如油和水，形成稳定乳浊液的表面活性剂。乳化剂能降低分散相的表面张力，在微滴表面形成薄膜或双电层，不使微滴相互凝聚，而充分分散于介质中形成乳浊液。妥尔油作为水性金属加工液的非离子乳化剂，具有相容性好、乳化速度快的特点。妥尔油中松香皂在金属加工中除作乳化剂外，还可以作为良好的润滑剂和分散剂，改善了单纯用脂肪酸皂切削液的性能。妥尔油还能起到润滑的效果。菜籽油酰胺具有良好的防锈以及乳化性能。异构十三醇聚氧乙烯醚具备良好的乳化性能，可以降低油-水界面张力和减少形成乳液所需要的能量，从而提高了乳液的能量。四聚蓖麻油酸酯具有良好的润滑及乳化效果。乳化剂包括上述四种物质，这使得半合成切削液的乳化效果更加良好，水和油的分散更为均匀。

所述极压剂包括3～10份的聚酯极压剂，所述聚酯极压剂由聚醚酯和长链脂肪酸酯为支链交错组成。还包括0.1～3份的硫化极压剂，所述硫化极压剂为硫化油脂或烷基多硫化物。所述的硫化油脂包括硫化猪油、硫化棉籽油、硫化烯烃棉籽油、硫化脂肪酸酯、硫化异丁烯等中的一种或者多种的混合物。所述的烷基多硫化物包括二烷基多硫化物、二叔十二烷基多硫化物等。极压剂是在设定温度的边界润滑条件下能与金属表面形成高熔点化学反应膜，在基础油失效情况下还能起润滑作用的添加剂。极压剂能够有效地拓宽半合成切削液的润滑温度范围。半合成切削液包括上述两种极压剂。二者的协同作用进一步拓宽了半合成切削液的润滑温度范围。在50～400℃使用范围内，半合成切削液均可保持较低的摩擦系数，具备高效润滑性。

所述杀菌剂包括三嗪类杀菌剂、吗啉类杀菌剂和1,2-苯并异噻唑啉-3-酮（BIT）类杀菌剂中的至少一种，能够有效地抑制半合成切削液中细菌、真菌和藻类的生长，提高了半合成切削液的耐用性。

合成切削液中含有表面活性剂，例如乳化剂等，在进行切削等作业时，表面活性剂容易在气-液界面发生正吸附，从而形成泡沫，影响润滑作用。消泡剂能够有效地抑制泡沫的形成。普通的消泡剂在切削等作业的初期能够有效地抑制泡沫的形成。然而，在后期消泡剂逐渐失效，消泡作用大大降低。本品所述消泡剂为改性硅氧烷类消泡剂。硅氧烷通过聚醚进行改性处理，形成聚醚-硅氧烷共聚物。该类消泡剂能够抑制初期以及后期形成的泡沫，延长了半合成切削液的使用寿命。

所述含钙化合物包括醋酸钙和磺酸钙中的至少一种。这种物质能够提升水质的硬度，这样从配方体系上减少泡沫的产生。含钙化合物能够有效地减少半合成切削液在使用时形成的泡沫的量。此外，半合成切削液中含有抗硬水剂CBJ，这使得体系水质硬度始终维持在一定范围内，从而能够更有效地抑制泡沫的形成。此外，抗硬水剂CBJ，能够降低加工过程中钙、镁元素的聚集，防止半合成切削液出现皂化现象，影响半合成切削液的性能。

防锈剂能够有效地防止加工设备、工件等生锈。硼酸酯的防锈效果良好，并且能够均匀地分散在基础油、水等成分中。稳定剂能够提高半合成切削液的稳定性、耐用性。所述稳定剂包括二丙二醇丁醚。

［产品特性］

（1）该半合成切削液使用的温度范围广。

（2）本品在金属切削加工过程中起到了润滑的作用，可改善工件的加工性能。并且，该半合成切削液对刀具的磨损小，附着能力强，从而减小了磨削力与摩擦热，提高了工件表面的质量。

（3）该半合成切削液的冷却效果良好，能够显著提高刀具的耐用性。

（4）该半合成切削液具有很好的渗透性能，可在工件表面形成一层薄膜，从而阻止油泥和颗粒附着在刀具和工件上，这样可以保持刀具清洁，延长了使用周期。

（5）该半合成切削液具有良好的防锈作用，可以保证工件在存放过程中的质量。

配方 3 半合成切削液（2）

［原料配比］

原料		配比（质量份）			
		1#	2#	3#	4#
水性防锈剂	硼酸	2	3	3	3
	730三元酸	2	3	3	3
	新癸酸	2	4	3	3

续表

原料		配比（质量份）			
		1#	2#	3#	4#
碱缓冲剂	一乙醇胺	3	4	3	3
	三乙醇胺	3	4	3	3
去离子水		20+32	20+36	20+34	20+34
特种胺	AMP-95	1	3	2	2
乳化剂	沙索 RT64	6	8	7	7
助乳化剂	M28B 妥尔油脂肪酸	1	2	1	1
抗硬水剂	沙索 4570LF 醇醚羧酸	1	2	2	2
缓蚀剂	NEUF815 铝缓蚀剂	0.5	1	0.5	0.5
	磷酸酯型铝缓释剂	0.5	1	0.5	0.5
杀菌剂复合包	BIT	0.66	1.3	1	0.98
	碘代丙炔基氨基甲酸丁酯（IPBC-30）	0.34	0.7	0.5	0.49
	微米二氧化钛	—	—	—	0.03
基础油	26#环烷基矿物油	15	20	18	18
极压润滑剂	禾大 3955 自乳化酯	3	5	4	4
耦合剂	丙二醇苯醚	1	3	2	2
表面活性剂	司盘-80	1	3	2	2
消泡剂复合包	道康宁 3168	0.05	0.1	0.05	0.05
	道康宁 1247	0.05	0.1	0.05	0.05
微米二氧化钛	钛酸正丁酯	—	—	—	10
	无水乙醚	—	—	—	30
	氯化钠	—	—	—	20
	碳酸铵	—	—	—	2

制备方法

（1）将水性防锈剂、碱缓冲剂和部分去离子水按照比例加入至搅拌锅内搅拌 0.5h，制成复合剂 A；

（2）将特种铵加入至复合剂 A 中搅拌均匀，制成复合剂 B；

（3）依次将乳化剂、助乳化剂和抗硬水剂加入至复合剂 B 中搅拌均匀，制成复合剂 C；

（4）将缓释剂和杀菌剂复合包加入至复合剂 C 中搅拌均匀，制成复合剂 D；

（5）将基础油和极压润滑剂加入至复合剂 D 中搅拌均匀，然后将剩余的去离子水加入搅拌，制成复合剂 E；

（6）将耦合剂和表面活性剂加入至复合剂 E 中搅拌均匀，然后缓慢加入消泡剂复合包并搅拌均匀，得到半合成切削液。

原料介绍

所述的微米二氧化钛的制备方法包括：

（1）将 10 质量份钛酸正丁酯加入至 30 质量份无水乙醚中搅拌均匀，然后加入 20 质量份氯化钠和 2 质量份碳酸铵 2℃低温搅拌形成悬浊液，40℃的温度、2MPa 的压力下恒温造粒形成 3mm 颗粒。

（2）将颗粒在 100℃下静置 0.5h，取出后依次采用甘油和无水乙醚洗涤后得到 1～3μm 的二氧化钛。

所述消泡剂复合包由快速型消泡剂和长寿命型消泡剂组成，且快速型消泡剂和长寿命型消泡剂的质量比为 1∶1，所述快速型消泡剂采用道康宁 3168，所述长寿命型消泡剂采用道康宁 1247。

产品应用 本品适合于多种加工方式，如车削、铣削、磨削等，可广泛用于单机和中央冷却系统。使用时与蒸馏水配制成质量比为 5∶100 的工作液来使用。

[产品特性]

(1) 本品不含氯、酚类和亚硝酸盐，也不含硫等有毒有害物质，对人体无伤害，对环境无影响。

(2) 本品具有良好的防锈清洗功能，有效折光 40%±1%，在保持工件表面清洁光亮防锈的同时，具有较好的清洗效果，同时，其低含油特性，使其拥有较好的润滑性，在用于加工车床、铣床、锯床等时，可有效减小刀具磨损，提高刀具的使用寿命。

(3) 本品可实现工作液循再使用，可做到长期不更换新液，工作液可单机、可集中供应使用。

(4) 本品有较好的机台防锈性能，不破坏油漆，与通常使用的机床密封件相容，同时，有较强的杀菌、抗菌、防腐能力，可有效杀灭细菌及真菌，长时间使用不易生菌发臭。

(5) 本品可适应铁、铸铁、不锈钢、碳钢等黑色金属以及各种材质的铝等有色金属材料工件加工。

(6) 微米二氧化钛本身具有抗菌性，能够在抗菌剂复合包中起到物理抗菌效果，同时结构稳定，不易破坏，能够形成一定的滚珠效应，大大降低了摩擦力，防止碎屑的二次划伤。

(7) 本品也具备一定的乳化能力，并具有低泡性；本品同时还具有较强抗硬水性，对铝筒等有色金属加工容易引起的变色有较好的抑制作用。

配方 4 半合成切削液（3）

[原料配比]

原料		配比（质量份）
油相	油酸甲酯	20
	32＃白油	15
	油酸三乙醇胺酯	8.7
	乳化剂脂肪醇聚氧乙烯醚（AEO-3）	4.3
	妥儿油二异丙醇酰胺	9.5
水相	硼砂	1
	一乙醇胺	3
	三乙醇胺	5
	AMP-95	3
	妥儿油酸	5
	N,*N*-亚甲基双吗啉（MBM）杀菌剂	2
	均三嗪（BK）杀菌剂	1
	1,2-苯丙异噻唑啉-3-酮（BIT-20）杀菌剂	0.5
	醚羧酸	3
	水	18
甘油		3.7
油酸三乙醇胺酯	油酸	1.2
	三乙醇胺	1

[制备方法]

(1) 油相的制备：取油酸甲酯、32＃白油；在 45～50℃下混合加热并搅拌得第一混合液；以质量比为 1.2∶1 的油酸和三乙醇胺搅拌下反应 3h，得到油酸三乙醇胺酯；再将油酸三乙醇胺酯、乳化剂 AEO-3、妥儿油二异丙醇酰胺加入第一混合液中，搅拌均匀，备用。

(2) 水相的制备：取硼砂、一乙醇胺、三乙醇胺、AMP-95、妥儿油酸、MBM 杀菌剂、BK 杀菌剂、BIT-20 杀菌剂、醚羧酸及水混合，搅拌至透明得第二混合液，备用。

(3) 搅拌下，将油相缓慢加入水相中，加完后继续搅拌，缓慢加入甘油，搅拌至体系透明。

[产品特性]

(1) 本品通过有效配伍原料提高了如抗硬水性、防锈性等能力，提高了通用性，大大降低了出现问题的风险。

(2) 本品有效地利用了各种低黏度的润滑剂，通过科学合理的配比，使各种润滑组分起到互相增效的作用，从而使产品性能超过了高含油量的乳化型切削液。

(3) 本品碱含量较低，通过有效合理的杀菌剂配伍，解决了杀菌的问题，再加上所选的其它原料有较强的抗菌性能，从而延长了产品使用寿命。

(4) 本品通过添加抗硬水剂以及选取抗硬水能力强的添加剂，提高了产品对不同水质的适应性。

(5) 润滑性能：减少刀具磨损，与同类产品相比，可节约27%的刀具用量，大大降低了成本。工件加工精度提高两个等级，增加了产品的市场竞争力。

配方 5 半合成重负荷铝合金切削液

[原料配比]

原料		配比（质量份）			
		1#	2#	3#	4#
pH调节剂	三乙醇胺	7	6	15	10
	2-氨基-2-甲基-1-丙醇	1	3	—	—
	N-甲基二乙醇胺	5	6	—	5
防锈剂	石油磺酸钠	6	7	10	8
	硼酸盐	6	5	—	1
	三元羧酸盐	1	—	5	3
去离子水		加至100	加至100	加至100	加至100
润滑剂	脂肪酸	—	7	8	6
	脂肪酸酯	5	3	—	—
基础油	环烷基基础油	7	3	6	10
缓蚀剂	甲基三甲氧基硅烷	1	1.5	1	0.5
耦合剂	二甘醇	3	3	3	2
表面活性剂	烷氧基化脂肪醇	6	6	6	5
	蓖麻油聚氧乙烯醚	2	1.3	1.5	1
N,*N*-吗啉		1	1	3	1
抗菌剂	碘代丙炔基氨基甲酸丁酯（IPBC）	2	1.5	0.5	—
	聚二氯乙基醚四甲基乙二胺（Busan 77）	—	—	—	1.5
消泡剂	丙二醇嵌段聚醚	2	2.4	3	2
	有机硅乳液	0.2	0.1	0.1	0.3

[制备方法] 将各组分原料混合均匀即可。

[产品特性]

(1) 本品具有优异的综合性能，配方体系结合了铝合金重负荷加工的工艺特点，使用高润滑配方体系，并采用特殊的表面活性剂组合物来调整工作液的润滑性、清洗性、抗硬水性等。通过优选pH调节剂、防锈剂、润滑剂、杀菌剂以建立合适的、稳定的润滑体系，达到保障铝合金重负荷加工工艺润滑要求的同时使用性能优异且稳定，还兼顾了切削液中铝粉沉降性，大幅延长其使用寿命，可以达到零排放，为客户大幅降低了采购成本以及可实现节能减排。本品还通过对消泡剂、缓蚀剂和表面活性剂等添加剂的复配使用，不仅提高了铝合金重负荷加工后工件表面质量，还改善了工人直接接触工件所造成的皮肤适应性。

（2）本品润滑体系采用环烷基油、烷氧基化脂肪醇及蓖麻油聚氧乙烯醚相结合，在满足铝合金重负荷加工润滑需求的同时可以使用更低的浓度，减少了切削液的损耗。

配方 6 不含醇胺的微乳切削液

［原料配比］

原料		配比（质量份）				
		1#	2#	3#	4#	5#
基础油	运动黏度为28的环烷基基础油	加至100	加至100	加至100	加至100	加至100
特殊防腐添加剂	2-苯氧乙醇	10	8	12	11	12
防锈剂	合成型石油磺酸钠	10	12	10	9	12
合成酯润滑剂		4	5	7	6	6
抗硬水添加剂	异构醇醚羧酸	1	1	0.8	1.5	1
表面活性剂	司盘-80、AEO-9中的任意一种或两种的混合物	16	15	15	17	15
消泡剂	有机硅混合物	0.1	0.1	0.1	0.1	0.1
合成酯润滑剂	四聚蓖麻油酸酯	4	5	1	1	1
	三羟甲基丙烷油酸酯	—	—	2.5	—	—
	硬脂酸异辛酯	—	—	—	2	—
	自乳化酯	—	—	—	—	2

［制备方法］ 将基础油、防锈剂搅拌均匀，再依次加入特殊防腐添加剂、合成酯润滑剂、抗硬水添加剂、表面活性剂、消泡剂，每加入一种材料，需搅拌均匀后再加入下一种，直至最后均匀至透明溶液即可。

［原料介绍］ 所述防锈剂为合成型石油磺酸钠，平均分子量为440～480，有效含量为60%～65%。

［产品应用］ 本品主要用于各种行业的铝合金制品机加工，例如3C电子行业、汽配行业、设备机械等行业铝合金材质的切削、切割、磨削加工，起着冷却、润滑、防锈、清洗的作用。

［产品特性］ 本品通过添加特殊防腐添加剂，使得产品不含醇胺，对铝合金无腐蚀；同时还可以达到使用过程所需的抗腐败防臭效果。产品内含有较多基础油及合成酯润滑剂，对于解决铝合金软而造成的黏刀问题有很好的效果；同时添加较多防锈剂，对避免加工设备生锈有很好的效果。

配方 7 不含磷硼的锌合金切削液

［原料配比］

原料		配比（质量份）		
		1#	2#	3#
矿物油	22#环烷基基础油	42	41	40
润滑剂	蓖麻油酸	3	3	3
	妥尔油酸	2	2	2
	四聚蓖麻油酸酯	6	6	6
	自乳化酯	3	3	3
非离子表面活性剂	烷氧基化脂肪醇聚氧乙烯醚	3	3	3
抗硬水剂	醇醚羧酸	1	1	1
耦合剂	C_{14}～C_{15}脂肪醇	1.5	1.5	1.5
防锈剂	钼酸钠	2	2	2
	月桂酸	3	3	3

续表

原料		配比（质量份）		
		1#	2#	3#
pH稳定剂	2-氨基-2-甲基-1-丙醇	3	3	3
	异丙醇胺	2	2	2
	三乙醇胺	7	7	7
金属钝化剂	苯并三氮唑	0.2	0.2	0.2
锌合金缓蚀剂		1	2	3
防腐杀菌剂	1,2-苯丙异噻唑啉-3-酮	0.5	0.5	0.5
	IPBC-30	0.3	0.3	0.3
去离子水		19.3	19.3	19.3
消泡剂	道康宁1247	0.2	0.2	0.2
锌合金缓蚀剂	去离子水	12	12	12
	五水偏硅酸钠	10	10	10
	甘油	70	70	70
	有机硅氧烷酮	8	8	8

制备方法

（1）锌合金缓蚀剂的制备：将12%的去离子水、10%的五水偏硅酸钠、70%的甘油加入搅拌釜中，升温至70～80℃，200～300r/min搅拌1h至固体溶解，然后冷却至常温，最后将剩下的8%有机硅氧烷酮缓慢加入釜中搅拌至液体均匀，停止搅拌，即得锌合金缓蚀剂。

（2）水性部分制备：将去离子水、pH稳定剂、防锈剂、金属钝化剂混合，搅拌直至固体全部溶解，停止搅拌。所述的搅拌温度为15～40℃；所述的搅拌速度为100～150r/min。

（3）油性部分制备：将矿物油、润滑剂、非离子表面活性剂、抗硬水剂、耦合剂、防腐杀菌剂混合，保温搅拌1h。所述的搅拌温度为15～40℃；所述的搅拌速度为100～150r/min。

（4）将制备好的水性部分加入油性部分中，保温搅拌1h。所述的搅拌温度为15～40℃，所述的搅拌速度为100～150r/min。然后加入自制的锌合金缓蚀剂，继续搅拌至液体透明均匀。

（5）最后加入消泡剂，以100～150r/min搅拌10min，取样检测。

原料介绍

所述矿物油22#环烷基基础油具有合适的黏度，不仅具有一定的润滑性，同时还具有较好的可乳化性，可以大大降低配方中乳化剂的用量，降低配方成本。

所选的润滑剂不仅具有很好的润滑性，同时还具有优异的表面活性以减少配方中表面活性剂的用量，降低配方成本。

所述防锈剂钼酸钠不仅对黑色金属具有优异的防锈作用，同时，还具有优异的抗磨性，对锌合金也具有一定的缓蚀作用。

所述耦合剂具有较低的摩擦系数和优异的耦合作用，无色、无味，是替代二乙二醇单丁醚、乙二醇单丁醚等气味大的醇醚溶剂的环保材料。

所述金属钝化剂不仅对铜件有出色的钝化效果，对铝合金、黑色金属也具有一定钝化能力，对机台设备、零部件以及工件都有一定防护作用。

所述防腐杀菌剂是不含甲醛的低毒性、低刺激性、对环境影响小的广谱型杀菌剂。将1,2-苯丙异噻唑啉-3-酮与3-碘-2-丙炔基丁基氨基甲酸酯（IPBC-30）复合使用，具有抑菌和杀菌的双重作用，并且与其他化学助剂配伍性好，能在较大的pH值范围内保持活性，还具有添加量小、起效快、杀菌力强等特点，而且长期使用不会对环境造成污染。

所述的消泡剂消泡速度快、消泡持续性长，而且由于其具有极小的粒径分布，所以对于有高精密过滤网的循环系统也不会被过滤掉，提高了其在配方中的稳定性。

所述非离子表面活性剂烷氧基化脂肪醇聚氧乙烯醚具有优良的润湿性、乳化性、润滑性，同时还有具有极低的泡沫特性，在增强产品润滑性的同时能使产品具有较好的抗泡沫性。

所述抗硬水剂具有极好的抗硬水性能，同时还有优异的钙皂分散能力，能有效降低切削液在使用过程中皂化物的生成，大大降低锌离子对切削液稳定性的影响，延长切削液的使用寿命。

自制的缓蚀剂中五水偏硅酸钠具有去垢、乳化、分散、润湿、渗透作用及 pH 值缓冲能力，是配制工业清洗剂、洗衣粉的常用材料，特别是对有色金属具有非常好的缓蚀作用，尤其对锌合金，能够在锌合金表面形成一层透明的薄膜，从而阻止锌合金快速氧化发黑。自制的锌合金缓蚀剂中还加入有机硅氧烷酮，由于其特殊的结构和性能，能够很好地与锌合金形成 Zn-O-Si 键，而硅氧烷酮的磺酸基又可以与锌合金表面形成极强的吸附膜，从而大大提高了锌合金的抗腐蚀能力。五水偏硅酸钠与有机硅氧烷酮配合而成的锌合金缓蚀剂具有极强的缓蚀性能，解决了锌合金加工过程中氧化发黑及工序间存放周期短的问题，提高了生产效率和产品品质。

产品特性

（1）本品不含磷不含硼，对环境影响小，满足日益严格的环保要求。

（2）由于本产品不含磷，因此从源头上降低了细菌、真菌的产生，切削液不易变质，不仅大大延长换液周期，还创造了良好的车间环境，降低了企业的消耗成本。

（3）本品中随着自制锌合金缓蚀剂的比例不断提高，对锌合金的缓蚀时间也逐渐延长，可以达到一个月不氧化发黑；由于不含磷、硼，本品不易变质，具有更长的使用寿命，还易清洗，冷却效果好，消耗量低。对于企业来说，既提高了加工效率、降低了生产成本，又拥有了更好品质的产品。

配方 8 不含消泡剂的低泡半合成切削液复合剂

原料配比

原料	配比（质量份）	
	1#	2#
癸二酸	5	5
三乙醇胺	12	14
单乙醇胺	10	15
低泡表面活性剂	20	20
高级脂肪酸	14	15
铝缓蚀剂	5	1
抗硬水剂	1	5
耦合剂	4	5
杀菌剂	5	5
石蜡基基础油	10	15
水	14	5

制备方法

（1）将癸二酸、三乙醇胺、单乙醇胺、水按比例加入反应罐中，在 50～60℃条件下搅拌 30～40min 至固体溶解；

（2）将低泡表面活性剂、高级脂肪酸、抗硬水剂、铝缓蚀剂、耦合剂按比例加入步骤（1）的混合物中，在 40～50℃搅拌 30min；

（3）将石蜡基基础油加入，在 40℃以下加入杀菌剂，搅拌 30～45min。

原料介绍

所述的高级脂肪酸为异壬酸、妥尔油脂肪酸、油酸、蓖麻油酸、二聚酸、聚异丁烯丁二酸中的一种或几种。

所述的耦合剂为格尔伯特醇、丙二醇甲醚、二乙二醇丁醚、三乙二醇丁醚中的一种或几种。

所述的铝缓蚀剂为磷酸酯；所述抗硬水剂为乙二胺四乙酸、乙二酸四乙酸二钠、乙二酸四乙酸四钠中的一种或两种及两种以上的混合物；所述低泡表面活性剂为直链、支链或者芳香族的脂肪醇聚氧乙烯醚、聚氧丙烯醚。

所述的基础油为石蜡基、环烷基基础油中的一种或两种。

所述的杀菌剂为均三嗪类、亚甲基二吗啉、苯丙异噻唑啉酮、甲基苯丙异噻啉酮中的一种或几种。

［产品应用］ 本品适合各种黑色金属以及有色金属机加工。

［产品特性］

（1）本品不仅在水质较软的环境下具有较好的消泡性能，而且在水质硬度较大的环境下也有较好的消泡性而又不产生过多的脂肪酸皂，并具有良好的硬水稳定性。

（2）本品不含对人体和环境产生不利影响的亚硝酸盐等有毒化学品，不含磺酸钠，不含消泡剂，消泡效果良好，能保持较长的使用寿命，防腐防锈以及润滑性能极佳。

配方 9 不含有机胺的生物稳定型水基乳化切削液

［原料配比］

原料		配比（质量份）			
		1#	2#	3#	4#
水		21.0	19	4	4.2
碱性组分	氢氧化钾	2.0	2	—	0.8
	氢氧化钠	—	—	1.8	—
	碳酸钠	—	—	—	2
水质稳定剂	乙二胺四乙酸四钠	0.5	—	—	—
	AEC-9H	—	0.6	—	1
	AEC-9Na	—	—	1.2	—
基础油	环烷基矿物油（$V_{40}=22mm^2/s$）	36.0	—	—	—
	环烷基矿物油（$V_{40}=9.1mm^2/s$）	—	26	20	50
	环烷基矿物油（$V_{40}=22.6mm^2/s$）	—	—	32.7	—
	环烷基矿物油（$V_{40}=150mm^2/s$）	—	—	—	5
润滑剂	KL 135	—	—	—	4
	KL 445	—	—	—	4.2
	六聚蓖麻油酸酯	6.3	—	—	—
	四聚蓖麻油酸酯	—	11.5	8	0.3
	二聚蓖麻油酸酯	—	—	2.5	—
	SYN-ESTER GY-25	—	—	4	—
	Extrimir 168	5.0	—	—	—
	邻苯二甲酸二异癸酯	—	7	—	—
防腐剂	石油磺酸钡	—	5	—	—
	石油磺酸钠（分子量为160）	—	8	—	—
	二壬基萘磺酸钡	2.0	—	2	4
	氧化石油脂	1.0	—	1	—
	Irgamet 39	0.5	0.5	—	—
	Irgamet 42	—	—	1	0.5
表面活性剂	油醇聚氧乙烯（20）醚	3.0	3	3	3
	异构十三醇聚氧乙烯（7）醚	3.0	—	—	1
	异构十三醇聚氧乙烯（9）醚	—	2	0.3	0.7
	异构十醇聚氧乙烯（7）醚	—	—	1.4	—
	司盘-80	3.5	—	—	—
	Hypermer A70	2.6	3	—	—
	Hypermer B 246	—	—	0.9	—
	吐温-80	1.2	—	—	—
	Emulsogen 5781	—	—	—	2.6

续表

原料		配比（质量份）			
		1#	2#	3#	4#
耦合剂	格尔伯特醇（Isalchem 145）	6.2	6.2	10	—
	格尔伯特醇（LIAL 125）	—	—	—	6.5
杀菌剂	*N*,*N*′-亚甲基双吗啉	3.0	3	2	4
	2-甲基-4-异噻唑啉-3-酮	2.0	2	—	—
	2-丁基-1,2-苯并异噻唑啉-3-酮	—	1	—	—
	苯并异噻唑啉-3-酮	—	—	3	—
	3-碘-2-丙炔基丁基氨基甲酸酯	1.0	—	1	0.8
消泡剂	乳化硅油	0.2	0.2	0.2	0.2

制备方法

（1）取一清洁容器，将碱性组分和水质稳定剂溶解在水中，待用；

（2）将产品总量10%的环烷基矿物油加入反应釜内，加热到60～90℃；

（3）向反应釜内依次投入防腐剂、润滑剂，搅拌30min，然后停止加热；

（4）向反应釜内投入全部环烷基矿物油，维持温度在40～50℃；

（5）向反应釜内依次投入表面活性剂以及步骤（1）所得的水溶液，搅拌20min；

（6）保持搅拌，待反应釜内液体温度降至40℃以下时，依次投入耦合剂、杀菌剂和消泡剂，混合均匀，即得成品。

原料介绍

所述基础油为环烷基矿物油，其40℃运动黏度为2.8～150mm^2/s。作为添加剂载体，可以使用一种黏度级别的环烷基矿物油，或两种、两种以上黏度级别的环烷基矿物油复配使用，其在产品中的比例为：乳化液原液中占比30%～80%，微乳化液中占比5%～30%。

所述碱性组分为氢氧化钠、碳酸钠、碳酸氢钠、苯甲酸钠、硅酸钠、钼酸钠、氢氧化钾、碳酸钾、碳酸氢钾、硼砂中的一种或几种。

所述润滑剂为偏苯三酸酯、邻苯二甲酸二异癸酯、邻苯二甲酸二异十三醇酯、邻苯二甲酸三异十三醇酯、二聚蓖麻油酸酯、四聚蓖麻油酸酯、六聚蓖麻油酸酯、SYN-ESTER GY-10、SYN-ESTER GY-25、SYN-ESTER GY-56、SYN-ESTER GY-59、Hostagliss 1510、Hostagliss A、Extrimir 165、Extrimir 168、Extrimir 170、Extrimir175、Extrimir176、KL 115、KL 135、KL 165、KL 3100、KL 445、KL 445 VLP、KL 522中的一种或几种。

所述防腐剂为石油磺酸钡（T701）、石油磺酸钠（T702）、石油磺酸钙（T101、T102、T103）、二壬基萘磺酸钡（T705）、中性二壬基萘磺酸钡（T705A）、重烷基苯磺酸钡、2-氨乙基十七烯基咪唑啉十二烯基丁二酸盐（T703）、氧化石油脂、氧化石油脂钡皂、羊毛脂镁皂、苯并三氮唑（T706）、Irgamet 39、Irgamet 42中的一种或几种。

所述的表面活性剂可选用非离子表面活性剂和高分子表面活性剂中的一种或几种。所述的非离子表面活性剂可选用烷醇聚氧乙烯醚、烷醇聚氧乙烯聚氧丙烯醚，其中烷基链可以为直链，或具有一个或数个支链结构，碳链中可存在0～3个双键，例如异构十三醇聚氧乙烯醚、油醇聚氧乙烯醚、直链十三醇聚氧乙烯聚氧丙烯醚。

所述的高分子表面活性剂可选自Hypermer A70、Hypermer B246、Hypermer B261［Hypermer系列产品均为禾大化学品（上海）有限公司商品牌号］，或选用Emulsogen 5781［科莱恩化工（中国）有限公司商品］、司盘-80或吐温-80。

所述耦合剂为乙二醇苯醚、丙二醇苯醚、直链醇（或支链醇）中的一种或几种。所述的直链醇选自碳链中碳原子数量为12～16的型号，如C_{14}直链醇；支链醇优选碳链中碳原子数量为12～18的型号，如格尔伯特醇Isalchem 145、格尔伯特醇（Lial 125）［沙索（中国）化学有限公司商品］。

所述水质稳定剂为乙二胺四乙酸二钠（EDTA-2Na）、乙二胺四乙酸四钠（EDTA-4Na）、AEC-9Na、AEC-9H（AEC系列产品均为中国日用化学研究院有限公司商品牌号）中的一种或几种。

所述杀菌剂为六氢-1，3,5-三（羟乙基）均三嗪、六氢-1，3,5-三（2-羟基丙基）均三嗪、六氢-1，3,5-三乙基均三嗪、三甲基均三嗪、*N*,*N*′-亚甲基双吗啉、4，4-二甲基噁唑烷、乙二醇双羟甲基醚、2-丁基-1,2-苯并异噻唑啉-3-酮、2-甲基-1,2-苯并异噻唑啉-3-酮、5-氯-2-甲基-4-异噻唑啉-3-酮、2-甲基-4-异噻唑啉-3-酮、2-正辛基-4-异噻唑啉-3-酮、苯并异噻唑啉-3-酮、4-甲苯基二碘甲基砜、1,2-二溴-2,4-二氰基丁烷、2-苄基-4-氯苯酚、3-碘-2-丙炔醇-丁基甲氨酸酯（IPBC）中的一种或几种。

所述的水为自来水或纯化水。

所述的消泡剂为乳化硅油。

[产品应用] 本品为主要用作黑色金属、有色金属零部件的切削加工的不含有机胺的生物稳定型水基乳化切削液。

[产品特性] 本品为可实现水基乳化切削液的各项功能，尤其适用于黑色金属、有色金属零部件的切削加工；并且，本品经水稀释成一定浓度的水性液体后，用于金属或非金属零部件的机械加工作业，其润滑、防锈、抗微生物、抗泡沫等性能优异。

配方 10 不锈钢切削液（1）

[原料配比]

原料	配比（质量份）		
	1#	2#	3#
基础油	40	23	33.5
有机酸类	10	12	14.5
胺类物质	10	13	10.4
润滑脂	5	6	6.5
含硫添加剂	3	5	3.5
防锈剂	1	2	5.5
醚类	2	3	2.4
乳化剂	1	3	2.5
消泡剂	1	2	2.5

[制备方法]

（1）清洗反应釜，保证反应釜无残留杂质；

（2）取总量 $\frac{1}{2}$ 的基础油加入反应釜中，再加入全部有机酸类和全部胺类物质，并搅拌均匀；

（3）通过水浴加热法加热（水浴加热的温度约70～80℃）至润滑脂溶解后；

（4）将溶解好的润滑脂转移至反应釜中；

（5）将余量的基础油全部抽至反应釜中，并加入含硫添加剂、防锈剂、醚类、乳化剂、消泡剂，将反应釜中全部的原料混合均匀；

（6）混合均匀后原料再次进行搅拌，持续搅拌20min；

（7）到时间后，从反应釜中取样，取出的样品进行检测，视样品达到油体颜色均匀、清澈透明、没有固体不溶杂质且黏度正常为合格，则进行灌装；样品没有达到油体颜色均匀、清澈透明、没有固体不溶杂质且黏度正常则重复步骤（6）操作。

[原料介绍]

所述有机酸类可调节切削液pH值，调整切削液平衡，同时具有防锈效果。所述有机酸类是十二烷酸、癸二酸、异壬酸、油酸、蓖麻油酸、四聚蓖麻油酸中的一种或几种。

所述胺类物质用于调节切削液pH值，调整切削液的平衡，同时具有防锈能力。所述胺类物质是二乙醇胺、三乙醇胺、异丙醇胺中的一种或几种。

所述酯类润滑剂可增强切削液润滑效果。所述酯类润滑剂是三羟甲基丙烷油酸酯、季戊四醇油酸酯、硬脂酸丁酯、油酸甲酯、油酸异辛酯中的一种或几种，可增强切削液润滑效果。

所述含硫添加剂可增强切削液的防锈效果。所述含硫添加剂是硫化烯烃、硫化脂肪酸酯、硫化棉籽油中的一种或多种。

所述防锈剂用于抑制加工机台、工件的生锈。所述防锈剂是石油磺酸钠、磺酸钡和磺酸钙，三乙醇胺硼酸酯，三（三甲基硅烷）硼酸酯中的一种或几种。

所述乳化剂可将基础油乳化在水中，与其他原料协同，形成“油包水”颗粒。所述乳化剂是脂肪醇聚氧乙烯聚氧丙烯醚、烷基氧化脂肪醇、烷基酚聚氧乙烯醚中的一种或几种。

所述消泡剂用于抑制机器高速加工引起的切削液起泡现象。所述消泡剂为改性聚二甲基硅氧烷。

所述基础油是5＃白油、10＃白油、10＃机械油中的一种或几种。加水稀释后与其他成分协同，生成“油包水”基团润滑剂的主体。

［产品特性］

（1）本品具有润滑、冷却、清洗、防腐防锈作用，使用和补加时加少量水稀释，操作简单，润滑能力突出，可用于加工材料硬度高、切削量大的工件；油性切削液防锈周期长，使用寿命长、不会滋生细菌导致变质发臭，管理和维护较为容易。

（2）本品兼容性强，加工材料涵盖市面常见的各种金属，且表面光泽度、使用寿命优于市面常见单一材料切削油，在消除客户更换材料后必须更换切削油的烦恼的前提下，还具备了优于市面常见切削油的性能和加工效果，并且降低了加工成本。

配方 11 不锈钢切削液（2）

［原料配比］

原料	配比（质量份）	
	1＃	2＃
三乙醇胺	3	8
二元酸酐	10	14
防锈剂	1	3.5
纤维素羟乙基醚	4	6
十二烷基苯磺酸钠	3.5	6.5
钼酸铵	5	11
苯并三氮唑	3	5
水	15	15

［制备方法］ 将各组分原料混合均匀即可。

［产品特性］ 本品具有优异的冷却、润滑和清洗性能，且对环境无污染。

配方 12 不锈钢切削液（3）

［原料配比］

原料		配比（质量份）					
		1＃	2＃	3＃	4＃	5＃	6＃
基底	5＃白油	40	20	25	50	65	80
润滑剂	蓖麻油酸酯聚酯化合物、三羟甲基丙烷油酸酯、GS440硫化极压剂	3	10	20	25	15	5
乳化剂	60型磺酸钠	10	20	10	10	10	2

续表

原料		配比（质量份）					
		1#	2#	3#	4#	5#	6#
表面活性剂	RT64 与 AEO-3	17	25	25	10	5	3
消泡剂	AFE-1247 有机硅消泡剂	10	10	10	2	3	6
水		加至 100	加至 100	加至 100	加至 100	加至 100	加至 100

[制备方法] 将基底、润滑剂、乳化剂、表面活性剂、消泡剂混合，并加热至 70～85℃，保温 2～4h 后，冷却即得不锈钢切削液。

[原料介绍]

所述基底选自于 C_3～C_{16} 正异构烷烃，如 5# 白油。

所述的润滑剂包含蓖麻油酸酯聚酯化合物、三羟甲基丙烷油酸酯及 GS440 硫化极压剂。其中，蓖麻油酸酯聚酯化合物可为四聚蓖麻油酸，含量为 10%～50%；三羟甲基丙烷油酸酯含量为 5%～45%；GS440 硫化极压剂含量为 3%～45%。

[产品应用] 本品是一种同时具备水性分子及油性分子之性质的不锈钢切削液。

[产品特性]

（1）本品具有冷却、润滑、抗菌、防腐、清洁与防锈特性。

（2）本品克服了水性溶液产生泡沫及细菌滋生等问题，还克服了油性切削液产生例如油雾挥发的问题。

配方 13 不锈钢水性切削液（1）

[原料配比]

原料	配比（质量份）		
	1#	2#	3#
癸二酸	3	2	1.5
硼酸	1.5	2	1.5
二乙醇胺	8	7	7
六聚蓖麻油酸	6	7	3
妥尔油	3	2	2
失水山梨醇脂肪酸酯（SP-80）	5	6	4
烷辛基酚聚氧乙烯醚（OP-10）	2	3	3
32# 白油	50	55	45
杀菌剂	1.9	1.5	2
去离子水	19.6	14.5	29

[制备方法]

（1）先将癸二酸、硼酸、二乙醇胺、一部分去离子水（7%～10%）混合，在 40～60℃条件下搅拌，直至混合液完全澄清为止，得澄清混合液。

（2）然后将澄清混合液和六聚蓖麻油酸、妥尔油、SP-80、OP-10、32# 白油、杀菌剂和剩余的去离子水混合，充分搅拌混合后得到不锈钢水性切削液。

[原料介绍]

本品选择癸二酸和硼酸复配；妥尔油和 32# 白油复配以及 SP-80 和 OP-10 复配，更有利于降低刀具后刀面的磨损，且提高切削效果。

所述杀菌剂为 MBM 杀菌剂，该杀菌剂毒性低属环境友好型，配伍性强。

[产品特性]

（1）将本品用于切削不锈钢，可以使工件材料和刀具表面之间存在亲和作用，使刀与屑之间产生黏结、扩散，从而使刀具表面产生黏结磨损、扩散磨损。且该切削液能够降低切削过程中产生的切削热。

（2）本品不仅对环境无污染，清洗方便，使用成本低，且相比于常规水性切削液以及油性切削液，加工材料硬度高的工件时更有利于对刀头的保护，避免加工刀具断裂及产品质量下降等。

配方 14 不锈钢水性切削液（2）

［原料配比］

原料		配比（质量份）			
		1#	2#	3#	4#
环烷油	环烷基基础油	30	35	50	35
油酸	菜籽油酸	5	—	5	10
	妥尔油酸	—	7	—	—
油酸酯	三羟甲基丙烷油酸酯	5	—	5	20
	戊四醇油酸酯	—	10	—	—
脂肪醇 EO-PO 共聚物（EO 为环氧乙烷，PO 为环氧丙烷）		5	7	10	5
碱	二异丙醇酰胺	6	—	3	8
	三乙醇胺	—	10	—	8
防锈剂	癸二酸	1	3	2	2
MBM 杀菌剂		1	3	2	2
三维硅氧烷消泡剂		1	3	2	2
水		46	22	21	10

［制备方法］ 将各组分原料混合均匀即可。

［原料介绍］

脂肪醇 EO-PO 共聚物作为乳化剂可以起到很好的乳化效果，产生的泡沫少。

MBM 杀菌剂相对于其他杀菌剂效果更好。

环烷油的黏度为 $30mm^2/s$，在此黏度下，其余各组分才能较好地配伍，能够起到较好的乳化以及润滑作用。

［产品应用］

使用方法：

将切削液加水进行稀释，根据使用方式的不同，按照如下方式进行稀释：当用于切削、铣削时，使用浓度为 8%～12%；当用于车削时，使用浓度为 6%～10%；当用于钻孔时，使用浓度为 15%～20%；当用于攻牙时，使用浓度为 20%～40%。

［产品特性］ 本品是一种性能优异、成分稳定的全新配方的不锈钢水性切削液，可以改善车间的操作环境，让工人更加舒服，减少吸入；本不锈钢水性切削液可以使加工的工件不再油腻，容易清洗，减少后续清洗剂的用量，节省成本。本品还能够起到较好的保护工具的效果。

配方 15 超润滑水基切削液

［原料配比］

原料		配比（质量份）					
		1#	2#	3#	4#	5#	6#
多元醇	1,3-丙二醇	50	50	50	50	60	—
	1,2-丙二醇	—	—	—	—	—	50
去离子水		50	50	50	50	40	50
质子型离子液体		4	3	5	4	4	4

[制备方法] 将各组分原料混合均匀即可。

[原料介绍]

所述多元醇是指乙二醇、二乙二醇、聚乙二醇、1,3-丙二醇、1,2-丙二醇、1,2-丁二醇、1,3-丁二醇、1,4-丁二醇、1,2-戊二醇、丙三醇中的至少一种。

所述质子型离子液体由下述方法制得：将20质量份磷酸酯加入100体积份乙腈溶剂中，再加入与所述磷酸酯等物质的量的烷基胺，于60℃搅拌6～12h，经减压蒸馏、洗涤，即得无色或淡黄色油状液体。所述磷酸酯是指磷酸二丁酯、磷酸单丁酯、磷酸二乙酯、磷酸二辛酯中的至少一种。

所述烷基胺是指碳链碳数为4～18的单甲胺、二甲胺、单乙胺、二乙胺中的至少一种。

[产品特性]

（1）本品中质子型离子液体作为水合离子可降低切削液的剪切力，从而实现超润滑性能，经摩擦学性能评价，表现为超低的摩擦系数（COF<0.01）。

（2）本品中质子型离子液体能够吸附在金属基底形成吸附层，从而提高水基润滑剂的防腐和防锈性能。

（3）相对于传统水基切削液，本品能够长时间实现高载下钢-钢接触的超低摩擦，其间几乎不产生热量，节约能源并保证了生产安全。

（4）本品组分种类少、制备方法简单，具有成本低、无毒环保的特点，可应用于宽范围的应用载荷和宽范围的滑移速度。

配方 16 车削加工半合成切削液

[原料配比]

原料	配比（质量份）					
	1#	2#	3#	4#	5#	6#
环烷酸锌	15	18	15	18	16	17
石油磺酸钡	16	20	20	16	18	16
三乙醇胺油酸皂	20	50	50	20	30	50
磺化油	—	10	—	—	—	—
非离子型聚丙烯酰胺	1	3	3	1	2	2
烷基磺胺乙酸钠	2	5	5	2	3	4
聚乙二醇	1	5	5	1	3	3
丙三醇	5	10	10	5	8	7
磷酸氢二钠	2	8	8	2	5	5
乙醇胺类化合物	2	5	5	2	3	4
苯甲酸单乙醇胺	5	8	8	5	6	8
复合型消泡剂	6	8	8	6	7	6
抗静电剂	2	3	3	2	2.5	3

[制备方法] 将各组分原料混合均匀即可。

[原料介绍]

环烷酸锌是具有良好油溶性的化学物质，对钢、铜、铝有良好的防锈作用。

石油磺酸钡起到辅助缓腐蚀的作用，防止飞溅腐蚀，也能够防止对加工的工件以及设备的腐蚀。

三乙醇胺油酸皂为润滑剂，起到了主要的润滑作用。

烷基磺胺乙酸钠起辅助润滑作用，能使气门切削加工时润滑良好，精加工时容易达到表面粗糙度的要求。

非离子型聚丙烯酰胺为清洗剂。

聚乙二醇是湿润剂。

丙三醇的主要作用是抗高温湿热氧化，它与磷酸氢二钠一起时可有效抵抗气门在高温湿热天气的腐蚀。

乙醇胺类化合物起到了稳定的作用，抑制水解和减少沉淀。所述的乙醇胺类化合物为单乙醇胺、二乙醇胺、三乙醇胺中的任意一种。

苯甲酸单乙醇胺在切削液中有一定的杀菌作用，能抑制霉变，并减少工人过敏。

复合型消泡剂的加入，能够降低飞溅，减少对环境的污染，选用聚醚共聚物和聚硅氧烷的混合物作为复合型消泡剂，能够显著降低水的表面张力。

所述的抗静电剂为聚氨基三烷基氯化铵。

[产品应用] 本品用于铸铁和钢的切削加工，一般配成2%～3%的水溶液使用。

[产品特性]

(1) 本品在保证润滑的同时，能够抑制霉菌，防止发臭。本品具有稳定性好、寿命长，不易变质、高速加工时不起泡、不易造成环境污染的优点。

(2) 本品使用过程中，泡沫飞溅明显降低，在提高润滑效果的情况下，保持了操作环境清洁。一周后进行观察监测，没有任何腐蚀状况的发生，同时也没有任何的异味。

配方 17 齿轮加工用的水基切削液

[原料配比]

原料	配比（质量份）					
	1#	2#	3#	4#	5#	6#
太古油	25	15	24	22	21	22
甲基硅油	5	8	7.7	6	5.5	5
油酸	10	12	7	10	10	10
三乙醇胺	14	10	15	13	13	13
聚乙二醇	5	9.5	10	8.7	8.7	8.7
水	40.8	45	36	40	40	40
消泡剂	0.2	0.5	0.3	0.3	0.3	0.3
蓖麻油	—	—	—	—	1.5	1

[制备方法] 将各组分原料混合均匀即可。

[原料介绍]

本品配方中选择了油酸和聚乙二醇，一方面油酸易溶于聚乙二醇中，有利于切削液的制备，另一方面油酸和聚乙二醇均具备良好的润滑性，两者结合还具备良好的防锈性，且油酸还具备良好的去污能力，从而使切削液具备良好的润滑、去污、防锈能力；

太古油和三乙醇胺两者均易溶于水，太古油具有一定的乳化、润湿和冷却等效果，三乙醇胺具备一定的乳化、防锈和润湿等性能，从而使切削液具备良好的润湿、防锈、冷却能力；

所述的消泡剂可以为有机硅消泡剂或聚醚消泡剂。

[产品应用] 使用时，取切削液，加入切削液质量8%～10%的自来水，进行稀释后即可。

[产品特性]

(1) 本品由水基替代了油基，即为纯水性切削液，冲洗效果类似自来水，无油痕存留；无毒无味，无油烟，可循环使用，达到了零排放的效果；具备了冷却、润滑、清洗、防锈、防腐和环保的优异性能，可供滚齿、铣齿、插齿、剃齿、镗削等加工过程使用。

(2) 本品因加入了蓖麻油使切削液的润滑极压效果更佳。

(3) 本品只需在常温下配制，有机硅类消泡剂在常温下消泡速度很快、抑泡性较好；聚醚消泡剂稳定性好，易溶于有机溶剂。

（4）本品使用简单方便，易清洗。

配方 18 齿轮加工用无污染的微量切削液

［原料配比］

原料	配比（质量份）		
	1#	2#	3#
水溶性聚醚	100	100～300	300
石油磺酸钠	10	10～20	20
氯化钠	5	5～10	10
硫代硫酸钠	5	5～10	10
三聚磷酸钠	5	5～10	10
苯甲酸钠	1	1～3	3
二甲基硅油	100	150	200
脂肪酸单酯	50	75	100
硫化脂肪	20	40	50
烷基磷酸酯	10	15	20
氢氧化钠	10	15	20
聚乙二醇	80	90	100
五氧化二磷	10	12	15
醇胺	20	25	30
蔗糖	10	15	20
二元羧酸	20	25	30
水	500	600	700

［制备方法］

（1）依次将水溶性聚醚、石油磺酸钠、氯化钠、硫代硫酸钠、三聚磷酸钠、苯甲酸钠、二甲基硅油和200～300份水加入一号容器中，使用搅拌机对一号容器内的混合液进行搅拌，搅拌时间为30min，然后将一号容器内的混合液倒入二号容器内，备用；

（2）依次将脂肪酸单脂、硫化脂肪、烷基磷酸酯、氢氧化钠、聚乙二醇和200～300份水倒入三号容器内，使用搅拌机对三号容器内的混合液进行搅拌，搅拌时间为30min，然后将三号容器内的混合液倒入四号容器内，备用；

（3）依次将五氧化二磷、醇胺、蔗糖、二元羧酸和100份水倒入五号容器中，使用搅拌机对五号容器内的混合溶液进行搅拌，搅拌时间为30min，然后将五号容器内的混合溶液倒入六号容器内，备用；

（4）然后依次将二号容器、四号容器和六号容器内的混合液倒入七号容器中，使用搅拌机对七号容器内的混合液进行搅拌，搅拌时间为60min；

（5）将七号容器放置在恒温室内静置，静置时间为1.5h，恒温室的温度为2～5℃，即制得微量切削液。

［原料介绍］ 所述氢氧化钠的质量分数低于50%。

［产品特性］

（1）通过水溶性聚醚、石油磺酸钠、氯化钠、硫代硫酸钠、三聚磷酸钠、苯甲酸钠、水和二甲基硅油的添加，使整个切削液润滑性更好，极压抗磨性也更强，而且切削液的降温散热性能更好，耐腐蚀性更高，可以更加有效地防止切削液变质，而且可以在齿轮的外表面形成复合极压抗磨保护层，延长齿轮和刀具的使用寿命，更加环保，无污染。

（2）通过脂肪酸单酯、硫化脂肪、烷基磷酸酯、氢氧化钠和聚乙二醇的添加，使得切削液具有很好的生物降解性，极压抗磨性和润滑性更好，冷却效果也更好。

（3）通过五氧化二磷、醇胺、蔗糖、二元羧酸和水的添加，使得切削液水溶性更高，少量的切削液就能满足金属加工的润滑和冷却的要求，且极压抗磨性和润滑形更好，防锈的作用也更强。

配方 19 刀具切削用环保切削液

原料配比

原料	配比（质量份）				
	1#	2#	3#	4#	5#
硅藻土	1	2	3	4	5
表面活性剂	4	5	6	7	8
二乙醇胺	5	6	7	8	9
偏硅酸钠	10	11	12	13	14
烷氧基聚醚	11	12	13	14	15
渗透剂	8	9	10	11	12
脂肪醇聚氧乙烯醚	9	10	11	12	13
植物油合成酯	12	13	14	15	16
氯化石蜡	13	14	15	16	17

制备方法 将各组分原料混合均匀即可。

产品特性 本品配方合理，环保无污染且润滑效果好。

配方 20 刀具用高效环保切削液

原料配比

<table>
<tr><td colspan="3" rowspan="2">原料</td><td colspan="5">配比（质量份）</td></tr>
<tr><td>1#</td><td>2#</td><td>3#</td><td>4#</td><td>5#</td></tr>
<tr><td colspan="3">复合表面活性剂</td><td>34</td><td>38</td><td>36</td><td>32</td><td>40</td></tr>
<tr><td colspan="3">植物油</td><td>14</td><td>16</td><td>15</td><td>12</td><td>18</td></tr>
<tr><td colspan="3">粉煤灰分散液</td><td>18</td><td>22</td><td>20</td><td>16</td><td>24</td></tr>
<tr><td colspan="3">碳酸钠</td><td>10</td><td>14</td><td>12</td><td>8</td><td>16</td></tr>
<tr><td colspan="3">钼酸钠</td><td>6</td><td>12</td><td>9</td><td>4</td><td>14</td></tr>
<tr><td colspan="3">二氧化硅微球乳液</td><td>3</td><td>5</td><td>4</td><td>2</td><td>6</td></tr>
<tr><td colspan="3">复配防锈剂</td><td>8</td><td>12</td><td>10</td><td>6</td><td>14</td></tr>
<tr><td colspan="3">脂肪酶</td><td>2</td><td>6</td><td>4</td><td>1</td><td>8</td></tr>
<tr><td colspan="3">聚乙二醇</td><td>3</td><td>5</td><td>4</td><td>2</td><td>6</td></tr>
<tr><td colspan="3">水</td><td>22</td><td>28</td><td>25</td><td>20</td><td>30</td></tr>
<tr><td rowspan="4">复合表面活性剂</td><td colspan="2">非离子表面活性剂</td><td>5</td><td>5</td><td>5</td><td>5</td><td>5</td></tr>
<tr><td>阴离子表面活性剂</td><td>十二烷基硫酸钠</td><td>3</td><td>3</td><td>3</td><td>3</td><td>3</td></tr>
<tr><td rowspan="2">非离子表面活性剂</td><td>异构脂肪醇聚氧乙烯醚</td><td>9</td><td>9</td><td>9</td><td>9</td><td>9</td></tr>
<tr><td>烷基酚聚氧乙烯醚</td><td>1</td><td>1</td><td>1</td><td>1</td><td>1</td></tr>
<tr><td rowspan="2">复配防锈剂</td><td colspan="2">三乙醇胺</td><td>5</td><td>5</td><td>5</td><td>5</td><td>5</td></tr>
<tr><td colspan="2">柠檬酸</td><td>1</td><td>1</td><td>1</td><td>1</td><td>1</td></tr>
</table>

制备方法

（1）先将复合表面活性剂、植物油、聚乙二醇、水加入搅拌机中进行搅拌，转速为500～

600r/min，搅拌时间为15～25min，随后再加入钼酸钠、复配防锈剂、脂肪酶，转速升至800～900r/min，搅拌时间为25～35min，即得到混合物A；

（2）将步骤（1）制得的混合物A、二氧化硅微球乳液、粉煤灰分散液、碳酸钠混合加入高速混合机中，转速为1200～1400r/min，搅拌时间为1～2h，制得刀具用高效环保切削液。

［原料介绍］

所述粉煤灰分散液制备方法为：将粉煤灰分散到水中，随后进行超声分散，分散6～10min，随后加入质量分数为42%的氯化铁溶液，搅拌转速为85～95r/min，搅拌时间为15～25min，即得粉煤灰分散液。

所述复配防锈剂为三乙醇胺、柠檬酸按照质量比5：1组成的混合物。

［产品特性］ 本品的复合表面活性剂由非离子表面活性剂、阴离子表面活性剂组成，可提高切削液的清洗效果。非离子表面活性剂采用异构脂肪醇聚氧乙烯醚、烷基酚聚氧乙烯醚按照质量比9：1组成的混合物，异构脂肪醇聚氧乙烯醚为环保型活性剂，烷基酚聚氧乙烯醚乳化清洗效果好，二者起到协同作用，且降低对环境的污染，再配合阴离子表面活性剂，达到更好的清洗效果。本品添加的植物油含量降低，用复合表面活性剂进行代替，更环保。复配防锈剂起到很好的防锈效果。

配方 21 低磷无氯非甲醛铝合金切削加工用半合成切削液

［原料配比］

原料		配比（质量份）	
		1#	2#
有机醇胺组合	2-氨基-2-甲基-1-丙醇	1.5	1
	三异丙醇胺	8	8
	单异丙醇胺	—	1
防锈剂	硼酸	5	2
	硼酸单乙醇胺酯	—	5
	有机二元酸	1	1
极压润滑剂	脂肪醇醚磷酸酯	0.5	1
水	自来水	20	25.2
环烷基油		25	20
含硅铝缓蚀剂		2	1.5
油性润滑剂	聚乙烯醇双酯	5	12
	蓖麻油聚酯	2	—
	饱和脂肪酸三羟甲基丙烷酯	5	—
乳化剂	妥尔油脂肪酸	5	4
	脂肪醇聚氧乙烯醚（5EO/2EO）	3	3
	石油磺酸钠	3	4
	聚异丁烯丁二酸酰胺	4	—
	脂肪酸酰胺	—	3
	蓖麻油聚氧乙烯醚	3	2
铜缓蚀剂	苯并三氮唑	0.2	0.2
杀菌剂	碘代丙炔基氨基甲酸丁酯	0.5	0.3
	苯并异噻唑啉酮	2	2
	三氯卡班	—	0.5
耦合剂	二丙二醇单丁醚	4	2
	苯氧丙醇	—	2
消泡剂	改性硅氧烷消泡剂	0.3	0.3

［制备方法］ 室温条件下边搅拌边加入有机醇胺组合、防锈剂、极压润滑剂、自来水，搅拌20min后加入环烷基油、含硅铝缓蚀剂、油性润滑剂、乳化剂、铜缓蚀剂、杀菌剂、耦合剂，搅拌20min后加入消泡剂，搅拌30min后获得成品。

［原料介绍］

所述环烷基油的闪点为180～200℃，环烷基百分比＞50％，在40℃下黏度为25～35mm^2/s，黏度比重常数为0.85～0.88。

所述极压润滑剂为磷酸异辛醇酯、磷酸酯胺盐和脂肪醇醚磷酸酯中的一种或多种。

所述油性润滑剂为聚乙烯醇双酯、新戊二醇脂肪酸酯、季戊四醇四油酸酯、脂肪酸甲酯、脂肪酸异辛酯、脂肪酸异丙醇酯、蓖麻油聚酯、改性植物油和饱和脂肪酸三羟甲基丙烷酯中的一种或任意两种以上按任意比例混合的混合物。

所述乳化剂为石油磺酸钠、脂肪酸酰胺、脂肪醇聚氧乙烯醚（5EO/2EO）、蓖麻油聚氧乙烯醚、聚异丁烯丁二酸酰胺和妥尔油脂肪酸中的两种或多种。

所述有机醇胺组合为2-氨基-2-甲基-1-丙醇、*N*-甲基二乙醇胺、*N*-甲基单乙醇胺、3-氨基-4-辛醇、二甘醇胺、单异丙醇胺和三异丙醇胺中至少两种醇胺的混合物。

所述含硅铝缓蚀剂为不同含硅铝缓蚀剂中的一种或多种。

所述防锈剂为有机二元酸、硼酸单乙醇胺酯和硼酸中的一种或多种。

所述铜缓蚀剂为苯并三氮唑及其衍生物中的一种或两种。

所述杀菌剂为异噻唑啉酮衍生物、碘代丙炔基氨基甲酸丁酯、吡啶硫酮钠、三氯卡班和三氯生中的一种或多种。

所述耦合剂为二乙二醇单丁醚、苯氧乙醇、苯氧丙醇、二丙二醇单丁醚和二丙二醇甲醚中的一种或多种。

所述消泡剂为改性硅氧烷类消泡剂和聚醚类消泡剂中的一种或者两种。

［产品特性］

（1）采用极压润滑剂和油性润滑剂组合，提高了切削液的润滑能力和工件的表面光洁度；采用优化的特殊醇胺组合，提高切削液的碱保持能力、pH稳定性和微生物稳定性；采用优选的稳定性高的含硅铝缓蚀剂，实现铝合金切削液的铝缓蚀性能；采用非甲醛释放型杀菌剂，减少切削液对人体和环境的不良影响。

（2）本品具有优异的润滑性能，在同等使用浓度下攻丝扭矩数值优于同类竞品，不仅可用于对铝缓蚀要求高、工序间存放时间长、存放环境湿度大的压铸铝加工，还可有效防止压铸铝非加工面发生的变色或长白斑；防锈性能强，可满足黑色金属与铝合金的混材加工，使用寿命长；具有优异的抑菌杀菌性能，抗硬水能力强，使用过程中不产生析皂，切削液状态稳定；适用于铝合金轻至重负荷加工，乳化颗粒小，使用过程中不产生析皂，加工时工件可见性高，易清洗，机床内壁干净，切削液稀释液状态稳定。

配方 22 低泡环保型全合成水基切削液

［原料配比］

原料		配比（质量份）				
		1#	2#	3#	4#	5#
润滑剂		5	10	15	10	10
增溶剂	异辛酸	6	6	—	6	6
	异壬酸	—	—	6	—	—
pH调节剂	三乙醇胺	20	—	20	—	—
	乙醇胺	—	20	—	20	20

续表

原料		配比（质量份）				
		1#	2#	3#	4#	5#
防锈剂	癸二酸	0.3	—	0.3	—	—
	十一碳二元酸	—	0.3	—	0.3	0.3
极压抗磨剂	三乙醇胺硼酸酯	4	—	—	—	—
	油酸硼酸酯	—	3	1.5	3	3
植物油改性消泡剂	消泡剂 F2430	0.5	0.5	0.5	0.5	0.5
乙二胺四乙酸二钠		0.2	0.4	0.3	0.4	0.4
银离子杀菌剂	科莱恩的 JMAC-LP10	0.5	0.5	0.5	1	1.5
去离子水		63.5	59.3	55.9	58.8	58.3
润滑剂	反式嵌段聚醚多元醇 1740	1	1	2	1	1
	反式嵌段聚醚多元醇 1720	1	1	1	1	1

制备方法

（1）依次将去离子水、pH 调节剂、防锈剂投入到反应釜内，搅拌 10～30min，得到混合液 A；

（2）在搅拌状态下，向混合液 A 中加入润滑剂和增溶剂，搅拌 10～30min 完全溶解，得到混合液 B；

（3）在搅拌状态下，向混合液 B 中依次加入极压抗磨剂、乙二胺四乙酸二钠、银离子杀菌剂和植物油改性消泡剂，继续充分搅拌 1～2h，直至完全透明，过滤，即得低泡环保型全合成水基切削液。

原料介绍

所述润滑剂为反式嵌段聚醚多元醇 1740 和 1720 按质量比（1∶2）～（2∶1）混合的复配物。其中，反式嵌段聚醚多元醇 1740 的 1%水溶液浊点为（50±2)℃，反式嵌段聚醚多元醇 1720 的 1%水溶液浊点为（35±2)℃。

所述植物油改性消泡剂为植物油与环氧乙烷和环氧丙烷在催化剂的作用下开环聚合合成的嵌段共聚物，优选上海东大化学的消泡剂 F2430。

产品特性

（1）该水基切削液泡沫低，使用寿命长，对环境污染小。

（2）本品使用反式嵌段聚醚多元醇 1740 和 1720 的复配物作为润滑剂，这两种聚醚多元醇由于浊点低在高温下很快析出吸附在金属表面起到润滑作用；同时相比一般的反式嵌段聚醚多元醇表现出更低的泡沫倾向，并且消泡速度很快。

（3）本品采用的银离子杀菌剂无毒、无味、无刺激，一定浓度的银对细菌、病毒、真菌等均有杀灭作用，是一种理想的无机抗菌剂。对人体和环境无害，同时杀菌效率高，持久性和耐热性优良，具有不易分解、细胞不易产生耐药性的优点。

配方 23 低泡抗硬水微乳型切削液

原料配比

原料		配比（质量份）		
		1#	2#	3#
基础油	石蜡基矿物油	22	—	—
	环烷基矿物油	—	29	35
阴离子表面活性剂	聚异丁烯丁二酸酰胺	11	—	8
	脂肪酸酰胺	—	12	—

续表

原料		配比（质量份）		
		1#	2#	3#
非离子表面活性剂	脂肪酸聚氧乙烯酯	12	—	12
	脂肪醇聚氧乙烯醚	—	10	—
抗硬水剂		3	3	5
极压剂	聚酯 GY-25	5	—	—
	聚酯 GY-310	—	6	5
防锈剂	硼酸与单乙醇胺、三乙醇胺、一异丙醇胺、二异丙醇胺的混合物	8	—	—
	硼酸与三乙醇胺、一异丙醇胺的混合物	—	7	7
铜铝防腐剂	苯并三氮唑和烷基磷酸酯	1.5	1.5	1.5
杀菌剂	吗啉和苯并异噻唑啉酮	2.5	3	3
抗切削杂油沉降剂	季铵盐表面活性剂 MF402	0.5	1	1
消泡剂	改性有机硅氧烷 HP710	0.1	—	0.2
	改性有机硅氧烷 HP720	—	0.2	—
水		34.4	27.3	22.3

[制备方法] 将各组分原料混合均匀即可。

[原料介绍] 所述基础油优选为石蜡基或环烷基矿物油，其 40℃运动黏度在 10～35mm^2/s 之间。

[产品应用] 本品是一种主要用作加工铸铁、钢、铜和铜合金、铝和铝合金等类型工件的低泡抗硬水微乳型切削液。

[产品特性]

（1）本品在硬水中具有优异的高低温乳化液稳定性能，同时，体系具有良好的抗泡、防腐蚀、润滑性能和较长使用寿命。

（2）由于在微乳液配方体系中采用了特殊的非离子表面活性剂与低泡阴离子表面活性剂复配，同时添加了抗硬水性能优异的抗硬水剂，从而不仅大大提高了切削液的硬水适应性，而且使切削液具有较低的泡沫倾向，同时兼顾了切削液的使用寿命；同时，由于采用了铜铝防锈剂、抗切削杂油沉降剂，使得该金属切削液还能够适用于铸铁、钢、铜和铜合金、铝和铝合金等工件，且同时具有优异切屑杂油沉降性能。

配方 24 低泡沫环保型微乳化金属切削液

[原料配比]

原料		配比（质量份）		
		1#	2#	3#
矿物油		20	30	—
环烷基油		—	—	23
有机二元酸		5	8	7
三乙醇胺		3	7	5
单乙醇胺		7	3	5
抗硬水剂	醇醚羧酸类抗硬水剂	1	3	1.5
防锈剂	苯并三氮唑	0.5	1	0.5
抗菌剂	吗啉类杀菌剂	0.3	0.1	0.2
防腐剂	苯甲酸钠	0.3	0.1	0.2
表面活性剂		11	14	12
乳化剂	非离子乳化剂脂肪醇烷氧基化物	0.4	0.8	0.6
水		30	40	35

续表

原料		配比（质量份）		
		1#	2#	3#
表面活性剂	硫酸三乙醇胺皂	9	—	—
	油酸三乙醇胺皂	2	—	7
	脂肪醇	1	2	2
	油酸单乙醇胺皂	—	9	—
	油酸	—	3	—
	四聚蓖麻油酸酯	—	—	3

［制备方法］

（1）将有机二元酸、三乙醇胺、单乙醇胺、防锈剂和水在搅拌状态下进行混合，混合温度为30～50℃，混合时间为30～60min，得澄清混合液A。

（2）将矿物油、环烷基油加热至40～60℃，在搅拌状态下，加入抗菌剂、防腐剂、乳化剂，恒温搅拌30～60min，得混合液B。

（3）将步骤（2）所得的混合液B匀速加入步骤（1）所得的混合液A中，边搅拌边加入；混合液B加入混合液A中的方式为匀速缓慢加入，加入速度为0.4～1.2kg/min。

（4）待混合液B全部添加完毕，依次加入表面活性剂，每加一种立即搅拌均匀，直至加入最后一种表面活性剂，边搅拌边加入，体系逐渐变稀变亮最后至透亮，制得低泡沫环保型微乳化切削液。

［产品应用］ 本品是主要用作铸铁、碳钢、合金钢等金属加工的低泡沫环保型微乳化金属切削液。

［产品特性］

（1）本品所用基础油为结构均一、低毒低害、易乳化的矿物油，其他原料均不含酚类、亚硝酸盐和重金属盐；本品安全环保，易于处理。

（2）本品因具有较低的界面张力，从而不易产生泡沫，在使用过程中可视具体环境条件可以不加或稍加消泡剂。本品是通过各个原料复配，相互影响降低表面张力，且本产品的储存稳定性好。

（3）制备方法简单、制备条件温和。

配方 25　低温铝合金切削液

［原料配比］

原料	配比（质量份）		
	1#	2#	3#
乙二醇	35	20	40
四硼酸钠	15	10	20
偏硅酸钠	18	15	20
缓蚀剂	8	5	10
防锈剂	6	5	8
甘油	4	3	6
环烷酸铅	10	8	12
油酸	8	3	10
机械油	45	30	50

［制备方法］ 将各组分原料混合均匀即可。

［产品特性］ 本品对铝合金有极佳的抗腐蚀效果，兼具优异的润滑性能。

配方 26 对勾切削液

[原料配比]

原料	配比（质量份）
亲水性多元醇和/或其衍生物	68～98
有机硼酸酯	0.01～10
铜合金缓蚀剂	0.1～3
铝合金缓蚀剂	0.1～3
水	1～20

[制备方法] 将各组分原料混合均匀即可。

[原料介绍]

所述的有机硼酸酯是正硼酸中的氢被有机基团取代后的衍生物和偏硼酸酯。

所述亲水性多元醇和/或其衍生物选自乙二醇、二甘醇、三甘醇、二丙二醇、三丙二醇和聚乙二醇中的任意一种或至少两种的组合。其中聚乙二醇选自平均分子量为200～1000的聚乙二醇，优选聚乙二醇300和聚乙二醇500。

所述铜合金缓蚀剂为苯并三氮唑、甲基苯并三氮唑、巯基苯并噻唑中的任意一种。

所述铝合金缓蚀剂为偏硅酸钠、原硅酸钠、四乙氧基硅烷、甲基三甲氧基硅烷中的一种或几种。

[产品特性]

（1）所述切削液和切削浆在高负荷条件下具有良好的抗磨、耐磨性能，并且分散稳定、黏度稳定。

（2）在有机硼酸酯中，碳元素与硼元素的原子个数之比越大，抗磨损效果越好。在有机硼酸酯中，元素S和元素P为润滑的活性元素，S和P可以与金属表面发生反应，生成金属硫化物、磷化物，从而起到抗磨和抗极压的作用。

配方 27 多功效切削液

[原料配比]

<table>
<tr><th colspan="2">原料</th><th>配比（质量份）</th></tr>
<tr><td colspan="2">甘油</td><td>40</td></tr>
<tr><td colspan="2">表面活性剂</td><td>7</td></tr>
<tr><td colspan="2">防锈剂</td><td>4.5</td></tr>
<tr><td colspan="2">叔丁基苯甲酸</td><td>3</td></tr>
<tr><td colspan="2">pH值调节剂</td><td>2</td></tr>
<tr><td colspan="2">金属缓蚀剂</td><td>2</td></tr>
<tr><td colspan="2">消泡剂</td><td>1</td></tr>
<tr><td colspan="2">杀菌剂</td><td>0.6</td></tr>
<tr><td colspan="2">水</td><td>加至100</td></tr>
<tr><td rowspan="3">金属缓蚀剂</td><td>铜缓蚀剂苯并三氮唑</td><td>30～40</td></tr>
<tr><td>铝缓蚀剂硅酸盐</td><td>30～40</td></tr>
<tr><td>乳化剂烷基醇胺磷酸酯6503</td><td>加至100</td></tr>
</table>

[制备方法] 将各组分原料混合均匀即可。

[产品特性] 本品具有优良的防锈性能，其不含氯、亚硝酸钠等有害成分，使用更加环保可靠；

其抗菌性能好，可有效地防止切削液变质发臭，而且低泡沫，有利于大大提高适用范围；不但具有较好的润滑性能，同时也大大降低了成本，有利于产品表面的加工精度，适用性强且实用性好。

配方 28 多线化薄片化硅片切削液

原料配比

原料		配比（质量份）				
		1#	2#	3#	4#	5#
渗透剂	异辛醇聚氧乙烯醚	0.1	—	10	—	—
	环氧乙烷缩合物	—	15	—	—	—
	仲辛醇聚氧乙烯醚	—	—	—	0.1	15
润滑剂	蓖麻油聚氧乙烯醚	1	30	10	1	15
分散剂	聚氧乙烯失水山梨醇脂肪酸酯	0.05	—	—	—	—
	失水山梨醇脂肪酸酯	—	5	1	—	—
	烷基酚聚氧乙烯醚	—	—	—	0.05	5
冷却剂	聚乙二醇 200	5	20	10	5	20
消泡剂	二乙基己醇	0.01	—	—	—	—
	异戊醇	—	3	—	—	—
	聚氧甘油醚	—	—	1	—	—
	聚醚改性硅氧烷	—	—	—	0.01	3
清洗剂	丙二醇嵌段聚醚	1	2	5	1	5
	脂肪醇聚氧乙烯醚	20	35	40	20	45

制备方法 将各原料在 50～65℃环境中搅拌混合 1～2h 得到产品。

原料介绍

本品中的蓖麻油聚氧乙烯醚具有优异的润滑性，可以降低切割过程中的摩擦生热，同时用量少，而且环保；蓖麻油在自然界会被微生物消解，相比于矿物油，基本没有危害，减少了环境污染。除了优异的润滑性，蓖麻油聚氧乙烯醚还具有良好的金刚线包裹性能，使切削液能更好地起到润滑作用，降低金刚线线损。

聚乙二醇 200 作为冷却剂，具有分子量小、无异味、冷却性能好的优点，可以降低产品的化学需氧量（COD）和改善切削液切割使用环境。

使用聚醚改性有机硅消泡剂，改善传统有机硅消泡剂容易析出、溶液易浑浊的问题，有利于薄片化切割。

清洗剂中以脂肪醇聚氧乙烯醚为主要成分，提高切削液的渗透能力，再结合丙二醇嵌段聚醚可以起到良好的清洗效果，减少硅片污渍附着，带走切割产生的硅粉，进一步有利于薄片化切割，又可以使切割出来的硅片脏污较少，减轻了后续清洗工序的负担。

产品特性 本品通过蓖麻油聚氧乙烯醚赋予其一定的润滑性能，同时蓖麻油为植物油，润滑性能好，无毒无害，对环境保护有利，润滑性能的提高可以降低硅片的线痕，提高硅片薄片化切割的良品率。

配方 29 多性能高等级环保切削液

原料配比

原料		配比（质量份）
防腐蚀剂	羧酸胺	8

续表

原料		配比（质量份）
碱缓冲剂	醇胺	12
润滑剂	脂肪酸酯	4.8
基础油	矿物油	45
表面活性剂	醇醚羧酸	11
防锈剂	硼酸盐	9.5
去离子水		加至100

[制备方法] 将各组分原料混合均匀即可。

[产品特性]

（1）可提高切割效率；

（2）优秀的冷却性；

（3）适合切割的润滑性；

（4）优异的防锈性；

（5）对切割端口的清洁性更好；

（6）切割时的清洗性更好；

（7）对切割室和水箱的高速消泡性；

（8）杂质的快速沉降性。

配方 30 防锈高润滑性切削液

[原料配比]

原料			配比（质量份）		
			1#	2#	3#
合成基础油			30	35	40
去离子水			40	45	50
甘油			15	18	20
改性除锈剂			8	10	12
石墨烯分散液			18	19	20
抗磨极压剂			12	13	15
抗氧剂			8	10	12
改性除锈剂	硅酸锂水溶液	活性硅酸	120	125	130
		LiOH 粉末	25	28	30
	硅酸锂水溶液		40	45	50
	偶联剂 KH-550		0.3	0.4	0.5
	六次甲基四胺		0.1	0.1	0.2
	磷酸二氢锌		0.1	0.2	0.2
	有机酸		0.1	0.2	0.3
石墨烯分散液	氮氟共掺杂石墨烯	氟化石墨	50	55	60
		碳酸铵和 *N*-甲基吡咯烷酮（NMP）	50	55	60
	壳聚糖酸性溶液	壳聚糖	18	19	20
		冰醋酸	8	90	10
		去离子水	70	75	80
	氮氟共掺杂石墨烯		1	2	2
	烷基酚聚氧乙烯醚 OP-10		2～4	3	4
	壳聚糖酸性溶液		110	115	120

续表

原料			配比（质量份）		
			1#	2#	3#
抗磨极压剂	a 混合液	腰果酚	120	130	140
		甲酸	10	12	15
		硫酸	1	3	5
		双氧水	250	280	300
	b 混合液	a 混合液	381	425	460
		10%氢氧化钠溶液	适量	适量	适量
		去离子水	适量	适量	适量
	c 混合液	b 混合液	40	45	50
		三乙胺	8	9	10
		甲苯	50	55	60
	c 混合液		50	45	50
	双（二甲氨基）氯磷酸		40	45	50
抗氧剂	3-十五烷基-6-叔丁基苯酚		200	210	220
	70%的乙醇水溶液		120	130	140
	氢氧化钠		0.4	0.5	7
	甲醛		5	6	8
	蒸馏水		适量	适量	适量
	石油醚		适量	适量	适量

制备方法

（1）制备改性除锈剂、石墨烯分散液、抗磨极压剂和抗氧剂，备用；

（2）将合成基础油、去离子水和甘油在温度 50～60℃的条件下搅拌 20～30min，得到 A 液；

（3）向 A 液中依次添加改性除锈剂、石墨烯分散液、抗磨极压剂和抗氧剂，并在 3000～4000r/min 的转速条件下高速剪切得到防锈高润滑性切削液。

原料介绍

本品改性除锈剂中的硅酸锂具有很好的成膜性和成膜后稳定性能，且无毒无害，其中的偶联剂 KH-550 在发生偶联时，乙氧基先发生水解反应生产硅醇，硅醇基团同—OH 发生反应，形成氢键并缩合成 Si-O-M 共价键，而且硅醇本身也会进行缩合交联，在金属及表面产生致密的薄膜保护层；六次甲基四胺为有机型除锈剂，具有优异的除锈性能，并与硅酸锂进行复配时，得到醇胺盐，也是一种防锈性能好的除锈剂；有机酸起到螯合作用。

本品采用的腰果酚是天然腰果壳的提取物，其结构包括烯键、酚羟基及酚羟基邻对位的多个反应点，在其分子中连接具有抗磨性能的双（二甲氨基）氯磷官能团，制备得到的抗磨极压剂不含有金属元素、绿色环保，并且兼具优良的抗摩擦性能。将制备得到的抗磨极压剂加入切削液中，使得切削液具有很好的抗磨效果。

所述抗氧剂具有优良的抗氧化性能，在切削液中作为添加剂，使得切削液具有很好的抗氧化性能。

所述的改性除锈剂制备工艺包括以下步骤：

（1）将质量分数为 8%的水玻璃以 0.50mL/（cm^2 · min）的通量流过阳离子交换树脂床，得到活性硅酸溶液。

（2）将 LiOH 粉末加入活性硅酸溶液中，在温度 56～62℃的条件下混合搅拌 40～60min，得到硅酸锂水溶液；然后，向硅酸锂水溶液中加入偶联剂 KH-550、六次甲基四胺、磷酸二氢锌和有机酸进行超声分散，得到改性除锈剂。

所述的石墨烯分散液制备工艺包括以下步骤：

（1）将氟化石墨、碳酸铵和 NMP 加入高混机混合均匀，得到第一混合物；然后将第一混合物加入球磨罐中进行球磨，并控制转速为 560～600r/min，球磨时间为 7～9h；球磨完成后，用去离子水和无水乙醇进行洗涤，烘干，得到氮氟共掺杂石墨烯。

（2）将氮氟共掺杂石墨烯和烷基酚聚氧乙烯醚 OP-10 加入壳聚糖酸性溶液中，在 18000r/min 的高转速下机械搅拌 30min，然后超声分散 20～30min，即得石墨烯分散液。

所述的壳聚糖酸性溶液是由壳聚糖溶于去离子水中，再加入冰醋酸制备得到的。

所述的抗磨极压剂的制备工艺包括以下步骤：

（1）将腰果酚、甲酸、硫酸和双氧水加入三口烧瓶中，并在温度 70～80℃条件下混合搅拌 2～3h 后，降至室温，得到 a 混合液；

（2）对 a 混合液进行过滤得到滤液，用质量分数为 10% 的氢氧化钠溶液和去离子水洗至中性，滤液通过旋转蒸发仪进行旋蒸，得到 b 混合液；

（3）向 b 混合液中依次添加三乙胺、甲苯，并在温度 70～80℃的条件下搅拌 20～30min，得到 c 混合液，然后，向 c 混合液中添加双（二甲氨基）氯磷酸，搅拌混合 3～4h，得到 d 混合液；

（4）d 混合液用去离子水洗至中性，再通过旋转蒸发仪进行旋蒸，从而得到抗磨极压剂。

所述的抗氧剂制备工艺包括以下步骤：将 3-十五烷基-6-叔丁基苯酚加入质量分数为 70% 的乙醇水溶液中，再加入催化剂氢氧化钠进行搅拌混合，加热至恒温回流，得到第一混合液；再将甲醛滴加至第一混合液中，搅拌 4～5h 后降至室温，过滤得到固体；再用蒸馏水洗涤至洗涤液呈中性，将水洗后的固体用石油醚进行溶解，然后结晶纯化，得到白色的抗氧剂。

［产品特性］

（1）本品中的改性除锈剂具有固化速度快、成膜性能好、附着力高、水性环保、高效的特点；将制备得到的改性除锈剂加入切削液中，使得切削液具有很好的防锈效果。

（2）本品氮氟共掺杂石墨烯是石墨烯的衍生物，既保持着石墨烯高强度的性能，还具有耐高温性、耐腐蚀性、耐摩擦性、化学稳定性和优异的润滑性；解决了现有技术中的以下问题：切削液中的润滑添加剂主要有石墨和二硫化钼，石墨在真空或还原性气氛下，润滑性能大大降低；二硫化钼在空气氧化性气氛下，与氧反应生产二氧化钼，润滑性能也下降。

配方 31 防锈耐腐蚀切削液（1）

［原料配比］

原料	配比（质量份）
聚苯胺	15～25
硼酸	3～5
苯甲酸单乙醇胺	2～4
丙三醇	0.5～1
脂肪醇聚氧乙烯醚	1～10
苯并三氮唑	0.2～0.8
二丁基羟基甲苯	0.5～0.8
水	加至 100

［制备方法］

（1）将水加入混合装置内，然后加热至 75～80℃；

（2）依次将聚苯胺、硼酸、苯甲酸单乙醇胺、丙三醇和脂肪醇聚氧乙烯醚加入水中后，搅拌 30～45min；

（3）控制温度至 45～50℃，依次加入苯并三氮唑和二丁基羟基甲苯，搅拌 20～30min，得到防锈耐腐蚀切削液。

［产品特性］ 本品具有优异的切削冷却性能。

配方 32 防锈耐腐蚀切削液（2）

原料配比

原料		配比（质量份）			
		1#	2#	3#	4#
改性明胶		10	12	13	15
改性环氧树脂乳液		20	24	28	30
偶联剂	KH-550	3	3	4	5
抗氧剂	苯并三氮唑	0.1	0.1	0.2	0.3
硅酸钠		5	6	8	10
三乙醇胺		3	5	6	8
羧甲基壳聚糖		5	10	12	15
去离子水		50	60	65	75

制备方法

（1）将改性明胶、三乙醇胺加入装有一半去离子水的烧杯中，75℃水浴加热，匀速搅拌20min后加入硅酸钠，升温至85℃，搅拌15min得混合液，作A液备用；

（2）将改性环氧树脂乳液加入四口烧瓶中，加入另一半去离子水，60℃水浴加热，磁力搅拌30min，升温至75℃，加入偶联剂，匀速搅拌10min，加入抗氧剂，以120r/min的转速进行搅拌，搅拌15min后得到混合液，作B液；

（3）将A液倒入B液中，匀速搅拌15min，升温至75℃并加入羧甲基壳聚糖，在此温度下反应2h后得到混合液，超声30min后对混合液进行分散，控制分散速度为600r/min，分散时间为45min，过滤，收集滤液，制得防锈耐腐蚀切削液。

原料介绍

所述改性明胶由如下质量份原料制成：5～10份聚四氢呋喃二醇，10～15份甲苯二异氰酸酯，35～50份去离子水，8～12份明胶，1～3份辛酸亚锡，3～8份对羟基苯甲酸。

所述改性明胶由如下方法制成：

（1）将聚四氢呋喃二醇和甲苯二异氰酸酯进行脱水处理后加入三口烧瓶中，通入氮气排出空气，以50r/min的转速进行搅拌，升温至70℃，加入辛酸亚锡与对羟基苯甲酸，反应2h后加入一半去离子水，反应30min制得聚氨酯预聚体；

（2）将明胶加入另一半去离子水中，30℃水浴加热并磁力搅拌15min后加入步骤（1）制备的聚氨酯预聚体，升温至75℃，以180r/min的转速搅拌45min，反应3h后降温至20℃，过滤，用丙酮洗涤三次，转移至80℃干燥箱中干燥2h，制得改性明胶。

所述改性环氧树脂乳液由如下质量份原料制成：10～25份双酚A，12～24份环氧氯乙烷，18～30份苯，5～13份10%氢氧化钠溶液，15～20份二乙醇胺，3～10份聚醚胺，5～10份36%乙酸，25～40份去离子水。

所述改性环氧树脂乳液由如下方法制成：

（1）将双酚A加入溶解釜中，加入环氧氯乙烷和苯，匀速搅拌并升温至75℃，搅拌30min后转移至反应釜内，加入质量分数为10%的氢氧化钠溶液，升温至145℃，匀速搅拌2h，过滤、静置，将苯溶液抽吸回流至苯釜内，回流至蒸出的苯不出现水珠，静置冷却45min，转移至脱苯釜中，在135℃下减压至无馏出液，取出、烘干制得环氧树脂；

（2）将环氧树脂转移至四口烧瓶中，80℃水浴加热下加入二乙醇胺，磁力搅拌2h，加入聚醚胺，升温至95℃，在此温度下反应50min加入质量分数为36%的乙酸，降温至60℃并反应30min，加入去离子水，以120r/min的转速搅拌30min，制得改性环氧树脂乳液。

[产品特性]

(1) 本品在制备过程中加入羧甲基壳聚糖，羧甲基壳聚糖与改性明胶共混后，体系中具有大量亲水性的羧甲基，能够与水分子形成氢键，打乱了羧甲基壳聚糖与改性明胶原有的晶体结构，进一步增强了羧甲基壳聚糖与改性明胶的相容性；羧甲基壳聚糖与改性环氧树脂乳液混合后，羧甲基壳聚糖表面的羟基、氨基会与改性环氧树脂表面的羟基发生反应，使得羧甲基壳聚糖部分接枝在改性环氧树脂表面，进而羧甲基壳聚糖能够将改性明胶与改性环氧树脂间接连接，能够增强体系的稳定性，进而增强防锈耐腐蚀切削液的稳定性能。

(2) 本品中改性环氧树脂既能够提供优异的耐高温性能，防止金属切割时产生的高温对切削液性能造成破坏，又能够赋予该切削液良好的耐腐蚀性能；聚氨酯预聚体改性明胶过程中，聚氨酯预聚体会与明胶发生交联，增加了无定形分子链运动的阻力，增强其耐热性能，进一步增强防锈耐腐蚀切削液的热稳定性。

(3) 本品不仅具有优异的防锈性能，还具有良好的消泡性能。

配方 33 防锈切削液（1）

[原料配比]

原料			配比（质量份）		
			1#	2#	3#
150N 油			100	100	100
混合添加剂			35	28	45
混合添加剂	矿物油		43	38	40
	硅油		20	20	25
	二元羧酸	乙二酸	26	23	24
	脂肪酸	花生四烯酸	20	18	19
	油性剂	三羟基丙烷	1	13	15
	滑石粉		5	5	5
	表面活性剂	月桂醇硫酸钠	10	10	10
	防锈剂	四乙烯五胺	10	11	12
	防腐剂	2,3-二甲苯酚	7	7	7
	消泡剂	有机硅氧烷	5	5	5
	有机抗菌剂	山梨酸	7	7	7
	阻燃材料	微胶囊化红磷	11	15	18
	耐高温材料	乙二醇	17	17	17
	水		43	35	40
	分散剂	1,2-亚乙基双硬脂酸酰胺	6	6	6
	抗氧剂	2,4-二甲基-6-叔丁基苯酚	4	4	4
	降凝剂	聚丙烯酸酯	10	10	10

[制备方法]

(1) 用水将添加剂缓冲罐的内部冲洗后，吹入热的保护性气体将所述添加剂缓冲罐的内部吹干；

(2) 将矿物油、硅油、二元羧酸、脂肪酸、油性剂、滑石粉、表面活性剂、防锈剂、防腐剂、消泡剂、有机抗菌剂、阻燃材料、耐高温材料、水、分散剂、抗氧剂和降凝剂投入添加剂缓冲罐进行搅拌混合，得到混合添加剂；

(3) 将 150N 油送至调和罐中，同时，将所述混合添加剂送至调和罐中，150N 油与混合添加剂在调和罐中搅拌混合，其间控制调和罐内压力为 0.25～0.35MPa、调和罐液位为 40%～60%，在搅拌混合后，送至密闭储罐中，得到防锈切削液。

[产品特性]

（1）本品在保证基本使用性能的同时，能够提高黏度指数和降低倾点，从而能够延长其在金属加工表面的停留时间，而且，切削液能长久保存均匀无分层，提高了储存稳定性。

（2）本品可广泛应用于黑色金属精加工中，在加工过程中保护了金属本身以及加工台表面，防止其被氧化破坏。

（3）本品的倾点在－22℃以下；黏度指数在123以上，40℃运动黏度在30mm²/s以上，100℃运动黏度在5.5mm²/（s·t）以上，具有较高的黏度和黏度指数，能够有效保持稳定性；其存储时间可达到200h以上，具有较高的储存稳定性。另外，其还具有良好的耐腐蚀性。

配方 34 防锈切削液（2）

[原料配比]

原料	配比（质量份）						
	1#	2#	3#	4#	5#	6#	7#
水	40	75	95	50	65	80	60
三乙醇胺	1	4	8	3	5	7	5
烷基磺酸钠	0.2	0.8	1.7	0.5	1	1.5	1
柠檬酸	0.1	0.4	0.8	0.3	0.5	0.7	0.5
苯并三氮唑	0.02	0.25	0.5	0.1	0.2	0.3	0.2
烷基磷酸酯盐	0.1	0.6	1.2	0.3	0.4	0.8	0.5
柠檬酸钠	0.2	1.6	3.5	1	1.5	3	2
聚丙烯酸钠	0.1	0.4	0.8	0.3	0.5	0.7	0.5
椰子油酸二乙醇酰胺	0.3	1.1	2.3	1	1.5	2	1.5
聚乙二醇	2	6	13	6	8	11	8
磺化油	0.2	0.6	1.2	0.6	0.8	1	0.8

[制备方法]

（1）称取水、三乙醇胺、烷基磺酸钠、柠檬酸和柠檬酸钠加入至容器内混合，采用高速分散机分散处理10～20min，所述高速分散机的转速为1000～2000r/min，然后依次加入聚丙烯酸钠、椰子油酸二乙醇酰胺和聚乙二醇，添加完毕后，在室温下机械搅拌20～40min，获得混合物A；

（2）向步骤（1）得到的混合物A中依次滴加苯并三氮唑和烷基磷酸酯盐，送入超声波处理器中超声处理20～50min，所述超声处理的超声频率为30～50kHz，然后加入磺化油，机械搅拌5～15min，400目滤网过滤除杂，得到所述的防锈切削液。

[产品特性]

（1）本品兼具润滑、冷却和优异的防锈性能，能够为金属切削加工提供良好的保护；组分简单，属于环保型水基切削液，制作方便。

（2）本品中苯并三氮唑和烷基磷酸酯盐相互配合，有利于提高防锈切削液的防锈性能。

（3）通过超声分散处理，可以让苯并三氮唑和烷基磷酸酯盐发挥更好的作用，进而进一步提高防锈切削液的防锈性能。

配方 35 防锈性能优异的切削液

[原料配比]

原料	配比（质量份）		
	1#	2#	3#
防锈乳液	12	15	18

续表

原料				配比（质量份）		
				1#	2#	3#
石油磺酸钠				25	28	30
pH 稳定剂				5	7	8
极压添加剂				1	1.5	2
油性剂				1	1.5	2
非离子表面活性剂				1	1.5	2
基础油				40	45	50
蒸馏水				20	23	26
防锈乳液	核预乳液	过硫酸钠		0.5	0.9	1.2
		复合乳化剂		1	1.2	1.3
		去离子水		200（体积份）	260（体积份）	300（体积份）
		苯乙烯		20	23	25
		丙烯酸丁酯		10	15	16
		甲基丙烯酸缩水甘油酯		30	32	35
	壳预乳液	过硫酸钠		0.7	1.2	1.5
		复合乳化剂		1.2	1.5	1.8
		去离子水		260（体积份）	320（体积份）	380（体积份）
		丙烯酸丁酯		10	13	15
		苯乙烯		25	30	32
		丙烯酸磷酸酯		8	10	13
		衣康酸单丁酯		32	35	38
	去离子水			150（体积份）	180（体积份）	200（体积份）
	复合乳化剂			1.2	1.3	1.5
	过硫酸钠			0.4	0.6	0.9
	碳酸氢钠缓冲液			2（体积份）	4（体积份）	5（体积份）
	核预乳液			60（体积份）	65（体积份）	70（体积份）
	壳预乳液			40（体积份）	35（体积份）	30（体积份）
	硅烷偶联剂 KH-570			3	5	8
	缓释防锈剂			10	15	16
复合乳化剂	乳化剂 SR-10			4	4.3	4.5
	乳化剂 DNS-458			1	1	1
缓释防锈剂	苯并三氮唑溶液	苯并三氮唑		2	3	5
		混合液		80（体积份）	100（体积份）	120（体积份）
		混合液	无水乙醇	4.2（体积份）	4.5（体积份）	4.6（体积份）
			去离子水	1（体积份）	1（体积份）	1（体积份）
	复合碳纳米管			6	10	13
	苯并三氮唑溶液			60（体积份）	80（体积份）	100（体积份）
复合碳纳米管	改性碳纳米管	酸化的碳纳米管		0.1	0.4	0.5
		无水乙醇		60（体积份）	80（体积份）	100（体积份）
		十二烷基苯磺酸钠		0.4	0.5	0.7
		二水合醋酸锌		4.6	5.2	5.8
		氢氧化钾		0.3	0.4	0.5
	前驱体溶液	五氧化二钒		1	1.5	1.6
		草酸		0.5	0.7	0.8
		聚乙二醇		1.5	2.1	2.3
		超纯水		20（体积份）	40（体积份）	50（体积份）
	改性碳纳米管			1	1	1
	前驱体溶液			10（体积份）	15（体积份）	18（体积份）

制备方法

（1）按照质量份数计，称取原料组分，在45～50℃水浴中，将pH稳定剂加入蒸馏水中，然后加入极压添加剂，充分搅拌后，加入防锈乳液，保持恒温搅拌，再加入石油磺酸钠和一半量的非离子表面活性剂，充分搅拌后，静置，得到水相。

（2）在45～50℃水浴中，向基础油中加入油性剂，充分搅拌后加入另一半量的非离子表面活性剂，充分搅拌后，得到油相；在搅拌下，将油相缓慢加入水相中，直至混合完全，即可得到所需的切削液。

原料介绍

所述防锈乳液的配制方法如下：

（1）将过硫酸钠和复合乳化剂加入去离子水中，充分搅拌至完全溶解，在搅拌的同时滴加入苯乙烯、丙烯酸丁酯、甲基丙烯酸缩水甘油酯，剪切乳化10～20min，得到核预乳液；将过硫酸钠和复合乳化剂加入去离子水中，充分搅拌至完全溶解，在搅拌的同时滴加入丙烯酸丁酯、苯乙烯、丙烯酸磷酸酯、衣康酸单丁酯，剪切乳化10～20min，得到壳预乳液，备用。

（2）将去离子水、复合乳化剂、过硫酸钠以及碳酸氢钠缓冲液加入容器中，加热至82～85℃，量取核预乳液以及壳预乳液，先加入一半量的核预乳液，反应30～50min后，滴加另一半量的核预乳液，控制在1～2h内滴完，然后升温至86～88℃并保温1～2h，再降温至82～85℃，然后滴加壳预乳液，控制在50～80min内滴完，然后加入硅烷偶联剂KH-570以及缓释防锈剂，升温至86～88℃并保温1～3h，自然冷却至50～55℃，用三乙胺中和至pH值为7～8，过滤出料，即可得到防锈乳液。

所述缓释防锈剂的制备方法如下：

（1）将苯并三氮唑加入混合液中，在室温下充分搅拌溶解，得到苯并三氮唑溶液；

（2）将复合碳纳米管加入苯并三氮唑溶液中，充分搅拌分散均匀后，进行抽真空，待容器内真空度达－0.3～－0.1MPa时，停止抽真空并保持20～30min，然后将容器与外界连通，使容器内充满空气，重复上述抽真空-充满空气操作3～5次，将产物转移至离心管中，用去离子水反复洗涤、离心并干燥，并将干燥后的产物研磨呈粉状，即可得到缓释防锈剂。

所述复合碳纳米管的制备方法如下：

（1）将酸化的碳纳米管分散于无水乙醇中，添加十二烷基苯磺酸钠，超声1～2h后，加入二水合醋酸锌，搅拌2～3h，在搅拌的同时加入氢氧化钾，继续搅拌5～8h，过滤后用去离子水反复洗涤，烘干后得到改性碳纳米管；

（2）将五氧化二钒、草酸和聚乙二醇分散于超纯水中，在60～65℃下搅拌15～30min，得到前驱体溶液，将改性碳纳米管加入前驱体溶液中，转移至反应釜内，在220～230℃保温反应45～50h，待反应结束后自然冷却至室温，经离心、洗涤干燥后，得到复合碳纳米管。

产品特性

（1）本品可以在金属基材上形成交联度和硬度都优异的乳胶膜，形成的乳胶膜具有很好的阻隔效应，可以有效地阻隔外界腐蚀性介质的渗透，从而使得金属基材不易发生锈蚀，提高金属基材的防锈性能；并且含有的缓释防锈剂、负载的苯并三氮唑会缓慢释放出，可以对乳胶膜中出现的破损处进行填补，使得乳胶膜虽然致密性有所降低，但是由于破损处被填补使得乳胶膜防锈性能依然优异，可以对金属基材起到很好的保护作用，从而实现金属基材的高抗锈性。

（2）在金属加工中使用本切削液可以显著提高产品的质量，提高加工效率。

配方 36 防锈性能优异的水基金属切削液

[原料配比]

原料		配比（质量份）			
		1#	2#	3#	4#
环烷基基础油		15	35	20	30
复合防锈剂		12	3	10	5
二乙醇胺硼酸酯		4	8	5	7
硫脲		5	2	4	3
油酸三乙醇胺		12	16	13	15
聚乙二醇		14	8	12	10
氨甲基丙醇		1	8	3	8
二甲基硅油		2	0.2	1.8	0.4
甲基苯并三氮唑		0.3	2	0.5	1.8
亚甲基双吗啉		1	0.2	0.9	0.3
水		20	50	25	45
复合防锈剂	有机酸三乙醇胺	20	25	22	24
	聚乙烯醇	16	12	15	13
	硼砂	6	9	7	8

[制备方法] 将各组分原料混合均匀即可。

[原料介绍]

环烷基基础油具有生物降解性高、适用范围宽、兼容性好、毒性低、成本较低等优点，能显著提高切削液的润滑性。

复合防锈剂是以有机酸三乙醇胺为主要成分，由于该产物含有大量羟基、氨基和酯基等极性基团，对金属有较强的亲和力，能优先吸附在金属表面，表现出良好的防锈性，再配合聚乙烯醇，用以促进防锈膜的形成，防止防锈剂从金属表面流失，并使防锈剂在金属表面附着更加牢固，最后加入硼砂，可以进一步起到增稠和防锈作用。所述有机酸三乙醇胺可由下述方法合成：将皮脂酸和三乙醇胺混合后，水浴加热并一直搅拌，反应温度控制在80～87℃之间，反应35～45min后冷却至室温，即得产物有机酸三乙醇胺。所述有机酸三乙醇胺的合成中，添加的皮脂酸和三乙醇胺的物质的量之比为1∶3。

二乙醇胺硼酸酯、硫脲作为极压润滑剂。其中二乙醇胺硼酸酯在金属切削过程中，能在金属表面形成硼的间隙化合物，而且这种间隙化合物还能溶解游离态的硼，形成固溶体，从而在摩擦表面形成复杂的渗透层作为高硬度微型吸附性滚珠填充在金属表面微观凹陷部分，使摩擦面更加光滑、平整，从而起到减摩抗磨作用；而硫脲含有C═S键，在边界润滑条件下，能生成含硫的无机膜。在这几种膜的协同作用下，起到了抗磨、润滑的作用。

油酸三乙醇胺和聚乙二醇作为表面活性剂，不仅不腐蚀工件，而且非离子型油酸三乙醇胺和阴离子型聚乙二醇复配可以起到协同作用，使本品具有低的表面张力，具有良好的润湿性能，从而提高本品润滑、冷却以及清洗性能。

氨甲基丙醇、二甲基硅油、甲基苯并三氮唑、亚甲基双吗啉可以显著提高切削液体系的碱度稳定性、润滑防锈性，也可以提高切削液体系的抑泡性和消泡性，还可以有效抑制切削液腐败，从而显著提高切削液的使用寿命。

[产品特性] 本品在加工过程中具有良好的润滑、抗磨、防锈和清洗功能，并且不起泡、切屑移除性好、不腐不臭、工作寿命长，因此加工后的工件表面粗糙度低、无有机物残留，放置长时间不返锈，从而可以很好满足金属的切削加工要求。本品绿色环保。

配方 37　废矿物油为基础油的金属切削液

原料配比

原料	配比（质量份）	
	1#	2#
再生矿物油	20	24
防锈剂	15.7	16.5
乳化剂	15	15
极压添加剂	19.7	20.6
pH值调节剂	5	5
杀菌剂	2.3	2.3
消泡剂	0.2	0.1
蒸馏水	14.2	7.3
表面活性剂	7.9	9.2

制备方法

（1）水相配制：于60℃环境下，向蒸馏水中加入pH值调节剂，使pH值保持在9～10；

（2）完全溶解后分别依次加入水溶性的防锈剂、表面活性剂、杀菌剂和消泡剂搅拌30min左右，均匀后静置；

（3）油相配制：于60℃环境下，向再生矿物油中依次加入油溶性的极压添加剂和乳化剂，搅拌30min左右，均匀后静置；

（4）两相相溶：将油相物质缓慢地加入水相中，保持搅拌60min，直至混合完全，制得金属切削液。

原料介绍

所述再生矿物油为收集的废矿物油经过混凝、萃取、吸附、絮凝沉降、离心分离、溶剂精制、分子蒸馏、加氢精制等一种或几种工艺综合处理后的再生矿物油。

所述防锈剂为润滑防锈剂和硼酸，所述润滑防锈剂为妥尔油和三乙醇胺的混合物，按妥尔油：三乙醇胺=1：（0.5～2）的质量配比称取妥尔油和三乙醇胺，将其混合于50～80℃下加热，反应30～60min，配制润滑防锈剂。

所述乳化剂为复合乳化剂、石油磺酸钠和脂肪醇聚氧乙烯醚的混合物，复合乳化剂为EO/PO嵌段烷氧基醇醚和司盘-80的混合物，按EO/PO嵌段烷氧基醇醚：司盘-80=1：（1～1.5）的比例称取EO/PO嵌段烷氧基醇醚和司盘-80，混合后在45～65℃下加热，反应30～60min配制复合乳化剂。

所述极压添加剂为聚醚磷酸酯和氯化石蜡的混合物，按聚醚磷酸酯：氯化石蜡=1：（5～8）的比例称取聚醚磷酸酯和氯化石蜡，混合后在80～100℃下加热，反应30～60min配制复合极压添加剂。

产品特性　以经过再生处理废矿物油为基础油，不仅可以减少废矿物油对环境的污染，而且使废矿物油更大程度地资源化利用，大大降低金属切削液的成本；通过选用聚醚磷酸酯作为铝镁合金缓蚀剂，其集铝合金、镁合金、黑色金属防锈于一体，使本品具有优异的抗硬水钙皂分散功能。该水基金属切削液具有较好的稳定性，优良的防锈性、润滑性和极压性，能够满足不同材料设备加工要求，具有普遍性和通用性，能够有效提高金属切削效果。

配方38 改进的加工中心用切削液

[原料配比]

原料	配比（质量份）	
	1#	2#
硼酸盐	17	20
聚醚化合物	17	19
烷基酚聚氧乙烯醚	14	11
二元酸酐	9	12
丙三醇	7	8
偏硅酸钠	8	14
氯化石蜡	4	7
苯并三氮唑	7	5
蓖麻油酸	3	2
硫代硫酸钠	3.4	3.7
表面活性剂	2	1.3
防锈添加剂	0.56	0.59
水	28	23

[制备方法] 将各组分原料混合均匀即可。

[产品特性] 本品通过精确的原料配比使产品性能优异，可循环利用，能有效提高生产效率，符合实际生产要求。

配方39 改性蓖麻油铝合金用切削液

[原料配比]

原料		配比（质量份）				
		1#	2#	3#	4#	5#
改性蓖麻油		20	30	25	22	28
季戊四醇酯		20	10	15	13	18
聚乙二醇醚		10	15	13	12	14
氨基硫脲		7	2	4	3	5
二壬基萘磺酸钡		0.5	4	2	1	3
环烷酸锌		7	5	6	5.5	6.5
苯甲酸		1.5	4	3	2	3.5
烷基酚聚氧乙烯醚		0.7	0.2	0.4	0.3	0.6
渗透剂	烷基磺酸钠	0.3	—	0.5	—	—
	烷基硫酸酯钠	—	—	—	0.4	—
	脂肪醇聚氧乙烯醚	—	0.6	—	—	0.55
石蜡	氯化石蜡	0.07	0.03	0.05	0.04	0.06
十二烷基甜菜碱		0.6	2	1	0.7	1.5
乳化剂	硬脂酰乳酸钙	0.3	—	0.2	—	—
	双乙酰酒石酸单甘油酯	—	—	—	0.08	—
	蔗糖脂肪酯	—	0.06	—	—	0.25
去离子水		10	18	14	12	16
改性蓖麻油	蓖麻油	1	1	1	1	1
	甲酸	0.2	0.6	0.2	0.6	0.4
	双氧水	0.8	0.4	0.8	0.4	0.6

续表

原料		配比（质量份）				
		1#	2#	3#	4#	5#
改性蓖麻油	颗粒状阳离子交换树脂	0.1	0.5	0.1	0.5	0.3
	纳米氧化铜	0.1	1.2	0.1	1.2	0.7
	表面活性剂	0.3	0.07	0.3	0.07	0.2

[制备方法] 将各组分原料混合均匀即可。

[原料介绍]

蓖麻油具有良好的可降解性和润滑性，但其分子中含有较多的不饱和碳碳双键以及β-H，导致蓖麻油的氧化稳定性和低温流动性不好，在本品中，选择甲酸和双氧水对蓖麻油进行改性，氧化蓖麻油中的碳碳双键，进而改善蓖麻油的氧化稳定性和低温流动性，且在此基础上，能够提高纳米氧化铜与蓖麻油的相容性，较好地引入具有除菌作用的氧化铜粒子，有效提高本品的抗菌性能。所述改性蓖麻油的制备方法为：向蓖麻油中加入甲酸、双氧水和颗粒状阳离子交换树脂，升温至60～70℃，保温反应6～9h，降温至30～40℃，加入纳米氧化铜和表面活性剂，水浴反应3～4.5h，即得。

季戊四醇酯和天然油脂的结构非常相似，都具有酯基结构，故其具有很好的生物降解性。

聚乙二醇醚分子结构中含有醚键，呈现出螺旋结构，具有较好的润滑性能和抗剪切性能。

[产品特性] 本品具有优异的润滑、抗菌、可降解、氧化稳定等性能，符合高效环保的理念要求。

配方 40 钢铝兼用水基金属加工切削液

[原料配比]

原料		配比（质量份）			
		1#	2#	3#	4#
矿物油	加氢矿物油	—	16	19	16
	石蜡基矿物油	18	—	—	—
防锈剂	三元有机膦酸盐	1	1	—	1
	氮唑环化物	—	—	1	—
有机碱	醇胺	6	6	6	6
	脂环胺	—	2	—	1
	脂肪胺	1	—	1	1
乳化剂	醚类非离子表面活性剂	1	4	4	5
	磺酸盐类阴离子表面活性剂	4	4	4	2
	妥尔油	4	4	4	1
	乙二醇丁醚	2	—	—	—
质子酸	一元羧酸	3	3	3	2
	二元羧酸	1	—	1	—
杀菌剂	均三嗪类杀菌剂	2	2	2	—
	吗啉类杀菌剂	—	—	—	4
消泡剂	有机硅消泡剂	0.05	0.05	0.05	0.05
铝腐蚀抑制剂	磷酸酯盐	1	1	1	1
溶剂	水	55.95	56.95	53.95	59.95

[制备方法]

（1）将有机碱、质子酸、防锈剂和水混合，得到第一混合液；

（2）将所述第一混合液依次与矿物油、铝腐蚀抑制剂和乳化剂进行混合，得到第二混合液；

（3）将第二混合液与杀菌剂和消泡剂进行混合，搅拌均匀，得到澄清透明的钢铝兼用水基金属加工切削液。

［原料介绍］

矿物油可以提供切削过程中的润滑性能，保证切削面的光滑平整。

乳化剂可以避免切削液在循环过程中油污的产生，同时也维持原液自身的稳定性。

有机碱为切削液提供碱性环境，避免切削加工时切削设备的腐蚀，同时还能一定程度抑制切削液中细菌的滋生，延长切削液的使用寿命。

质子酸和防锈剂复合在金属工件表面形成保护膜，抑制金属工件的锈蚀。

铝腐蚀抑制剂能够抑制铝制工件加工的腐蚀。

消泡剂可以起到长期消泡、抑泡作用。

［产品特性］ 本品能够满足钢件和铝制工件的加工需求。切削钢件和铝制工件时，切削液中无泡沫和不溶油皂，切削设备管道无堵塞和腐蚀情况。本品是以水作为溶剂，应用范围广，价格低廉，易清洗；不含有氯、苯、重金属等有毒物质，具有良好的经济效益和环境效益。

配方 41 高安全无害的切削液

［原料配比］

原料	配比（质量份）		
	1#	2#	3#
石蜡基矿物油	4	6	8
脂肪酸	4	6	8
硼酸	2	3	5
甘油	10	12	15
单硬脂酸甘油酯	6	8	10
聚异丁烯	2	3	5
聚丙烯酰胺	1	3	4
二甘醇二丁醚	3	4	6
表面活性剂	1	2	3
抗氧化剂	0.5	1	1.5
抑菌剂	0.5	1	1.5
消泡剂	2	3	4
缓蚀剂	2	3	4
复合防锈剂	0.5	1	1.5
助溶剂	10	12	15
去离子水	200	250	300

［制备方法］

（1）将石蜡基矿物油、脂肪酸、硼酸、甘油、单硬脂酸甘油酯、聚异丁烯、聚丙烯酰胺、二甘醇二丁醚依次加入搅拌釜中，加热至40～50℃，然后混合搅拌均匀；搅拌的速率为3000～4000r/min，搅拌的时间为10～30min。

（2）然后再加入复合防锈剂和助溶剂，继续加热至60～70℃，并继续搅拌；搅拌的速率为3000～4000r/min，搅拌的时间为10～30min。

（3）最后加入表面活性剂、抗氧化剂、抑菌剂、消泡剂、缓蚀剂和去离子水，并不断搅拌，直至搅拌到透明状态；搅拌的速率为3000～4000r/min，搅拌的时间为10～30min。

（4）将搅拌好的混合液放入容器中，放置在真空室温环境下静置8～15h。

（5）真空静置后，进行包装封装，即得到该高安全无害的切削液。

［原料介绍］

所述表面活性剂采用阴离子型表面活性剂和非离子型表面活性剂调配而成，所述阴离子型表面活性剂为石油磺酸钠，所述非离子型表面活性剂为异构十三醇醚，且阴离子型表面活性剂和非离子型表面活性剂的质量比为1∶2。

所述抑菌剂为均三嗪和异噻啉酮中的至少一种。

所述消泡剂为有机硅消泡剂和聚醚消泡剂中的一种或两种。

所述缓蚀剂为硼砂、钼酸钠、苯并三氮唑中的一种或几种的混合物。

所述复合防锈剂为十二烯基丁二酸三乙醇胺、癸二酸三乙醇胺、均三嗪环羧酸衍生物三乙醇胺、油酸三乙醇胺中的两种或几种的混合物。

所述助溶剂为丙三醇、丙二醇、聚乙二醇中的一种或几种的混合物。

[产品应用] 本品适用于有色金属和黑色金属的加工，尤其适用于铝材的加工，能够有效防止铝材表面的腐蚀问题。

[产品特性]

(1) 该切削液的清洗性好，具有良好的润滑性能，还克服了乳化型切削液易变质发臭、使用寿命短的缺点，大大提高了机械设备使用寿命，而且冷却性能好。

(2) 通过加入复合防锈剂、抑菌剂、抗氧化剂、表面活性剂等成分，使该切削液具有优异的防锈作用，并且能够抑制细菌、真菌的繁殖，延长切削液的使用周期；表面活性剂的使用可以显著降低切削液的表面张力，提高切削液的渗透性和清洗力，同时能够产生较其它类别的表面活性剂更少的泡沫。

(3) 本品配方中不含有污染环境的物质，绿色环保，并且多种组分能够被生物降解，使该切削液对人体无伤害。

配方 42 高防锈切削液

[原料配比]

原料		配比（质量份）				
		1#	2#	3#	4#	5#
矿物油		15	20	18	16	19
土耳其红油		17	10	15	11	16
甘油		8	15	12	9	13
二元酸酐		8	3	5	4	6
十二烯基丁二酸		0.6	3	2	1	2.5
山梨醇		8	4	6	5	7
乙二胺四乙酸二钠		1	3	2	1.5	2.5
防锈剂		0.5	0.1	0.3	0.2	0.4
钼酸钠		0.2	0.5	0.4	0.3	0.45
氨基三乙酸		2.5	0.5	1	0.8	2
润滑剂	硅油	—	0.1	—	—	—
	硅酸酯	0.03	—	0.07	—	—
	磷酸酯	—	—	—	0.05	0.08
去离子水		25	20	23	21	24
防锈剂	三聚磷酸铝	0.9	1.2	1.5	0.8	1.7
	乙烯-醋酸乙烯共聚物	2	3	4	4	2

[制备方法] 将各组分原料混合均匀即可。

[原料介绍]

本品将矿物油、土耳其红油、甘油配合作为基础油，使其具有较好的润滑性和耐磨性。

采用三聚磷酸铝和乙烯-醋酸乙烯共聚物复合制备防锈剂。三聚磷酸铝是一种固体无机酸，热稳定性较好，其含有的磷酸根离子能与铝合金表面反应，造成铝合金钝化现象，而铝离子又会生成难溶的络合物，从而起到了阳极保护的作用，防锈性能非常优良。将其与乙烯-醋酸乙烯共聚物反应形成络合物，在提高三聚磷酸铝与基础油相容性的同时，使本品具有较好的成膜性，能够形成连续均匀的钝化膜，提高防锈效果。所述防锈剂的制备方法为：将三聚磷酸铝研磨过800～1000目筛，加入乙烯-醋酸乙烯共聚物，升温至50～70℃，保温搅拌反应1～2h，降温至20～35℃，继续保温搅拌反应2.5～3.5h，抽滤，得到防锈剂。

本品添加的山梨醇、乙二胺四乙酸二钠与钼酸钠配合作用，能够有效提高其防腐性和热稳定性。

［产品特性］ 本品的各原料之间相容性好，且原料之间的配比合理，使其能够满足市场对于切削液性能的需求；本品具有优异的润滑性和防锈性。

配方 43 高抗磨性水基切削液

［原料配比］

<table>
<tr><th colspan="4" rowspan="2">原料</th><th colspan="3">配比（质量份）</th></tr>
<tr><th>1#</th><th>2#</th><th>3#</th></tr>
<tr><td rowspan="19">抗磨润滑剂</td><td rowspan="4">中间体1</td><td colspan="2">三聚氯氰</td><td>10</td><td>15</td><td>10</td></tr>
<tr><td colspan="2">硫化钠</td><td>45</td><td>60</td><td>50</td></tr>
<tr><td colspan="2">盐酸溶液</td><td>30（体积份）</td><td>30（体积份）</td><td>30（体积份）</td></tr>
<tr><td colspan="2">水</td><td>100（体积份）</td><td>120（体积份）</td><td>100（体积份）</td></tr>
<tr><td rowspan="5">中间体2</td><td rowspan="2">二甲胺水溶液</td><td>二甲胺</td><td>3.5</td><td>5.6</td><td>3.5</td></tr>
<tr><td>水</td><td>10（体积份）</td><td>20（体积份）</td><td>20（体积份）</td></tr>
<tr><td colspan="2">二甲胺水溶液</td><td>13.5（体积份）</td><td>15.6（体积份）</td><td>14.5（体积份）</td></tr>
<tr><td colspan="2">氯丙烯</td><td>10（体积份）</td><td>13（体积份）</td><td>13（体积份）</td></tr>
<tr><td colspan="2">氢氧化钠溶液</td><td>10（体积份）</td><td>13（体积份）</td><td>13（体积份）</td></tr>
<tr><td rowspan="3">中间体3</td><td colspan="2">中间体2</td><td>6.5</td><td>8.3</td><td>6.8</td></tr>
<tr><td colspan="2">去离子水</td><td>80（体积份）</td><td>100（体积份）</td><td>90（体积份）</td></tr>
<tr><td colspan="2">高锰酸钾</td><td>10.8</td><td>12.8</td><td>12.8</td></tr>
<tr><td rowspan="3">中间体4</td><td colspan="2">中间体1</td><td>1.6</td><td>2.6</td><td>3.5</td></tr>
<tr><td colspan="2">中间体3</td><td>3.5</td><td>4.3</td><td>4.2</td></tr>
<tr><td colspan="2">浓硫酸</td><td>1.6（体积份）</td><td>2.1（体积份）</td><td>2.1（体积份）</td></tr>
<tr><td colspan="3">中间体4</td><td>3.5</td><td>3.5</td><td>3.1</td></tr>
<tr><td colspan="3">乙醇</td><td>20（体积份）</td><td>20（体积份）</td><td>15（体积份）</td></tr>
<tr><td colspan="3">甲醛</td><td>3.2</td><td>3.2</td><td>4.3</td></tr>
<tr><td colspan="3">二乙醇胺</td><td>1.15</td><td>1.15</td><td>1.3</td></tr>
<tr><td colspan="4">缓蚀剂</td><td>5</td><td>5</td><td>5</td></tr>
<tr><td colspan="4">抗磨润滑剂</td><td>6</td><td>6</td><td>6</td></tr>
<tr><td colspan="4">防锈剂</td><td>10</td><td>10</td><td>10</td></tr>
<tr><td colspan="4">螯合剂</td><td>1</td><td>1</td><td>1</td></tr>
<tr><td colspan="4">分散剂</td><td>2</td><td>2</td><td>2</td></tr>
<tr><td colspan="4">乳化助剂</td><td>10</td><td>10</td><td>10</td></tr>
<tr><td colspan="4">去离子水</td><td>30</td><td>30</td><td>30</td></tr>
</table>

［制备方法］ 将缓蚀剂、抗磨润滑剂、防锈剂、螯合剂和去离子水一起投入反应釜中，在75～80℃温度条件下搅拌2h，冷却至30℃后加入分散剂和乳化助剂，继续搅拌1h，冷却至室温，得到高抗磨性水基切削液。

［原料介绍］

所述的缓蚀剂为巯基苯并噻唑、苯并三氮唑和三聚磷酸钠按照质量比1∶2∶2混合组成。

所述的防锈剂为磷酸盐和硼酸盐按照质量比1∶(1～2) 混合组成。

所述的螯合剂为乙二胺四乙酸，分散剂为偏磷酸钠。

所述的乳化助剂为硫化甘油三酸酯和十二烷基硫酸三乙醇胺按照质量比 1∶1 混合组成。

抗磨润滑剂由以下方法制备：

（1）将三聚氯氰和硫化钠加入反应釜中，向反应釜中加入盐酸溶液，控制反应釜温度在 60℃，加热反应 10～12h，冷却，旋转蒸除溶剂，将产物加水溶解，抽滤，保留滤液旋除水分，置于真空干燥箱中，在室温条件下放置 10～12h，得到中间体 1。

（2）将二甲胺溶解在水中，得到二甲胺水溶液，将二甲胺水溶液置于冰水浴中搅拌，控制二甲胺水溶液的温度为 5℃，向二甲胺水溶液中先后滴加氯丙烯和氢氧化钠溶液，滴加完成后，在转速为 300～500r/min 的条件下，搅拌反应 1～2h，得到中间体 2；氯丙烯和氢氧化钠溶液的滴加间隔时间为 10min，氢氧化钠溶液的浓度为 5mol/L。

（3）将中间体 2 和去离子水加入反应釜中，在温度为 110～120℃的条件下加入高锰酸钾，回流反应 4～5h，制得中间体 3。

（4）将中间体 1 和中间体 3 加入反应釜中，在转速为 300～500r/min 的条件下进行搅拌并加入浓硫酸，在温度为 80～90℃的条件下反应 1～2h，制得中间体 4；浓硫酸的质量分数为 95%。

（5）将中间体 4、乙醇加入反应釜中，在温度为 40～60℃的条件下搅拌溶解，将甲醛、二乙醇胺搅拌混合均匀，得到混合溶液，向反应釜中滴加混合溶液，在温度为 80～90℃条件下加热回流 4～6h，冷却，旋转蒸除溶剂，加入去离子水，抽滤，保留滤液旋除水分，置于真空干燥箱中，在室温条件下放置 10～12h，得到抗磨润滑剂。乙醇的质量分数为 46%。

[产品特性] 以均三嗪杂环为母体，通过亲核反应，在均三嗪杂环上引入不同的官能团，得到抗磨润滑剂，抗磨润滑剂的分子中含有致密的氮杂环，由于氮杂环中的电子云密度较高，因此能够较好地吸附在摩擦副表面，形成较完整的保护膜；由于二乙醇胺中含有碳烷基的支链，利用这些支链起到油性基的作用，增加保护膜的厚度，隔开相互摩擦的两个表面，从而使切削液能够起到较好的润滑保护作用；另外由于二乙醇胺中含有多个羟乙基，在将抗磨润滑剂应用到切削液中后，羟乙基能够使保护膜更加牢固地吸附在切削件表面，对切削件起到保护作用；并且由于抗磨润滑剂中含有硫元素，硫元素与金属反应生成硫化物等无机物，利用低剪切应力的硫化物具有良好的极压抗磨减摩特性，从而极大地提高了切削液的极压抗磨减摩能力，在含有硫元素的前提下，通过在均三嗪杂环中引入羟烷基也能够有效提高切削液的减摩性能；通过氯丙烯和二甲胺之间进行亲核取代反应，得到抗菌单体，将抗菌单体引入中间体 1 中，由于抗菌单体中含有季铵盐，因此在将抗磨润滑剂应用到切削液中后，季铵盐作用于微生物的生长过程，对微生物起到有效的杀菌作用，从而在一定程度上提高切削液的抗菌性能。

配方 44 高冷却性能机械加工切削液

[原料配比]

原料		配比（质量份）		
		1#	2#	3#
水溶性弹性树脂	有机硅树脂	9	—	—
	改性聚丁二烯树脂	—	4	—
	丙烯酸树脂	—	—	7
亚磷酸三苯酯		6	2	5
季戊四醇胺		5	2	3
蓖麻油酸聚乙二醇酯		8	3	4
氯化石蜡		7	2	5
水杨酸钠		4	2	3
去离子水		70	50	65

续表

原料		配比（质量份）		
		1#	2#	3#
消泡剂	丙烯酸与醚的共聚物	4	—	2
	蓖麻油聚氧乙烯醚	—	1	—
清净剂	环烷酸镁	3	—	—
	烷基水杨酸钙	—	1	—
	超碱值合成磺酸镁	—	—	2

［制备方法］

（1）称量：按照各个组分的质量份数称取各个组分；

（2）混合：将各个组分依次放入搅拌器中进行搅拌；

（3）真空静置：将搅拌好的混合液放入容器中，放置在真空室温环境下静置8～15h；

（4）封装：真空静置后，进行包装封装，即得到高冷却性能机械加工切削液。

［产品特性］ 本品具有非常理想的冷却性能，其热导率较高，而且还具有较为优良的润滑性能，满足机械加工领域对于切削液的高性能要求。

配方  高冷却性切削液

［原料配比］

原料	配比（质量份）			
	1#	2#	3#	4#
甘油	40	43	48	50
石油磺酸钠	10	11	12	13
防锈剂	5	6	7	8
聚丙烯酰胺	1	2	2	3
过硫酸铵	1	1.3	1.4	1.5
脂肪醇聚氧乙烯醚	6	7	8	9
三乙醇胺油酸皂	2	3	4	5
聚乙二醇	1	2	2	3
水	10	12	13	15

［制备方法］

（1）将聚丙烯酰胺、脂肪醇聚氧乙烯醚、过硫酸铵、聚乙二醇、水加入搅拌釜中，在转速为300～500r/min、温度为80～85℃的条件下搅拌1～1.5h，制得混合液；

（2）将混合液、甘油、石油磺酸钠、防锈剂、三乙醇胺油酸皂加入搅拌釜中，在转速为800～1000r/min的条件下搅拌2～3h，制得高冷却性切削液。

［原料介绍］

所述的防锈剂由如下步骤制成：

（1）将过硫酸钾、五氧化二磷、浓硫酸加入反应釜中，在转速为200～300r/min、温度为80～90℃的条件下，搅拌至过硫酸钾和五氧化二磷完全溶解后加入石墨，继续搅拌5～8h后降温至25～30℃，用去离子水洗涤至中性后真空干燥，制得预氧化石墨；将预氧化石墨溶解于浓硫酸中，在温度为3～5℃的条件下加入高锰酸钾，在温度为35～40℃的条件下反应2～3h后加入去离子水，静置5～10min后加入双氧水，至反应液呈亮黄色，用蒸馏水洗涤至中性后依次用丙酮和浓盐酸洗涤3次，再次洗涤至中性后真空干燥，制得氧化石墨烯；所述的过硫酸钾、五氧化二磷、浓硫酸、石墨的用量为1g∶1g∶3mL∶0.5g，预氧化石墨、浓硫酸、高锰酸钾、去离子水、双氧水的用量比为1g∶25mL∶3g∶50mL∶30mL，浓硫酸的质量分数均为95%，浓盐酸的质量分数为36%，双氧水的质量分数为30%。

(2) 将氧化石墨烯分散在去离子水中，加入三聚氰胺和 *N*,*N*-二甲基甲酰胺，在转速为200～300r/min、温度为40～50℃的条件下进行反应，制得预改性石墨烯；将十二烯基丁二酸、氮-溴代丁二酰亚胺、过氧化苯甲酰、四氯化碳加入反应釜，在温度为80～90℃的条件下反应8～10h，制得中间体1；将中间体1、预改性石墨烯、四氢呋喃加入反应釜中，在转速为150～200r/min、温度为35～40℃的条件下进行反应，制得改性石墨烯；将改性石墨烯、二环己基碳二亚胺、4-二甲氨基吡啶加入反应釜中，在温度为25～30℃的条件下反应10～15h后，减压蒸馏除去二环己基碳二亚胺，制得润滑载体；所述的氧化石墨烯、三聚氰胺、*N*,*N*-二甲基甲酰胺的质量比为5∶1∶0.5，十二烯基丁二酸、氮-溴代丁二酰亚胺、过氧化苯甲酰、四氯化碳的用量比为0.15mol∶0.15mol∶0.3g∶350mL，中间体1、预改性石墨烯、四氢呋喃的用量比为3g∶5g∶30mL，改性石墨烯、二环己基碳二亚胺、4-二甲氨基吡啶的质量比为10∶5∶2.3。

(3) 将三聚氯氰溶于丙酮中，在转速为150～200r/min、温度为40～50℃的条件下搅拌并加入2-氨基苯并咪唑和碳酸钾溶液，反应3～5h后加入3-丁烯-1-胺，在温度为80～90℃的条件下反应2～4h，制得中间体2。将正硅酸乙酯和乙醇加入反应釜中，在转速为200～300r/min的条件下搅拌30～35min后加入盐酸溶液，在转速为350～400r/min的条件下搅拌25～30min后加入乙烯基三乙氧基硅烷，在温度为60～70℃的条件下继续反应1～1.5h后过滤去除滤液，将滤饼进行烘干，制得改性纳米二氧化硅。三聚氯氰、2-氨基苯并咪唑、3-丁烯-1-胺的摩尔比为1∶2∶1，正硅酸乙酯、乙醇、盐酸溶液、乙烯基三乙氧基硅烷的用量比为10g∶9g∶3mL∶(0.5～0.8) g，盐酸的质量分数为20%。

(4) 将改性纳米二氧化硅、中间体2、偶氮二异丁腈、环己酮加入反应釜中，通入氮气进行保护，在温度为65～70℃的条件下反应18～25h后过滤去除环己酮，得到防锈颗粒，将防锈颗粒分散在去离子水中，加入润滑载体，在频率为5～8MHz的条件下超声处理1～1.5h后过滤去除去离子水，将滤饼在温度为200～230℃的条件下焙烧10～15min后，冷却至室温，制得防锈剂。改性纳米二氧化硅、中间体2、偶氮二异丁腈、环己酮的用量比为1.5g：2.6g∶0.012g∶20mL，防锈颗粒和润滑载体的质量比为3∶8。

产品特性 本品防锈剂以石墨烯为基体，石墨烯具有很好的润滑效果，使得切削液的润滑性提升，且表面含有大量氮原子，氮原子上的弧对电子和三嗪环上的π电子能够与金属原子的空间轨道形成配位键，从而吸附在金属表面，在金属表面形成一层石墨烯薄膜，以及二氧化硅薄膜，进而使得防锈效果进一步提升。

配方 46 高品质低油雾植物基础油微乳化切削液

原料配比

<table>
<tr><th colspan="2">原料</th><th>配比（质量份）</th></tr>
<tr><td colspan="2">异丙醇胺</td><td>5</td></tr>
<tr><td colspan="2">抗腐蚀剂</td><td>2</td></tr>
<tr><td colspan="2">三元羧酸</td><td>5</td></tr>
<tr><td colspan="2">苯并三氮唑</td><td>1</td></tr>
<tr><td colspan="2">润滑剂</td><td>6</td></tr>
<tr><td colspan="2">妥尔油</td><td>4</td></tr>
<tr><td colspan="2">异构十三醇聚氧乙烯醚</td><td>2</td></tr>
<tr><td colspan="2">植物基础油</td><td>50</td></tr>
<tr><td colspan="2">格尔伯特醇</td><td>3</td></tr>
<tr><td colspan="2">醚羧酸复配剂</td><td>2</td></tr>
<tr><td colspan="2">沙索聚醚1740</td><td>5</td></tr>
<tr><td>呈碱性的氢氧化合物</td><td>氢氧化钾</td><td>0.5</td></tr>
</table>

续表

原料	配比（质量份）
疏水性乳化剂	4
水	加至100

[制备方法]

（1）将异丙醇胺、三元羧酸、苯并三氮唑、呈碱性的氢氧化合物、水加入250mL烧杯中。

（2）对烧杯中的液体进行第一次搅拌直至变成均匀透明的液体A；第一次搅拌是在常温下进行搅拌。

（3）向液体A中加入抗腐蚀剂、润滑剂、妥尔油、异构十三醇聚氧乙烯醚、植物基础油、格尔伯特醇、醚羧酸复配剂、沙索聚醚1740和疏水性乳化剂。

（4）对烧杯中的液体进行第二次搅拌直至液体变得均匀透明形成成品。第二次搅拌是在35～45℃条件下进行搅拌。

[原料介绍]

采用罗地亚Rhodafac ASI-80作为制备切削液的抗腐蚀剂，罗地亚Rhodafac ASI-80具有非常好的润滑和极压性能，可直接加入浓缩物，不需要加入偶联剂，同时Rhodafac ASI-80对金属铝的表面处理最有效，尤其是在诸如敏感的航空铝合金的处理中，在浓度1%时，Rhodafac ASI-80对金属锌也十分有效，对镁也会起到缓蚀作用，适用性广。

采用聚酯GY-25作为润滑剂，此润滑剂具有良好的水解稳定性和热、氧化性能，适用于高温退火，抑制细菌滋生，取代含氯、硫系极压添加剂，避免有毒物质和油雾生成。

由于切削液制备时大都存在有机酸碱反应，反应活性较弱，需要进行催化和活化，加入氢氧化钾，可以提高切削液中脂肪酸和醇胺的反应活性，更利于提高效率；可以提高碱值，减少碱的用量；活化硬水，氢氧根结合水质中的钙、镁形成细小颗粒沉淀，避免脂肪酸结合钙、镁形成絮状沉淀。

所述疏水性乳化剂为MARLOX RT 42；具有出色的低泡性能优异的钙皂分散能力，易生物降解，环保性好。

[产品特性]

本品稳定性好，环保，适用性强。此切削液采用罗地亚Rhodafac ASI-80作为抗腐蚀剂，低浓度即可对多种金属表面起到缓蚀的作用，成本低，效果好。

配方47 高润滑低泡沫的微乳型切削液

[原料配比]

原料		配比（质量份）			
		1#	2#	3#	4#
精制豆油		15	25	20	18
动物油酸		5	10	7	8
抗氧剂	未中和的油溶性磷酸酯	1	3	2	2
极压剂		3	10	7	5
分散剂		1	3	2	2
乳化剂	非离子表面活性剂	5	15	10	7
防腐剂	N,N′-亚甲基双吗啉	2	5	4	3
防锈剂	硼酸	5	—	—	—
	酰胺己酸三乙醇胺盐、磺酸铵盐组成的混合物	—	15	—	—
	硼酸酯、油酸组成的混合物	—	—	8	—
	癸二酸	—	—	—	12

续表

原料		配比（质量份）			
		1#	2#	3#	4#
消泡剂	DF-18 型消泡剂	0.01	0.05	0.03	0.04
水		加至 100	加至 100	加至 100	加至 100

[制备方法] 称取精制豆油、动物油酸、抗氧剂、极压剂、分散剂、乳化剂、防腐剂、防锈剂、消泡剂和水，先在水中加入分散剂、防锈剂得到水基部分；随后在 40～60℃下将精制豆油、动物油酸、抗氧剂、极压剂和水基部分混合搅拌均匀，然后再加入乳化剂、防腐剂、消泡剂混合搅拌均匀即可。

[原料介绍]

抗氧剂为未中和的油溶性磷酸酯，可以为微乳型切削液提供出色的润滑性能、良好的承载性能和腐蚀抑制性能，产品不会污染铝或者用于航空航天零部件制造的敏感铝合金。

所述乳化剂为非离子表面活性剂，具有良好的自乳化性能，在冷水中分散性好，乳化安定性好，稀释液静置几乎不析油析皂；针对铝及其合金的防护性优异，不含硼，不含胺，不含氯，不含亚硝酸盐以及各种重金属，可广泛用于铝镁合金、敏感易变色铝合金、电子铝合金等的加工，加工后不变色。

所述精制豆油的特征指标为：酸值（以 KOH 计）≤0.50mg/g，游离脂肪酸≤0.25mg/g，过氧化值≤5.0mmol/kg，碘值 124～139g/100g，皂化值 189～195mg/g，不皂化物≤15g/kg。

所述动物油酸的特征指标为：碘值 95～110g/100g，皂化值 196～207mg/g，酸值（以 KOH 计）195～206mg/g。

所述分散剂的特征指标为：羟值（以 KOH 计）252～258mg/g，酸值（以 KOH 计）≤0.05mg/g，羰值≤0.30，溴指数≤100mg/100g，皂化值（以 KOH 计）≤0.20mg/g。

[产品特性] 本品配方设计合理，其可以作为不同种类的水溶性金属加工液，具有色泽浅、气味低、泡沫小和乳化性能超高等优点，适用于多种金属，能够有效提高润滑性。

配方 48 高润滑高渗透的环保半合成金属切削液

[原料配比]

原料		配比（质量份）				
		1#	2#	3#	4#	5#
基础油		20	40	25	35	30
复合极压剂		25	10	22	12	17
乳化剂		10	50	20	40	25
十二烯基丁二酸		6	2	6	3	5
苯并三氮唑		3	6	4	5	5
聚氧丙烯甘油醚		5	1	4	2	3
乳化硅油		1	5	2	5	2
二烷基醚胺		4	1	3	2	2
丙二醇丁醚		2	15	4	12	5
三乙醇胺		3	1	2	1	1
环氧乙烷环己胺		1	6	2	4	3
去离子水		50	15	40	20	35
复合极压剂	油酸二乙醇酰胺	4	4	4	4	4
	硼酸	5	5	5	5	5
	1-羟基苯并三氮唑	5	5	5	5	5

[制备方法] 将各组分原料混合均匀即可。

[原料介绍]

所述基础油为脂肪油，优选菜籽油、橄榄油、葵花籽油和鱼油中的至少一种。脂肪油分子能在金属表面形成分子吸附膜，进而显著提高减摩性能，从而降低切削时的摩擦阻力，并且脂肪油为天然动植物油，易于降解，对环境友好。

采用对金属有较显著的缓蚀能力和防锈效果的硼酸、具有防锈功能的表面活性剂油酸二乙醇酰胺以及1-羟基苯并三氮唑进行复合反应，发挥各自优势，制得的复合极压剂能在摩擦表面产生强吸附作用，并且生成具有层状结构的氮化硼化合物，其具有优良的摩擦学性能，水溶性好，更重要的是它还具有优良的水解稳定性。所述复合极压剂采用如下方法制备：将油酸二乙醇酰胺和硼酸在温度为125℃条件下反应150min，得淡黄色黏稠状液体油酸二乙醇酰胺硼酸酯；然后将制得的油酸二乙醇酰胺硼酸酯和1-羟基苯并三氮唑在温度为135℃条件下反应180min，得到复合极压剂。所述油酸二乙醇酰胺、硼酸和1-羟基苯并三氮唑的摩尔比为4∶5∶5。

所述乳化剂由三乙醇胺油酸皂、烷基磺酸钠、吐温-80按质量比为（5～8)∶(10～15)∶(4～7）组成。三乙醇胺油酸皂、烷基磺酸钠、吐温-80相互配合，并与脂肪油以合适比例相互配合，能形成稳定的微乳液，保证本品在具有均一外观和适中黏度的同时，避免了表面张力高、渗透性低的问题，使得本品具有较低的表面张力和良好的渗透性；并且三乙醇胺油酸皂、烷基磺酸钠、吐温-80与聚氧丙烯甘油醚、乳化硅油相互配合，使得本品具有良好的低泡性并具有很低的表面张力，从而进一步增加本品的渗透性。

本品加入十二烯基丁二酸、苯并三氮唑，由于十二烯基丁二酸、苯并三氮唑中极性基团的存在，它们能在金属表面形成薄而牢固的油膜，阻止腐蚀介质与金属接触，保护金属不被锈蚀和腐蚀；再加入二烷基醚胺，使本品具有更好的低温稳定性和更高的抗菌、防腐作用。

加入三乙醇胺和环氧乙烷环己胺作为pH调节剂，它们不但具有优异的pH值调节能力和pH值稳定能力，而且可以增强切削液的防锈、防腐蚀性能，还具有抗微生物降解功能，一定程度上能延长切削液的使用寿命。

[产品特性] 乳化剂、复合极压剂、防锈剂、消泡剂、杀菌剂、耦合剂、pH调节剂的复配，使本品在加工过程中具有良好的润滑、抗磨、防锈和清洗功能，并且不起泡、切屑移除性好、不腐不臭、工作寿命长，因此加工后的工件表面粗糙度低、无有机物残留，并且放置长时间不返锈，从而可以很好满足对金属的切削加工要求；本品润滑性好、渗透性强、绿色环保无污染。

配方 49 高润滑长寿命环保型半合成水溶性切削液

[原料配比]

原料	配比（质量份）	
	1#	2#
月桂二酸	5	6
苯并三氮唑	0.5	0.4
一异丙醇胺	7	7
二乙氨基乙醇	6	4
二甘醇胺	6	5
聚合蓖麻油酸	4	6
高分子聚合酯	12	11
反式聚氧乙烯聚氧丙烯嵌段聚醚	20	19
聚乙烯胺	2.5	3
乳化硅油	0.5	0.6
水	加至100	加至100

[制备方法] 将各组分原料混合均匀即可。

[产品特性] 本品选用高分子聚合酯（替代传统使用的矿物油）设计配方，产品润滑性能优，

3%稀释液摩擦系数≤0.03（普通市售产品摩擦系数大于0.1）。本产品选用聚醚等多种新型表面活性剂参与复配，产品抗杂油性能强（3%稀释液，切屑沉降时间≤5s，循环使用寿命长≥4.5年）。本产品中原料不使用危及人体和环境的有毒有害物质（选用性能优良、生物降解度高、对人和环境友好的可替代物质），更安全。

配方 50 高润滑水基切削液

[原料配比]

原料		配比（质量份）		
		1#	2#	3#
石油树脂		11	5	9
硫化鲸鱼油		6	2	5
聚丙烯酰胺		3	1	2
聚乙烯基正丁基醚		4	1	2
硫化氨基甲酸锌		2	1	2
硬脂酸丁酯		7	3	4
去离子水		75	55	68
消泡剂	丙烯酸与醚的共聚物	4	—	3
	蓖麻油聚氧乙烯醚	—	2	—
乳化剂	壬基酚聚氧乙烯醚	3	—	—
	山梨糖醇酐单油酸酯	—	—	2
	烷基酚聚氧乙烯醚	—	1	—

[制备方法]

（1）称量：按照各个组分的质量份数称取各个组分；

（2）混合：将各个组分依次放入搅拌器中进行搅拌；

（3）真空静置：将搅拌好的混合液放入容器中，放置在真空室温环境下静置8～15h；

（4）封装：真空静置后包装封装，即得到高润滑水基切削液。

[产品特性] 本品不仅具有一般水性切削液的诸多优点，而且其具有优良润滑性能，其制备工艺简便，可根据需要现场配制，避免长期保存变质影响其性能。本品为均匀液态，无分层沉淀现象出现。

配方 51 高润滑通用型全合成切削液

[原料配比]

原料		配比（质量份）			
		1#	2#	3#	4#
防锈剂		8	6	9	7
碱储备剂		15	13	14	11
金属离子螯合剂	EDTA-4Na	0.2	0.3	0.15	0.5
铝缓蚀剂	五水偏硅酸钠	0.1	0.15	0.2	0.6
铜缓蚀剂	苯并三氮唑	0.2	0.25	0.3	0.4
特殊润滑剂	硬脂酸 SA1801	5	6	8	12
润湿剂	异己二醇	1	2	1.5	6
抗硬水剂	异构醇醚羧酸	0.2	0.2	0.2	0.3
杀菌抑菌剂	乙基己基甘油	2	2.5	2	3
沉降剂	Busan 77	0.2	0.2	0.3	0.6

续表

原料		配比（质量份）			
		1#	2#	3#	4#
消泡剂	硅油乳液	0.1	0.15	0.15	0.3
稀释剂	自来水	30	45	55	70
防锈剂	硼酸	1	—	9	2
	三元酸	1	6	—	1
碱储备剂	一乙醇胺	1	—	—	—
	三乙醇胺	3	2.5	—	—
	一异丙醇胺	—	1	1	—
	二甘醇胺	—	—	0.8	11

[制备方法]

（1）将防锈剂、碱储备剂、金属离子螯合剂、铝缓蚀剂、铜缓蚀剂、特殊润滑剂依次加入搅拌均匀。

（2）搅拌均匀后的混合液进行加热；加热至80℃。

（3）再将加热的混合液进行搅拌；搅拌时间为1～4h。

（4）将搅拌后的混合液静置，冷却至室温。

（5）再依次加入润湿剂、抗硬水剂、杀菌抑菌剂、沉降剂、消泡剂及稀释剂。每加入一种材料，需搅拌均匀后再加入下一种，直至最后均匀至透明溶液即可。

[产品应用] 本品适合黑色金属及铝合金、铜合金的切削。

[产品特性] 本品的清洗冷却性、润滑性较强，且较长时间内润滑性稳定。添加特殊润滑剂SA1801可以满足大部分的润滑要求，再配合铝缓蚀剂和铜缓蚀剂，达到可以适合黑色金属及铝合金、铜合金的切削、磨削加工目的，进而达到改善高润滑通用型全合成切削液的润滑性。

配方 52 高润滑稳定型切削液

[原料配比]

原料		配比（质量份）									
		1#	2#	3#	4#	5#	6#	7#	8#	9#	10#
二乙二醇		40.5	45.5	43.5	43.5	43.5	43.5	43.5	43.5	43.5	43.5
三乙醇胺		8	5	7.5	7.5	7.5	7.5	7.5	7.5	7.5	7.5
二乙醇胺		2	5	3.6	3.6	3.6	3.6	3.6	3.6	3.6	3.6
乳化剂	脂肪醇醚磷酸酯钾盐 MOA-3PK-70	10	—	9	1	—	—	9	9	9	9
	脂肪醇醚磷酸酯钾盐 MOA-3PK-40	—	5	—	—	—	—	—	—	—	—
	正癸酸	—	—	—	—	9	—	—	—	—	—
	酚醚磷酸酯钾盐 NP-4PK	—	—	—	—	—	9	—	—	—	—
缓蚀剂		14.2	17.1	15.2	15.2	15.2	15.2	15.2	15.2	15.2	15.2
有机硅消泡剂	甲基硅油	0.3	0.4	0.2	0.2	0.2	0.2	0.2	0.2	0.2	0.2
水		25	22	21	21	21	21	21	21	21	21
缓蚀剂	硼酸	10	12	11	11	11	11	15	14	—	11
	三乙醇胺硼酸酯	4	5	4	4	4	4	—	1	15	4
	苯并三氮唑	0.2	0.1	0.2	0.2	0.2	0.2	0.2	0.2	0.2	0.2

[制备方法]

（1）将所述二乙二醇、三乙醇胺、二乙醇胺、乳化剂、有机硅消泡剂、水加入容器中，常温常压下搅拌 0.5～1h；

（2）将缓蚀剂加入上步中，常温常压下继续搅拌 0.5～1h，即得。

[原料介绍] 脂肪醇醚磷酸酯钾盐是单酯组分和双酯组分的混合物，不同的疏水基结构增大了电偶极子和非电偶极子之间作用力而吸附形成润滑膜，使界面之间摩擦减小；而本品中的缓蚀剂在金属表面的化学吸附，改变了金属的双电层结构，同时配合脂肪醇醚磷酸酯钾盐中单酯组分和双酯组分不同的疏水结构使杂质被脂肪醇醚磷酸酯钾盐排挤出来从而隔离金属提高防锈性。

[产品特性]

（1）本品采用特殊的乳化剂提高渗透性的同时使润滑性能提高，作为不含油的切削液产品，在同等条件下能够代替低含油量的半合成切削液。此外，本品通过特殊防锈剂的复配，润滑膜表面长期保持平滑，因此不会产生刀具面与工件之间的直接接触而形成所谓的干摩擦，使刀与屑之间接触长度变短，剪切角变大，从而减小切削难度。

（2）本品中采用的缓蚀剂为硼酸、三乙醇胺硼酸酯、苯并三氮唑的混合物，当单独采用苯并三氮唑与硼酸或三乙醇胺硼酸酯复配时效果都不如三者一起好。在本体系中三乙醇胺硼酸酯在切削时可能会水解，而当硼酸加入三乙醇胺硼酸酯中使水解平衡左移，因而不易在体系中发生水解，此外硼酸中的硼原子以及苯并三氮唑的氮还可通过自身空轨道形成分子间或分子内配位键，减缓水解速度，提高切削液品质。

配方 53 高润滑耐高温的全合成切削液

[原料配比]

原料		配比（质量份）			
		1#	2#	3#	4#
三乙醇胺及其衍生物		15	10	30	15
一元酸		6	3	10	6
多元酸		10	5	20	10
太古油		2	1	2	2
甘油		8	3	10	8
杀菌剂	4,4-二甲基-1,3-唑烷	1.3	0.2	2.5	1.3
水		60	50	80	60
三乙醇胺及其衍生物	三乙醇胺	3	3	3	3
	三乙醇胺硼酸酯	1	1	1	1
	三乙醇胺/苹果酸	1	1	1	—
一元酸	3-羟基己酸	1	1	1	1
	异辛酸	2	2	2	2
多元酸	三元酸	1	1	1	1
	二元酸	2	2	2	2
二元酸	癸二酸	2	2	2	2
	1,3-环己二甲酸	1	1	1	1
三元酸	3-羟基-2,4,5-吡啶三羧酸	1	1	1	1
	三元聚羧酸	1	1	1	1

[制备方法]

（1）将原材料三乙醇胺及其衍生物加入水中，开启搅拌和加热，搅拌均匀，加热至 35～50℃即可。

（2）将原材料一元酸、多元酸中二元酸依次加入，搅拌至完全溶解。若多元酸或者三元酸为颗粒状固体，适当加热可加速溶解。

（3）将原材料太古油、多元酸中三元酸依次加入，搅拌至完全溶解。

（4）将原材料甘油、杀菌剂加入，搅拌至均匀透明。

（5）适当冷却至室温后，即可出料。

[原料介绍]

三乙醇胺衍生物包含三乙醇胺硼酸酯和三乙醇胺/苹果酸。所述三乙醇胺/苹果酸是三乙醇胺和苹果酸反应制备得到的，具体制备方法如下：将三乙醇胺、苹果酸、丙酮加入至反应器中，搅拌均匀溶解，升温至40～50℃反应0.5～1h，反应结束后冷却至室温，过滤，减压蒸馏除去丙酮及水，得到三乙醇胺/苹果酸。

所述太古油又称为茜草油，是由蓖麻油和浓硫酸在较低的温度下反应，再经过氢氧化钠中和而成。

[产品特性]

（1）本品可以循环过滤使用，无排放、绿色环保，渗透能力强，具有良好的润滑性和耐高温性能。

（2）本品渗透能力强。

（3）用本品车削、铣削的工件，无需再清洗除油，节约成本。

配方 54 高润滑性切削液

[原料配比]

原料	配比（质量份）
大豆油	20～30
矿物油	10～15
防锈剂	8～12
乳化硅油	0.2～0.3
异噻唑啉酮	1～1.5
脂肪酸甲酯磺酸盐	15～25
硼酸盐	4～7
水	加至100

[制备方法]

（1）取新制备的大豆油，使用过滤装置进行过滤，按照质量份称取除杂后的大豆油备用。

（2）先将水、脂肪酸甲酯磺酸盐和防锈剂搅拌混合，得到混合液A。

（3）然后将大豆油、矿物油、硼酸盐加入混合液A中，在50～65℃下搅拌均匀，得到混合液B；搅拌时间为10～15min。

（4）最后向混合液B中加入乳化硅油和异噻唑啉酮搅拌均匀，得到高润滑性切削液。

[原料介绍] 所述防锈剂为硼酸、癸二酸、磺酸铵盐及油酸中的一种或两种以上组成的混合物。

[产品特性] 本品具有良好的降温与润滑效果。

配方 55 高润滑长寿命切削液

[原料配比]

原料	配比（质量份）		
	1#	2#	3#
环烷基基础油	44	40	38
菜籽油酸	6	7	8
三羟甲基丙烷油酸酯	15	20	18
脂肪醇EO-PO共聚物	6	6	7

续表

原料	配比（质量份）		
	1#	2#	3#
三乙醇胺	9	8	8
防锈剂癸二酸	6	5	7
杀菌剂 MBM	3	3	2
硅氧烷消泡剂	1	1	2
水	10	10	10

制备方法

（1）将水升温至 50～60℃，搅拌的同时加入环烷基基础油、菜籽油酸、三羟甲基丙烷油酸酯、脂肪醇 EO-PO 共聚物、三乙醇胺和防锈剂癸二酸；

（2）向步骤（1）制得的混合液体中加入 MBM 杀菌剂、硅氧烷消泡剂，进行搅拌；

（3）将步骤（2）制得的液体冷却至室温，即可制得所需高润滑长寿命切削液。

产品应用

材料为型材铝、压铸铝，使用浓度：8%～10%；

材料为碳钢、合金钢，使用浓度：8%～15%；

材料为不锈钢、钛合金，使用浓度：15%～30%。

产品特性

（1）本品可以延长刀具使用寿命，提高工件表面的光洁度；

（2）本品可以大大延长切削液更换周期，节省人工成本，提高生产效率，降低废液处理成本；

（3）本品具有良好的冷却、清洗、防锈等特点，并且具备无毒、无味、对人体无侵蚀、对设备不腐蚀、对环境不污染等特点。

配方 56 高效防锈切削液（1）

原料配比

原料	配比（质量份）			
	1#	2#	3#	4#
对叔丁基苯甲酸	1	3	2	1.3
脂肪酸聚乙二醇酯	2	5	3.5	2.5
苯甲酸	2	5	3.5	2.5
甘油	3	8	6	3.8
杀菌剂	0.5	3	1.5	1.3
乳化剂	3	5	4	3.5
氨基三乙酸	0.5	3	1.5	1.3
醇醚磷酸酯	0.5	3	1.6	1.3
水	加至 100	加至 100	加至 100	加至 100

制备方法 将各组分原料混合均匀即可。

原料介绍

脂肪酸聚乙二醇酯是一种非离子型表面活性剂，溶于异丙醇、甲苯、豆油、矿物油中，具有乳化、增溶的作用。

氨基三乙酸能为金属离子提供四个配位键，而且它的分子又较小，因而它具有非常强的络合能力，能与各种金属离子形成稳定的螯合物。其与金属离子的强结合作用使金属离子包合到螯合剂内部，变成稳定的、分子量更大的化合物，从而阻止金属离子起作用。

醇醚磷酸酯引入了磷，在切削时，会在金属的表面形成磷化膜，使金属具备一定的防锈和抗腐蚀能力。

［产品特性］

（1）不容易变质，使用后对零件清洁处理后可直接涂防锈油，零件不容易锈蚀；

（2）由于在切削液中添加了杀菌剂，切削液中滋生的细菌少、切削液使用寿命长且零件不容易生锈。

配方 57 高效防锈切削液（2）

［原料配比］

原料		配比（质量份）			
		1#	2#	3#	4#
脂肪酸烷醇酰胺	脂肪酸甲酯	1	1	1	1
	二乙醇胺	1.1	1.1	1.1	1.1
	氢氧化钾	0.009	0.009	0.009	0.009
水		60	40	54	48
脂肪酸烷醇酰胺		5	12	7	10
石油磺酸盐		8	3	7	4
脂肪醇聚氧乙烯醚		2	7	3	6
25#变压器油		26	17	23	19
缓蚀剂苯并三氮唑		1	5	2	4
消泡剂		0.9	0.1	0.7	0.5
pH 调节剂		0.5	0.9	0.6	0.8
杀菌剂		4	1	3.2	2
消泡剂	环己醇	1	1	1	1
	聚丙烯酰胺	0.2	0.2	0.2	0.2
杀菌剂	黄芩60%乙醇提取物	2.6	2.6	2.6	2.6
	苦参60%乙醇提取物	2	2	2	2
	蓖麻油	0.5	0.5	0.5	0.5
pH 调节剂	氢氧化钠	1	1	1	1
	三乙醇胺	5	5	5	5

［制备方法］

（1）在带有搅拌装置的三口烧瓶中加入水，升温至55℃，然后加入脂肪酸烷醇酰胺、石油磺酸盐和脂肪醇聚氧乙烯醚，搅拌5min；

（2）升温至65℃，继续加入25#变压器油、缓蚀剂、消泡剂、pH调节剂，搅拌混合30min；

（3）降温至40℃，加入杀菌剂，再搅拌15min后即得。

［原料介绍］

所述的脂肪酸烷醇酰胺由下述制备方法制备得到：

（1）分别准确称取脂肪酸甲酯和二乙醇胺备用，二者的质量份比为1∶1.1；

（2）将脂肪酸甲酯加入四口烧瓶中，加热至140℃，通入氮气10min，然后先加入一定量二乙醇胺，使脂肪酸甲酯与二乙醇胺的质量份比为1∶0.8，安装回流冷凝管，使其在搅拌状态下反应4h，然后降温至70℃；

（3）加入占脂肪酸甲酯质量0.9%的氢氧化钾，将其溶于剩下的二乙醇胺中，继续搅拌反应3h，冷却至室温，即得到脂肪酸烷醇酰胺。

［产品特性］

（1）本品选用天然杀菌剂，低毒无公害，不会对人员健康造成威胁，并且本品使用的抗菌剂中添加了蓖麻油，可以促进杀菌成分对细菌细胞壁的穿透性，从而提高杀菌性能。

(2) 选用了性能优异复配性好的表面活性剂共同作用，并添加了适宜的缓蚀剂、杀菌剂、消泡剂等助剂，制备得到的切削液综合性能优异，消泡迅速，使用后可以保持器材5天内不生锈。切削液本身性质稳定，可长期使用，制备方法和使用方法简单易操作。

(3) 本品稳定性强，具有优良的防锈性能，并且消泡迅速易清洗，使用周期长，不含有毒有害物质。采用醇类消泡剂环己醇和酰胺类消泡剂聚丙烯酰胺复配使用，能够快速地使液膜发生破裂，从而体系可达到优良的消泡效果。

配方 58 高效环保的水基全合成金属切削液

原料配比

原料		配比（质量份）
极压润滑剂	硼酸	1
	二乙醇胺	4
	硫脲	适量
	热水	适量
防锈剂	三乙醇胺	1
	苯甲酸钠	0.1
	四硼酸钠	0.75
	无水碳酸钠	0.25
	葡萄糖酸钠	1
极压润滑剂		4.5
防锈剂		0.35
杀菌剂	苯并三氮唑	0.05
消泡剂	水溶性有机硅	0.1
去离子水		95

制备方法

(1) 在250mL的圆底烧瓶中依次投入硼酸和二乙醇胺，然后将烧瓶置于磁力搅拌油浴槽内，在搅拌油浴槽内安装冷凝装置并保持冷凝装置的密封，然后将磁力搅拌油浴槽调整温度至140℃对硼酸和二乙醇胺进行加热，反应1h后加入硫脲，继续反应1h后停止反应，然后将磁力搅拌油浴槽内制得的物料进行自然冷却得到黄绿色黏稠溶液；

(2) 将步骤(1)制得的黄绿色黏稠溶液倒入搅拌烧杯中，并加入热水将黄绿色黏稠溶液溶解，即可制得极压润滑剂备用；

(3) 依次取三乙醇胺、苯甲酸钠、四硼酸钠、无水碳酸钠、葡萄糖酸钠投入至有水的烧杯中搅拌至完全溶解，然后将溶液的pH值调至8～10，即可制得防锈剂备用；

(4) 取步骤(2)制得的极压润滑剂、步骤(3)制得的防锈剂、杀菌剂和消泡剂溶于去离子水搅拌至完全溶解即可制得高效环保的水基全合成金属切削液。

原料介绍

硼酸、二乙醇胺与硫脲是具有多种功能的切削液添加剂，该类添加剂具有一定的润滑性能，同时具有良好的减摩抗磨性、抗氧化安定性，且不像传统的氯和磷型极压剂含有对环境有害的元素，将二乙醇胺、硼酸与硫脲复配作为极压润滑剂，会改善切削液的润滑极压性能，减少了切削液中的有害物质，同时提高了切削液的耐磨性能，使用效果更加优异。

产品特性

(1) 将三乙醇胺、苯甲酸钠、四硼酸钠、无水碳酸钠、葡萄糖酸钠复配，可以制得防锈性能优良的防锈添加剂，提高了切削液的防锈性能，同时制得的切削液中不含有害物质，实用且更加安全。

(2) 添加的高效低毒、水溶性良好的苯并三氮唑类杀菌剂，可以抑制微生物的增殖对切削液稳定性造成的破坏，同时它与三乙醇胺复配能显著提高切削液对铝、铁的防锈性，提高了切削液使用寿命的同时提高了切削液的防锈性能，降低了切削液的生产成本。

（3）该切削液配方简单，容易制备，不含亚硝酸钠、氯、酚类和其他对人体和环境有毒有害的物质，抗微生物能力强，不易变质，为澄清透明状态，便于加工工件和保持加工环境的清洁，且生产成本低，达到了环保、节能和降耗的效果。

配方 59 高效金属切削液

[原料配比]

原料	配比（质量份）		
	1#	2#	3#
硼酸	7	8	9
苯甲酸钠	6	9	11
十二烷基磺酸钠	9	11	13
癸二酸	2	3	4
三乙醇铵	5	6	7
甘油	13	15	17
聚氧乙烯聚氧丙醇胺醚	7	10	12
钼酸	6	7	9
山梨醇单油酸酯	5	6	8
对二异辛基二苯胺	6	6.5	7

[制备方法] 将各组分原料混合均匀即可。

[产品特性] 本品冷却性能好，润滑性及防锈性能强，环保无污染，无毒无害。

配方 60 高效切削液

[原料配比]

原料		配比（质量份）		
		1#	2#	3#
组分 A	二乙醇胺	1.5	3	2
	三元酸	5	10	5
	柠檬酸	1	2	1
组分 B	T06	0.3	0.5	0.1
	BK	2	3	1
组分 C	CH 020 特殊胺	5	10	5
	半合成磷酸酯	2	2	2
	甘油	15	10	1
	醚羧酸	0.4	1	0.5
	水性消泡剂	0.2	1	0.5
	水	加至 100	加至 100	加至 100

[制备方法]

（1）于反应釜中按配比加入组分 A 中的二乙醇胺、三元酸和柠檬酸；

（2）再加入组分 B 中的 T06 和 BK；

（3）加入组分 C 中的 CH 020 特殊胺，搅拌；

（4）再加入组分 C 中的半合成磷酸酯、甘油、醚羧酸和水性消泡剂，混合后搅拌；

（5）最后加入水即得到高效切削液。

［产品特性］ 通过优化原料和配比，制备的切削液气味、碱值和防锈性均得到了较大幅度的改善，具有更加良好的冷却、清洗、防锈等特点，并且具备无毒、无味、对人体无侵蚀、对设备不腐蚀、对环境不污染等特点，可满足一般负荷的加工要求。

配方 61 高效润滑切削液组合物

［原料配比］

原料	配比（质量份）		
	1#	2#	3#
蓖麻油聚氧乙烯醚	11	18	15
壬基酚聚氧乙烯醚	9	14	12
亚硝酸钠	1.8	3.2	2.5
苯甲酸钠	8	12	10
一异丙醇胺	5	10	7
聚异丁烯	7	12	9
硼酸油酸酯	6	12	9
水	15	15	15

［制备方法］ 将各组分原料混合均匀即可。

［产品特性］ 本品具有良好稳定的润滑性，从而保证了产品在苛刻条件下有良好的润滑作用。

配方 62 高效润滑性化学合成切削液

［原料配比］

原料	配比（质量份）				
	1#	2#	3#	4#	5#
矿物油	20	35	27	30	21
硅油	20	35	27	30	21
二元羧酸	20	35	27	30	21
脂肪酸	20	35	27	30	21
油性剂	10	15	12	14	11
滑石粉	5	10	7	9	6
表面活性剂	10	15	12	14	11
防锈剂	7	10	8	9	8
防腐剂	7	10	8	9	8
消泡剂	5	8	6	7	6
有机抗菌剂	7	10	8	9	8
阻燃材料	15	18	16	17	16
耐高温材料	15	18	16	17	16
水	50	60	55	58	52
分散剂	6	10	8	9	7
抗氧剂	4	8	6	7	5
降凝剂	10	14	12	13	11

［制备方法］

（1）清洗烘干：使用高压水枪对搅拌装置内部的灰尘冲洗下来，水温为30～40℃，冲洗10～15min，冲洗完成后，使用热风机向搅拌装置内吹入热风，将搅拌装置内壁上吸附的水烘干，热风温度为200～300℃，烘干10～15min；

（2）搅拌混合：待搅拌装置内部温度与室温相等后，依次将矿物油、硅油、二元羧酸、脂肪酸、油性剂、滑石粉、表面活性剂、防锈剂、防腐剂、消泡剂、有机抗菌剂、阻燃材料、耐高温材料、水、分散剂、抗氧剂和降凝剂投入搅拌机内部进行搅拌，搅拌时间为30～50min，得到混合溶液；

(3) 过滤：将混合溶液投入过滤装置内部，对混合溶液进行过滤，得到高效润滑性化学合成切削液。

原料介绍

所述阻燃材料为三氧化二锑、氢氧化镁和氢氧化铝中的任意一种。

所述耐高温材料为石墨和聚酰亚胺中的任意一种。

所述抗氧剂为抗氧剂硫代二丙酸双月桂酯（DLTP）和抗氧剂三（壬基苯酚）亚磷酸酯（TNP）中的任意一种。

产品特性 该切削液具有较好的润滑效果，具有防锈、防腐、抗菌和抗氧化的性能，具有较好的耐高温和阻燃性能。

配方 63 高效轴承磨切用切削液

原料配比

原料		配比（质量份）				
		1#	2#	3#	4#	5#
二羧酸盐基复合物防腐剂	癸二酸	10	5	15	8	12
	十二碳二元酸	10	15	5	12	8
	甲基苯并三氮唑	5	8	2	6	4
	新癸酸	5	8	2	6	4
	一异丙醇胺	60	50	61	56	64
	水	10	14	15	12	8
二羧酸盐基复合物防腐剂		8	12	3	10	6
水溶性醇胺		15	10	20	12	18
基础油		20	15	25	18	22
苯并三氮唑		0.5	1	0.5	0.7	0.3
去离子水		36.5	30	40	34	38
pH值调整剂		2	3	1	2.6	1.9
乳化剂		6	10	3	8	4
合成酯		5	8	3	6	4
成膜剂聚异丁烯琥珀酸苷		5	8	3	6	4
己二醇		2	3	1.5	2.7	1.8

制备方法

(1) 先按质量份将癸二酸、十二碳二元酸、甲基苯并三氮唑、新癸酸、一异丙醇胺和水加热到55～65℃完全溶解成透明液体，制得二羧酸盐基复合物防腐剂；

(2) 再按质量份往二羧酸盐基复合物防腐剂中加入水溶性醇胺、基础油、苯并三氮唑、去离子水和pH值调整剂搅拌至均匀透明；

(3) 最后按质量份依次加入乳化剂、合成酯、成膜剂、己二醇搅拌至透明，即制得成品。

原料介绍

所述的二羧酸盐基复合物防腐剂由以下质量份的原料组成：癸二酸5～15份、十二碳二元酸5～15份、甲基苯并三氮唑2～8份、新癸酸2～8份、一异丙醇胺50～70份、水8～15份。

所述的成膜剂为聚异丁烯琥珀酸苷。

产品应用 使用方法为：高效轴承磨切用切削液与水按照体积比1∶(5～50)倍稀释，用于工业切削和磨削的润滑工艺或冷却工艺。

[产品特性]

（1）通过成膜剂，在金属的表面形成一层致密的保护膜，吸附在金属表面，隔绝硫元素对金属的腐蚀。

（2）本品有效避免了切削液加工完后工序间出现的生锈、电化学腐蚀黑斑的问题，同时大大减少了工件在工序间存放的问题；本品防锈性、润滑性、冷却性、寿命、使用效率均优于传统的切削液；另外，本品不含氯、磷添加剂，无亚硝酸钠、苯酚、甲醛、醇胺等有害物质，不伤手，不污染环境。

配方 64 高性能环保型半合成金属切削液

[原料配比]

原料	配比（质量份）				
	1#	2#	3#	4#	5#
脂肪油	15	25	17	22	20
极压润滑剂	16	7	13	9	11
乳化剂	5	15	7	12	9
甲基硅油	1	0.2	0.8	0.4	0.6
聚醚	0.3	1	0.5	0.7	0.5
乙二醇	7	2	6	3	4
脂肪醇聚氧乙烯醚	3	10	5	8	7
苯并三氮唑	3	1	2	1	1
三乙醇胺	3	7	4	6	5
十二烷基磺酸钠	3	1	3	2	2
水	10	40	15	35	25

[制备方法] 将各组分原料混合均匀即可。

[原料介绍]

所述脂肪油选自葵花籽油、棉籽油、亚麻油、大豆油、椰子油、棕榈油、鱼油、鲸油中的至少一种。以脂肪油作为基础油，使得脂肪油分子能在金属表面形成分子吸附膜，进而显著提高减摩性能，从而降低切削时的摩擦阻力，并且脂肪油为天然动植物油，易于降解，对环境友好。

以二乙醇胺、硼酸、硫脲合成极压润滑剂，所述二乙醇胺、硼酸、硫脲的质量比为9∶7∶8。其中生成的硼酸酯是一种高效多功能切削液添加剂，具有润滑、减摩、抗氧化等多种性能。在金属切削过程中，硼在金属表面形成了硼的间隙化合物，而且这种间隙化合物还能溶解游离态的硼，形成固溶体，从而在摩擦表面形成复杂的渗透层作为高硬度微型吸附性滚珠填充在金属表面微观凹陷部分，使摩擦面更加光滑、平整，从而起到减摩抗磨作用。因硫脲含有 C═S 键，普遍认为 C═S 键在边界润滑条件下，摩擦表面受摩擦、热、外逸电子、自我催化等作用的影响生成含硫的无机膜，或在有氧化铁的存在下形成 Fe_2O_3-FeS 极压化学反应膜，在这几种膜的协同作用下，在摩擦副表面形成一种致密而牢固的共晶复合膜，从而起到了抗磨、润滑的作用。

所述乳化剂为聚氧乙烯失水山梨醇醚单油酸酯、烷基磺酸钠、吐温-80 按质量比（5～8）∶（10～15）∶（4～7）配制。聚氧乙烯失水山梨醇醚单油酸酯、烷基磺酸钠、吐温-80 相互配合，并与脂肪油以合适比例相互配合，能形成稳定的微乳液，保证本品在具有均一外观和适中黏度的同时，避免了表面张力高、渗透性低的问题，使得本品具有较低的表面张力和良好的渗透性；并且聚氧乙烯失水山梨醇醚单油酸酯、烷基磺酸钠、吐温-80 与甲基硅油、聚醚相互配合，使得本品具有良好的低泡性并具有很低的表面张力，从而进一步增加本品的渗透性。

以苯并三氮唑、三乙醇胺复配成防锈剂，由于苯并三氮唑与三乙醇胺成本低廉并能产生协同作用，且其中存在极性基团，能在金属表面形成薄而牢固的油膜，阻止腐蚀介质与金属接触，保护金属不被锈蚀和腐蚀；最后加入乙二醇、脂肪醇聚氧乙烯醚、十二烷基磺酸钠，可以进一步提高微乳金属切削液的热力学稳定性能并使切削液具有更好的低温稳定性和更高的抗菌、防腐作用。

所述极压润滑剂的合成方法为：将二乙醇胺和硼酸放在磁力搅拌油浴槽内，装上冷凝装置，保证装置的密封性，在温度为135～145℃下反应50～80min，然后加入硫脲，继续反应50～80min后停止，冷却，得到极压润滑剂。

[产品特性] 本品复配脂肪油、极压润滑剂、乳化剂、消泡剂、助乳剂、防锈剂、杀菌剂，使其在加工过程中具有良好的润滑、抗磨、防锈和清洗功能，并且不起泡、切屑移除性好、不腐不臭、工作寿命长，因此加工后的工件表面粗糙度低、无有机物残留，并且放置长时间不返锈，从而可以很好满足对金属的切削加工要求。本品润滑、抗磨、防锈性能优异，且绿色环保无污染。

配方 65 高性能镁铝合金切削液

[原料配比]

原料	配比（质量份）		
	1#	2#	3#
水性防锈剂	5	3	6
螯合剂	6	1	3
耦合剂	6	4	6
稀释剂	9	8	12
润湿剂	3	2	4
特种胺	2	1	3
乳化剂	7	6	8
抗硬水剂	2	1	3
缓释剂复合包	2.5	2	3
杀菌剂复合包	1.5	1	2
基础油	55	50	60
润滑剂	4	3	5
极压剂	2	1	3
稳定剂	2	1	3
表面活性剂	2	1	3
消泡剂复合包	1	0.1	2

[制备方法]

（1）按配比称量水性防锈剂、螯合剂、耦合剂以及稀释剂，放入搅拌锅搅拌0.5h；

（2）按配比称量润湿剂和特种胺，加入搅拌锅中，搅拌均匀；

（3）按配比称量乳化剂和抗硬水剂，加入搅拌锅中，搅拌均匀；

（4）按配比称量缓释剂复合包和杀菌剂复合包，加入搅拌锅中，搅拌均匀；

（5）按配比称量基础油、润滑剂、极压剂以及稳定剂，加入搅拌锅中，搅拌均匀；

（6）按配比称量表面活性剂，加入搅拌锅中，搅拌均匀，此时溶液将逐步变成黄色透明液体；

（7）按配比称量消泡剂复合包，缓慢加到搅拌锅中，搅拌均匀制得成品浓缩液。

[原料介绍]

所述水性防锈剂为硼酸、新癸酸和三元酸中的一种或多种的混合物，所述三元酸为杭州绿普化工科技股份有限公司提供的三元聚羧酸TAT730。

所述螯合剂为ETDA-2Na。

所述耦合剂为二乙醇胺和三乙醇胺中的一种或两种的混合物。

所述稀释剂为去离子水。

所述润湿剂为甘油。

所述特种胺为美国陶氏化学公司提供的 AMP-95 多功能助剂，主要成分为 2-氨基-2-甲基-1-丙醇，含 5%的水。

所述乳化剂为上海尚擎实业有限公司提供的低泡高效乳化剂 Genifol SA6062 和 Genimus 2815 酰胺乳化剂中的一种或两种的混合物。

所述抗硬水剂为醇醚羧酸。

所述基础油为环烷基矿物油。

所述润滑剂为油酸。

所述极压剂为磷酸酯润滑油。

所述缓蚀剂复合包为镁缓蚀剂、铝缓蚀剂和铜缓蚀剂混合而成，且所述镁缓蚀剂为南京尚勤新材料科技有限公司提供的镁铝缓蚀剂 OMD，所述铝缓蚀剂为诺泰生物科技（合肥）有限公司提供的铝缓蚀剂 NEUF815，所述铜缓蚀剂为水溶性铜缓蚀剂 FUNTAG CU250。

所述杀菌剂复合包为金属加工液杀菌剂 BK、金属加工液杀菌剂 MBM、碘代丙炔基氨基甲酸丁酯（IPBC）抗菌剂按照 2∶1∶2 的质量比混合而成。

所述稳定剂为丙二醇苯醚。

所述表面活性剂为司盘-80。

所述消泡剂复合包为快速型消泡剂与长寿命型消泡剂按照 1∶1 的质量比搅拌均匀制成，所述快速型消泡剂为德国瓦克化学提供的消泡剂 SE47，所述长寿命型消泡剂为德国明凌公司提供的产品型号为 FoamBan MS-575 的消泡剂。

产品应用 本品适合镁、铝、铜等有色金属材质工件加工，尤其是铝铜件以及部分镁合金件的加工。

使用时，将成品浓缩液与水按照 1∶19 的质量比配成微乳半透明工作液。

产品特性

(1) 本品具有较好的润滑性，可应用于计算机数字控制机床（CNC）、车床、铣床、锯床等多种设备中，能应对攻丝加工，并有效保护丝锥不断裂，也可有效减少刀具磨损，提高刀具的使用寿命。

(2) 本品具有良好的防锈清洗功能，加工工件表面光亮度高。

(3) 本品通过采用多种杀菌剂组成的功能型复合包，能有效抑制真菌、霉菌等产护，不变质、不发臭，可单机使用，也可集中供应使用。

(4) 本品可实现长寿命使用和循环使用，可以长期不更换新液，只需做好监测维护，及时补充新液，保有一定的浓度即可长期使用。

(5) 本品有较好的机台防锈性能，不破坏油漆，与通常使用的机床密封件相容。

(6) 本品配方不含氯、酚类和亚硝酸盐，也不含硫等有毒有害物质，对人体无伤害，对环境无影响，属环保型产品。

配方 66 高性能水基全合成切削液

原料配比

原料		配比（质量份）		
		1#	2#	3#
聚乙二醇	PEG-400	10	—	—
	PEG-600	—	8	—
	PEG-800	—	—	10
硼酸酯		15	15	15

原料	配比（质量份）		
	1#	2#	3#
羧酸盐	8	10	8
聚丙烯酰胺	0.2	0.2	0.2
杀菌剂	2	2	2
苯并三氮唑缓蚀剂	0.2	0.2	0.2
消泡剂	0.2	0.2	0.2
去离子水	64.4	64.4	64.4

[制备方法] 将搅拌器中先加入适量的去离子水，在低转速状态下，依次缓慢加入聚乙二醇、硼酸酯、羧酸盐、聚丙烯酰胺、杀菌剂及苯并三氮唑缓蚀剂，常温搅拌至均匀透明，然后加入消泡剂，搅拌10～20min，即可。

[原料介绍] 所述的杀菌剂为吡啶硫铜钠、三嗪中的一种或两种的组合物。

[产品特性] 该切削液不含矿物油，不含亚硝酸盐、酚、氯及重金属等有害物质，安全环保；采用聚乙二醇体系抗硬水性好，且泡沫少，可用于磨削等冷却要求高的场合。

配方 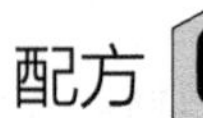 高性能水溶性半合成切削液

[原料配比]

原料			配比（质量份）		
			1#	2#	3#
水溶性醇胺	一异丙醇胺		10	—	20
	一乙醇胺		—	15	—
表面活性剂	失水山梨醇单油酸酯聚氧乙烯醚		1	—	—
	聚乙二醇		—	—	3
	丙三醇聚合物		—	2	—
聚乙二醇型乳化剂			2	6	10
三乙醇胺油酸皂			1	2	4
三醋酸甘油酯			3	5	8
羟基化复合颗粒			1	3	5
防腐蚀纳米颗粒			3	8	10
植物油	大豆油		10	15	—
	蓖麻油		—	—	30
成膜剂	聚异丁烯琥珀酸苷		2	—	—
	聚异丁烯马来酸酐		—	5	7
去离子水			30	50	80
羟基化复合颗粒	混合液A	去离子水	10（体积份）	60（体积份）	80（体积份）
		异辛烷	10	20	40
		硝酸钙	5	20	30
		无水乙醇	40（体积份）	150（体积份）	300（体积份）
	混合液B	无水乙醇	300（体积份）	500（体积份）	800（体积份）
		钛酸四丁酯	30	60	100
		冰醋酸	1（体积份）	5（体积份）	10（体积份）
		10%的硝酸	1（体积份）	—	—
		20%的硝酸	—	5（体积份）	—
		30%的硝酸	—	—	10（体积份）

续表

原料			配比（质量份）		
			1#	2#	3#
防腐蚀纳米颗粒	氮化硼纳米片	氮化硼粉末	2	6	10
		异丙醇溶液	200（体积份）	700（体积份）	1000（体积份）
	复合氮化硼纳米片	氮化硼纳米片	0.2	0.6	1
		pH值为8.5的Tris缓冲液	200（体积份）	500（体积份）	1000（体积份）
		盐酸多巴胺	0.6	2	3
	复合氮化硼纳米片		1	1	1
	1.0moL/L的盐酸溶液		30（体积份）	—	—
	1.3moL/L的盐酸溶液		—	50（体积份）	—
	1.5moL/L的盐酸溶液		—	—	80（体积份）
	苯胺单体		30	60	80
	过硫酸铵		7.5	12	13.3

制备方法

(1) 在常温常压下，先按质量份数将去离子水、水溶性醇胺、三乙醇胺油酸皂以及三醋酸甘油酯加入容器中，持续搅拌30～50min，再加入聚乙二醇型乳化剂、植物油以及成膜剂，在搅拌状态下加入羟基化复合颗粒和防腐蚀纳米颗粒，静置50～100min后滤去固体物；

(2) 在搅拌条件下，将容器升温至50～70℃，加入复配型表面活性剂，保温搅拌20～50min，自然冷却至室温，即可制得成品切削液。

原料介绍

所述羟基化复合颗粒的制备方法如下：

(1) 将适量的去离子水、异辛烷、硝酸钙以及无水乙醇混合，经超声振荡后得到混合液A，再将适量的无水乙醇和钛酸四丁酯混合，在100～300r/min下搅拌均匀，并添加冰醋酸以及硝酸，混匀后得到混合液B；

(2) 将混合液B在500～1000r/min的搅拌条件下缓慢滴加到混合液A中，在室温条件下静置5～10min后得到白色凝胶，将白色凝胶置于真空烘箱中干燥后，经反复醇洗水洗，再置于真空烘箱中干燥，然后进行高温煅烧，冷却至室温后进行研磨，得到微米级颗粒；

(3) 将上述微米级颗粒超声分散于去离子水中，得到分散液，通入N_2O 10～30min进行辐照，将辐照后的分散液透析5～10d，冷冻干燥2～5d，即可得到所需的羟基化复合颗粒。

所述超声振荡的功率为200～500W，震荡时间10～30min。

所述两次真空干燥的温度均为50～80℃，干燥时间均为5～10h。

所述高温煅烧的温度为300～500℃，煅烧2～7h。

所述微米级颗粒的粒径为5～30μm。

所述分散液的固含量为2%～8%。

所述辐照参数为：剂量率60～80Gy/min，剂量80～100kGy。

所述防腐蚀纳米颗粒的制备方法如下：

(1) 将适量氮化硼粉末加入容器中，加入异丙醇溶液，经超声搅拌后得到混合分散液，静置1～5h后进行离心处理，将上层清液真空辅助抽滤后，置于70～90℃烘箱中干燥3～7h，得到氮化硼纳米片；

(2) 将适量的氮化硼纳米片置于容器中，加入pH值为8.5的Tris缓冲液，超声搅拌后再加入盐酸多巴胺，在60～80℃水浴中机械搅拌，将得到的分散液静置冷却至室温，使用去离子水反复抽滤洗涤，置于50～80℃烘箱中干燥5～10h，得到复合氮化硼纳米片；

(3) 将复合氮化硼纳米片加入盐酸溶液中，超声分散后，加入苯胺单体，置于冰水浴中搅拌1～3h，得到悬浮液，再称取过硫酸铵溶于等量的盐酸溶液中，并逐滴加入悬浮液中，在0～5℃下搅拌反应10～15h后抽滤，依次用蒸馏水、乙醇反复洗涤至滤液呈无色，然后置于60～80℃烘箱中干燥20～25h，得到防腐蚀纳米颗粒。

所述步骤（1）中超声搅拌是在20～50kHz、200～500W条件下搅拌5～10h。

所述离心处理的转速为2000～5000r/min，处理时间为10～30min。

所述步骤（2）中超声搅拌是在20～50kHz、200～500W条件下搅拌1～3h。

所述机械搅拌的转速为300～800r/min，搅拌5～10h。

所述两次使用的盐酸等量，并且浓度均为1.0～1.5mol/L。

所述超声分散的功率为200～500W，分散时间为20～50min。

产品特性

（1）利用制备的羟基化复合颗粒以及防腐蚀纳米颗粒代替传统的防腐剂以及防锈剂，不仅可以减少切削液中因原料种类过多造成的分层现象，大大减少了切削液的存放问题，而且有效提高了切削液的防腐以及防锈性能，使得金属再切削、磨加工后不易出现生锈、电化学腐蚀黑斑的问题，大大减少了金属工件在车间的存放问题。

（2）该切削液在生产过程中，减少了有机原料的种类，实现了废液排放无毒无公害，基本实现了零排放，符合环保要求。

配方 68 高性能铜切削液

原料配比

原料		配比（质量份）		
		1#	2#	3#
水性防锈剂	癸二酸	2	3	2
碱缓冲剂	甲基二乙醇胺	2	3	3
特种胺	AMP-95	1	3	2
去离子水		10	12	11
乳化剂	沙索RT64	6	8	7
助乳化剂	M28B妥尔油脂肪酸	—	3	—
	油酸	2	—	2
杀菌剂复合包	BIT	0.66	1	1
	IPBC-30	0.34	0.5	0.5
基础油	26#环烷基矿物油	60	65	63
缓蚀剂复合包	磷酸酯缓蚀剂	0.8	1.2	0.8
	Cu250铜缓释剂	1.2	1.8	1.2
耦合剂	沙索145	2	—	2
	丙二醇苯醚	—	3	—
缓蚀剂复合包		2	3	2
抗硬水剂	沙索4570 LF醇醚羧酸	1	2	1
表面活性剂	沙索RT42	—	3	—
	司盘-80	1	—	2
消泡剂复合包	道康宁3168	0.05	0.1	0.1
	道康宁1247	0.05	0.1	0.1

制备方法

（1）将水性防锈剂、碱缓冲剂和特种胺加入至去离子水中，并将混合物加入搅拌锅中搅拌0.5h，制成复合剂A；

（2）依次将乳化剂和助乳化剂加入至复合剂A中搅拌均匀，制成复合剂B；

（3）将杀菌剂复合包加入至复合剂B中搅拌均匀，然后加入基础油并持续搅拌，制成复合剂C；

（4）依次将耦合剂、缓蚀剂复合包和抗硬水剂加入至复合剂C内搅拌均匀，制成复合剂D；

(5) 将表面活性剂加入至复合剂 D 中搅拌均匀，然后将消泡剂复合包缓慢加入并搅拌均匀，得到铜切削液。

产品应用 本品可应于 CNC、车床、铣床、锯床等多种工艺。

所述磨削液加蒸馏水配制成质量分数为 5%的工作液来使用。

产品特性

(1) 本品实现了长寿命使用，工作液可循再使用，可做到长期不更换新液，只需做好监测维护，及时补充新液，保有一定的浓度即可长期使用，同时可有效避免钴析出，使工作液在加工过程中不会轻易变蓝。

(2) 本品具有较好的润滑性，可有效减小刀具磨损，提高刀具的使用寿命，同时，在保持工件表面清洁光亮防锈的同时，具有较好的清洗效果，有较好的机台防锈及润滑功能，能有效提高工件加工精度。

(3) 本品采用铝、铜功能缓释剂，铝、铜等有色金属材质工件加工变面不变色，尤其对铜加工工件表面有较好的保护作用，同时，能有效杀灭细菌及霉菌，并有效抑制细菌滋生，从而达到工作液不生菌发臭，工作液可单机也可集中供应使用。

配方 69 工作液不易变色的航空航天铝合金乳化切削液

原料配比

原料		配比（质量份）	
		1#	2#
环烷基油		51	52
极压润滑缓蚀剂	Rhodafac AS 010	1	1
	CPNF-3	2	—
	MDIT	—	3
	Horlt C101	0.3	0.3
油性润滑剂		12	13
石油磺酸钠		6	4
2-氨基-2-甲基-1-丙醇		2	2
三乙醇胺		6	5
二元羧酸防锈剂		1	1
妥尔油脂肪酸		3	3
脂肪醇聚氧乙烯醚 AEO-5		5	5
司盘-80		2	2
苯并三氮唑		0.3	0.3
杀菌剂		2	2
防霉剂		0.3	0.3
耦合剂		2	2
消泡剂		0.1	0.1
水		4	4

制备方法 将各组分原料混合均匀即可。

原料介绍 所述油性润滑剂为季戊四醇四油酸酯或三羟甲基丙烷油酸酯。

产品特性

(1) 该乳化切削液能够通过切削液配方本身来改善切削液在长期使用过程中因腐败、杂油污染而导致的变色问题。

(2) 在本品配方中，通过添加磷酸酯缓蚀剂 Rhodafac AS 010 以保证在长期的加工过程中铝件表面不变色；添加具有极压润滑及缓蚀性能的 CPNF-3 或 MDIT 及高缓蚀效率的硅类铝缓蚀剂

Horlt C101，结合油性润滑剂季戊四醇四油酸酯或三羟甲基丙烷油酸酯，在加强切削液对加工工件保护作用的同时，还能对机床内部累积的铝屑进行保护，从而使铝屑在循环过程中不变色、不产生黑色悬浮物，进而保持切削液的清净性。

（3）本品具有优异的润滑缓蚀性能，可以满足航空航天行业中对切削液加工性能的要求，同时经过半年时间的循环后本品切削液仍可以保持乳白色，没有发生变色的现象。

配方 70 硅片切削液

［原料配比］

原料	配比（质量份）		
	1#	2#	3#
聚乙二醇	40	30	50
二甘醇	10	15	8
三乙醇胺	7.5	5	8
油酸二乙醇胺	17.5	20	15
螯合剂 FA/O	3	2	5
去离子水	22	28	14

［制备方法］ 将上述原料混合，超声分散均匀即可制备得到。

［产品应用］ 光伏硅片生产方法具体为：使用钢线对硅料进行切割，获得所述光伏硅片。其中，切割时使用的砂浆为上述任一切削液分别与碳化硅按照质量配比为 1∶1 混合均匀制成的。所述切割为单向切割，所述切割时钢线的线速为 1000m/min，切割时钢线的张力为 16N，切割的温度控制在 25℃。

［产品特性］ 本品中分散剂同时使用聚乙二醇和二甘醇，使悬浮颗粒的分散效果明显提高，并合理优化配置其它辅助试剂，使硅粉不容易附着在磨料碳化硅的表面，从而提高了切割效率；另外，螯合剂 FA/O 的合理配入明显抑制了硅片少子寿命的缩短，润滑剂的合理配入在减少硅片表面损伤的同时还可以降低钢线表面的磨损，从而提高硅片成品率并降低钢线断线率。本品可明显提高砂线切割效率、降低生产成本。

配方 71 含不同粒径纳米二氧化钛的金属切削液

［原料配比］

原料		配比（质量份）		
		1#	2#	3#
大粒径纳米二氧化钛	粒径为 200nm	8	—	—
	粒径为 300nm	—	10	—
	粒径为 500nm	—	—	12
小粒径纳米二氧化钛	粒径为 30nm	10	—	—
	粒径为 50nm	—	13	—
	粒径为 80nm	—	—	16
丙酮		适量	适量	适量
载银石墨烯		5	6	8
2%～4%十二烷基苯磺酸钠水溶液		3	4	6
棕榈油		30	50	60
山茶油		20	30	40
二乙醇胺		40	50	60
马来酸酐		10	15	20

续表

原料	配比（质量份）		
	1#	2#	3#
月桂酸	10	12	15
吐温-80	3	4	5
固含量为10%～15%聚四氟乙烯乳液	4	5	6

[制备方法]

(1) 将大粒径纳米二氧化钛与小粒径纳米二氧化钛一起加入其20～30倍体积的丙酮溶液中，然后向其中加入载银石墨烯和2%～4%十二烷基苯磺酸钠水溶液，在180～200Hz下超声处理30～60min，得到水相分散剂；

(2) 将棕榈油、山茶油、二乙醇胺、马来酸酐、月桂酸混合，在90～120℃、300～400r/min下反应120～160min，得到混合油性剂；

(3) 向步骤(2)所得混合油性剂中加入吐温-80、聚四氟乙烯乳液，在60～65℃、600～800r/min下混合搅拌30～40min后，边搅拌边缓慢加入步骤(1)所得水相分散剂，然后继续搅拌60～80min即可。

[原料介绍]

所述载银石墨烯的制备方法为：

(1) 将5～8份石墨烯在230～240℃下焙烧1～2h后取出，在－45～－40℃下球磨30～40min，然后将所得物放入负压箱中，在－0.1～－0.08MPa下放置4～6h后，加入其30～60倍体积的乙醇中，超声分散30～40min后继续浸泡100～120min，过滤，在160～170℃烘干，再次球磨至粒径为500～800nm；超声分散条件为80～100Hz。

(2) 将10～15份质量分数为10%～15%的银氨溶液缓慢滴加到步骤(1)所得石墨烯中，边滴加边对石墨烯进行球磨，至银氨溶液滴加完毕后，继续球磨10～20min，得到石墨烯分散液，将所得分散液利用微波处理10～15s后在34～38℃下放置10～20h，然后利用紫外光照射4～6h，过滤，继续紫外光照射2～3h，并在40～50℃下干燥，得到载银石墨烯。所述微波处理条件为1500～2000W。

[产品特性]

(1) 本品具有较低的攻丝扭矩值，润滑性能较好，同时磨斑直径较低，抗磨性能优异，同时最大无卡咬负荷(PB)值较大，从而抗极压性能显著，且抗菌性能突出。

(2) 本金属切削液不含亚硝酸钠等对环境有毒有害的物质，以植物油为主要成分，加入一些高效添加剂，绿色环保、高效、配方简单、抗菌性能强，不易变质。加入载银石墨烯，银粒子负载到石墨烯片层结构之间，不仅进一步增强了石墨烯的离散性，使其片层剥离更加充分，增强了所得切削液的抗磨减摩性能，同时赋予了切削液抗菌的效果，使其不易变质，延长保存期；利用大粒径纳米二氧化钛与小粒径纳米二氧化钛协同作用，在金属切削液作用时，粒径较大的纳米二氧化钛粒子起到“球轴承”的作用，而粒径较小的纳米二氧化钛粒子则可以填充到磨斑损伤表面，并在高温条件下还原为金属钛，在磨斑部位形成薄膜，起到修复减摩的作用，大大提高了切削液的抗磨减摩性能；载银石墨烯和大小不同粒径的纳米二氧化钛相互作用，显著提高了目标切削液的抗极压性能。

配方 72 含共轭亚油酸盐的环保型导热切削液

[原料配比]

原料	配比（质量份）				
	1#	2#	3#	4#	5#
共轭亚油酸盐	20	40	32	23	37
普鲁兰多糖	12	17	14	13	15

续表

原料	配比（质量份）				
	1#	2#	3#	4#	5#
透明质酸	6	12	10	8	11
硼酸盐	6	10	8	7	9
乙酸锌	3	7	5	4	6
茶黄素	1	5	3	2	4
水	适量	适量	适量	适量	适量

［制备方法］

（1）将普鲁兰多糖、透明质酸、硼酸盐、乙酸锌和茶黄素分别与各原料1～3倍质量的水混合均匀，配制成溶液；

（2）将透明质酸溶液与茶黄素溶液混合，置于40～65℃下搅拌反应20～40min，得产物一：

（3）将普鲁兰多糖溶液与乙酸锌溶液混合，置于65～75℃下搅拌反应10～20min，得产物二；

（4）将共轭亚油酸盐与硼酸盐溶液混合，置于45～55℃下搅拌反应0.5～1h，得产物三；

（5）将产物一、产物二和产物三混合，置于65～88℃下搅拌反应1～3h，然后置于5～10℃下保温20～30min，即得。

［原料介绍］ 所述的共轭亚油酸盐的制备方法为：将乙二胺溶于其2～5倍质量的水中，然后将共轭亚油酸滴加至乙二胺溶液中，边滴加边搅拌，滴加速度为10～30滴/min；然后静置保温反应1～2h，再搅拌10～20min，即得。

［产品特性］ 本品采用水性配方，冷却性好，原料易得环保，保护环境以及人们的人体健康；具有优异的耐腐蚀、防锈性能，而且具有良好的渗透性、清洗性；对机床油漆适应性好，可较好地用于刀具领域。

配方 73 含胶体微粒的镁合金切削液

［原料配比］

原料		配比（质量份）		
		1#	2#	3#
胶体微粒	氟化石墨胶体	5	—	3
	氧化石墨胶体	—	3	3
	二硫化钼胶体	3	3	—
润滑剂	异丙醇胺酰胺	8	—	—
	二异丙醇胺酰胺	—	5	5
防锈缓蚀剂	硅化三乙醇胺	—	2	—
	脂肪醇醚磷酸酯	3	3	—
	月桂基磷酸酯钾盐	—	—	2
	甲基苯并三氮唑	—	—	3
表面活性剂	脂肪醇聚氧乙烯醚	10	10	8
	聚氧乙烯脂肪酸酯	—	—	2
络合盐	乙二胺四乙酸盐	5	10	2
	磷酸钠	—	—	4
pH缓冲剂	癸二酸胺盐	10	—	10
	癸二酸	—	15	—
	苹果酸盐	5	—	—
	苹果酸胺盐	—	—	5
水		加至100	加至100	加至100

[制备方法]

(1) 按照质量份分别取胶体微粒、润滑剂、水倒入容器中混合，边搅拌边加热，温度控制在(70±5)℃，搅拌60～70min，得到均匀黏稠状透明混合液A；

(2) 按照质量份分别取络合盐、表面活性剂和防锈缓释剂依次加入混合液A中，每加一种组分后，均需混合均匀后再加另一组分，最后搅拌40min，得到混合液B；

(3) 按质量份取pH缓冲剂加入混合液B中，调节pH值为8～9，搅拌混合均匀，得到一种含胶体微粒的镁合金切削液成品。

[原料介绍]

胶体微粒作为一种润滑介质，这种微小介质能够进入金属接触表面间的缝隙，起到降低机器表面的摩擦阻力的作用，减缓机器表面磨损，延长机器的使用寿命。

加入的防锈缓蚀剂能够与铜、镁、铁等金属络合，形成稳定的结构致密的化合物，从而达到抗氧化效果，避免机器表面金属的腐蚀，延长寿命。

表面活性剂能够促进乳化过程，使切削液保持较低的表面张力，同时使切消液达到良好的清洗效果。

[产品应用] 本品主要应用于功能性电子电器行业，也可应用于汽车配件行业。

使用时用工业用水配制成5%～8%的稀释液，循环使用，定期更换添加。尤其适用于防磨损指标较高的镁合金材质表面。

[产品特性]

(1) 本品抗硬水能力强、工件防护性好、使用寿命长、渗透清洗性强。

(2) 本品具有工作液稳定性好、防锈性能好、切削能力强、刀具减磨性好、对环境友好等优点。

配方 74 含纳米金刚石的全合成切削液

[原料配比]

原料		配比（质量份）				
		1#	2#	3#	4#	5#
纳米金刚石颗粒		5	10	15	12	8
羧酸盐复合物	一元羧酸盐	1	1	1	1	1
	二元羧酸盐	1	2	2	2	1
	三元羧酸盐	1	1	2	1	1
醇胺复合物	一乙醇胺	3	3	3	3	2
	二乙醇胺	3	3	3	2	1
	三乙醇胺	3	4	2	3	2
杀菌剂	均三嗪杀菌剂	1	—	—	—	—
	吗啉杀菌剂	—	2	—	1.8	—
	三嗪杀菌剂	—	—	2	—	1.5
阳离子表面活性剂		5	3	5	4	5
甘油		8	10	10	8	5
消泡剂		1	1	10	8	5
颜料		1	1	2	1.2	3
去离子水		68	59	43	53	64.5

[制备方法] 将各组分原料混合均匀即可。

[原料介绍]

纳米金刚石颗粒主要起到抗磨效果；羧酸盐复合物主要提升金属防锈性；醇胺复合物主要是防锈和提升pH值；杀菌剂提升生物稳定性；阳离子表面活性剂提升切削液的沉降性；甘油进一

步提升润滑性能。

所述的纳米金刚石颗粒的粒径为5～20nm。

［产品特性］ 本品具有优异的抗泡性、生物稳定性、沉降性等，可以显著地提升其润滑性能，达到乳化液的水平。

 含纳米颗粒的环保型微乳切削液

［原料配比］

原料		配比（质量份）				
		1#	2#	3#	4#	5#
脂肪油		15	30	20	28	25
改性纳米二氧化钛		3	1	2	11	2
三乙醇胺硼酸酯		5	12	7	10	9
油酸三乙醇胺		10	4	8	5	7
硼砂		3	6	4	5	5
十二烯基丁二酸		6	2	5	3	4
碱性二壬基苯磺酸钡		3	6	4	6	5
表面活性剂		40	20	35	25	30
甲基硅油		0.2	1	0.3	0.8	0.5
聚氧丙烯甘油醚		2	0.3	1.5	0.5	1
氯化苯甲烃胺		1	3	2	3	2
乙二醇		5	2	5	3	4
脂肪酸		3	7	4	6	5
氨甲基丙醇		5	1	5	2	3
二乙醇胺		1	5	2	4	4
改性纳米二氧化钛	干燥的纳米二氧化钛粉末	8	8	8	8	8
	无水乙醇	60	69	69	69	69
	乙烯基三乙氧基硅烷	10	10	10	10	10
	乙醇	25	25	25	25	25

［制备方法］ 将各组分原料混合均匀即可。

［原料介绍］

在本品中，纳米二氧化钛经过乙烯基三乙氧基硅烷改性后可以在切削液中均匀分散形成一种稳定的分散体系，每升切削液中含有数百万个超细粉末颗粒，它们与金属表面结合，形成一个保护层，同时填塞微凹坑，从而降低摩擦与磨损，进一步提高了切削液的润滑性能，也在一定程度上提高了设备的使用寿命。

本品将三乙醇胺硼酸酯、油酸三乙醇胺和硼砂复配作为极压润滑剂，三乙醇胺硼酸酯具有油膜强度高、摩擦系数低等特点，其单独作为润滑剂使用时，润滑效果有限，而油酸三乙醇胺本身也是一种很好的水溶性润滑剂，且和硼砂、三乙醇胺硼酸酯复合使用时，有协同作用，满足了切削加工对润滑、减摩、承载能力的要求。

本品以十二烯基丁二酸、碱性二壬基苯磺酸钡为防锈剂，由于十二烯基丁二酸、碱性二壬基苯磺酸钡中极性基团的存在，它们能在金属表面形成薄而牢固的油膜，阻止腐蚀介质与金属接触，保护金属不被锈蚀和腐蚀。

本品的表面活性剂以烷基酚聚氧乙烯醚、吐温-80、十二烷基苯磺酸相互配合，并与脂肪油以合适比例相互配合，能形成稳定的微乳液，保证本品在具有均一外观和适中黏度的同时，避免了表面张力高、渗透性低的问题，使得本品具有较低的表面张力和良好的渗透性；并且烷基酚聚氧乙烯醚、吐温-80、十二烷基苯磺酸与甲基硅油、聚氧丙烯甘油醚相互配合，使得本品具有良

好的低泡性并具有很低的表面张力，从而进一步增加本品的渗透性；最后本品加入氯化苯甲烃胺、乙二醇、脂肪酸、氨甲基丙醇、二乙醇胺，可以抗菌、防腐，提高微乳切削液的热力学稳定性、润滑性以及显著提高切削液体系的碱度稳定性。所述表面活性剂为烷基酚聚氧乙烯醚、吐温-80、十二烷基苯磺酸按质量比7∶13∶9组成。

所述脂肪油选自大豆油、苏紫油、花生油、菜籽油、猪油、鱼油中的至少一种。

所述改性纳米二氧化钛按如下方法制备：将干燥的纳米二氧化钛粉末加入无水乙醇中，其间不断进行搅拌，得溶液a；然后，将乙烯基三乙氧基硅烷加入乙醇中进行预水解，得水解液b；之后，将水解液b缓慢加入溶液a中，搅拌，加热，回流冷凝，反应3h，其间加热温度控制在75℃；反应结束后，通过高速离心的方法去除多余的乙烯基三乙氧基硅烷，进行干燥研磨得到改性纳米二氧化钛。

[产品特性]

本品以脂肪油作为基础油，使得脂肪油分子能在金属表面形成分子吸附膜，进而显著提高减摩性能，从而降低切削时的摩擦阻力，并且脂肪油为天然动植物油，易于降解，对环境友好；本品在加工过程中具有良好的润滑、抗磨、防锈和清洗功能，并且不起泡、切屑移除性好、不腐不臭、绿色环保、使用寿命长，因此加工后的工件表面粗糙度低、无有机物残留，并且放置长时间不返锈，从而可以很好满足对金属的切削加工要求。

配方 76 含纳米颗粒硫化钼的合成型切削液

[原料配比]

原料		配比（质量份）		
		1#	2#	3#
防锈剂硼酸钠		5	9	12
消泡剂		0.3	0.4	0.4
润滑剂（平均粒径为200nm）		10	10	10
杀菌剂		0.4	1	2
表面活性剂		34	45	50
甲基苯并三氮唑		0.2	0.5	0.6
去离子水		加至100	加至100	加至100
消泡剂	2-乙基-1-己醇	5	5	5
	仲链烷醇聚醚	6	6	6
	多库酯钠	10	10	10
	水	加至100	加至100	加至100
润滑剂	纳米硫化钼	5	5	5
	烷基磺胺乙酸钠	1.5	1.5	1.5
	甘油聚氧乙烯醚	2	2	2
	去离子水	加至100	加至100	加至100
杀菌剂	2-氨乙基十七烯基咪唑啉	30	30	30
	异噻唑啉酮	70	70	70
表面活性剂	阴离子表面活性剂蓖麻油酸	40	40	40
	非离子表面活性剂甘油聚氧乙烯醚	60	60	60

[制备方法]

（1）将表面活性剂、防锈剂、消泡剂、甲基苯并三氮唑和杀菌剂加入去离子水中，超声并搅拌混合均匀；

（2）将润滑剂分散液滴加到步骤（1）所得的混合液中，边超声边滴加，直至加完即可。

[原料介绍]

所述润滑剂合成方法具体操作步骤如下：取纳米硫化钼、烷基磺胺乙酸钠、甘油聚氧乙烯醚以及去离子水，然后混合并超声 30min。

所述杀菌剂选自 2-氨乙基十七烯基咪唑啉、异噻唑啉酮或苯甲酸中的至少两种。

[产品特性]

（1）本品通过添加纳米硫化钼润滑剂，能极大地改善该切削液的润滑性、抗磨性和抗极压性能等。

（2）由于该金属切削液是水基型的，因此，可以极大地减少环境污染，降低生产成本及能耗。

（3）本品具有稳定的外观和较好的贮存安定性。

配方 77 含有氧化石墨烯切削液

[原料配比]

原料	配比（质量份）	
	1#	2#
三羟甲基丙烷脂肪酸酯	24	20
三元聚羧酸酯	15	15
三乙醇胺	10	10
癸二酸	8	10
氧化石墨烯	1	1
脂肪醇聚氧乙烯醚	8	10
聚乙二醇	8	8
苯并三氮唑	5	5
格尔伯特醇	2	2
环氧乙烷环已胺	2	2
三丹油	3	3
去离子水	14	14

[制备方法]

（1）将三羟甲基丙烷脂肪酸酯、三元聚羧酸酯、癸二酸、三乙醇胺、聚乙二醇、格尔伯特醇、环氧乙烷环已胺、苯并三氮唑混合后加入去离子水中，匀速搅拌并加热至 75～85℃，反应 55～65min，形成透明溶液且无颗粒状固体，制得水溶性切削液复合剂，降温至 30～50℃以下备用；

（2）称取脂肪醇聚氧乙烯醚和三丹油，加入步骤（1）制得的水溶性切削液复合剂中，常温匀速搅拌 35～45min，至溶液透明后加入氧化石墨烯，继续常温匀速搅拌至均匀半透明状态，制得含有氧化石墨烯的切削液。

[产品特性] 该切削液组分绿色环保无污染且润滑性能好、使用寿命长。

配方 78 航空发动机铝合金加工用微乳化切削液

[原料配比]

原料		配比（质量份）		
		1#	2#	3#
油基混合液	生物可降解基础油	25	25	28
	OP-10 乳化剂	6	6	8

续表

原料		配比（质量份）		
		1#	2#	3#
油基混合液	三乙醇胺	3	3	4
	聚乙烯蜡	2	3	4
	复配表面活性剂	2	3	3
	石油磺酸钡防锈剂	1	2	1
	聚醚消泡剂	1	2	1
水基混合液	去离子水	110	120	135
	球磨磺化石墨烯/MoS_2 纳米笼	26	30	34
	甘油	6	8	9
	丙二醇	3	5	5
生物可降解基础油	棕榈油	1	1	1
	菜籽油	2	3	3
	大豆油	3	6	6
复配表面活性剂	吐温-20	5	5	5
	脂肪醇醚硫酸钠	2	2	4

制备方法

（1）油基混合液制备：取质量份数为 25～28 的生物可降解基础油，再向其中加入 6～8 份 OP-10 乳化剂搅拌均匀后，再加入 3～4 份三乙醇胺、2～4 份聚乙烯蜡、2～3 份复配表面活性剂、1～3 份石油磺酸钡防锈剂和 1～2 份聚醚消泡剂，搅拌均匀后备用；

（2）水基混合液制备：取质量份数为 110～135 份的去离子水，再向其中加入 26～34 份经步骤（2）所得的磺化石墨烯/MoS_2 纳米笼、6～9 份甘油和 3～5 份的丙二醇，搅拌均匀后备用；

（3）微乳化切削液制备：将步骤（4）和步骤（5）所得的油基混合液和水基混合液混合，以 720～850r/min 的转速搅拌至液体呈均匀透明即得铝合金加工用微乳化切削液。

原料介绍

球磨磺化石墨烯/MoS_2 纳米笼的制备方法如下。

（1）磺化石墨烯的制备：

① 预还原氧化石墨烯：称取氧化石墨烯溶于去离子水中，超声分散 2～3h 形成棕色分散溶液；用碳酸盐溶液调节其 pH 值为 9～10，在 60～80℃条件下再向其中缓慢加入硼氢化钠搅拌 1～3h；然后部分还原氧化石墨烯重新分散到去离子水中，经离心和去离子水洗涤 3～5 次使 pH 值为 7。

② 磺化：将磺酸胺和硝酸盐溶于盐酸溶液中，二者质量比为 23∶9，将该混合物缓慢加入步骤①pH 值为 7 的分散溶液中，冰浴条件下磁力搅拌 4～6h；将产物再次分散到去离子水中分散，然后经离心和去离子水洗涤 3～5 次。

③ 水合肼还原剩余的氧功能团：向步骤②分散液中加入水合肼，在 100℃条件下磁力搅拌 24～36h，然后经离心和去离子水洗涤 3～5 次，得磺化石墨烯。

（2）磺化石墨烯/MoS_2 纳米笼的制备：将磺化石墨烯分散到去离子水中，超声 2～3h 形成均匀的分散液；将可溶性钼盐和硫粉加入水合肼和 *N*,*N*-二甲基甲酰胺形成棕色混合液，其中水合肼和 *N*,*N*-二甲基甲酰胺二者体积比是 1∶1，在搅拌转速为 10000～15000r/min 条件下，将棕色混合液逐滴加入磺化石墨烯分散液中，同时加入双氧水，将所得产物离心、用去离子水洗涤 3～5 次，冷冻干燥 12～24h 最终形成磺化石墨烯/MoS_2 纳米笼。

（3）球磨磺化石墨烯/MoS_2 纳米笼：将经步骤（2）所得的磺化石墨烯/MoS_2 纳米笼放入球磨机中，以 1200～1500r/min 的转速球磨 2～3h，然后将球磨后的磺化石墨烯/MoS_2 纳米笼放入其质量 4～6 倍的乙二醇中，再加入 2～3 份硫酸二甲酯和 1～2 份十二烷基磺酸钠，搅拌均匀后，超声处理 20～25min 后备用，其超声频率为 240～360kHz。

所述的碳酸盐是碳酸钠、碳酸钾和碳酸锂中的一种或其组合。

所述的硝酸盐是硝酸钠、硝酸钾和硝酸锂中的一种或其组合。

所述的双氧水质量分数为0.6%～1%。

所述的钼盐是醋酸钼、柠檬酸钼和氯化钼中的一种或其组合。

所述的生物可降解基础油由棕榈油、菜籽油和大豆油按质量比1∶(2～3)∶(3～6)混合而成。

所述的复配表面活性剂由吐温-20和脂肪醇醚硫酸钠按质量比5∶(2～4)组成。

产品特性 添加了磺化石墨烯/二硫化钼纳米笼，同时采用了水-油基混合的方式提高了切削液的润滑性和冷却性能。基于还原性硫溶液和氧化磺化石墨烯分散体制备磺化石墨烯/二硫化钼纳米笼，使二硫化钼与磺化石墨烯通过化学键相结合而又完全被磺化石墨烯包覆，从而使二硫化钼在高温下不易被碳化，使切消液保持较好的润滑性；切消液为水-油基混合物且磺化石墨烯具有较好的导热性，进而提高了其冷却性能。

配方 79 航空混加工高性能切削液

原料配比

原料		配比（质量份）		
		1#	2#	3#
矿物油		40	45	50
脂肪酸	蓖麻油酸	4	4	—
	油酸	—	—	2
	妥儿油	4	4	4
润滑剂	合成酯	10	5	5
铝缓蚀剂	有机磷酸酯	3	3	3
有机羧酸	十二碳二元酸	2	2	2
	硼酸	3	4	3
水溶性有机醇胺	一乙醇胺	5	5	5
	三乙醇胺	3	3	3
铜缓蚀剂	苯并三氮唑	1	1	1
杀菌剂		3	3	3
表面活性剂	脂肪醇聚氧乙烯醚	3	3	3
	石油磺酸盐	4	4	4
去离子水		15	14	12

制备方法

(1) 将称量好的矿物油、脂肪酸、润滑剂、表面活性剂和铝缓蚀剂加入反应釜中，将称量好的有机羧酸、铜缓蚀剂和水溶性有机醇胺加入溶解槽中，然后向溶解槽中加入部分去离子水，将溶解槽内的温度加热到60～80℃，采用100～120r/min的搅拌速度进行搅拌，使各组分完全溶解。

(2) 完全溶解后加入反应釜中搅拌，将剩余的去离子水加入溶解槽中，再将称量好的杀菌剂加入反应釜中，不断地搅拌至完全透明，即得所述航空混加工高性能切削液。

原料介绍

所述润滑剂为脂肪酸酰胺、合成酯、聚酯中的一种或多种。

所述脂肪酸为妥儿油、蓖麻油酸、油酸、二聚酸中的一种或多种。

所述有机羧酸为一元酸、三元酸、十一碳二元酸、十二碳二元酸、癸二酸、酰胺羧酸、硼酸中的一种或多种。

所述水溶性有机醇胺为一乙醇胺、二乙醇胺、三乙醇胺、异丙醇胺、甲基二乙胺、二甘醇胺中的一种或多种。

所述铝缓蚀剂为硅氧烷酮缓蚀剂、有机磷酸酯、硅酸盐、烷基磷酸酯衍生物中的一种或多种。

所述铜缓蚀剂为苯并三氮唑、甲基苯并三氮唑、巯基苯并噻唑中的一种或多种。

所述表面活性剂为脂肪醇聚氧乙烯醚、烷基聚氧乙烯醚、脂肪胺聚氧乙烯醚、嵌段聚氧乙烯醚、石油磺酸盐中的一种或多种。

产品特性

(1) 本品在钛合金、高强钢和高温合金加工过程中具有防锈性能好、润滑极压性能佳、清洗能力强、冷却速度快的特点。

(2) 本品质量均匀，不分层，稳定性强；满足工序间防锈要求，加工后放置在干燥通风环境下，工件防锈可达10天及以上。

配方 80 航空铝合金长效防腐切削液

原料配比

原料		配比(质量份)				
		1#	2#	3#	4#	5#
矿物油		20	25	30	35	40
脂肪酸	油酸	3	6	4	8	8
	妥儿油	2	—	4	—	—
有机羧酸	癸二酸	5	3	5	5	5
	十二碳二元酸	—	—	1	—	—
水溶性有机醇胺	异丙醇胺	2	2	2	—	—
	三乙醇胺	—	—	—	5	5
	甲基二乙胺	10	8	9	8	10
铝缓蚀剂	有机磷酸酯	3	1	2	1	2
	硅氧烷酮缓蚀剂	1	0.5	1	0.5	0.5
铜缓蚀剂	苯并三氮唑	1	0.5	1	0.5	0.5
表面活性剂	脂肪醇聚氧乙烯醚	4	3	3	3	3
	石油磺酸盐	4	4	4	4	4
去离子水		45	47	34	30	22

制备方法

(1) 将矿物油、脂肪酸、表面活性剂、铝缓蚀剂加入反应釜中；

(2) 将有机羧酸、铜缓蚀剂、水溶性有机醇胺加入溶解槽中，然后向溶解槽中加入10份去离子水，将溶解槽内的温度加热到60～80℃，采用100～120r/min的搅拌速度进行搅拌，使各组分完全溶解后加入反应釜中搅拌；

(3) 然后将剩余的去离子水加入溶解槽中，不断地搅拌至完全透明。

产品特性 本品具有防腐蚀性能，用于加工航空铝合金工件，在加工使用中不会出现铝腐蚀、黄斑等腐蚀情况，加工放置后防腐蚀效果好；具有润滑极压性能，航空铝合金工件大多为高强度硬铝，对润滑性能要求高，加工后能满足工件粗糙度要求，可适用于铣削、钻削、攻丝和铰孔等加工方式；具有清洗能力，航空铝合金工件，加工时产生的铝粉铝屑、机床内杂油，不会黏附于工件表面或机床内部，保持刀具及工件清洁；具有冷却性能，航空铝合金工件在加工时与机床刀具摩擦会产生大量的热量，切削液应具有优秀的冷却效果，加工后工件表面应无变色腐蚀情况、刀具无明显磨损，且所述航空铝合金长效防腐切削液不使用易致癌物质或危险化学品，对人体或环境不造成影响。

配方  合成的高效切削液

[原料配比]

<table>
<tr><th colspan="2">原料</th><th>配比（质量份）</th></tr>
<tr><td colspan="2">矿物油</td><td>40</td></tr>
<tr><td colspan="2">表面活性剂</td><td>7</td></tr>
<tr><td colspan="2">润滑剂</td><td>4.5</td></tr>
<tr><td colspan="2">防锈剂</td><td>3</td></tr>
<tr><td colspan="2">叔丁基苯甲酸</td><td>2</td></tr>
<tr><td colspan="2">金属缓蚀剂</td><td>2</td></tr>
<tr><td colspan="2">消泡剂</td><td>1</td></tr>
<tr><td colspan="2">纤维素羟乙基醚</td><td>0.6</td></tr>
<tr><td colspan="2">水</td><td>加至100</td></tr>
<tr><td rowspan="3">金属缓蚀剂</td><td>铜缓蚀剂苯并三氮唑</td><td>30～40</td></tr>
<tr><td>铝缓蚀剂硅酸盐</td><td>30～40</td></tr>
<tr><td>乳化剂烷基醇胺磷酸酯6503</td><td>加至100</td></tr>
</table>

[制备方法] 将各组分原料混合均匀即可。

[产品特性] 本品具有优良的防锈性能，而且其不含氯、亚硝酸钠等有害成分，使用更加环保可靠；其抗菌性能好，可有效地防止切削液变质发臭，而且低泡沫，有利于大大提高适用范围；不但具有较好的润滑性能，而且也大大降低了成本，有利于产品表面的加工精度，适用性强且实用性好。

配方 82 合成环保切削液

[原料配比]

原料	配比（质量份）		
	1#	2#	3#
癸二酸	3	4	5
三乙醇胺	5	6	7
苯甲酸钠	1	2	3
磺化蓖麻油	5	18	30
碳酸钠	1	2	3
甘油	3	4	5
一元酸	2	4	6
防霉杀菌剂	0.5	1	2
消泡剂	0.1	0.2	0.3
去离子水	20	35	55

[制备方法]

（1）原料投放：将癸二酸、三乙醇胺、苯甲酸钠以及去离子水投入搅拌装置内部；

（2）常温搅拌：在常温常压下对溶液搅拌0.5～1h，搅拌的转速为100r/min；

（3）加热搅拌：然后将磺化蓖麻油、碳酸钠、甘油、一元酸、防霉杀菌剂与消泡剂依次投入搅拌装置内部，同时加热升温到50～60℃，继续搅拌1h；

（4）冷却出料：在搅拌结束后，通过冷却装置对切屑液进行冷却，冷却至常温时，对切屑液进行出料操作，并且对切屑液进行检验，然后包装储存。

[产品特性] 本品相比传统的切削液润滑性更好，在切屑时不会磨损刀具，而且在切屑液使用后，不会对环境造成污染，有利于环境的保护。

配方 83 合成切削液

原料配比

原料		配比（质量份）		
		1#	2#	3#
有机胺		10	15	20
脂肪酸		20	15	10
聚醚混合物		40	32	25
细菌杀菌剂		2	2	2
真菌杀菌剂		0.5	1	1
铜腐蚀抑制剂		0.2	0.5	0.8
聚醚消泡剂		0.2	0.2	0.2
水		45	50	55
有机胺	二甲基乙醇胺	1	2	2
	三乙醇胺	4	—	—
	异丙醇胺	—	2	2
	乙醇胺	—	3	5
脂肪酸	壬酸	1	4	1
	十一烷二酸	1	4	1
	新癸酸	3	9	1
	癸二酸	3	9	1
聚醚混合物	RPE1720 聚醚	1	1	4
	RPE1740 聚醚	1	1	4
	反式嵌段式聚醚 EPML-483	1	1	5

制备方法

（1）将脂肪酸和有机胺先后缓慢加入 60℃的水，搅拌 4h。

（2）继续加入聚醚混合物、细菌杀菌剂、真菌杀菌剂、铜腐蚀抑制剂和聚醚消泡剂，搅拌 2h，过滤，得到合成切削液。所述过滤采用 5μm 过滤袋。

原料介绍

有机胺不容易使铝变色，在碱性成分的处理上去除能使铝变色的强碱。

二甲基乙醇胺、异丙醇胺和乙醇胺等多种有机胺混合使用缓冲效果更好，铝缓蚀效果更好。不同胺的电离度不同，这样在一对缓冲对中的抗酸部分就不同，几个不同的抗酸部分结合，抗酸能力更强一些。多种有机胺混合使用的防锈效果更好一些。采用本品质量比的二甲基乙醇胺、异丙醇胺和乙醇胺的合成切削液铝缓蚀效果更好。

多种脂肪酸复合可以强化黑色金属的防锈性能。同时选用壬酸、十一烷二酸、新癸酸和癸二酸的合成切削液防铝腐蚀的效果更好。

聚醚的复合作用将使产品的润滑性能得到极大提高和保证。RPE1720 聚醚和 RPE1740 聚醚两者的水溶性不同，RPE1740 聚醚的水溶性好但泡沫大，RPE1720 聚醚的水溶性则较差一些但泡沫小，需要两者结合起来，在水溶性和泡沫性能方面起到良好的作用，同时，两者结合起来，能够保证浊点更大范围的覆盖，因为聚合物是在接近浊点时提供更好的润滑作用。使用反式嵌段式聚醚 EPML-483 是为了对 RPE1720 聚醚和 RPE1740 聚醚组合的进一步加强，进一步提高其润滑能力。

细菌杀菌剂可有效杀死或减缓细菌滋生，延长使用寿命。真菌杀菌剂可有效杀死或减缓真菌滋生，延长使用寿命。真菌杀菌剂是一种杀真菌特别是霉菌的化合物，用于合成切削液中具有很好抗菌杀菌作用。所述的细菌杀菌剂可选用 Busan 1060 杀菌剂。所述的真菌杀菌剂可选用碘代丙炔基氨基甲酸丁酯（IPBC）。

聚醚消泡剂属非离子表面活性剂，具有优异的消泡、抑泡功能。聚醚表面活性剂在水中以分子状态存在，稳定性高，不具毒性，与其他类型的表面活性剂相容性好，并具有良好的抑泡效果、乳化能力和洗涤作用。

[产品特性] 本品稳定性好，解决了乳化液和半合成液使用过程中容易产生油水分离的问题。本品具有铝防锈功能、黑色金属防锈功能和润滑功能，可以同时用于铝、铜、合金钢和不锈钢的加工，这极大地满足了多品种多材料的加工过程。

配方 84 合金刀具用切削液

[原料配比]

原料		配比（质量份）		
		1#	2#	3#
四氢呋喃-氧化丙烯共聚二醇		25	12	21
丙烯酸单体		8	3	7
己二酸二异壬酯		4	2	3
聚异丁烯		2	1	1
硅酸钠		5	2	3
甲基氯硅烷		7	3	6
去离子水		75	50	60
清净剂	中碱值合成磺酸钙	4	1	—
	高碱值石油磺酸钙	—	—	2
防锈剂	蓖麻酯钾	1.5	—	—
	羊毛脂镁皂	—	1.5	—
	磺化蓖麻油	—	—	1.1

[制备方法]

(1) 称量：按照各个组分的质量份数称取各个组分；

(2) 混合：将各个组分依次放入搅拌器中进行搅拌；

(3) 真空静置：将搅拌好的混合液放入容器中，放置在真空室温环境下静置 8～15h；

(4) 封装：真空静置后，进行包装封装，即得到合金刀具用切削液。

[产品特性] 本品具有十分优良的冷却和润滑性能，而且制备工艺简单，可随时随地配制，避免了切削液长期放置导致的不稳定问题。本品为均匀液态，无分层沉淀现象。

配方 85 合金铸铁切削液

[原料配比]

原料	配比（质量份）	
	1#	2#
石油磺酸钠	5	10
甘油	7	8
油酸三乙醇胺皂	4	5
壬基酚聚氧乙烯醚	4	5
煤油	80	—
柴油	—	70

[制备方法] 首先，将石油磺酸钠加入反应釜中，加热至 40～60℃，10～15min 后再加入甘油、油酸三乙醇胺皂、壬基酚聚氧乙烯醚，搅拌 10～15min，最后再加入煤油、柴油或其混合物，搅拌 20～25min 即得到所需的产品。

[原料介绍]

石油磺酸钠为防锈添加剂。甘油具有抗极压的防锈功能。油酸三乙醇胺皂具有优良的脱脂、防锈和润滑效果。壬基酚聚氧乙烯醚可溶解于油和有机溶剂中，有很好的乳化性和优良的净洗效果，在一般工作中作为乳化剂，金属加工中作为净洗剂。煤油和柴油是很好的渗透剂。

所述的煤油为灯用煤油，柴油的型号为10♯柴油。

[产品特性] 本品为绿色环保产品，不含有毒成分，化学稳定性好，其乳液不易沉淀和变质。

配方 86 黑色金属加工切削液

[原料配比]

原料		配比（质量份）
蓖麻油酸		4～5
二甲基硅油		12～14
苯乙基酚聚氧乙烯醚		2～4
二硫化钼		3～4
氯化石蜡		6～8
吐温-80		1～2
月桂醇		4～5
助剂		6～8
水		200
助剂	聚氧乙烯山梨糖醇酐单油酸酯	2～3
	纳米氮化铝	0.1～0.2
	碳酸氢铵	2～3
	乙醇胺	1～2
	羟甲基壳聚糖	2～3
	二乙二醇丁醚	1～2
	丙二醇	5～8
	桃胶	2～3
	硅酸钠	1～2
	尿素	3～4
	过硫酸铵	1～2
	水	20～24

[制备方法] 将水、二甲基硅油、苯乙基酚聚氧乙烯醚、吐温-80混合，加热至40～50℃，加入蓖麻油酸、氯化石蜡、助剂，继续加热到70～80℃，搅拌10～15min，再加入二硫化钼以及月桂醇继续搅拌10～15min即得。

[原料介绍] 助剂的制备：将过硫酸铵溶于水后，再加入聚氧乙烯山梨糖醇酐单油酸酯、纳米氮化铝、碳酸氢铵、乙醇胺、羟甲基壳聚糖、二乙二醇丁醚、丙二醇、桃胶、硅酸钠以及尿素搅拌10～15min，加热至70～80℃，搅拌反应1～2h即得。

[产品特性] 黑色金属加工切削液具有不起泡，稳定性、润滑性好，对黑色金属不腐蚀的优点。

配方 87 黑色金属加工用人体环境友好型切削液

[原料配比]

原料	配比（质量份）
异丙醇胺	2.5
三乙醇胺	4

续表

原料	配比（质量份）
三元羧酸	4.5
苯并三氮唑	1.5
186 自乳化酯	6
环烷基基础油	32
妥尔油	5
石油磺酸钠	3
格尔伯特醇	3
醚羧酸复配剂	3
酰胺	1.5
疏水性乳化剂	3
水	加至 100

制备方法

（1）将水、异丙醇胺、三元羧酸防锈剂、苯并三氮唑、三乙醇胺加入透明容器中，常温搅拌直至得到均匀透明液体；

（2）将酰胺、186 自乳化酯、妥尔油、环烷基基础油、格尔伯特醇、醚羧酸复配剂、石油磺酸钠、疏水性乳化剂加入均匀透明液体中，在 38～42℃下搅拌至均匀透明，得到切削液。

原料介绍

防锈剂使用三乙醇胺、三元羧酸、石油磺酸钠，配合异丙醇胺、苯并三氮唑等缓蚀剂，有效提高了切削液的防锈性能。

使用 186 自乳化酯、格尔伯特醇作为润滑剂，配合妥尔油、MARLOX RT 42 和酰胺作为乳化剂，各组分协同作用，有效提高了切削液润滑性。

所述的醚羧酸复配剂包括以下质量分数的组分：醚羧酸 35.71％；短链醚羧酸 21.43％；长链醚羧酸 42.86％。

产品特性

（1）本品不含亚硝酸盐、氯化物和硫化物之类危害环境物质，也不含甲醛、二环己胺、苯酚及苯酚类杀菌剂和挥发性有机化合物等对人体有害物质，对人体、环境友好。

（2）本品防锈性能优异，使用过程中不容易造成锈蚀，可延长产品保存周期，防护机台不被腐蚀，节约原料，保护环境。

（3）本品润滑性优异，极小的消耗量即可保证现场加工性能，节约成本，提高生产效率。

配方 88 环保高性能铝合金切削液

原料配比

原料		配比（质量份）			
		1#	2#	3#	4#
基础油	植物油	40	—	—	—
	合成酯	—	30	—	—
	异丙醇胺	4	—	—	—
	三羟甲基丙烷油酸酯	—	—	45	—
	季戊四醇油酸酯	—	—	—	50
有机醇胺	二甘醇胺	—	3	3	—
	三乙醇胺	—	6	—	—
	N-甲基二乙醇胺	6	—	6	6
	N,*N*-二甲基一乙醇胺	—	—	—	3

续表

原料		配比（质量份）			
		1#	2#	3#	4#
润滑剂	自乳化酯	6	4	4	—
	聚合酯	—	4	10	6
缓蚀剂	水性高分子缓蚀剂	—	1	—	2
	有机二元酸	3	2	2	—
	有机三元酸	—	2	—	3
	脂肪酸酰胺	—	—	2	—
乳化剂	聚异丁烯琥珀酸酐	3	—	1.5	—
	十二烯基丁二酸	—	1.5	2	1
	新癸酸	1.5	—	—	2.5
	异壬酸	—	2.5	2.5	—
	C_{16}～C_{18} 脂肪醇烷氧基化物	4	4	—	3.5
	C_{16}～C_{20} 脂肪醇聚乙氧基丙氧基化物	2	2	3	2
	C_{14}～C_{20} 脂肪醇聚乙氧基化物	—	3	4	3.5
杀菌剂	十二胺	1.5	—	—	—
	1,2-苯并异噻唑啉-3-酮	2	2	2	—
	2-甲基-4-异噻唑啉-3-酮	—	2	—	—
	3-碘-2-丙炔基丁基氨基甲酸酯	0.3	0.3	—	—
	2-丁基-1，2-苯并异噻唑啉-3-酮	—	—	0.5	—
	胺氨基甲酸酯	—	—	—	5
耦合剂	二乙二醇丁醚	3	—	—	—
	三乙二醇丁醚	—	2	—	—
	二丙二醇丁醚	—	—	4	—
	C_{12}～C_{20} 异构醇	—	—	—	1
消泡剂	聚醚类消泡剂	0.5	—	—	—
	聚醚胺类消泡剂	—	0.5	1	—
水		加至100	加至100	加至100	加至100

制备方法 将各组分原料混合均匀即可。

原料介绍

基础油采用植物油或酯基油，相比矿物油的润滑性能提升20%～30%，能够降低润滑剂添加量的同时保证加工后优异的表面光洁度；与乳化剂和耦合剂合理地搭配，保证润滑效果的同时，降低乳液粒径，提高产品可清洗性，避免了该类基础油可能存在的黏机床、黏屑等问题。

润滑剂选自乳化酯和聚合酯，避免了氯、磷、硫类易生菌也对传统化学破乳-生化法废液处理增加难度的润滑剂的使用，同时与基础油具有很好的配伍性，极大地减少了乳化剂的用量。

乳化剂采用低泡类型，同时具有优异的硬水分散性及耐电解质效果，从而较好保证乳化稳定性及有效控制体系泡沫。

产品特性

（1）本品由于使用了非甲醛释放型杀菌剂和植物油、酯基油，使得人体舒适性提升、客户现场操作环境明显改善、过敏情况得到很好的控制。

（2）本品具有优异的防锈、缓蚀、润滑及生物稳定性，能满足汽车行业和电子行业加工的单机及集中供液要求。

配方 89 环保多功能清洗回用切削液

原料配比

原料		配比（质量份）
水		加至 100
缓蚀剂	异丙醇胺	4
三元羧酸防锈剂		5
苯并三氮唑		2.6
纳米硅防腐蚀剂		2.5
极压抗磨剂	硫化烯烃	5
妥尔油		5.5
格尔伯特醇		3.5
醚羧酸复配剂		3.5
MARLOX RT 42		2.6
司盘-80		7

制备方法

（1）在容器内依次加入水、异丙醇胺、三元羧酸、苯并三氮唑，常温搅拌直至均匀透明；

（2）再将纳米硅防腐蚀剂、硫化烯烃、妥尔油、格尔伯特醇、醚羧酸复配剂、MARLOX RT 42、司盘-80 加入上述均匀透明液体中，在 40℃下搅拌至均匀透明。

原料介绍

异丙醇胺是重要的缓蚀剂，可用于锅炉水处理剂、汽车引擎的冷却剂、钻井和切削油以及其他各类润滑油中起缓蚀作用。

纳米硅防腐蚀剂可用于金属的清洗及切削，在铝、镁、锌等金属加工中，用作抗腐蚀剂，也有非常好的润滑和极压性能。纳米硅防腐蚀剂用于水溶性配方，操作简单，可直接加入浓缩物中，不需要加入偶联剂，金属加工液用户可以直接使用以提高工作液的性能。纳米硅防腐蚀剂对金属铝的表面处理最有效，尤其是在诸多敏感的航空铝合金的处理中，对镁也会起到缓蚀作用。

三元羧酸防锈剂具有良好的防锈性、极端的低泡性、良好的硬水稳定性，通常使用的浓度范围内的溶液对皮肤和黏膜无刺激性等。

妥尔油用于辅助的润滑作用。

格尔伯特醇具备了如下特性：低挥发性；低刺激性；低凝固点；优良的润滑性；优良的氧化稳定性；很好的溶解性和溶解能力；低黏度；良好的生物降解能力。

醚羧酸复配剂具有优异的抗硬水性能，与水中的 Ca^{2+}、Mg^{2+} 螯合，并且生成的螯合物有良好的分散作用；具有低泡性能，使用液不会产生大量泡沫；环保，低毒，且具有优良的生物降解性能。

MARLOX RT42：具有出色的低泡性能、优秀的钙皂分散能力，易生物降解。

产品特性

（1）本品能用清水清洗，且清洗液可以回用，没有闪点，不会有火灾危险，适用范围更广，润滑性更佳，且可降解，低碳环保。

（2）本品配方不含劣质油和其他有害物质，对环境友好，对工人无害。

（3）本品配方润滑性好，能适合不同材质的加工。

（4）本品配方稳定，可以作为加工液使用，也可以作为导轨油，多功能使用，极大地节约成本。

（5）产品在加工后只需要清水清洗，且清洗液可以按照一定比例加入工作液中继续使用，减少污染，减少成本。

配方 90 环保防锈水基切削液（1）

［原料配比］

原料	配比（质量份）
硼砂	6～8
二乙醇胺	15～21
油酸	10～12
硼酸	10～12
庚酸	5～8
石油磺酸钠	6～8
癸二酸	8～10
顺丁烯二酸酐	5～7
十二苯磺酸钠	1～3
苯甲酸钠	2～4
消泡剂	0.6～1
甲基苯并三氮唑	0.8～1
水	65～75

［制备方法］

（1）取5～7份二乙醇胺、5～6份硼酸和5～6份油酸，放入高温反应釜中发生反应，温度为460～480℃，时间为10～20min，制得水溶酯a；

（2）取5～7份二乙醇胺、5～8份庚酸和5～7份顺丁烯二酸酐，放入高温反应釜中发生反应，温度为470～490℃，时间为10～20min，制得水溶酯b；

（3）取5～7份二乙醇胺、5～6份油酸和8～10份癸二酸，放入高温反应釜中发生反应，温度为480～500℃，时间为10～20min，制得水溶酯c；

（4）将水溶酯a、水溶酯b、水溶酯c、硼砂、5～6份硼酸、十二苯磺酸钠、苯甲酸钠、石油磺酸钠、消泡剂、甲基苯并三氮唑加入温度为45～55℃的水中，搅拌120～180min即得。

［产品应用］ 使用时，将本品稀释成4%～6%的水溶液即可。

［产品特性］

（1）采用三种合成的水溶酯配合十二苯磺酸钠和苯甲酸钠作为防锈组分，替代传统的亚硝酸钠，无毒、无污染、绿色环保；

（2）优化了制备工艺，控制反应的条件，使得制备的切削液性能优异；

（3）该切削液防锈、润滑、冷却和清洗效果好，特别是防锈效果，单片防锈试验大于200h，且易存放，不变质，使用周期长。

配方 91 环保防锈水基切削液（2）

［原料配比］

原料	配比（质量份）
醇胺或醇胺盐	10～25
硅酸盐	5～10
硼砂	15～30
钨酸钠	8～20
硼酸	25～50
葡萄糖酸钠	5～15
润滑剂	30～60

续表

原料	配比（质量份）
消泡剂	3～10
杀菌剂	3～8
pH 调节剂	3～6
水	50～85

[制备方法] 将各组分原料混合均匀即可。

[原料介绍]

所述醇胺为富马酸三乙醇胺、癸二酸三乙醇胺、十二碳二元酸三乙醇胺、*N*-辛酸谷氨酸三乙醇胺、*N*-月桂酰肌氨酸三乙醇胺中的一种或多种的组合。

所述润滑剂为磺化蓖麻油、油酸酰胺、磺化油酸中的一种或多种的组合物。

所述杀菌剂为2-甲基-4-异噻唑啉-3-酮、聚羟丙基二甲基氯化铵、羟乙基六氢均三嗪、4-氯-3-甲基苯酚、1，2-苯并异噻唑啉-3-酮中的一种或多种的组合。

[产品特性]

(1) 本品中，将醇胺或者醇胺盐作为防锈添加剂，其与硼酸会生成醇胺硼酸酯，醇胺硼酸酯中的亲水基会吸附在金属的表面，疏水基会在金属的表面形成一层保护膜，将氧气与金属隔离，起到防锈的作用；与硅酸盐、硼砂、钨酸钠以及葡萄糖酸钠配合进一步提高了切削液的防锈蚀功能，有效防止了腐蚀问题；配合添加润滑剂、杀菌剂和 pH 调节剂后进一步提高了切削液的性能，提高了产品质量，使金属加工阶段完成后的周转存放期、防腐时间延长，省去了二次涂抹防腐油脂的工艺，降低了生产成本，解决了锈蚀难题。

(2) 本产品中不含致癌物质，对环境友好，具有优良的润滑性、清洗性、冷却性以及防锈性，金属加工过程中使用本切削液可显著提高产品的质量，提高加工效率。

配方 92 环保机床切削液

[原料配比]

原料		配比（质量份）		
		1#	2#	3#
氨基硫脲		30	40	50
丁酸乙酯		3	5	6
碳酸钾		2	3	5
水溶性防锈剂		4	5	6
聚丙二醇		10	12	15
水		80	120	150
非离子表面活性剂	烷基酚聚氧乙烯醚	5	—	7
	高碳脂肪醇聚氧乙烯醚	—	6	—
十二碳二元酸		2	3	4
十二烷基二甲基苄基溴化铵		1	3	5

[制备方法] 将各组分原料混合均匀即可。

[产品应用] 本品主要用于钢、不锈钢等金属的切削加工。

[产品特性] 本品不仅能在金属表面上形成长久有效的保护膜，使得机床免受周围介质的影响如腐蚀受损，而且该切削液对环境、人体健康无害无毒。

配方 93 环保金属防锈切削液

[原料配比]

原料		配比（质量份）		
		1#	2#	3#
硬脂酸乙二醇双酯		9	2	7
菜油		10	5	8
甘油		3	1	2
羧酸胺		2	1	2
白炭黑粉末		2.5	0.5	2
甲基硅油		5	2	3
去离子水		65	35	55
清净剂	中碱值硫化烷基酚钙	4	—	—
	高三值环烷酸钙	—	1	—
	超碱值合成磺酸镁	—	—	2
防锈剂	氧化石油脂钡皂	3	—	—
	重烷基苯磺酸钠	—	1	—
	苯并三氮唑	—	—	2

[制备方法]

（1）混合：将各个组分依次放入搅拌器中进行搅拌；

（2）真空静置：将搅拌好的混合液放入容器中，放置在真空室温环境下静置8～15h；

（3）封装：真空静置后，进行包装封装，即得到环保金属防锈切削液。

[产品特性] 本品采用多种对环境无害的组分，避免在金属加工之后废弃的切削液对环境造成破坏，同时提供了防锈性能，以利于金属切削加工。本品为均匀液态，无分层沉淀现象。

配方 94 环保金属切削液

[原料配比]

原料	配比（质量份）
石油磺酸钡	20
硼砂	10
三乙醇胺	20
甲基硅油	1
钙镁离子软化剂	1
极压抗磨剂	5
水	加至100

[制备方法] 按照石油磺酸钡20～35份、硼砂5～15份、三乙醇胺20～30份、甲基硅油1～2份、钙镁离子软化剂1～5份、极压抗磨剂5～15份、水，配制水溶性切削液。

[原料介绍]

石油磺酸钡是一种乳化添加剂，并具有抗盐水浸渍能力，对黑色金属和黄铜防锈性好，其分子中的极性基团（SO_3）牢固地吸附在金属表面，而非极性基团（R）则溶于油中，这样形成一层致密的定向排列的吸附膜，从而阻止了侵蚀性介质侵入。

硼砂在本品中起杀菌作用，故本品生产的切削液经长时间放置也不易发臭。

三乙醇胺起稳定油相，使之成为不分层并呈透明均相的作用，同时调节和加宽了乳化范围，提高了乳化效率，此外三乙醇胺还是一种水溶性防锈剂，但不宜过量。

甲基硅油主要起到消泡的作用。

钙镁离子软化剂主要是去除水中钙镁离子，使产品抗硬水能力加大。

所述的极压抗磨剂由油酸二乙醇酰胺硼酸酯与羟甲基化苯并三氮唑反应得到有机复合硼酸酯，然后与中碱性磺酸钙复配所得。有机复合硼酸酯的制备过程如下：

(1) 向单口烧瓶中加入等物质的量的苯并三氮唑和40%的甲醛水溶液，再加入一定量的乙酸和去离子水，混合均匀后，在25℃下反应2h，将反应产物抽滤烘干。

(2) 向三口烧瓶中加入一定量油酸并加热至70℃，再加入二乙醇胺（油酸量的一半），升温至170℃反应3h，降温至85℃后加入二乙醇胺（油酸量的一半）和一定量氢氧化钾，继续反应，反应物胺值不再变化即为反应终点，加入硼酸和正丁醇，升温至150℃，保温反应4h后结束反应，减压蒸馏出未反应的正丁醇，制得油酸二乙醇酰胺硼酸酯。

(3) 将所得油酸二乙醇酰胺硼酸酯与羟甲基化苯并三氮唑混合在120℃条件下反应3.5h，所得黄色黏稠状液体即为有机复合硼酸酯。

产品特性 本品不含亚硝酸盐和氯化物，故对人体无害，环保无污染，具有优异的润滑极压抗磨性能，可以避免切削瘤的产生，有效地保护刀具

配方 95 环保可降解微量切削液

原料配比

原料			配比（质量份）			
			1#	2#	3#	4#
壳聚糖聚乙二醇脂肪酸酯	壳聚糖		1610	1610	1610	1610
	脂肪酸	正癸酸	5168	—	—	—
		月桂酸	—	4006	—	—
		硬脂酸	—	—	7112	—
		棕榈酸	—	—	—	5898
	聚乙二醇	二乙二醇	1061	—	849	—
		三乙二醇	—	751	—	901
	磷酸	磷酸（85%）	80	—	90	—
		磷酸（50%）	—	90	—	100
壳聚糖聚乙二醇脂肪酸酯			500	400	460	450
脂肪酸单酯	油酸甲酯		250	—	—	250
	棕榈酸甲酯		—	300	—	—
	油酸丁酯		—	—	240	—
脂肪醇聚氧乙烯醚	脂肪醇聚氧乙烯醚（AEO-10）		150	—	—	—
	脂肪醇聚氧乙烯醚（AEO-6）		—	200	—	—
	脂肪醇聚氧乙烯醚（AEO-7）		—	—	100	—
	脂肪醇聚氧乙烯醚（AEO-8）		—	—	—	150
醇醚磷酸酯	醇醚磷酸酯（Rhodafac PA-24）		100	—	—	100
	醇醚磷酸酯（Rhodafac PA-26）		—	100	—	—
	醇醚磷酸酯（Hostaphat 1322）		—	—	200	—

制备方法 将壳聚糖聚乙二醇脂肪酸酯与脂肪酸单酯、脂肪醇聚氧乙烯醚、醇醚磷酸酯在40～60℃温度下混合搅拌至透明即可。

原料介绍

所述的壳聚糖聚乙二醇脂肪酸酯的制备方法为：将壳聚糖、脂肪酸、聚乙二醇、磷酸分别加入反应釜中，搅拌加热至200～240℃，充分反应8～12h，减压排出水分，即为壳聚糖聚乙二醇脂肪酸酯。

使用磷酸进行催化还有一个作用，反应后不需要对催化剂进行分离，同时反应生成的磷酸酯是一种优良的极压抗磨剂。

醇醚磷酸酯，具有良好的润滑性和极压抗磨性，可全部或部分取代含硫、氯的极压抗磨剂，较易配制水溶性切削液。所述的醇醚磷酸酯的合成工艺步骤如下：

（1）称取脂肪醇和催化剂置于反应釜内，充入保护气（如氮气）置换出反应釜内空气，当聚合釜中保护气保持正压时，用保护气进料罐将环氧乙烷与环氧丙烷混合物推进反应釜，同时搅拌升温至100～120℃，保持反应温度不超过120℃，反应时间为5～8h，即为脂肪醇聚氧乙烯聚氧丙烯醚。

（2）缓慢加入称取的五氧化二磷搅拌，保持反应温度不超过150℃，再反应2～4h以后，减压排出水分，即为醇醚磷酸酯。

所述的催化剂为氢氧化钠或氢氧化钾。

所述的氢氧化钠或氢氧化钾有效成分质量分数为上述反应物总质量的0.3%～0.5%。

所述的脂肪醇、环氧乙烷、环氧丙烷、五氧化二磷的摩尔比为1∶(5～10)∶(1～2)∶(0.3～1)。

所述的脂肪醇选自碳原子数为10～20的饱和或不饱和脂肪醇中的一种或几种。优选正癸醇、月桂醇、异十三醇、十四碳醇、十六醇、油醇、硬脂醇、花生醇。

产品应用 使用方法：将上述环保可降解微量切削液加水1～5倍搅拌至透明或半透明后加入微量润滑装置中使用。

产品特性

（1）由于合成的壳聚糖聚乙二醇脂肪酸酯具有优异的润滑性、极压抗磨性好、水溶性佳，也是一种优良的表面活性剂，可全部或部分取代传统的含氯、硫、磷的极压抗磨剂使用于微量切削液中，少量的微量切削液就能满足金属加工的润滑冷却、极压抗磨和防锈要求；配合微量润滑装置使用，可节省切削液90%以上，节能减排、环境保护效果显著。

（2）脂肪酸单酯是优良的润滑剂，生物降解性好。

（3）脂肪醇聚氧乙烯醚提供良好的润滑性，是O/W型非离子表面活性剂，同时具有良好的生物降解性。

配方 96 环保耐高温切削液

原料配比

原料		配比（质量份）		
		1#	2#	3#
基础油		31.3	11.5	22.3
环状聚甘油酯		31.2	23	22.2
改性烷醇酰胺		12	30	30
三乙醇胺		10	10	10
复合缓蚀剂		15	25	15
金属离子络合剂和消泡剂（1∶1）的混合物		0.2	0.2	0.2
苯甲酸钠溶液		0.3	0.3	0.3
苯甲酸钠溶液	苯甲酸钠	2	2	2
	去离子水	3	3	3
	氢氧化钾	0.4	0.4	0.4
	甲苯	3	3	3

制备方法

（1）将基础油和环状聚甘油酯一起混合通入三口烧瓶中，设置三口烧瓶的温度为60℃，使用磁力搅拌器磁力搅拌反应30～40min，接着向三口烧瓶中加入改性烷醇酰胺，设置三口烧瓶的温度为50℃，使用磁力搅拌器磁力搅拌20～30min，直至三口烧瓶中的溶液变成透明液体，得到产物a；

（2）保持三口烧瓶的温度为50℃，向产物a中加入三乙醇胺，使用磁力搅拌器磁力搅拌

20～30min，接着向三口烧瓶中加入复合缓蚀剂，使用磁力搅拌器磁力搅拌至三口烧瓶中的溶液变成透明液体，得到产物 b；

（3）向产物 b 中加入金属离子络合剂和消泡剂的混合物，接着加入苯甲酸钠溶液，使用磁力搅拌器搅拌均匀，得到环保耐高温切削液。

［原料介绍］

所述基础油采用大豆油。

所述环状聚甘油酯采用氢氧化钠催化甘油高温聚合反应得到。

所述消泡剂采用有机硅消泡剂。

所述改性烷醇酰胺由如下方法合成：

（1）称取棕榈油加入装有温度计、机械搅拌装置和冷凝器的三口烧瓶中，向三口烧瓶中通入氮气，在氮气的保护下，使三口烧瓶的温度上升至 130～150℃，保温预热棕榈油 20～30min。

（2）向棕榈油中加入二乙醇胺，保持温度恒定，使用机械搅拌装置搅拌反应 2～4h，直至三口烧瓶内溶液澄清透明；二乙醇胺的消耗量为总量的 65%～75%。

（3）将三口烧瓶的温度冷却至 80～90℃，继续加入二乙醇胺，使用机械搅拌装置搅拌反应 2～3h，得到改性烷醇酰胺；二乙醇胺的消耗量为全部剩余量。

所述二乙醇胺的使用量为棕榈油总质量的 3 倍。

所述复合缓蚀剂由如下方法制备：

（1）称取硅酸钠和钼酸钠混合后溶于水中，混合均匀，接着向混合溶液中加入苯并三氮唑、二乙醇胺，混合均匀，得到缓蚀剂 A；硅酸钠和钼酸钠的质量比为 1∶2，苯并三氮唑和二乙醇胺的质量比为 1∶20。

（2）称取油酸加入安装有机械搅拌装置、冷凝管、温度计的四口烧瓶中，向四口烧瓶的内部充入氮气，设置四口烧瓶温度为 100℃，向油酸中加入二乙醇胺，使用机械搅拌装置对油酸和二乙醇胺进行混合搅拌，并且将四口烧瓶升温至 150～170℃，搅拌反应 3h，接着将四口烧瓶降温至 70～80℃，加入氢氧化钾恒温反应 4～6h，最后向四口烧瓶中加入硼酸和甲苯，将四口烧瓶升温至 130～150℃，冷凝回流反应，直至无水蒸出，冷却至室温，得到缓蚀剂 B；油酸和二乙醇胺的消耗质量比为 1∶1。

（3）将缓蚀剂 A 和缓蚀剂 B 混合，在温度为 60～80℃的条件下搅拌均匀，冷却后得到复合缓蚀剂。

复合缓蚀剂的缓蚀剂 A 中含有的钼酸钠、硅酸钠都属于阳极型缓蚀剂，在金属表面阳极区与金属离子发生反应，形成一层氧化膜覆盖在金属表面起保护作用，抑制了金属向水中溶解，通过控制金属表面的阳极反应，抑制腐蚀反应继续进行来达到缓蚀目的；缓蚀剂 B 的分子中同时含有酰氨基、硼酯基和长碳链烃基，对金属具有较好的润滑防锈功能，可有效提高切削液对于金属的润滑防锈效果。

［产品特性］ 该环保耐高温切削液，通过采用大豆油作为基础油，同时辅助环状聚甘油酯作为极压润滑剂，利用大豆油的易降解机理，可以大幅提高切削液的环保性，降低切削液使用后的废液的腐蚀性，避免对环境造成不利影响，另外环状聚甘油酯中氧原子的孤对电子对容易和金属表面产生静电作用，从而减少摩擦，提高切削液的润滑抗磨性能。

配方 97 环保切削液（1）

［原料配比］

原料	配比（质量份）			
	1#	2#	3#	4#
表面活性剂	4	8	—	—

续表

原料		配比（质量份）			
		1#	2#	3#	4#
防锈剂		15	20	—	—
极压剂		3	6	—	—
缓蚀剂		1	3	1	3
消泡剂 B118		0.5	2	0.5	2
去离子水		76.5	61	76.5	61
防锈剂	三乙醇胺	4	3	15	—
	硼酸酯	1	2	—	20
表面活性剂	聚乙二醇二油酸酯	1	1	—	—
	吐温-80	3	3	4	8
极压剂	二烷基二硫代磷酸锌（ZDDP）	3	5	3	—
	纳米氧化钼	1	1	—	6
缓蚀剂	苯并三氮唑	1	1	1	1
	硫脲	10	15	10	15

［制备方法］ 按配比称取各组分，在 60～80℃的防锈剂中依次加入去离子水、表面活性剂和极压剂搅拌溶解后，再依次加入缓蚀剂和消泡剂搅拌至溶解完全。

［原料介绍］

所述防锈剂由有机醇胺和硼酸酯制成，制备方法为：将有机醇胺和硼酸酯搅拌并加热至60～80℃即得。所述有机醇胺为三乙醇胺。

所述消泡剂为 B118、B103、B273 和 B308 中的至少一种。

［产品特性］

（1）使用本品加工的工件光洁度高，无需额外增加清洗步骤，缩短了工艺流程，提高了工作效率。

（2）本品配方原料具有水溶性，在水中的稳定性好，不会有油析出，且不含有毒有害物质，对环境友好。

（3）本品使用周期长、使用过程中不会出现异味。

（4）本品稳定性好，无分层、相变及胶状物产生，试验后能恢复原状，此外防锈性、消泡性和耐腐蚀性能良好。

配方 98 环保切削液（2）

［原料配比］

原料		配比（质量份）			
		1#	2#	3#	4#
植物油酸		10	11	12	14
机油		10	11	12	13
乳化剂	乳化硅油	—	—	3	4
	石油磺酸钠	1	2	—	—
消泡剂	聚二甲基硅氧烷	1	1.3	1.6	1.9
杀菌剂	水性杀菌剂	0.1	0.2	0.3	0.4
pH 调整剂	三乙醇胺	2.5	3	3.5	5
金属离子掩蔽剂	工业磷酸	2.5	3	3.5	5
稳定剂	二乙醇胺	3	3.5	4	5
去离子水		加至 100	加至 100	加至 100	加至 100

［制备方法］ 按照上述配比将植物油酸、机油、乳化剂、杀菌剂、金属离子掩蔽剂、稳定剂以及

去离子水加入调和罐中，加热搅拌，加热温度在50～60℃，搅拌时间为60～90min，然后自然冷却至室温，加入pII调整剂调整pH值至7.1～7.5，最后加入消泡剂除去混合溶液中的气泡得到环保切削液。

[原料介绍]

植物油酸制备方法如下：

（1）菜籽粉末制备：收集新鲜菜籽将其研磨并过滤，然后按照质量比1∶10将研磨过后的菜籽颗粒与石油醚搅拌混合，加热回流处理后过滤收集滤饼，用无水乙醇冲洗滤饼2～5次，冲洗完毕后自然晾干，再次进行研磨处理，最后收集菜籽粉末待用；

（2）植物油酸制备：按照质量比为1∶8将丙酮滴加至菜籽粉末中，然后进行水浴加热，控制水浴加热温度在45～50℃，水浴加热时间在45～60min，水浴加热完毕后过滤并收集滤液得到植物油酸。

[产品特性] 本品具有能够对切削部位进行保护、增强材料耐腐蚀性、延长切削刀头的使用寿命的优点，同时切削液成本低廉，安全绿色环保，无污染。

配方 99 环保切削液（3）

[原料配比]

原料	配比（质量份）
矿物油	18
极压抗磨剂	4
混合醇胺	8
有色金属防锈剂	0.3
硼酸	5
硫化脂肪油皂或太古油	8
石油磺酸钠	7.2
环烷酸锌	2.1
乙二醇	2.1
吐温-80	5.1
司盘-80	5.1
杀菌剂	1
去离子水	加至100

[制备方法]

（1）用两釜调和，将极压抗磨剂加入釜1中，与矿物油冷调和22min溶解；将有色金属防锈剂和混合醇胺加入釜2中升温至80℃，完全溶解后加硼酸，保持80℃溶化后倒入釜1中，与油一起调和至浑浊状。

（2）向釜1加硫化脂肪油皂或太古油，恒温65℃调和油液至透明状。

（3）向釜2加石油磺酸钠、环烷酸锌以及乙二醇，溶解后倒入釜1调和。

（4）向釜1加水调和升温至65℃，再向釜1中加吐温-80以及杀菌剂，调和。

（5）向釜1中加司盘-80，边加边观察，直至透明为止。

（6）将釜1冷却，降温至常温，出釜即得。

[原料介绍]

所述矿物油为普通10#矿物油、15#矿物油、22#矿物油、工业白油或加氢基础油。

所述极压抗磨剂为硫化脂肪酸酯3010或硫化脂肪。

所述混合醇胺为三乙醇胺和二乙醇胺按照质量份5∶12混合。

[产品应用] 本品是一种环保切削液。

［产品特性］ 该环保切削液乳化粒小，稳定，含油比例低，防锈性优于乳化性，不含氯及亚硝酸盐，废液经简单分油处理后，水中余物可进行生物降解，有利于环保和节约能源。

配方 100 环保去污型水溶切削液

［原料配比］

原料	配比（质量份）
三乙醇胺	12～15
季戊四醇油酸酯	20～30
石油磺酸钡	2～5
石油磺酸钠	6～8
磷酸三苯酯	4～6
三乙醇胺	2～3
聚乙二醇	8～10
十六碳取代咪唑啉酮	3～6
乙醇	6～10
对苯甲酸乙二醇酯	1.2～2.5

［制备方法］ 将各组分原料混合均匀即可。

［原料介绍］

十六碳取代咪唑啉酮，分子量适中，既不会溶解太多也不会无法附着，使得缓蚀剂与工件表面附着显著，缓蚀性较强。

水溶性的对苯甲酸乙二醇酯用于去污，能够在冲洗过程中去除工件表面因加工产生的污物；同时具备亲油和亲水官能团，能够使得其既混合充分不会分层，又能够同时具备较好的去污能力。

季戊四醇油酸酯由于含有的碳链较长，润滑性极强，并且具有一定的水溶性。所采用的季戊四醇油酸酯、磷酸三苯酯、十六碳取代咪唑啉酮和对苯甲酸乙二醇酯之间以及主成分之间都可以相互形成较为稳定键力，从而能够稳定地混合，不容易形成分层。

［产品特性］ 本品能够在工件表面缓慢地形成一层缓蚀膜层，从而大大减轻工件后续使用过程中的腐蚀程度。

配方 101 环保水基切削液

［原料配比］

原料		配比（质量份）					
		1#	2#	3#	4#	5#	6#
润滑剂	嵌段聚醚 6400	15	12	—	—	—	—
	嵌段聚醚 6200	—	—	10	5	10	16
	PEG-400	—	—	—	13	—	—
	丙三醇	—	—	—	—	5	—
乳化剂	壬基酚聚氧乙烯醚	0.5	0.5	—	—	—	—
	脂肪醇聚氧乙烯醚	—	—	0.2	0.2	0.2	0.2
有机酸	柠檬酸	3	3	—	—	2	2
	异构癸酸	—	—	2	2	—	—
极压剂	三乙醇胺硼酸酯	2	5	—	4	—	4
	亚磷酸酯	—	—	4	—	4	—
有机碱	三乙醇胺	10	8	—	—	10	6
	二乙醇胺	—	—	10	8	—	—

续表

原料		配比（质量份）					
		1#	2#	3#	4#	5#	6#
水软化剂	EDTA-4Na	0.5	0.5	—	—	—	—
	葡萄糖酸钠	—	—	2	2	2	2
防锈剂	辛烯基琥珀酸酐	0.5	1	—	—	—	—
	三乙醇胺油酸皂	—	—	1	1	1	1
消泡剂	二甲基硅油	0.3	0.3	1	—	—	0.3
	甲基硅油	—	—	—	0.6	—	—
	有机硅类	—	—	—	—	0.2	—
	炔醇类	1	1	0.2	1	1	1
杀菌剂	羟乙基六氢均三嗪	3	3	3	3	3	3
沉降剂	多乙烯多胺	0.5	0.3	1	1	1	—
	聚丙烯酰胺	—	—	—	—	—	1
溶剂	水	加至100	加至100	加至100	加至100	加至100	加至100

制备方法

（1）将极压剂和有机碱加热到60℃，然后倒入水中，搅拌均匀，得到第一混合液；

（2）向第一混合液中依次加入水软化剂、润滑剂、乳化剂、防锈剂、有机酸和杀菌剂，搅拌2～3h，得到第二混合液；

（3）向第二混合液中添加消泡剂，搅拌0.5h，然后加入沉降剂，继续搅拌0.5h，最后静置8h，得到均一、澄清的无色透明液体，即为本实施例制备的环保水基切削液。

原料介绍

有机酸用于调节切削液的pH值，同时具有清洗管道和产品的功能。

有机碱用于为切削液提供碱性环境，避免切削加工时切削液腐蚀切削设备，同时还能抑制切削液中细菌的繁殖，延长切削液的使用寿命，此外所述有机碱还具有一定的增溶和润滑功能。

沉降剂包括水溶性聚丙烯酰胺和/或多乙烯多胺，其对切削产生的砂浆具有良好的抗结块和促沉淀作用，可降低切削设备管道堵塞的风险。

消泡剂包括有机硅消泡剂和炔醇类消泡剂等，可起到长效的消泡、抑泡作用。有机硅消泡剂具有较好的分散性，消泡迅速，且价格低廉。炔醇类消泡剂具有较强的抑泡能力，且在切削液中的稳定性较好，不易析出，可保证切削液的澄清透明。

聚醚型非离子表面活性剂和PEG-400具有较强的润滑和清洗效果，抗杂油能力强，且价格低廉。

乳化剂可避免切削液在循环使用的过程中产生黑色油污，具有较强的乳化和清洗能力。

极压剂具有较好的润滑效果，泡沫低，易溶于水，且价格较为低廉。水软化剂易溶于水，具有较好的软化效果，且价格低廉，环保性好。

防锈剂在较低添加量下就能取得较好的防锈效果，且价格低廉，环保性好。

杀菌剂的兼容性强，杀菌效果好，气味小，不致敏，且价格较为低廉。

产品特性

（1）采用本品进行切削加工时，切削表面无黑色油污、泡沫少，切削加工产生的砂浆不结块、易沉淀、不堵塞切削设备管道。

（2）本品以水作为溶剂，相比于添加有机溶剂的切削液，价格更为低廉，易清洗，不含硫、氯、苯、重金属等有毒物质，具有良好的经济效益和环境效益。

配方 102 环保微量切削液（1）

［原料配比］

原料		配比（质量份）				
		1#	2#	3#	4#	5#
润滑剂组合物	山梨糖醇	182.17	182.17	182.17	182.17	182.17
	二聚酸	1129.84	1694.76	1412.3	1412.3	1412.3
	聚乙二醇 PEG-200	600	—	—	—	—
	聚乙二醇 PEG-300	—	600	—	—	—
	聚乙二醇 PEG-400	—	—	480	—	—
	聚乙二醇 PEG-500	—	—	—	500	—
	聚乙二醇 PEG-600	—	—	—	—	900
	磷酸（50%）	—	25	25	—	—
	磷酸（85%）	15	—	—	15	25
润滑剂组合物		400	300	350	370	310
己二酸二异癸酯		300	400	350	360	370
油醇硫酸酯钠		200	100	150	120	160
聚蓖麻油酸酯	四聚蓖麻油酸酯	50	—	—	—	90
	六聚蓖麻油酸酯	—	100	80	—	—
	三聚蓖麻油酸酯	—	—	—	60	—
油酰胺基酸钠		50	100	70	90	70

［制备方法］ 称取润滑剂组合物、己二酸二异癸酯、油醇硫酸酯钠、聚蓖麻油酸酯、油酰胺基酸钠在 40～60℃温度下混合搅拌至透明即可。

［原料介绍］

所述的润滑剂组合物的制备方法：将山梨糖醇、二聚酸、聚乙二醇、磷酸加入反应釜中，搅拌加热至 180～240℃，充分反应 6～12h，减压排出水分，即为一种润滑剂组合物。

所述的二聚酸是天然油脂经过水解提取不饱和脂肪酸，通过加压催化缩合、连续催化聚合或间歇常压甲醇蒸气排氧聚合等工艺而制成。所述的二聚酸选自亚油酸/油酸二聚体（36 碳）。

油醇硫酸酯钠是良好的阴离子表面活性剂，同时润滑性能良好。

聚蓖麻油酸酯提供良好的润滑性，具有优异的润滑性、极压抗磨性好、水溶性佳，也是一种优良的表面活性剂，可全部或部分取代传统的含氯、硫、磷的极压抗磨剂使用于微量切削液中，少量的微量切削液就能满足金属加工的润滑冷却、极压抗磨和防锈要求。

所述的油酰胺基酸钠商品名为雷米邦 A，是阴离子表面活性剂，具有良好的润滑性和极压抗磨性，可全部或部分取代含硫、氯、磷的极压抗磨剂，较易配制水溶性切削液。

［产品应用］ 将上述微量切削液母液加水 1～5 倍搅拌至透明或半透明后加入微量润滑装置中使用。

［产品特性］ 在本品的配方中，各组分混合后，基于其各自的结构特点，可发生分子间弱键作用力，经相溶后，提高和激发彼此的润滑性、溶解性和极压抗磨性等性质。

配方 103 环保微量切削液（2）

原料配比

原料			配比（质量份）				
			1#	2#	3#	4#	5#
微量切削液前体（蓖麻油硼酸钾盐）	蓖麻油酸		900	950	920	950	930
微量切削液前体（蓖麻油硼酸钾盐）	硼酸盐	四硼酸钾	100	—	—	—	—
微量切削液前体（蓖麻油硼酸钾盐）	硼酸盐	硼酸钠		50	—	—	70
微量切削液前体（蓖麻油硼酸钾盐）	硼酸盐	偏硼酸钾	—	—	80	—	—
微量切削液前体（蓖麻油硼酸钾盐）	硼酸盐	硼酸钾	—	—	—	60	—
微量切削液前体			150	200	100	120	180
蓖麻油酸聚乙二醇酯			150	200	100	180	120
脂肪醇	油醇		350	—	—	—	—
脂肪醇	SAFOL16 异构醇（主要成分为 C_{16} 异构醇）		—	300	—	—	—
脂肪醇	ISALCHEM145 异构醇（主要成分为 C_{14}/C_{15} 异构醇）		—	—	400	—	—
脂肪醇	Synative ALG20 异构醇（主要成分为 C_{20} 异构醇）		—	—	—	320	—
脂肪醇	Synative ALG_{16} 异构醇（主要成分为 C_{16} 异构醇）		—	—	—	—	360
脂肪醇聚氧乙烯醚	AEO-9		150	—	—	—	180
脂肪醇聚氧乙烯醚	AEO-10		—	200	—	—	—
脂肪醇聚氧乙烯醚	AEO-15		—	—	150	—	—
脂肪醇聚氧乙烯醚	AEO-12		—	—	—	100	—
磷酸盐溶液	磷酸氢二钾溶液		200	—	—	—	—
磷酸盐溶液	磷酸钾溶液		—	100	—	—	—
磷酸盐溶液	磷酸二氢钾溶液		—	—	250	—	—
磷酸盐溶液	磷酸钠溶液		—	—	—	280	—
磷酸盐溶液	偏磷酸钾溶液		—	—	—	—	160
磷酸盐溶液	磷酸氢二钾溶液	磷酸氢二钾	10	—	—	—	—
磷酸盐溶液	磷酸氢二钾溶液	去离子水	190	—	—	—	—
磷酸盐溶液	磷酸钾溶液	磷酸钾	—	5	—	—	—
磷酸盐溶液	磷酸钾溶液	去离子水	—	95	—	—	—
磷酸盐溶液	磷酸二氢钾溶液	磷酸二氢钾	—	—	8	—	—
磷酸盐溶液	磷酸二氢钾溶液	去离子水	—	—	242	—	—
磷酸盐溶液	磷酸钠溶液	磷酸钠	—	—	—	6	—
磷酸盐溶液	磷酸钠溶液	去离子水	—	—	—	274	—
磷酸盐溶液	偏磷酸钾溶液	偏磷酸钾	—	—	—	—	10
磷酸盐溶液	偏磷酸钾溶液	去离子水	—	—	—	—	150
蓖麻油酸聚乙二醇酯	蓖麻油酸		500	500	500	500	500
蓖麻油酸聚乙二醇酯	聚乙二醇	PEG-400	750	—	—	750	600
蓖麻油酸聚乙二醇酯	聚乙二醇	PEG-600	—	1000	—	—	—
蓖麻油酸聚乙二醇酯	聚乙二醇	PEG-200	—	—	500	—	—
蓖麻油酸聚乙二醇酯	催化剂	过硼酸钠	4	—	—	—	4
蓖麻油酸聚乙二醇酯	催化剂	过硼酸钾	—	4	3	—	—
蓖麻油酸聚乙二醇酯	催化剂	阳离子交换树脂	—	—	—	15	—

制备方法 称取微量切削液前体、蓖麻油酸聚乙二醇酯、脂肪醇、脂肪醇聚氧乙烯醚、磷酸盐溶液（将磷酸盐预先溶于去离子水中使用）在 40～60℃温度下混合搅拌至透明或半透明即可。

原料介绍

所述的微量切削液前体的制备方法：将蓖麻油酸、硼酸盐放入搅拌器内，在 90～110℃的温度下搅拌反应 3～4h，即为一种微量切削液前体。

所述的蓖麻油酸聚乙二醇酯的制备方法包括以下步骤：

(1) 将蓖麻油酸、聚乙二醇和催化剂依次投入聚合釜内；

(2) 充入惰性气体置换出聚合釜内的空气；

(3) 边搅拌边升温至180～220℃，反应4～5h；

(4) 减压除去水分，即为蓖麻油酸聚乙二醇酯。

所述的惰性气体为氮气。

[产品应用] 将上述环保微量切削液加水1～5倍搅拌至透明或半透明后加入微量润滑装置中使用。

[产品特性] 本品能较好地解决加工过程中的工件润滑和冷却问题，而且本品的油品无需添加含硫、氯等对环境有较大压力的添加剂的情况下，仍具有极好的极压抗磨性，不但环保且可有效延长刀具使用寿命。

配方 104 环保型半合成切削液

[原料配比]

原料		配比（质量份）		
		1#	2#	3#
基础油	石蜡基基础油	37	37	37
表面活性剂	吐温-80	16	20	—
	石油磺酸钙	4	—	20
醇胺	N-苄基乙醇胺	2	2	2
	羟乙基乙二胺	3	3	3
醇酯	磷酸三油醇酯	4	4	4
	山嵛酸花生醇酯	1	1	1
纳米羟基磷灰石		6	6	6
β-环糊精		8	8	8
1,3-二（4-羟基丁基）-1,1,3,3-四甲基二硅氧烷		4	4	4
水		61	61	61

[制备方法] 将表面活性剂、纳米羟基磷灰石、β-环糊精、1,3-二(4-羟基丁基)-1,1,3,3-四甲基二硅氧烷、水于55℃下混合，搅拌60min，再加入基础油、醇酯，在55℃下继续搅拌30min，冷却至室温，加入醇胺，搅拌10min，即得。

[原料介绍] 所述纳米羟基磷灰石的粒径为100～150nm。

[产品特性] 本品有较好的抗磨性能，同时在低温下具有较好的稳定性。本品所采用的1,3-二(4-羟基丁基)-1,1,3,3-四甲基二硅氧烷中的丁基长度适中，能够将纳米羟基磷灰石和环糊精结合起来，起到桥连的作用，将纳米羟基磷灰石良好地分散于切削液中，并且能够提高切削液在低温下的储存稳定性，不会出现分层现象，能够起到良好的抗磨作用。本品吐温-80和石油磺酸钙的质量比为4∶1时，不仅具有较好的乳化性能，也具有较好的消泡性能。

配方 105 环保型低冰点的水性切削液

[原料配比]

原料		配比（质量份）					
		1#	2#	3#	4#	5#	6#
极压剂	水性硼酸酯	2	2	3	3	4	4
润滑剂	聚乙二醇	20	20	30	30	30	30

续表

原料		配比（质量份）					
		1#	2#	3#	4#	5#	6#
表面活性剂	AEO-9	1	2	3	4	4	5
防腐剂	苯甲酸钠	2	3	2	4	5	5
缓蚀剂	苯并三氮唑	5	5	5	5	5	5
融雪剂	乙酸钠	1	2	3	3	4	5
pH 调节剂	一乙醇胺	3	3	3	4	5	5
水		66	65	50	37	43	41

［制备方法］

（1）将水加热到 40～50℃，然后加入极压剂、表面活性剂，均匀搅拌 0.5～1h 至溶液透明，再加入润滑剂，均匀搅拌 10～20min 后，得到水基合成切削液润滑剂；

（2）向水基合成切削液润滑剂中加入防腐剂，保持 40～50℃，继续搅拌 20～40min，得到混合溶液；

（3）停止加热，待温度降至 40℃以下后，再向混合溶液中加入缓蚀剂和融雪剂，均匀搅拌 0.5～1h，最后加入 pH 调节剂将溶液 pH 值调整到 8～9.5 之间，过滤，最后得到环保型低冰点的水性切削液。

［原料介绍］

防腐剂可以有效抑制和灭杀水中的微生物细菌、藻，提高切削液的使用寿命。

融雪剂可以降低水性切削液的凝点和倾点。

缓蚀剂可以防止或减缓材料腐蚀。

表面活性剂提高了极压剂和润滑剂的溶解度，避免低温时极压剂从水中析出。

pH 调节剂可以调整环保型低冰点的水性切削液的 pH 值在 8～9.5 之间，pH 值高了防锈功能好，过于偏碱性容易造成工人过敏。

［产品特性］ 本品具有稳定的 pH 值，不易变质，使用寿命长，抗腐蚀；防锈能力优异，对油漆的适应性好，绿色环保，倾点较低，可以适应多种温度较低的环境使用，抗菌能力强。

配方 106 环保型多功能全合成切削液

［原料配比］

原料		配比（质量份）			
		1#	2#	3#	4#
有机羧酸	植物油酸	4	—	—	—
	C_{21} 单环双羧酸	—	4	—	—
	精二聚酸	—	—	—	4
	妥尔油	—	—	4	—
无机酸	硼酸	5	5	5	5
有机碱	三乙醇胺	18	20	18	18
聚乙二醇 400 单油酸磷酸酯		6	6	6	6
杀菌剂	杀菌剂 LEX	2	2	2	2
极压剂	硫脲	3	3	3	3
有机硅消泡剂		1	1	1	1
去离子水		61	59	61	61

［制备方法］

（1）称取有机羧酸、无机酸、有机碱、聚乙二醇 400 单油酸磷酸酯，入桶，开启搅拌器和加热器，加热至 120～130℃，停止加热；

（2）将去离子水加入桶搅拌均匀；

（3）称取杀菌剂、极压剂、有机硅消泡剂，倒入搅拌桶，搅拌成均匀透明液体，即制成环保型多功能全合成切削液。

原料介绍

切削液最关键的性能指标就是其润滑抗磨性能，即PB值。PB值越大，其润滑抗磨性能越好，对CNC金属加工用的金属切割工具保护性能越好，金属切割工具使用寿命越长。硼酸酯是一种多功能环保型添加剂，其作用机理是其摩擦表面形成了物理（或化学）吸附膜，以及由于硼酸酯水解作用或与添加剂发生摩擦化学反应产生诸如H_3BO_3、B_2O_3等构成的非牺牲性沉积膜，几种膜的共同作用，有效提高了水基切削液的摩擦学性能。它的特点为：硼酸酯的油膜强度高，摩擦系数低，具有优良的减摩抗磨性能；具有良好的防锈性能；具有抗菌和杀菌功能，且无毒害作用；但是仅使用硼酸酯在高温高压切削条件下其润滑性能仍然是不够的，需要加入其它润滑剂协同作用。

三乙醇胺与有机羧酸形成的三乙醇胺有机羧酸皂是具有优良润滑效果的水溶性添加剂。三乙醇胺有机羧酸皂与硫脲协同作用具有良好的极压润滑性能。

产品应用 本品广泛应用于钢铁、铝合金、铜等金属材料CNC加工过程中金属切削工具的冷却、润滑、防锈与清洗。

产品特性

（1）本品通过三乙醇胺有机羧酸皂、三乙醇胺硼酸酯及硫脲的科学复配，使得切削液的极压润滑性能大幅度提高，5%切削液的稀释液PB值达1000N以上。

（2）本品具有成本低廉、使用量少、润滑性能好、废液处理简单、可循环使用而不易臭等优点。

（3）本品用于铝合金高光面产品CNC加工过程时，不影响产品表面的光泽度。

（4）本品无异味，安全环保。

配方 107 环保型高清洁切削液

原料配比

原料	配比（质量份）
三乙醇胺	20～30
二乙醇胺	2～10
二元酸	3～8
硼酸	5～10
辛癸酸	4～6
聚醚	6～14
苯甲酸钠	2～4
苯并三氮唑	0.5～1
水	17～54.5

制备方法

（1）取三乙醇胺以及二乙醇胺加热到60℃，加入硼酸、二元酸边加边搅拌，升温至100℃，使溶液变得清澈透明即可；

（2）取水，加入苯甲酸钠充分溶解后依次加入聚醚、辛癸酸以及苯并三氮唑，边加边搅拌至溶液清澈透明即可得到环保型高清洁切削液。

原料介绍

聚醚能够增加润滑性的同时，有清洗作用、抗杂油作用。

三乙醇胺、二乙醇胺、二元酸以及硼酸，可使切削液具有更强的防锈、防腐作用。

[产品特性]

(1) 由于本品是全合成型水溶性切削液，不含硫、氯、磷、亚硝酸盐，不含矿物油、动植物油，具备较好的润滑效果；不含矿物油和动植物油内的脂肪避免了细菌培养基的产生，也可以长期使用不易变质；在加工过程中设备漏油不会溶解到切削液工作液内，不会让细菌繁殖。

(2) 由于本品不含甲醛类杀菌剂，加入一定量苯甲酸钠既有防锈作用，又同时具备很好的抗菌、抗腐败的能力，长期使用不需要更换和排放切削液。

(3) 由于本品加入聚醚和苯甲酸钠，具有极佳的抗杂油能力并增加了铁粉、磨泥、磨渣的沉降性，在金属加工球墨铸铁工件时，由于球墨铸铁内含石墨使切削工作液变黑。本品能够提高铁粉、磨泥、磨渣与切削液分离性能，能长期保持切削工作液的清澈透明。

(4) 本品具有较好的冲洗性能，一定量的聚醚和水能保持刀具及砂轮的清洁，具有较低的泡沫，适应高速加工工艺。

(5) 该切削液不仅长期使用不需要更换和排放，而且无毒无味，对人体无害。

配方 108 环保型金属切削液（1）

[原料配比]

原料		配比（质量份）		
		1#	2#	3#
植物油	菜籽油	25	—	—
	蓖麻油	—	20	—
	环氧大豆油	—	—	30
十二烷基葡萄糖苷		4	2	6
藻酸丙二醇酯		5	4	6
十二烷基磺酸钠		8	6	10
椰油酰胺丙基甜菜碱		7	5	9
钼酸钠		8	6	10
聚乙二醇		5	3	8
乳化稳定剂	二乙二醇单丁醚	4	3	5
抗静电剂		3	1	1～5
防锈剂	六亚甲基四胺	4	3	—
	油酸偏硅酸钠	—	—	5
消泡剂乳化硅油		3	2	4
水		135	120	150

[制备方法]

(1) 室温条件下，先在植物油中加入十二烷基葡萄糖苷、藻酸丙二醇酯、十二烷基磺酸钠、椰油酰胺丙基甜菜碱、钼酸钠，加热到50～60℃，搅拌均匀，得到混合油相；

(2) 停止加热，向混合油相中加入聚乙二醇、乳化稳定剂、抗静电剂、防锈剂和水并搅拌均匀；

(3) 再往容器内加入消泡剂，再次搅拌，直至均匀为止。

[产品应用] 本品适应于各种金属与非金属的机械加工。

[产品特性] 本品配方科学合理，具有良好的抗磨、润滑、缓蚀性能，优良的防锈性、抗静电性及化学稳定性，同时具有非常好的生物降解性，对多种切削方式及工件材料具有广泛通用性，同时对人体无毒、无害、不伤害皮肤，对环境无污染。

配方 109 环保型金属切削液（2）

原料配比

原料		配比（质量份）			
		1#	2#	3#	4#
粗粮粉	荞麦粉	42.5	—	50	—
	黑米粉	—	45	—	40
发酵菌糠		25	22	20	26
海藻酸钠		16	20	25	15
腐殖酸钙		7.5	6	5	8
辛酸癸酸三甘油酯		9	10	12	8
十二烷基二甲基苄基氯化铵		4.2	4	3	5
十二烷基二羟乙基甜菜碱		3.8	4	5	3
聚乙烯亚胺		2.3	2	1	3
羟基磷灰石		14	16	20	12
辣木籽提取物		5	4	3	6
山梨酸钾		7	8	10	6
棉籽油		11	10	8	12
桃胶		2.8	3	3	2.5
竹粉		5	4	3	6
去离子水		25	28	30	22
25%碳酸氢钠溶液		适量	适量	适量	适量
30%氢氧化钠溶液		适量	适量	适量	适量

制备方法

（1）将十二烷基二甲基苄基氯化铵、十二烷基二羟乙基甜菜碱在40～60℃的条件下，充分溶于1/3去离子水中，备用；

（2）将粗粮粉、发酵菌糠和桃胶溶于2/3去离子水中，搅拌均匀，在40～60℃的条件下加入海藻酸钠和腐殖酸钙，充分搅拌后，开始滴加步骤（1）得到的备用溶液，滴加速度为30～40滴/min。保温反应2～4h，以碳酸氢钠溶液调节反应液至中性，然后升温至70～80℃，保温搅拌1～3h，再降温至35～40℃，以氢氧化钠溶液调节反应液pH值至7～8，保温反应20～40min，冷却至室温，备用。

（3）将步骤（2）得到的备用溶液与辛酸癸酸三甘油酯、聚乙烯亚胺、羟基磷灰石、辣木籽提取物、山梨酸钾、棉籽油和竹粉混合，搅拌均匀，得到环保型金属切削液。

原料介绍

粗粮粉为荞麦粉或黑米粉，荞麦是重要的药食两假谷类食物资源，其籽粒富含蛋白质、维生素、矿物质以及多种生物活性物质，如肌醇、生育酚、类胡萝卜素、植物甾醇、角鲨烯、维生素、谷胱甘肽和褪黑素等，荞麦中的活性成分具有抗氧化作用和自由基清除能力；黑米具有清除自由基、抗菌的功能，在切削液加工过程中不容易变质，可延长使用寿命，并可生物降解，对环境安全。

发酵菌糠含有大量的活性微生物及其残体，具备一般表面活性剂的基本特征，可以修复环境污染，包括土壤、水、金属或其他污染物，具有一定的金属螯合能力，并且生物可降解性好。

海藻酸钠在酸性条件下，—COO—转变成—COOH，电离度降低，亲水性降低，分子链收缩，pH值增加时，—COOH基团不断地解离，亲水性增加，分子链伸展。当有Ca^{2+}（本品中腐殖酸钙）、Sr^{2+}等阳离子存在时，G单元上的Na与二价阳离子发生离子交换反应，G单元堆积形成交联＋网络结构，从而形成水凝胶状薄膜，实现对刀具、工件的润滑、冷却、清洗、防锈作用，保证加工精度、保护刀具、完成加工过程。

腐殖酸钙通过腐植酸的活性基团可以解除粗粮粉和羟基磷灰石中含有的结晶结构，改进其机械加工性能。

十二烷基二羟乙基甜菜碱，是一种两性离子表面活性剂，在酸性及碱性条件下均具有优良的稳定性，分别呈现阳离子性和阴离子性，常与阴离子、阳离子和非离子表面活性剂并用，其配伍性能良好；无毒，刺激性小，易溶于水，对酸碱稳定，泡沫多，去污力强，具有增稠性、杀菌性、抗静电性。

所述辣木籽提取物的制备包括如下步骤：将干燥的辣木籽粉碎，石油醚浸泡脱脂后干燥，在40～60℃水浴中用80%的丙酮对辣木籽提取30～60min后，冷却，抽滤，真空浓缩成粉末。

产品特性 本品主要以生物可降解材料粗粮粉（荞麦粉或黑米粉）、发酵菌糠和棉籽油等为原料，将各组分添加到切削液中，得到的产品具有良好的润滑、冷却、清洗、防锈作用，并且三个月的生物可降解性达100%，制备方法简单易操作，具备工业应用前景。

配方 110 环保型金属切削液（3）

原料配比

原料		配比（质量份）		
		1#	2#	3#
植物油	大豆油	63	58	71
石墨烯粉末	粒径为0.5μm	12	—	—
	粒径为1μm	—	11	—
	粒径为3μm	—	—	15
缓蚀剂		5	4	6
润滑剂	脂肪醇醚磷酸酯	14	12	17
分散剂	聚异丁烯丁二酸酐	6	5	8
自乳化酯	银杏酮酯	28	26	34
表面活性剂	十二烷基硫酸钠	10	9	11
水		加至100	加至100	加至100
缓蚀剂	脂肪醇聚氧乙烯醚磷酸酯	2	1	3
	脂肪醇聚氧乙烯醚羧酸	5	5	5

制备方法

(1) 制备植物油基石墨烯流体：按照配比，将石墨烯粉末加入植物油中，磁力搅拌30～50min（磁力搅拌速度为300～500r/min），再进行超声处理，超声搅拌时间为10～30min，振动频率30～50kHz，功率100～150W；

(2) 将水、缓蚀剂加入反应釜中，在40～45℃条件下充分搅拌0.5～1h，至溶液稳定均一且整体透明后，依次加入植物油基石墨烯流体、润滑剂、自乳化酯、表面活性剂、分散剂，于40～45℃下充分搅拌1～2h，即可得金属切削液。

原料介绍

自乳化酯由于其特殊结构，具有优异的生物降解性能和低毒特性。考虑到其兼具乳化性和酯类化合物的润滑性，在润滑和抗泡方面取得了良好的应用效果。自乳化酯可以有效提高金属乳化切削液的润滑性能，可有效解决现有技术存在的润滑性能低、析出黏附金属屑、泡沫大、抗硬水差、使用寿命短等问题。

通过润滑剂的加入，可以进一步地提高润滑性能，产生优异的润滑作用，其摩擦系数稳定且低至0.1左右，表面光滑且无明显黏着撕裂痕迹。

本品的缓蚀剂为抗硬水型合金缓蚀剂，在100°DH人工硬水范围内，可有效抑制合金腐蚀，可进一步提高本品的润滑性、缓蚀性、硬水适应性。

[产品特性]

(1) 本品中，采用大豆油作为植物油基，作为世界上油脂产量最多的大豆油，价格低廉，易被生物降解；通过植物油基石墨烯流体，可以在切削区形成良好的润滑环境，减少刀具前刀面与切屑、后刀面与工件之间的摩擦，可以提高刀具使用寿命，改善切屑形状，降低切削温度，提高工件表面质量。

(2) 通过本品各组分的协效作用，可以提高刀具使用寿命，改善切屑形状，降低切削温度，提高工件表面质量，具有优异的润滑性、缓蚀性、硬水适应性。

配方 111 环保型金属切削液（4）

[原料配比]

原料	配比（质量份）					
	1#	2#	3#	4#	5#	6#
矿物油	20	40	24	35	32	30
二乙醇胺	10	20	12	18	14	15
椰子油	8	18	10	15	11	13
阴离子表面活性剂	4	12	5	10	8	8
十二烷基苯磺酸钠	3	9	4	8	8	6
聚乙二醇	2	8	3	7	3	5
二氧化硅	2	4	3	4	2	3
硬脂酸丁酯	5	15	7	12	12	10
硅酸钠	6	16	7	14	8	11
三聚磷酸钠	5	10	6	9	9	8
四聚蓖麻油酸	8	18	10	16	12	13
去离子水	适量	适量	适量	适量	适量	适量

[制备方法]

(1) 将矿物油、二乙醇胺、椰子油、阴离子表面活性剂、十二烷基苯磺酸钠、聚乙二醇、二氧化硅混合后加入反应釜中加热搅拌，加热温度为60～80℃，边加热边搅拌，搅拌速率为50～80r/min，加热10min后静置20min，得到混合液A；

(2) 在混合液A中加入硬脂酸丁酯、硅酸钠、三聚磷酸钠、四聚蓖麻油酸，混合后在常温下加入搅拌罐中，并加入适量的去离子水，在常温充分搅拌后静置2～4h，即得到金属切削液。

[原料介绍] 本品中加入的硅酸钠、三聚磷酸钠、四聚蓖麻油酸能够在金属表面形成一层保护膜，进一步隔绝空气，提高了防锈效果。

[产品特性] 本品制备工艺简单，制得的金属切削液环保无毒，具有良好的润滑、冷却和清洗作用，同时还具有优异的防锈性能。

配方 112 环保型铝合金水基切削液

[原料配比]

原料		配比（质量份）
植物油	花生油	15
脂肪酶		0.8
聚天门冬氨酸		8
表面活性剂	十二烷基肌氨酸钠	8
D-葡萄糖酸钠		5
钼酸钠		3

续表

原料		配比（质量份）
硫酸锌		3
有机酸	亚油酸	3
改性添加剂		8
卡波姆	卡波姆 971P	8
螯合剂	柠檬酸	3
异氰酸酯	甲苯二异氰酸酯	5
水		60

制备方法 将植物油、脂肪酶、聚天门冬氨酸、表面活性剂、D-葡萄糖酸钠、钼酸钠、硫酸锌、有机酸、改性添加剂、卡波姆、螯合剂和水置于混料机中，于转速为1100～1200r/min条件下，搅拌混合40～60min，接着加入甲苯二异氰酸酯，于转速为1100～1200r/min条件下，搅拌混合40～60min，即得环保型铝合金水基切削液。

原料介绍 所述改性添加剂的制备过程为：将（*N*-胍基）十二烷基丙烯酰胺与甲氧基聚乙二醇按质量比（1∶1）～（2∶1）混合，并加入聚乙二醇衍生物质量0.1～0.2倍的对二氯苯和聚乙二醇衍生物质量0.07～0.10倍的二茂铁，于转速为300～500r/min条件下搅拌混合30～50min，即得改性添加剂。

产品特性 本品具有优异的润滑效果、冷却效果和防锈性能。

配方 113 环保型切削液（1）

原料配比

原料		配比（质量份）		
		1#	2#	3#
硼酸酯		16	17	18
癸二酸二乙醇酰胺		4	5	6
表面活性剂	DOWFAX 2A1	1	2	3
乳化剂	OP-10	3	4	5
钼酸盐	钼酸钠	4	6	7
去离子水		150	180	200

制备方法

（1）将硼酸酯、癸二酸二乙醇酰胺和去离子水混合均匀，加热至70～95℃，搅拌反应30～40min，得到混合料A；

（2）接着加入乳化剂和钼酸盐，搅拌均匀，缓慢加热至55～65℃，保温1～1.5h，得到混合料B；

（3）将混合料B降温至20～25℃，加入表面活性剂，沿同一方向将其搅拌均匀，即得环保型切削液。

原料介绍

乳化剂OP-10具有优良的匀染、乳化、润湿和扩散性，同时还具有良好的去油污能力，能够有效去除金属工件表面残留的油污，进而保证加工过程中金属表面的加工性能。

表面活性剂DOWFAX 2A1是一种高性能阴离子表面活性剂，具有吸附能力强、分散力大、连接力强等特点，在较强的剪切条件下，依旧能表现出极佳的稳定性。

钼酸盐能够提高切削液的润滑和冷却性能，且经济环保。

硼酸酯制备工艺简单，原料易得，价格低廉，生产中基本无三废产生。采用硼酸与有机醇胺合成硼酸酯，由于含有硼、氮两种极压活性元素，在边界润滑过程中，摩擦金属表面上发生摩擦化学反应生成边界润滑膜而起润滑作用。由于硼酸酯具有较高的抗菌和杀菌能力，所以本品选择硼酸与有机醇胺反应生成的硼酸酯作为防腐杀菌剂，达到一剂多用的效果，节约了成本。所述硼酸酯的合成方法如下：将三乙醇胺与硼酸按照摩尔比 3∶1 的比例加入装有温度计、分水器、电动搅拌器的三口烧瓶中，并加入石油醚作为溶剂，控制反应温度为 70～90℃；反应过程中生成的水通过分水回流装置，逐渐以与石油醚形成的共沸物的形式蒸出；反应 4h 后，继续减压蒸馏直至除去剩余的石油醚和水，得到硼酸酯。

所述癸二酸二乙醇酰胺的合成方法如下：将癸二酸和二乙醇胺按照摩尔比 1∶3.5 的比例加入装有温度计、电动搅拌器、分水器（另一端接冷凝管）、氮气导入管的四口烧瓶中，在氮气保护下搅拌，控制反应温度 135～180℃，反应 3～4h，测定产品中游离胺含量，直到胺值不变，降低反应温度至 100～120℃，加入余下的二乙醇胺和原料总质量 1%的氢氧化钾，保温反应 3～4h，测游离胺含量不变为终点，得到浅黄色黏稠液体，即癸二酸二乙醇酰胺。

产品应用 本品适合多种金属加工。

当切削液的使用浓度为 5%时，切削液的综合性能最佳。

产品特性 本品具有优异的冷却、清洗、润滑以及防锈性能，且经济环保，还具有良好的渗透性、清洗性，而且冷却速度快、防腐防臭易保存、操作简单、成本低廉。

配方 114 环保型切削液（2）

原料配比

原料		配比（质量份）									
		1#	2#	3#	4#	5#	6#	7#	8#	9#	10#
润滑剂	26#白油	20	20	20	20	20	20	20	20	20	20
	油酸	10	10	10	10	10	10	10	10	10	10
防锈剂	硼酸	5	5	5	5	5	5	5	5	5	5
	苯并三氮唑	1.5	1.5	1.5	1.5	1.5	1.5	1.5	1.5	1.5	1.5
	三元聚羧酸	3.5	3.5	3.5	3.5	3.5	3.5	3.5	3.5	3.5	3.5
	二环己胺	3	3	3	3	3	3	3	3	3	3
	石油磺酸钠	2	2	2	2	2	2	2	2	2	2
pH 调节剂	一异丙醇胺	6	6	6	6	6	6	6	6	6	6
	三乙醇胺	6	6	6	6	6	6	6	6	6	6
杀菌剂	均三嗪	3	3	3	3	3	3	3	3	3	3
消泡剂	聚醚改性硅表面活性剂	2	2	—	0.8	6	—	2	2	2	2
	甘油聚氧乙烯聚氧丙烯醚	—	—	2	—	—	2	—	—	—	—
氨基酸	甘氨酸	3	3	3	3	3	3	3	1	5	—
	谷氨酸	—	—	—	—	—	—	—	—	—	3
溶剂	硬水	45	—	45	45	45	45	45	45	45	45
	软水	—	45	—	—	—	—	—	—	—	—

制备方法 首先将 pH 调节剂、防锈剂、氨基酸、溶剂按比例配制成水溶液，再将润滑剂、消泡剂、杀菌剂配制成油溶液，最后将混合均匀的水溶液加入油溶液中，搅拌至澄清透明，即得切削液。

原料介绍

润滑剂可以在刀具和加工件之间形成一层润滑膜，减小切削力、摩擦力和功率消耗，进而减少刀具磨损、降低切削部位的表面温度、改善工件的加工性能和加工效果。

防锈剂可在金属表面形成一层保护膜，将金属与空气、水、油泥或其它腐蚀性介质隔绝开，来达到防锈的目的。

加入消泡剂可以减少切削液制备、稀释和使用过程中产生的泡沫，以得到透明清澈的溶液，并且使用过程中不会产生过多泡沫而影响工件可见度，易于控制加工尺寸，提高加工质量。聚醚改性硅表面活性剂作为消泡剂，消泡快、抑泡时间长，切削液清洗完成后还可以在工件表面形成保护膜，提高工件的防锈性能。

[产品应用] 所述环保型切削液的使用方法为兑水使用，原液∶水=1∶(10～20)。

[产品特性]

(1) 本品制备原料中的各种组分均为环保成分，作为一种水基切削液，在保证良好的冷却、润滑、防锈、清洁性能的基础上，对环境友好，不刺激皮肤，不影响人体健康，可提高加工效率。

(2) 本切削液具有良好的外观、贮存安定性、消泡性、腐蚀性、防锈性和润滑性。

配方 115 环保型切削液（3）

[原料配比]

原料			配比（质量份）									
			1#	2#	3#	4#	5#	6#	7#	8#	9#	10#
溶液A	pH调节剂	一异丙醇胺	8	8	8	8	8	8	8	8	8	8
		三乙醇胺	8	8	8	8	8	8	8	8	8	8
	防锈剂A	硼酸	6	6	6	6	6	6	6	6	6	6
		L190	2	2	2	2	2	2	2	2	2	2
		苯并三氮唑	4	4	4	4	4	4	4	4	4	4
	氨基酸	甘氨酸	4	4	4	4	4	4	4	1	7	—
		谷氨酸	—	—	—	—	—	—	—	—	—	4
	水	硬水	50	—	50	50	50	50	50	50	50	50
		软水	—	50	—	—	—	—	—	—	—	—
溶液B	润滑剂	26#白油	22	22	22	22	22	22	22	22	22	22
		油酸	8	8	8	8	8	8	8	8	8	8
	防锈剂B	T702	1	1	1	1	1	1	1	1	1	1
		二环己烷	2	2	2	2	2	2	2	2	2	2
	消泡剂	聚醚改性的含氢硅油	3	3	—	1	7	—	3	3	3	3
		甘油聚氧乙烯聚氧丙烯醚	—	—	3	—	—	3	—	—	—	—
	杀菌剂	均三嗪	4	4	4	4	4	4	4	4	4	4

[制备方法]

(1) 配制溶液A：取一容器，搅拌状态下依次加入pH调节剂、防锈剂A、氨基酸、水，搅拌至所有物质溶解完全；

(2) 配制溶液B：取一容器，搅拌状态下依次加入润滑剂、防锈剂B、消泡剂、杀菌剂，搅拌至所有物质溶解完全；

(3) 将溶液A搅拌状态下加入溶液B，搅拌至溶液澄清透明。

[产品应用] 环保型切削液的使用方法为兑水使用，原液∶水=1∶(10～20)。

[产品特性] 本品所使用的制备原料对环境友好，在保证良好的冷却、润滑、防锈、清洁等性能的同时，低排放，低污染，不影响人体健康，不刺激皮肤，可提高加工效率和加工质量。

配方 116 环保型切削液（4）

［原料配比］

原料	配比（质量份）		
	1#	2#	3#
三乙醇胺脂肪酸酯	20	50	35
三乙醇胺氨基酸酯	10	30	25
硅藻土	3	8	6
偏硅酸钠	6	8	7
抗磨剂	1	5	4
聚二甲基硅氧烷	9	15	13
酚羟基改性硅油	15	35	20
纳米立方氮化硼颗粒	20	25	23
玻璃屑沉降剂	1	9	8
水	40	90	80

［制备方法］ 将各组分原料混合均匀即可。

［产品特性］ 本品具有较好的润滑性能、极压抗磨性能、防锈性能和切削能力，并且本品健康环保，可有效保护工人安全以及环境，是一种环保绿色产品。

配方 117 环保型全合成金属切削液（1）

［原料配比］

原料		配比（质量份）						
		1#	2#	3#	4#	5#	6#	7#
硼酸		2	12	24	30	12	12	12
纤维素		10	20	30	40	20	20	20
水性润滑剂	甘油和/或 1,2-二羟基丙烷	10	25	40	50	25	—	—
水		10	30	50	60	30	30	30
杀菌剂	聚氧乙烯氯化二甲亚胺	0.01～5	0.01～5	0.01～5	0.01～5	0.01～5	0.01～5	0.01～5
pH 调节剂	氢氧化钠或碳酸钠	适量	适量	适量	适量	适量	适量	适量

［制备方法］ 将硼酸、纤维素、水性润滑剂加入水中，加热至 30～60℃，搅拌使其完全溶解；最后缓慢加入杀菌剂、pH 调节剂，将所述环保型全合成金属切削液的 pH 值调节至 8～9.5（当切削液 pH>9.5 时，切削液对人体皮肤有刺激性，会造成工人皮肤过敏和有色金属腐蚀等现象；当切削液 pH<8 时，切削液容易受到细菌的侵扰，易繁殖细菌，导致切削液变质发臭，会降低切削液的使用寿命。所以，在本品的 pH 值为 8～9.5）。

［原料介绍］

硼酸可赋予切削液良好的杀菌性和润滑性。

纤维素在进一步提高切削液润滑性的同时，还使得切削液易于清洗。

水性润滑剂可为该环保型全合成金属切削液提供良好的润滑性、浸润性和铁屑沉降性，从而使得该环保型全合成金属切削液适用于多种金属切削加工工艺，并且使用寿命长。

［产品特性］

（1）本品容易清洗，经其处理后的工件可直接进行焊接、涂覆或涂漆等后续工序；还可以降低工件表面的摩擦系数，降低工件表面磨损，延长刀具的使用寿命。另外，该环保型全合成金属切削液的雾化较轻，有利于提高工作环境的洁净度。

（2）本品具有优良的润滑性能、防锈性能和防腐蚀性能；不含亚硝酸钠等对人体和环境有毒有害的物质，绿色环保，配方简单，容易制备。

配方 118 环保型全合成金属切削液（2）

原料配比

原料		配比（质量份）			
		1#	2#	3#	4#
醇胺	一乙醇胺	9	5	9	10
	三乙醇胺	5	10	5	6
醇胺衍生物	三乙醇胺衍生物	—	—	5	—
有机酸	壬酸	1.5	1.5	1	2
	新癸酸	6	5	5	4
	癸二酸	3	6	5	6
	十一烷基二酸	1.5	1.5	2	1.5
缓蚀剂	苯并三氮唑	3	—	1	0.5
	1-羟基苯并三氮唑	—	3	—	—
杀菌剂	双十烷基季铵盐	1	0.5	0.8	0.5
润湿剂	癸炔二醇聚醚	1	1.5	—	—
	接枝硅油	—	—	0.5	—
聚醚	反式嵌段聚醚 1740	3	5	4	3
	反式嵌段聚醚 1720	3	5	4	3
	聚乙二醇双油酸酯（PEG400-DO）	5	3	3	—
	C_8～C_{18} 脂肪醇聚醚	—	—	—	5
	聚乙二醇单油酸酯（PEG400-MO）	—	—	—	4
消泡剂		0.3	0.2	0.3	0.3
水		加至 100	加至 100	加至 100	加至 100

制备方法 先将配方量的醇胺、醇胺衍生物、有机酸和部分水加入烧杯中，常温搅拌至均匀透明，然后加入剩余量的水、缓蚀剂、杀菌剂，常温搅拌至均匀透明，然后依次加入润湿剂、聚醚、极压添加剂和消泡剂，常温搅拌至均匀透明，全合成切削液。

原料介绍

醇胺具有优异的 pH 值调节能力和 pH 值稳定能力。

水溶性聚醚是一类环氧乙烷和环氧丙烷交接的高分子化合物，这类聚醚在水中的溶解度随着温度变高而变小，当金属被刀具切削时，加工温度升高，聚醚的溶解度变小而析出，能起到在加工时润滑的作用。

缓蚀剂中的极性基团能在金属表面形成薄而牢固的油膜，阻止腐蚀介质与金属接触，保护金属不被锈蚀和腐蚀。

所述醇胺衍生物为三乙醇胺与硼酸 90℃反应 2h 得到。

所述聚醚为反式嵌段聚醚 1720、反式嵌段聚醚 1740、聚乙二醇单油酸酯（PEG400-MO）、聚乙二醇双油酸酯（PEG400-DO）、C_8～C_{18} 脂肪醇聚醚（EO/PO 比例可视情况调节）中的一种或多种的混合物。

产品特性 本品不含矿物油、亚硝酸钠、仲胺、氯、苯酚、甲醛、重金属等，只使用合成的聚醚及聚醚衍生物，产品绿色环保，系具有优良的冷却性、润滑性、清洗性、防锈性、杀菌性以及连续使用不变质不发臭的绿色环保型全合成水基切削液，符合机械制造业、电子电器业、航空航天业对金属加工切削液绿色环保的高要求。

配方 119 环保型全合成切削液

[原料配比]

原料		配比（质量份）			
		1#	2#	3#	4#
水	自来水	52.7	60	57	48.6
极压剂	蓖麻油酸	5	—	5	3
	精二聚酸	—	8	5	3
	聚合蓖麻油酸	5	—	—	3
防锈剂	硼酸	5	15	—	8
	癸二酸	5	—	8	—
	十二碳二元酸	5	—	8	8
pH 调节剂	一乙醇胺	10	15	—	12
	三乙醇胺	10	—	15	12
抗氧剂	苯并三氮唑	0.3	0.5	0.5	0.4
消泡剂	17R2 聚醚	1	1.5	—	1
	17R4 聚醚	1	—	1.5	1

[制备方法] 先将水加热到 50～60℃，然后加入极压剂、防锈剂、pH 调节剂、抗氧剂和消泡剂，混合搅拌 30～60min 即得环保型全合成切削液。

[产品应用] 本品广泛用于铸铁、钢件、塑料和复合材料等一系列材料的磨削和切削。

[产品特性]

(1) 本产品存储时间长，产品稳定性和使用周期明显优于传统产品。

(2) 本产品的浓缩液 pH 值在 9.5～10.5 之间，呈碱性，可有效防止产品变质发臭。

(3) 本产品低泡沫和低气雾，不含亚硝酸钠防锈剂和酚类杀菌剂，对人体无害。

配方 120 环保型生物稳定切削液

[原料配比]

原料		配比（质量份）			
		1#	2#	3#	4#
PAG 基础油		42	44	50	40
润滑剂	聚合酯 ES525	2	5	2	—
	聚合酯 ES545	2	5	—	5
	聚合酯 ES512	2	—	3	5
极压剂	脂肪醇类磷酸酯	2	5	2	—
	脂肪醇聚氧乙烯醚类磷酸酯	2	5	—	5
	脂肪醇聚氧乙烯丙烯醚类磷酸酯	2	—	3	5
乳化剂	长链脂肪醇聚氧乙烯丙烯醚	2	3	—	5
	油醇聚氧乙烯醚	2	—	5	—
耦合剂	C13H	1	1	—	1
	C66H	1	—	1	1
抗雾化剂	聚环氧乙烷	1	2	1	2
水		28.9	20.8	24.8	20.9
防锈剂	钼酸	2	3	—	2
	硼酸	2	—	3	2

续表

原料		配比（质量份）			
		1#	2#	3#	4#
碱储备调节剂	氨甲基丙醇	2	3	—	—
	2-(氨基乙氧基）乙醇	2	—	3	2
杀菌剂	吗啉类杀菌剂 MBM	2	3	2	2
消泡剂	三维硅氧烷消泡剂 MS575	0.1	0.2	0.2	0.1

制备方法

（1）在一个反应容器中先加入 PAG 基础油，然后依次加入润滑剂、极压剂、乳化剂、耦合剂、抗雾化剂、杀菌剂和消泡剂，搅拌均匀得到油性部分；

（2）在另外一个反应容器中加入水，然后依次加入碱储备调节剂、防锈剂，搅拌均匀得到水性部分；

（3）将油性部分和水性部分混合搅拌均匀即得到环保型生物稳定切削液。

原料介绍

所述的 PAG 基础油为聚亚烷基二醇，由环氧乙烷和环氧丙烷聚合而成，在 40℃时的运动黏度为 $28\sim33mm^2/s$，倾点在－45～－40℃之间。

选用 PAG 基础油作为半合成切削液的基础油，存在下列优点：

（1）PAG 基础油在常温下与水互溶，可有效解决切削液体系的稳定性问题，无需加热，方便生产，降低生产成本；

（2）PAG 基础油的凝点比一般矿物油低，可解决极寒地区使用的切削液变浑浊甚至凝固的问题；

（3）PAG 基础油与润滑剂、极压剂、乳化剂、耦合剂、抗雾化剂、杀菌剂和消泡剂等功能添加剂的相容性好。

所述的润滑剂为市售商品聚合酯，代号为 ES525、ES545、ES512 中的任意一种或者两种以上的组合。

所述的极压剂为脂肪醇类磷酸酯、脂肪醇聚氧乙烯醚类磷酸酯和脂肪醇聚氧乙烯丙烯醚类磷酸酯中的任意一种或者两种以上的组合。

所述的乳化剂为长链脂肪醇聚氧乙烯丙烯醚和油醇聚氧乙烯醚中的任意一种或者两种的组合。

所述的耦合剂为市售商品耦合剂，代号为 C13H、C66H 中的任意一种或者两种的组合。

所述的消泡剂为市售商品三维硅氧烷消泡剂，代号为 MS575。

产品特性

（1）本品具有良好的润滑性和冷却性，使用寿命长，安全环保，对人体无害。

（2）产品的 5%稀释液 pH 值在 8.5～9.5 之间，呈碱性，可有效防止产品腐败发臭。

（3）本品具有良好的防锈性和润滑性，产品稳定不易分层，不起雾，便于员工车间生产，存储时间长。

配方 121 环保型水基防锈切削液

原料配比

原料	配比（质量份）						
	1#	2#	3#	4#	5#	6#	7#
水	45	90	67.5	55	75	65	68
油酸三乙醇胺	0.1	0.7	0.4	0.2	0.5	0.35	0.4
烷基磺酸钠	0.2	1.8	1.1	0.6	1.2	0.9	1

续表

原料		配比（质量份）						
		1#	2#	3#	4#	5#	6#	7#
聚乙二醇		1	8	4.5	3	6	4.5	5
聚丙烯酸钠		0.2	1	0.6	0.5	0.9	0.7	0.7
椰子油酸二乙醇酰胺		0.3	2.3	1.3	1	2	1.5	1.8
防锈剂		2	8	5	4	7	5.5	6
月桂醇聚醚硫酸酯钠		0.5	2.5	1.5	1	2	1.5	1.5
植物油		2	7	4.5	3	6	4.5	5
磺化油		0.1	0.7	0.4	0.3	0.6	0.45	0.5
植物油	棕榈油	1	1	1	1	1	1	1
	菜籽油	1	1	1	1	1	1	1
防锈剂	大豆油	10	10	10	10	10	10	10
	甲基硅酸钠	1	1	1	1	1	1	1
	烷基磷酸酯盐	0.5	0.5	0.5	0.5	0.5	0.5	0.5
	二羟甲醚	0.2	0.2	0.2	0.2	0.2	0.2	0.2
	苯并三氮唑	0.2	0.2	0.2	0.2	0.2	0.2	0.2

制备方法

（1）称取水加入真空搅拌罐中，按照0.1℃/min的升温速率升温至40℃，边搅拌边分别缓慢加入油酸三乙醇胺、烷基磺酸钠和聚乙二醇，以50～250r/min的搅拌速率机械搅拌10～20min，然后加入植物油，在真空条件下以800～1800r/min的搅拌速率机械搅拌20～50min，得混合料A；

（2）将步骤（1）得到的混合料A送入至容器中，加入聚丙烯酸钠、椰子油酸二乙醇酰胺和月桂醇聚醚硫酸酯钠，保持系统温度为20～26℃，以100～250r/min的搅拌速率机械搅拌10～20min，得混合料B；

（3）向步骤（2）得到的混合料B中依次加入防锈剂和磺化油，以200～400r/min的搅拌速率机械搅拌10～20min，得混合料C；

（4）将步骤（3）得到的混合料C送入超声波细胞粉碎机中，在常温下进行超声处理，静置20～50min，100目过滤，即得产品。

所述超声处理的超声频率为10～20kHz；所述超声处理的超声功率为400～800W；所述超声处理的时间为15～35min。

原料介绍

所述防锈剂的制备方法为：称取大豆油5～15份、甲基硅酸钠0.8～1.2份和烷基磷酸酯盐0.3～0.7份混合均匀，然后以200～500r/min的搅拌速率机械搅拌20～40min，再边搅拌边缓慢加入二羟甲醚0.05～0.45份和苯并三氮唑0.1～0.3份，送入超声波微波组合反应仪中在30～40℃下处理6～16min，冷却至室温，即得。

所述超声波微波组合反应仪的处理条件为：超声波频率为12～28kHz，超声功率为25～45W，微波频率为600～1000MHz，微波功率为25～45W。

产品特性

（1）本品通过超声波微波组合效应可以有效提高防锈剂各组分之间的结合效果，进而有利于提高切削液的防锈性能。通过用生物可降解的植物油类物质代替矿物油作为切削液的基础油，更加节能环保。通过添加由二羟甲醚和苯并三氮唑等制备的防锈剂和超声处理相互配合，起到了协同增效的作用，在不影响切削液使用性能的前提下能够有效提高切削液的防锈性能。

（2）本品具有优异的防锈性能，能够为机械加工时的切削加工提供良好的保护，在不影响切削液使用性能的前提下使用生物可降解的植物油类物质代替矿物油作为切削液的基础油，更加节能环保；同时，通过添加苯并三氮唑、甲基硅酸钠和二羟甲醚并辅助超声处理，起到了协同增效的作用，能够有效提高切削液的防锈性能。

配方 122 环保型水基金属切削液

原料配比

原料		配比（质量份）									
		1#	2#	3#	4#	5#	6#	7#	8#	9#	10#
亲油型植物油烷氧基化物	大豆油烷氧基化物 10EO/1PO	4	—	—	—	—	—	—	—	—	—
	棉籽油烷氧基化物 15EO/2PO	—	2	—	—	—	—	—	—	—	—
	大豆油烷氧基化物 12EO/1PO	—	—	2	—	—	—	3	4	1	5
	椰子油烷氧基化物 20EO/5PO	—	—	—	5	—	—	—	—	—	—
	棕榈仁油烷氧基化物 15EO/3PO	—	—	—	—	6	—	—	—	—	—
	蓖麻油烷氧基化物 12EO/3PO	—	—	—	—	—	4	—	—	—	—
亲水型植物油烷氧基化物	棕榈油烷氧基化物 70EO/20PO	1	—	—	—	—	—	—	—	—	—
	椰子油烷氧基化物 50EO/10PO	—	8	—	—	—	—	—	—	—	—
	棕榈油烷氧基化物 60EO/5PO	—	—	4	—	—	—	6	9	10	7
	大豆油烷氧基化物 40EO/4PO	—	—	—	5	—	—	—	—	—	—
	椰子油烷氧基化物 65EO/5PO	—	—	—	—	1	—	—	—	—	—
	棉籽油烷氧基化物 55EO/10PO	—	—	—	—	—	2	—	—	—	—
三乙醇胺		5	20	10	15	12	7	8	6	13	16
植物油	大豆油	15	—	20	—	—	—	22	24	26	20
	棉籽油	—	30	—	—	—	—	—	—	—	—
	椰子油	—	—	—	25	—	—	—	—	—	—
	棕榈仁油	—	—	—	—	18	—	—	—	—	—
	蓖麻油	—	—	—	—	—	28	—	—	—	—
油酸		1	5	2	3	2.5	1.5	3	4	2	2.5
硼酸		5	4	3	2.5	2	1	1	3	5	2
异噻唑啉酮		0.1	2	0.8	1.5	1.2	0.5	0.4	0.7	1.6	1.8
磷酸钠		1	0.5	2	1.5	0.1	0.7	0.2	0.6	0.8	1.2
水		加至100									

制备方法 按照所述配比，将亲油型植物油烷氧基化物、亲水型植物油烷氧基化物、植物油搅拌加热至40～60℃保持1h，加入三乙醇胺恒温搅拌30min，然后加入油酸、硼酸，恒温搅拌60min，加水搅拌60min，加入异噻唑啉酮和磷酸钠，搅拌30min，降至室温，得到所述环保型水基金属切削液。

原料介绍

所述亲水型植物油烷氧基化物、亲油型植物油烷氧基化物的制备方法包括以下步骤：将植物油和酯基插入式烷氧基化催化剂混合后真空吸入搅拌高压釜，升温至脱水温度100～115℃，开启真空系统，除去原料内的低沸点物质和水，氮气置换体系3次，升温至乙氧基化反应温度160～172℃，加入少量环氧乙烷开始诱导反应，待体系压力下降至0.11MPa时，连续通入环氧乙烷进行乙氧基化反应，当环氧乙烷进料量达到预定值后，降温至丙氧基化反应温度105～115℃，连续通入环氧丙烷进行反应，当环氧丙烷进料量达到预定值后，停止进料，老化至压力恒定，所述植物油、酯基插入式烷氧基化催化剂、环氧乙烷、环氧丙烷的质量比为（100～300）：（0.15～0.9）：（144～445）：（15～126），冷却至80℃以下，真空脱除反应体系中的气体，充氮气出料，获得亲水型植物油烷氧基化物或亲油型植物油烷氧基化物。所述酯基插入式烷氧基化催化剂为MCT-09。

[产品应用] 本品适用于黑色金属加工过程中对零件和刀具进行润滑和冷却。

[产品特性]

（1）本品在保证乳化切削液润滑性、冷却性、清洗性的条件下，提高了乳化切削液的稳定性，同时使切削液具有低泡、易于生物降解的特点。

（2）本品中不含氯、硫、二级胺、芳烃、亚硝酸钠等对人体有害的成分，能够保证加工周期更快速、加工质量更精确、效果更持久。

（3）本品以植物油作为基础油，亲水型植物油烷氧基化物、亲油型植物油烷氧基化物作为乳化剂，加入其它添加剂制备得到，具有良好的润滑性能、防锈性能及乳化液安定性。

配方 123 环保型水溶性金属加工切削液

[原料配比]

原料	配比（质量份）		
	1#	2#	3#
自乳化合成酯	26	26	26
二元羧酸	25	25	25
pH值调节剂	25	25	25
软化水	10	10	10
十二烷基胍盐酸盐	2	3.2	4
醇醚羧酸	12	11.8	10

[制备方法]

（1）将自乳化合成酯添加到反应釜中，并加热至60～75℃；

（2）将二元羧酸、十二烷基胍盐酸盐与醇醚羧酸均匀混合后添加到反应釜中；

（3）将pH值调节剂和软化水（软化水含有0.1%～0.3%的三聚磷酸钠或者二乙胺四醋酸铵）添加到反应釜中，在5～10℃温度下搅拌均匀（20～50min），即可制得切削液。

[原料介绍]

十二烷基胍盐酸盐可以灭杀TGB、SRB和FB三种菌，有效抑制切削液中细菌滋生，提高了切削液的抗菌性，同时提高切削液的稳定性；

醇醚羧酸可以克服阴离子表面活性剂抗硬水性差和非离子表面活性剂钙皂分散能力差的缺点，醇醚羧酸不会剧烈发泡，在酸碱环境下具有优良的抗电解质稳定性，可以提高切削液的抗硬化能力。

[产品特性] 本品对环境无污染，绿色环保；能有效抑制细菌滋生，减少对加工设备的腐蚀，提高加工设备使用寿命；不会剧烈发泡，起到更好的降温和冲洗效果，散失减少，成本降低；可方便快速回收。

配方 124 环保型水性切削液

原料配比

原料		配比（质量份）			
		1#	2#	3#	4#
去离子水		50	60	50～68	50～68
含硫剂		1	2	3	3
乙醇		5	6	8	10
聚乙二醇		4	5	7	8
聚丙烯酰胺		8	9	10	12
肌醇六磷酸		10	11	13	15
自乳化酯		12	13	12	15
硫化脂肪酸酯		8	9	14	15
苯并三氮唑		0.5	1	0.5	1
分散剂		5	10	7	10
助洗剂		3	4	5	5
缓蚀剂	咪唑啉化合物	1	2	1	3
分散剂	聚环氧乙烷山梨糖醇单硬脂酸酯	1.5	1.5	1.5	1.5
	聚乙氧基硬脂酸山梨糖醇	2	2	2	2
助洗剂	月桂酸钠	0.5	0.5	0.5	0.5
	柠檬酸钠	1	1	1	1

制备方法

（1）在常温下，将乙醇、聚乙二醇加入离子水中，搅拌成透明溶液。

（2）将（1）制备的透明溶液加热升温至60～85℃，并依次加入聚丙烯酰胺、含硫剂、肌醇六磷酸、自乳化酯、硫化脂肪酸酯、苯并三氮唑、分散剂、助洗剂和缓蚀剂，搅拌1～2.5h，并降温至15～25℃，得到成品。搅拌速度为120～150r/min。

产品应用 本品可适用于60000r/min高光机进行镁、铝合金磨削加工。

产品特性 本品具有优异的冷却、润滑、防锈、防腐、除油清洗性能等，且加工使用时完全无泡沫产生，即使是在大流量切削液的使用过程中，也不易产生泡沫，彻底解决了因切削液产生泡沫带来的一系列问题。具有不黏刀、气味小、无油烟、环保、无腐蚀等优点。

配方 125 环保型微量润滑切削液

原料配比

原料		配比（质量份）		
		1#	2#	3#
水		20	23	27
棉籽油	密度为0.920g/mL，凝固点为3℃，40℃黏度为$10mm^2/s$	15	—	16
	密度为0.920g/mL，凝固点为3℃，40℃黏度为$8mm^2/s$	—	16	—
乙醇		5	6	7
三乙醇胺		10	10	12
柠檬酸		6	9	8
C_{16}～C_{18}支链醇		8	8	8
脂肪酸酯		3	5	5

续表

原料		配比（质量份）		
		1#	2#	3#
烷基胺		4	7	6
硫化烷基磺酸盐		9	15	11
乳化剂		4	6	6
聚氧丙烯甘油醚		0.5	0.5	0.3
杀菌剂	3-乙氧基-2-环己烯-1-酮	2	1	1.2
C_{16}～C_{18} 支链醇	棕榈醇	40	45	50
	十八醇	60	55	50
烷基胺	蓖麻油马来酰胺	25	25	15
	棕榈酸十二烷基醇酰胺	75	75	85
乳化剂	异构十三醇聚氧乙烯醚	35	35	40
	N-十四烷基-*N*,*N*-二甲基氨基醋酸钠	60	60	50
	乙烯双（氧乙烯基）双［3-(5-叔丁基-4-羟基-间甲苯基)丙烯酸］	5	5	10

制备方法 将上述原料按照比例在不断搅拌条件下加入调和罐，原料加完后，继续室温搅拌30～60min左右，检验合格后，包装即可。

原料介绍

所述棉籽油密度为0.916～0.930g/mL，凝固点为3～5℃。

所述 C_{16}～C_{18} 支链醇由如下质量份的组分组成：棕榈醇30%～65%；十八醇40%～70%。

所述脂肪酸酯选自三羟甲基丙烷油酸酯、油酸异丙酯、季戊四醇油酸酯中的一种或多种。

所述烷基胺由如下质量份的组分组成：蓖麻油马来酰胺10%～30%；棕榈酸十二烷基醇酰胺70%～90%。

所述硫化烷基磺酸盐选自高碱值硫化烷基磺酸钙、高碱值硫化烷基磺酸钠之一或其组合。

三乙醇胺具有很好的防锈作用，在一定条件下可以形成具有优异防锈性能的酯类化合物，对铸铁、钢等黑色金属的防锈尤为出色。

柠檬酸是一种很好的增溶剂，分子链长度适中，在一定条件下可以在金属表面形成一层润滑性良好的较厚的吸附膜，也可以起到很好的螯合作用，利于形成稳定的体系。

C_{16}～C_{18} 支链醇具有很好的润滑作用，在一定温度下可以有效降低刀具与工件之间的摩擦系数；可以将两摩擦表面隔开较远，不仅起到良好的润滑作用，还有助于长链醇、脂肪酸酯的润滑效果，与醇、酯等有很好的协同作用。棕榈醇与十八醇之间可以起到良好的增效作用，且与脂肪酸酯共同作用，有很好的协同效果，可有效减少磨损，显著提高刀具的使用寿命。

脂肪酸酯三羟甲基丙烷油酸酯、油酸异丙酯、季戊四醇油酸酯，在低于400℃下具有很好的润滑作用，在温度较低下，可以保证模具与工件之间良好的润滑，两种或两种以上的脂肪酸酯的复配还可以起到良好的清洗和冷却作用。

烷基胺蓖麻油马来酰胺与棕榈酸十二烷基醇酰胺复配可以在微量润滑切削液组合物中起到很好的防锈作用，同时也有很好的润滑性，此外，酰胺类物质与醚类乳化剂作为复合乳化剂，可以起到很好乳化效果，可以保证体系形成透明清澈的浓缩液。

硫化烷基磺酸盐高碱值硫化烷基磺酸钙、高碱值硫化烷基磺酸钠，在高温高速下可以起到很好的抗击磨损作用。

乳化剂异构十三醇聚氧乙烯醚、*N*-十四烷基-*N*,*N*-二甲基氨基醋酸钠与乙烯双（氧乙烯基）双［3-(5-叔丁基-4-羟基-间甲苯基)丙烯酸］的复配，可以起到很好的乳化效果，对于微量润滑切削液，由于使用量少，对于润滑作用尤为重要，更优选的是HLB值（亲水亲油平衡值）更低（易溶于油）的乳化剂，已保证高含量的油性物质在切削液组合物中均匀分散，起到应有的润滑作用；此外，良好乳化剂的选择还利于后续的清洗。

磺酸盐和烷基醇酰胺类是多功能添加剂，不仅有防锈作用和润滑作用，还可以起到乳化作用，与乳化剂之间具有良好的协同效果。

[产品应用] 本品用于铸铁、钢和铝合金等的钻孔、铰孔、攻丝、深孔钻削以及铝合金端面铣削等加工。

[产品特性]

（1）本品具有使用量少、散热效果好的优点，可省去污水处理环节，明显降低生产成本，提高生产效率。

（2）本品中使用的棉籽油和乙醇，具有易生物降解的特点，可以避免环境污染，且具有可再生性，安全环保。

（3）本品在切削区域可以快速形成一层润滑膜，达到冷却、润滑、清洗和防锈的目的，具有安全、经济等优势。

配方 126 环保型微乳切削液

[原料配比]

原料		配比（质量份）		
		1#	2#	3#
蓖麻油		15	12	13
脂肪醇聚氧乙烯醚-30		8	6	8
纳米添加剂		0.2	0.4	0.4
复合有机防锈剂		20	25	22
三聚磷酸钠		4	4	3
阴离子表面活性剂		4.5	3.5	5.5
聚醚酯消泡剂		0.02	0.02	0.04
水		加至100	加至100	加至100
复合有机防锈剂	三己酸-6,6′,6′-三聚氰胺	2	2	2
	蓖麻油酸醇胺	1	1	1
纳米添加剂	纳米二硫化钼	1	1	1
	石墨烯	1.5	1.5	1.5
阴离子表面活性剂	蓖麻油聚氧乙烯醚	1	1	1
	聚乙二醇400	0.545	0.545	0.545

[制备方法]

（1）将蓖麻油和阴离子表面活性剂分别加入反应釜A内，设置转速为200～300r/min，温度为45～55℃，搅拌5～15min，然后将溶液升温至65℃，再加入纳米添加剂，设置转速为200～300r/min，搅拌5～10min，静置恢复至室温，获得溶液A；

（2）向反应釜B内加入水，加热至50～65℃，设置转速为250～400r/min，一边搅拌一边相继缓慢加入脂肪醇聚氧乙烯醚-30、三聚磷酸钠、复合有机防锈剂和聚醚酯消泡剂，搅拌10～25min；

（3）将步骤（1）所得溶液A缓慢滴入步骤（2）对应的反应釜B中，并以55～65℃、150～300r/min搅拌10～20min，静置，制得所述切削液。

[原料介绍] 所述纳米二硫化钼为片状结构，平均片径90～150nm；所述石墨烯平均片径110～170nm。

[产品特性]

（1）本品所有组分均是环保可降解的，对环境和操作工人更加友好，废液无需复杂处理，可直接排放。

（2）本品稳定性好，不易分层，使用寿命长。

（3）本品润滑性能优异，可显著延长刀具使用寿命。

（4）本品能显著提高切削加工表面精度，通过多种添加剂的协同作用可显著提高切削液的性能。

配方 127 环保长寿的切削液

原料配比

原料	配比（质量份）	
	1#	2#
对叔丁基苯甲酸	10	15
十二烷二酸	10	10
二乙醇胺	10	15
二甘醇胺	10	10
纯水	30	30
苯并三氮唑	10	5
环氧乙烷嵌段聚醚	10	6
二丙二醇甲醚	9	7
双季铵盐杀菌剂	1	2

制备方法

（1）将对叔丁基苯甲酸、十二烷二酸、二乙醇胺按比例搅拌混合反应；所述搅拌速度为50～200r/min，搅拌时间为0.5～3h。

（2）向步骤（1）所得反应液中再加入二甘醇胺在50～60℃下搅拌混合反应；搅拌速度为50～200r/min，搅拌时间为1～4h。

（3）向步骤（2）所得反应液加入纯水、苯并三氮唑并在常温下搅拌混合反应；搅拌速度为50～200r/min，搅拌时间为1～4h。

（4）向步骤（3）所得反应液依次加入环氧乙烷嵌段聚醚、二丙二醇甲醚、双季铵盐杀菌剂，搅拌反应完成后即得环保高效长寿的切削液。搅拌速度为50～200r/min，每个原料加入后搅拌时间约15～60min，全部原料加入后搅拌1～4h即可产出成品。

产品特性 本品采用环保配方，不使用含磷、硫成分，不使用亚硝酸盐，所得切削液符合环保要求，并且使用寿命长。

配方 128 环境友好型微乳化切削液

原料配比

原料		配比（质量份）		
		1#	2#	3#
基础油		20	25	30
脂肪醇聚氧乙烯醚		3	4	5
去离子水		40	45	50
妥尔油酸		2	3	4
水溶性添加剂		1	2	3
聚合物微球		6	7	8
基础油	聚 α-烯烃	1	1	1
	季戊四醇酯	1.5	1.5	1.5
	己二酸酯	1.5	1.5	1.5

续表

原料				配比（质量份）		
				1#	2#	3#
水溶性添加剂	乳化硅油			1	—	1
	油酸三乙醇胺			—	2	1
聚合物微球	预乳液	丙烯酸丁酯		2（体积份）	2.1（体积份）	2.3（体积份）
		甲基丙烯酸甲酯		1	1	1
		甲基丙烯酸		0.4	0.4	0.4
		溶剂	过硫酸钾	1	1	1
			十二烷基硫酸钠	1	1	1
			去离子水	50（体积份）	50（体积份）	50（体积份）
		溶剂		10（体积份）	10（体积份）	10（体积份）
	乳液 A	过硫酸钾		0.1	0.1	0.1
		十二烷基硫酸钠		0.2	0.25	0.3
		去离子水		400（体积份）	400（体积份）	400（体积份）
		混合物	丙烯酸丁酯	1	1	1
			甲基丙烯酸甲酯	14	14.5	15
			甲基丙烯酸	7	7	7
		预乳液		5（体积份）	5.5（体积份）	6（体积份）
		混合物		10（体积份）	10（体积份）	10（体积份）
		缓蚀助剂		1.5	2.2	3
	乳液 B	丙烯酸丁酯		2	2	2
		甲基丙烯酸甲酯		26	28	30
		甲基丙烯酸		1	1	1
		过硫酸钾		0.04	0.04	0.04
		乳液 A		20（体积份）	20（体积份）	20（体积份）
	1%过硫酸钾水溶液			20（体积份）	20（体积份）	20（体积份）
	乳液 B			10	10	10
	苯乙烯			2	2.5	3
缓蚀助剂	中间体 a	聚阴离子纤维素		2	2.5	3
		去离子水		20（体积份）	20（体积份）	20（体积份）
		0.1mol/L 的高碘酸钠溶液		200（体积份）	—	—
		0.2mol/L 的高碘酸钠溶液		—	210（体积份）	—
		0.3mol/L 的高碘酸钠溶液		—	—	220（体积份）
	中间体 b	甘氨酸		6	6	6
		去离子水		120（体积份）	120（体积份）	120（体积份）
		中间体 a		2	2.5	3
	中间体 b			0.6	0.8	1
	0.1mol/L 的乙酸铜溶液			20（体积份）	20（体积份）	20（体积份）

制备方法

（1）将基础油和脂肪醇聚氧乙烯醚混合后，升温至 58～62℃，配制成油相组分；

（2）将去离子水、妥尔油酸和水溶性添加剂混合后制成水相组分；

（3）将水相组分和油相组分混合后升温至 53～57℃，加入聚合物微球，搅拌 30～40min，得到一种环境友好型微乳化切削液。

原料介绍

聚合物微球通过如下步骤制备：

（1）将丙烯酸丁酯、甲基丙烯酸甲酯和甲基丙烯酸加入四口烧瓶中，在氮气保护下，加入溶剂，升高温度为 80～90℃，在转速为 200r/min 条件下搅拌 20～22h，得到预乳液；

（2）将过硫酸钾、十二烷基硫酸钠和去离子水加入预乳液中，然后缓慢滴加含有丙烯酸丁酯、甲基丙烯酸甲酯和甲基丙烯酸的混合物，滴加时间为1h，设置温度为80～90℃，在转速为300r/min条件下搅拌10～12h，得到乳液，将制成的乳液加入缓蚀助剂中，设置温度为80℃、转速为300r/min搅拌1.6～2h，得到乳液A；

(3) 将过硫酸钾加入含有缓蚀助剂的乳液A中，然后将丙烯酸丁酯、甲基丙烯酸甲酯和甲基丙烯酸混合后缓慢滴加到乳液A中，控制滴加时间为50～60min，设置温度为80～90℃，在转速为300r/min条件下搅拌9～10h，得到乳液B；

(4) 将1%过硫酸钾水溶液加入乳液B中，在温度为80～90℃、转速为300r/min条件下开启搅拌，然后加入总量10%苯乙烯，用质量分数10%的氢氧化钠溶液调节反应液的pH值为10，然后加入总量90%的苯乙烯，保持温度和转速不变，继续搅拌9～10h，搅拌结束后在转速为9000r/min下离心5～10min，去除上清液，然后用去离子水洗涤三遍，最后在40℃下干燥至恒重，得到聚合物微球。

所述的缓蚀助剂通过如下步骤制备：

(1) 将聚阴离子纤维素和去离子水加入反应釜中，设置温度为50～60℃、转速为200r/min，边搅拌边加入高碘酸钠溶液，加完后，继续反应50～60min，反应结束后，将反应液减压抽滤去除滤液，用去离子水洗涤滤渣，然后在温度为50℃条件下干燥至恒重，得到中间体a；

(2) 将甘氨酸加入去离子水中，搅拌至完全溶解，然后加入中间体a，在温度为50～60℃下反应1～3h，反应结束后，将反应液减压抽滤，去除滤液，用去离子水洗涤滤渣，然后在温度为50℃条件下干燥至恒重，得到中间体b；

(3) 将中间体b加入反应釜中，然后加入乙酸铜溶液，在温度为50～60℃条件下反应1～3h，反应结束后，将反应液减压抽滤，去除滤液，用去离子水洗涤滤渣，然后在温度为50℃条件下干燥至恒重，得到缓蚀助剂。

[产品特性]

(1) 通过多步种子乳液聚合法制备聚合物微球，将缓蚀助剂包覆在聚合物微球内，使得缓蚀助剂可以在微乳化切削液中缓慢且持续地释放，延长缓蚀助剂在微乳化切削液中的作用时间，且保持了微乳化切削液的稳定性。

(2) 本品稳定性强，与传统油基和水基切削液相比安全环保，对人体无害，不含有毒有害的挥发性物质，环保性好，综合性能优异。

配方 129　机床加工防锈耐腐蚀切削液

[原料配比]

原料		配比（质量份）		
		1#	2#	3#
丙二醇聚醚		12	25	22
双十二碳醇酯		2	5	5
硼酸酯		1	3	2
聚丙烯酸酯		1	3	1
硫化烯烃棉籽油		2	4	3
高碱值石油磺酸钙		2	4	4
去离子水		65	95	85
防腐剂	苯甲酸	0.5	—	—
	山梨酸钾	—	1.5	—
	苯甲酸钠	—	—	0.7
防锈剂	环烷酸锌	0.5	—	—
	油酸三乙醇胺酯	—	1.8	1.2

[制备方法]

（1）混合：将各个组分依次放入搅拌器中进行搅拌；

（2）真空静置：将搅拌好的混合液放入容器中，放置在真空室温环境下静置8～12h；

（3）封装：真空静置后，进行包装封装，即得到机床加工防锈耐腐蚀切削液。

[产品特性] 本品具有优良的防锈和耐腐蚀性能，不仅润滑效果优良，而且冷却性能也较为理想，非常利于机床加工切削之用。本品为均匀液态，无分层沉淀现象。

配方130 机床加工复合切削液

[原料配比]

<table>
<tr><th colspan="2" rowspan="2">原料</th><th colspan="3">配比（质量份）</th></tr>
<tr><th>1#</th><th>2#</th><th>3#</th></tr>
<tr><td colspan="2">有机硅树脂</td><td>4</td><td>9</td><td>8</td></tr>
<tr><td colspan="2">甘油三乙酸酯</td><td>1</td><td>3</td><td>3</td></tr>
<tr><td colspan="2">氯化石蜡</td><td>2</td><td>4</td><td>3</td></tr>
<tr><td colspan="2">甲基二乙醇胺</td><td>1</td><td>2</td><td>1</td></tr>
<tr><td colspan="2">硅酸钠</td><td>0.5</td><td>2.5</td><td>1.8</td></tr>
<tr><td colspan="2">聚乙二醇单油酸酯</td><td>2</td><td>5</td><td>3</td></tr>
<tr><td colspan="2">去离子水</td><td>55</td><td>80</td><td>70</td></tr>
<tr><td rowspan="2">抗泡剂</td><td>蓖麻油聚氧乙烯醚抗泡剂</td><td>1</td><td>4</td><td>—</td></tr>
<tr><td>甲基硅油抗泡剂</td><td>—</td><td>—</td><td>3</td></tr>
<tr><td rowspan="2">节能减摩剂</td><td>异氰尿酸三聚氰胺</td><td>0.5</td><td>1.5</td><td>—</td></tr>
<tr><td>有机硼</td><td>—</td><td>—</td><td>0.8</td></tr>
</table>

[制备方法]

（1）称量：按照各个组分的质量份数称取各个组分；

（2）混合：将各个组分依次放入搅拌器中进行搅拌；

（3）真空静置：将搅拌好的混合液放入容器中，放置在真空室温环境下静置8～15h；

（4）封装：真空静置后，进行包装封装，即得到机床加工复合切削液。

[产品特性] 本品将水基切削液和非水基切削液的优良性能结合在一起，避开各自的缺陷，具有更为理想的冷却、润滑性能，非常利于机床加工过程中使用。

配方131 机床加工切削液

[原料配比]

<table>
<tr><th colspan="2" rowspan="2">原料</th><th colspan="3">配比（质量份）</th></tr>
<tr><th>1#</th><th>2#</th><th>3#</th></tr>
<tr><td colspan="2">山梨醇单聚乙二醇酯</td><td>5</td><td>12</td><td>9</td></tr>
<tr><td>矿物油</td><td>工业级白油</td><td>4</td><td>9</td><td>7</td></tr>
<tr><td colspan="2">丙基三氯硅烷</td><td>4</td><td>8</td><td>5</td></tr>
<tr><td colspan="2">磷酸三甲酚酯</td><td>2</td><td>5</td><td>4</td></tr>
<tr><td colspan="2">聚乙二醇</td><td>5</td><td>12</td><td>8</td></tr>
<tr><td colspan="2">油酸环氧酯</td><td>2</td><td>6</td><td>5</td></tr>
<tr><td colspan="2">水</td><td>60</td><td>90</td><td>81</td></tr>
</table>

[制备方法]

（1）称量：按照各个组分的质量份数称取各个组分；

（2）混合：将各个组分依次放入搅拌器中进行搅拌；

（3）真空静置：将搅拌好的混合液放入容器中，放置在真空室温环境下静置8～12h；

（4）封装；真空静置后，进行包装封装，即得到机床加工切削液。

产品特性 本品是一种水基切削液，组分较少，易于加工制备，不仅能够增加切削液的流动性能，冷却性能还十分优异，是一种非常理想的机床加工用切削液。

配方 132 机械加工环保型切削液

原料配比

原料		配比（质量份）		
		1#	2#	3#
水溶性弹性树脂	有机硅树脂	10	—	—
	聚氨酯树脂	—	4	—
	丙烯酸树脂	—	—	8
磷酸酯		6	2	5
油酸丁酯		6	3	3
聚甘油脂肪酸酯		8	2	3
磷酸三乙酸胺		5	2	4
柠檬酸钠		4	2	3
去离子水		80	55	70
抗氧剂	β-酸十八碳醇酯	4	—	—
	硫化氨基甲酸锌	—	1	—
	季戊四醇酯	—	—	2
清净剂	高碱值石油磺酸钙	3	—	—
	高碱值合成磺酸钙	—	1	—
	高碱值环烷酸钙	—	—	2

制备方法

（1）称量：按照各个组分的质量份数称取各个组分；

（2）混合：将各个组分依次放入搅拌器中进行搅拌；

（3）真空静置：将搅拌好的混合液放入容器中，放置在真空室温环境下静置8～15h；

（4）封装：真空静置后，进行包装封装，即得到机械加工环保型切削液。

产品特性

（1）本品在保证切削液优良的冷却、润滑、清洗等性能外，对环境的影响较小，不会造成环境污染，是一种兼顾工业和环保的机械加工用切削液。

（2）根据本品配方得到的机械加工环保型切削液为均匀液态，无分层沉淀现象。

配方 133 机械加工金属切削液

原料配比

原料	配比（质量份）		
	1#	2#	3#
乙二醇	9	11	13
单乙醇胺	7	8	9
三乙醇胺	6	8	10
十二烷基磺酸钠	12	14	16
苯甲酸钠	7	9	10
纤维素羟乙基醚	9	10	11

续表

原料	配比（质量份）		
	1#	2#	3#
石油磺酸钠	11	12	13
钼酸铵	6	7	8
山梨醇单油酸酯	4	6	7
水	25	29	33

［制备方法］ 将各组分原料混合均匀即可。

［产品特性］ 本品具有良好的冷却、清洗及防锈作用，并且无毒、无味、对人体无侵蚀、对设备不腐蚀、对环境不污染。

配方 134 机械加工耐腐蚀切削液

［原料配比］

原料		配比（质量份）		
		1#	2#	3#
聚酰胺		8	4	6
磷酸三乙酸胺		6	2	5
聚对苯二甲酸乙二醇酯		3	1	2
氨基硫代酯		2	1	1
超细硅酸铝		1.5	0.5	0.9
油酸乙二醇酯		5	2	3
去离子水		60	45	55
清净剂	高碱值环烷酸钙	4	—	—
	中碱值硫化烷基酚钙	—	2	—
	超碱值合成磺酸镁	—	—	3
抗氧剂	2,6-二叔丁基混合酯	3	—	—
	硫化氨基甲酸锌	—	1	—
	二酚基丙烷	—	—	2

［制备方法］

（1）称量：按照各个组分的质量份数称取各个组分；

（2）混合：将各个组分依次放入搅拌器中进行搅拌；

（3）真空静置：将搅拌好的混合液放入容器中，放置在真空室温环境下静置 8～15h；

（4）封装；真空静置后，进行包装封装，即得到机械加工耐腐蚀切削液。

［产品特性］ 本品制备工艺简便，可根据加工条件现场配制使用；该切削液除具有良好的冷却和润滑作用外，还具有非常理想的耐腐蚀性能，非常利于在各种机械加工场合中使用。本品为均匀液态，无分层沉淀现象。

配方 135 机械加工切削液

［原料配比］

原料	配比（质量份）		
	1#	2#	3#
石油磺酸盐	27	28	29
非离子型表面活性剂	11	12	14
硅微粉	1	2	3

续表

原料	配比（质量份）		
	1#	2#	3#
氯化石蜡	6	7	8
聚二甲基硅氧烷	0.4	0.7	0.5
去离子水	加至 100	加至 100	加至 100

制备方法 在常温和常压下，按上述配比将其余各组分加入去离子水中，加热至 40～50℃，然后搅拌 30min，即可得到切削液。

原料介绍

所述的石油磺酸盐为石油磺酸钠、石油磺酸钡中的至少一种。

所述的非离子型表面活性剂为平平加、太古油、吐温、司盘中的至少一种。

产品特性 本品具有较高的 PB 值，磨斑直径较小，说明其具有良好的抗磨损性能及润滑性能。本品配方简单，所用组分种类较少，便于实际推广应用。

配方 136 基于黑磷量子点的低成本钛合金水基切削液

原料配比

原料			配比（质量份）		
			1#	2#	3#
黑磷量子点水溶液	黑磷粉末	红磷粉末	30	60	40
		直径为 10～20mm 的氧化锆小球	1	1	1
	黑磷粉末		0.05	0.1	0.08
	有机溶剂	*N*-甲基吡咯烷酮	50（体积份）	—	—
		二甲基亚砜	—	50（体积份）	—
		无水乙醇	—	—	50（体积份）
切削液原料	黑磷量子点水溶液		0.1	0.02	0.05
	纳米氧化物	TiO_2 纳米颗粒	1.5	0.1	—
		CuO 纳米颗粒	—	0.1	—
		ZnO 纳米颗粒	—	—	1
	分散剂		7	2	5
	黏结剂		5	3	4
	极压剂		2	1	1.5
	防锈剂		3	1	2
	抗氧化剂		6	3	5
	去离子水		75.4	89.8	81.5
分散剂	十二烷基苯磺酸钠		3	—	2
	六偏磷酸钠		—	1	
	三聚磷酸		—	1	1
	聚乙二醇		—	—	2
	硬脂酸盐		4	—	—
黏结剂	丙三醇		3	—	—
	水玻璃		—	1	—
	聚乙烯醇		—	—	2
	硼酸盐		—	2	—
	油酸		2	—	—
防锈剂	三乙醇胺		3	—	—
	烷基醇酰胺		—	1	—
	硅烷偶联剂		—	—	2

原料		配比（质量份）		
		1#	2#	3#
极压剂	三乙醇胺硼酸酯	—	1	—
	磷酸酯	1	0.5	—
	二聚酸钾	1	—	0.5
	水基硼酸酯	—	—	0.5
	硫化烯烃	—	—	0.5
抗氧化剂	硼砂	—	—	2
	二烷基二硫代氨基甲酸盐	—	5	—
	三聚磷酸钠	6	—	—

[制备方法] 按照上述质量配比称取原料，将分散剂加入去离子水中，搅拌10～15min至完全溶解，再加入黏结剂的一种、防锈剂，搅拌10～15min后，再加入其他黏结剂，分别搅拌5～10min，最后加入极压剂，搅拌15～30min即得基础液。将基础液于温控磁力搅拌器上搅拌，温度升至80～100℃时加入黑磷量子点水溶液，恒温搅拌60～90min；温度升至120～150℃时加入所述纳米氧化物，恒温搅拌60～90min，随后水浴冷却至室温；加入抗氧化剂搅拌10～15min，水浴超声90～120min，最后调节pH值至8～10，即得目标钛合金水基切削液。温控磁力搅拌器的搅拌速度为60～100r/min。

[原料介绍]

所述纳米氧化物的粒径为50～100nm。

所述黑磷量子点水溶液的制备方法如下：将黑磷粉末溶于有机溶剂中混匀后，加入氧化锆球磨罐中，转速450～580r/min球磨20～60h，球磨后得到的产物在转速1500～3000r/min条件下离心15～30min，上清液在10000～15000r/min下离心15～30min，取沉淀物用去离子水清洗2～3次后得到黑磷量子点水溶液。

所述黑磷粉末采用高能球磨红磷转化为黑磷的方法制备而得，具体方法如下：将红磷粉末与直径为10～20mm的氧化锆小球按照球料比为（30：1）～（60：1）混合，在真空密封条件下以1000～1250r/min球磨0.5～3h，即得黑磷粉末。

所述水浴超声的功率为100W，超声频率为20～30Hz，以使黑磷量子点均匀分散，防止团聚。

[产品特性]

（1）本品以黑磷量子点为主要的极压剂，再添加少量的纳米氧化物颗粒作为抗磨减摩剂，黑磷量子点独特的片层结构可以促进层间滑动减小摩擦，纳米氧化物颗粒如二氧化钛、二氧化硅等可以将滑动摩擦变为滚动摩擦起到很好的润滑效果，二者的添加产生协同润滑效应，有效地减少切削过程中的摩擦，从而减少刀具的磨损，本切削液的添加产生的润滑膜能有效缓解钛合金切削黏刀问题最终提高刀具的寿命。本品为水基切削液，在切削时水的蒸发可以带走热量，因而可以解决局部温度升高的问题，冷却效果好；另外，在钛合金切削过程中添加本品切削液，产生的润滑膜可隔离刀具与切削件，从而可以有效缓解钛合金切削黏刀。

（2）本品基础液中添加的醇类、酰胺类和磷酸酯等物质，使其具有较好的消泡性，可以有效地降低切削液的表面张力，减少泡沫；另外，由于本切削液中黑磷量子点独特的结构及较低含量的磷元素添加剂，使其极压和抗磨性能得到了极大的提高，从而提高了本切削液的最大无卡咬负荷值。

（3）本切削液在提高刀具寿命的同时还解决了传统润滑剂污染环境和对人体有害等问题，进而实现绿色生产的目标。

（4）本切削液具备适宜的黏度和优良的均匀性、稳定性以及防锈防腐性能，还具有较好的高温摩擦性能及良好的减磨性能，适用于钛合金加工。

配方 137 基于马来松香乙醇胺的金属切削液

原料配比

原料		配比（质量份）							
		1#	2#	3#	4#	5#	6#	7#	8#
基础油	150ZN	45	—	—	—	—	—	—	—
	菜籽油	—	40	—	—	—	—	—	—
	葵花籽油和棉籽油的混合物	—	—	50	—	—	—	—	—
	石蜡基基础油和聚 α-烯烃	—	—	—	43	—	—	—	—
	石蜡基基础油	—	—	—	—	30	—	—	—
	环烷基基础油	—	—	—	—	—	31	—	—
	环烷基矿物油	—	—	—	—	—	—	42	40
乳化剂	马来松香乙醇胺混合物	10	12	8	12	12	12	8	8
油性剂	三羟甲基丙烷油酸酯	6	—	3	—	—	6	6	6
	硬脂酸酯	—	2	—	2	—	1	—	—
	脂肪酸酯和三羟甲基丙烷油酸酯	—	—	—	—	8	—	—	—
非离子表面活性剂	失水山梨醇油酸酯	4	—	—	3	—	—	5	5
	脂肪醇聚氧乙烯醚	—	5	3	—	5	5	—	—
pH 调节剂	三乙醇胺	5	1	4	4	4	4	5	5
	二甘醇胺	3	—	—	—	—	4	2	2
	单乙醇胺	—	3	3	4	—	—	—	—
	烷基胺	1	2	—	—	—	—	2	2
	2-氨基-2-甲基-1-丙醇	—	—	4	2	—	2	—	—
防锈剂	二聚酸和有机三元酸盐的混合物	10	7	10	—	—	—	—	—
	二聚酸和癸二酸	—	—	—	8	—	—	—	—
	硼酸和二聚酸	—	—	—	—	9	—	—	—
	丙酸聚合物	—	—	—	—	—	5	—	—
	三元酸和二聚酸的混合物	—	—	—	—	—		7	—
	二聚酸	—	—	—	—	—	5	—	—
	多聚酸和二聚酸的混合物	—	—	—	—	—	—	—	7
极压剂	硫化植物油脂肪酸	2	—	—	—	1.5	2	—	—
	多功能磷酸酯	2	1	1	1	—	2	1	1
	氯化硬脂酸	—	5	3	3	—	—	5	5
	硫化猪油	—	—	—	—	1.5	—	—	—
缓蚀剂	磷酸酯	1	3	1	—	2	1	1	1
	偏硅酸钠	—	—	—	2	1	1	—	—
杀菌剂	1,2-苯并异噻唑-3-酮	2	—	—	—	—	—	2	2
	2-丁基-1，2-苯并异噻唑-3-酮	—	2	—	1	—	2	—	—
	3-碘-2-丙炔基丁基氨基甲酸酯	—	—	3	—	—	—	—	—
	三嗪衍生物	—	—	—	—	3	—	—	—
水		加至 100	加至 100	加至 100	加至 100	加至 100	加至 100	加至 100	加至 100

制备方法

（1）将基础油、乳化剂和油性剂加入反应釜中，室温下搅拌 20～30min 至混合均匀；

（2）向反应釜中加入 pH 调节剂、非离子表面活性剂、防锈剂、缓蚀剂和极压剂，室温下搅拌 30～50min 至混合均匀；

（3）向反应釜中加入杀菌剂和水，搅拌 20～30min 至反应釜中的混合物呈透明状即可。

[原料介绍] 所述的多功能磷酸酯为磷酸单体、烷基胺、三乙醇胺、单乙醇胺、2-氨基-2-甲基-1-丙醇和羟基丙烯酸酯中的一种或两种以上与磷酸双酯、磷酸单酯反应生成的混合物。

[产品特性]

（1）本品通过使用马来松香乙醇胺替代石油磺酸钠和油酸作主乳化剂，改善了金属切削液的分子官能团结构，提高了其稳定性，同时相比于现有的金属切削液更加不易发臭，对环境的影响更小。

（2）本品在稳定性、防锈性、抗硬水性、消泡性等上具有显著的改善。

配方 138 基于植物油的金属机加工切削液

[原料配比]

原料		配比（质量份）			
		1#	2#	3#	4#
植物油	大豆油	80	80	—	80
	菜籽油	—	—	80	—
表面活性剂	八聚蓖麻油酸酯	8	—	—	—
	四聚蓖麻油酸酯	—	8	6.5	7
乳化剂	司盘-60（失水山梨醇硬脂酸酯）	1	—	—	—
	油酸酰胺	—	1	0.5	0.5
	AEO-9（脂肪醇聚氧乙烯醚）	1	—	—	—
	NP-7［烷基酚聚氧乙烯（7）醚］	—	1	1.5	1
消泡剂	硅油	0.3	0.3	0.2	0.2
防腐杀菌剂	BK	0.4	—	—	—
	MBM	—	0.5	0.3	0.3
纯化水①		1.3	2.7	4.5	4.5
防锈剂	三乙醇胺	2	2	2	2
辅助表面活性剂	OP-7（辛基酚聚氧乙烯醚）	2	2	2	2
抗硬水剂	乙二胺四乙酸二钠	0.5	0.5	0.5	0.5
纯化水②		3	2	2	2

[制备方法]

（1）将植物油、表面活性剂、消泡剂、防腐杀菌剂、乳化剂和纯化水①依次加入反应容器中，在 20～40℃的环境温度下搅拌 30～90min，获得混合溶液 1；

（2）将防锈剂、辅助表面活性剂、抗硬水剂依次加入纯化水②中，在 20～40℃的环境温度下搅拌 30～90min，获得混合溶液 2；

（3）将混合溶液 2 匀速加入混合溶液 1 中，在 20～40℃的环境温度下搅拌 30～60min，制得基于植物油的金属机加工切削液。

[原料介绍]

大豆油和菜籽油均有较好的润滑性，可以依靠物理吸附作用黏附在摩擦表面，从而起润滑作用，使得本品在机械加工中能够起到润滑作用。

表面活性剂选自失水山梨醇单油酸酯、妥尔油脂肪酸酰胺、四聚蓖麻油酸酯、八聚蓖麻油酸酯，这几种表面活性剂可降低液体之间的界面张力，使一种液体以极微小的状态均匀稳定低分散在另一种液体中，这样使得消泡剂、防腐杀菌剂、抗硬水剂可以很好地分散在植物油中，使得切削液产品性能比较稳定。

辅助表面活性剂选自 OP-7 和 OP-9，同样可以起到降低液体之间界面张力的作用，并且这两种表面活性剂是非离子表面活性剂，还可降低切削液表面张力，从而起到清洗作用。

消泡剂采用硅油，可降低液体的表面张力，从而抑制泡沫产生。

抗硬水剂为乙二胺四乙酸二钠，其加入配方中，可以提升切削液抵抗硬水的能力，使得在加水稀释切削液进行使用的时候，无需将水进行水质软化处理就可直接使用。

乳化剂选自司盘-60、AEO-9、油酸酰胺、NP-7，添加乳化剂后可以对切削液起稳定作用。

［产品特性］ 本品具有润滑性优、防锈性佳等特点，易生物降解。

配方 139 极压半合成型金属切削液

［原料配比］

原料	配比（质量份）
氯化石蜡	22
7.5%～9.5%的油酸	16
烯基丁二酸	0.6
表面活性剂	30
硼酸	1
4%～6%的二乙醇胺	10
聚乙二醇	10
消泡剂	0.4
石墨烯	0.2
季铵盐型杀菌剂	0.2
甲基硅酸盐	8
1%～3%的 RN652 磷酸酯极压剂	6
去离子水	适量

［制备方法］

（1）将氯化石蜡和 7.5%～9.5%的油酸进行混合加热至 80～90℃得到混合液一；

（2）向上述混合液一中加入烯基丁二酸和表面活性剂，搅拌 1h，然后升温至 90～100℃，边搅拌边加入硼酸和二乙醇胺，搅拌 40min 后加入聚乙二醇得到混合液二；

（3）将步骤（2）得到的混合液二降温至 50℃，加入消泡剂和石墨烯进行搅拌，搅拌均匀得到混合液三；

（4）将混合液三倒入溶有季铵盐型杀菌剂和甲基硅酸盐的去离子水中，边倒边搅拌，溶解完后再加入 1%～3%的 RN652 磷酸酯极压剂继续搅拌使其溶解，则得浓缩液，最后用去离子水冲配成半透明溶液。

［原料介绍］ 所述表面活性剂为 OP-10。

［产品特性］

（1）本品引入了合适的极压添加剂，提高了产品的使用性能，减少了切削阻力，提高了切削效率，防锈性和稳定性能均有所提高。

（2）将矿物油改变为氯化石蜡之后，切削液的安定性能得到了很大提高，并且氯化石蜡的价格相对机油十分低廉，在此基础上对于其它性能无任何影响。本品不但具有良好的防锈性、润滑性、清洗性、冷却性，而且耐腐蚀性能强，是一种优良的半合成切削液。

配方 140 健康环保微量切削液

原料配比

原料			配比（质量份）				
			1#	2#	3#	4#	5#
微量切削液前体	无患子提取物	粉碎至100目的干燥的无患子果皮	100	—	—	1000	—
		粉碎至50目的干燥的无患子果皮	—	1000	—	—	1000
		粉碎至30目的干燥的无患子果皮	—	—	1000	—	—
	低碳醇溶液	正丙醇溶液（浓度50%）	4000	—	—	—	—
		二乙二醇溶液（浓度60%）	—	3000	—	—	—
		异丙醇溶液（浓度55%）	—	—	5000	—	—
		异丁醇溶液（浓度50%）	—	—	—	3500	—
		乙二醇溶液（浓度50%）	—	—	—	—	3800
	三聚甲醛		125	115	120	120	125
微量切削液前体			300	200	250	220	300
油酸异丙酯			250	300	250	260	—
马来酸二异辛酯			—	—	—	—	450
			150	200	200	120	—
失水山梨醇脂肪酸酯	失水山梨醇脂肪酸酯（SP-80）		150	—	—	—	100
	失水山梨醇脂肪酸酯（SP-20）		—	100	—	—	—
	失水山梨醇脂肪酸酯（SP-40）		—	—	120	—	—
	失水山梨醇脂肪酸酯（SP-60）		—	—	—	160	—
脂肪醇聚氧乙烯醚（AEO-9）			—	—	—	—	150
聚蓖麻油酸酯	聚蓖麻油酸酯（L4）		100	100	—	—	—
	三聚蓖麻油酸酯		—	—	120	—	—
	六聚蓖麻油酸酯		—	—	—	130	110
去离子水			50	100	110	110	110
有机铵	油酸		900	850	880	860	880
	氧化铵		100	150	120	160	120

制备方法 称取微量切削液前体、油酸异丙酯、马来酸二异辛酯、有机铵、失水山梨醇脂肪酸酯、脂肪醇聚氧乙烯醚、聚蓖麻油酸酯、去离子水在40～60℃温度下混合搅拌至透明或半透明即可。

原料介绍

油酸和氧化铵反应生成的油酸铵盐，有良好的防腐蚀、减摩效果，同时又是一种阴离子表面活性剂。

失水山梨醇脂肪酸酯有良好的润滑性、生物可降解性，同时又是一种良好的非离子表面活性剂。

聚蓖麻油酸酯有优异的极压抗磨性、良好的润滑性，可全部或部分取代传统的含氯、硫、磷的极压抗磨剂使用于微量切削液中。

所述的无患子提取物的主要成分为无患子皂苷，含有10%～100%的无患子皂苷。所述的无患子提取物的提取方法为：将干燥的无患子果皮粉碎至30～100目，加上低碳醇溶液（浓度50%～60%），使用超声波浸提24h后，除去杂质，加入三聚甲醛，即为无患子提取物。

所述有机铵由以下质量分数的组分组成：氧化铵10%～15%，油酸85%～90%。所述有机铵的制备方法：将油酸、氧化铵放入搅拌器内，在90～110℃的温度下搅拌反应3～4h，即为有机铵。

产品应用 将上述健康环保微量切削液加水1～5倍搅拌至透明或半透明后加入微量润滑装置

中使用。

［产品特性］ 无患子提取物含无患子皂苷等三萜皂苷，是一种天然的非离子表面活性剂，具有抗菌、消炎、抗氧化清除自由基等作用，用于微量切削液中，对长期接触加工工件的一线工人具有一定的保护作用，同时无患子提取物还有一定的润滑性。

配方 141 降温和清洗效果好的切削液

［原料配比］

原料			配比（质量份）		
			1#	2#	3#
改性生物碳粉	玉米秸秆		适量	适量	适量
	溶液 A	钛酸四丁酯	33	35	38
		乙二胺四乙酸二钠	2.5	3	3.5
		环糊精	5	6	7
		硅烷偶联剂 KH-550	8	—	—
		硅烷偶联剂 KH-560	—	9	—
		硅烷偶联剂 KH-570	—	—	10
		焦磷酸钠	6	7	8
		乙醚	25	28	30
		去离子水	780	790	800
	溶液 B	硝酸银	5	6	7
		硝酸铵	1	2	3
		四硼酸钠	4	5	6
		去离子水	90	95	100
聚乙二醇			6	8	9
棉籽油			10	13	15
葵花籽油			15	18	20
十二烷基磺酸钠			10	12	14
消泡剂聚乙二醇醚			2	3	4
乙酸乙酯			20	23	25
月桂酸单甘油酯			10	12	14
偏硼酸钠			3	5	6
改性生物碳粉			8	10	11
去离子水			180	190	200

［制备方法］ 称取所有原料共同投入到搅拌罐内，然后加热保持搅拌罐内的温度为 58～63℃，高速搅拌处理 40～45min 后，再超声均质处理 1～2h 即可。高速搅拌处理的搅拌转速为 2000～2400r/min。超声均质处理时超声波的频率为 480～520kHz。

［原料介绍］

改性生物碳粉制备：

（1）先将玉米秸秆的旁枝末叶去除后，再用清水对玉米秸秆冲洗一遍，最后切段备用。

（2）将操作（1）处理后的玉米秸秆放入到密闭罐内，向密闭罐内通入温度为 105～107℃的水蒸气，同时将密闭罐内的压力增至 0.5～0.55MPa，保温保压处理 8～10min 后，再快速卸至常温常压，最后将玉米秸秆取出备用；所述的快速卸至常温常压是于 35s 内将密闭罐卸至常温常压。

（3）将操作（2）处理后的玉米秸秆放入到反应釜内，先对反应釜抽真空处理，18～20min 后向反应釜内注入溶液 A 浸没玉米秸秆，然后将反应釜内的压力增至 0.7～0.75MPa，保压处理 35～38min 后将玉米秸秆取出，随后将玉米秸秆放入到煅烧炉内，加热保持煅烧炉内的温度为

450～480℃，保温处理 1～1.2h 后将玉米秸秆取出备用。

（4）将操作（3）处理后的玉米秸秆浸入到溶液 B 中，加热保持溶液 B 的温度为 48～53℃，浸泡处理 2～2.5h 后将玉米秸秆取出放入到紫外线辐照仪内，辐照处理 1～1.5h 后取出备用；所述的辐照处理时控制紫外线辐照仪的功率为 1200～1400W，控制紫外线的波长为 300～350nm。

（5）将操作（4）处理后的玉米秸秆放入到粉碎机内粉碎处理后过 600 目筛得改性生物碳粉备用。

［产品特性］

（1）本品优化改善了切削液的制备方法，工艺步骤简单、搭配合理，切削液冷却速度快、清洗效果好，明显改善了工件和刀具的品质和寿命。

（2）本品能快速地将热量带走，降低了工件和刀具的温度，同时能很好地去除切削碎屑，保证了洁净度，进而又能改善工件的加工精度品质。

配方 142 金属材料水基切削液

［原料配比］

原料	配比（质量份）
植物油基酯	20～50
分子量 5000～6500 聚醚	10～30
pH 值稳定剂	8～20
防锈剂	5～20
pH 值为 8.5～12.5 的碱性电解水	加至 100

［制备方法］

（1）先将 pH 值稳定剂、防锈剂以及碱性电解水混合搅拌至溶解透明。

（2）再加入植物油基酯、聚醚搅拌并升温至 50℃。

（3）继续搅拌至呈均匀透明液体状，即得金属材料水基切削液。

［原料介绍］

所述植物油基酯为蓖麻油酸酯。

所述 pH 值稳定剂为异丙醇胺或三乙醇胺。

所述防锈剂为十二烷二酸或十一烷三酸。

［产品应用］ 使用方法：根据加工负荷从轻至重，将 pH 值为 8.5～12.5 的碱性电解水 80%～95%与金属材料水基切削液 5%～20%配兑使用。

［产品特性］ 本品采用碱性电解水代替普通工业用水，对切削液浓缩液进行稀释。由于碱性电解水只有简单的 OH^-，不会对环境产生破坏，防锈性能更佳。用碱性电解水稀释出来的切削工作液，使用寿命延长一倍以上，电解液可对工件产生剥离清洁作用，如同清洗剂，令加工出来的工件更显光滑亮丽。

配方 143 金属加工防锈水性切削液

［原料配比］

原料	配比（质量份）		
	1#	2#	3#
三羟甲基丙烷聚醚	10	22	21
2,6-二叔丁基混合酯	2	6	5
硼酸酯	1	2	2

续表

原料		配比（质量份）		
		1#	2#	3#
聚甲基丙烯酸酯		1	2	1
烷基水杨酸钙		2	5	4
硼化油酰胺		2	5	4
去离子水		60	90	83
抗氧抗腐剂	叔丁基羟基茴香醚	0.5	—	—
	二丁基羟基甲苯	—	1.5	—
	硫代二丙酸二月桂酯	—	—	0.7
防锈剂	环烷酸	0.5	—	—
	合成磺酸镁	—	1.8	—
	烯基丁二酸酯防锈剂	—	—	1.1

[制备方法]

(1) 称量：按照各个组分的质量份数称取各个组分；

(2) 混合：将各个组分依次放入搅拌器中进行搅拌；

(3) 真空静置：将搅拌好的混合液放入容器中，放置在真空室温环境下静置 8～12h；

(4) 封装：真空静置后，进行包装封装，即得到金属加工防锈水性切削液。

[产品特性] 本品制备工艺较为便捷，具有优良的防锈和耐腐蚀性能，不仅润滑效果优良，而且冷却性能也较为理想，非常利于机床加工切削之用。本品为均匀液态，无分层沉淀现象，测得防锈等级为优良。

配方 144 金属加工切削液（1）

[原料配比]

原料		配比（质量份）			
		1#	2#	3#	4#
醇胺		15	10	20	18
防锈剂	成膜剂复配三元有机聚羧酸 TAT730	12	—	—	13
	成膜剂复配癸二酸	—	10	—	—
	成膜剂复配十二碳二元酸	—	—	15	—
基础油		25	15	35	20
合成酯	三羟基丙烷油酸酯	12	—	—	12
	季戊四醇油酸酯	—	8	—	—
	四聚蓖麻油酸酯	—	—	15	—
酰胺		4	2	6	3
乳化剂	烷氧基化脂肪醇 RT64	5	2	8	5
腐蚀抑制剂	苯并三氮唑	0.8	—	—	0.6
	苯并三氮唑的衍生物	—	0.5	1	—
金属缓蚀剂	硅氧烷酮	2	1	3	2.5
水		18	10	25	20
醇胺	三乙醇胺	1	2	1	1
	二甘醇胺	1	—	1	1
	2-氨基-2-甲基-1-丙醇	—	1	—	—

[制备方法]

(1) 依次将水、醇胺和防锈剂加入容器中，搅拌至溶解；搅拌时间均为 10～15min。

(2) 依次将基础油、合成酯、酰胺、乳化剂、腐蚀抑制剂及金属缓蚀剂加入所述容器中，搅拌至均匀透明。搅拌时间均为10～15min。

[原料介绍]

醇胺可将防锈剂等酸性物质溶解起到防锈作用，同时提供碱性环境起到抑菌效果。

合成酯可以提供良好润滑和挤压性能。

酰胺不仅起到乳化作用，同时可以增强防锈性能，一剂多效。

乳化剂不仅乳化效果好，而且泡沫低。

所述醇胺由三乙醇胺复配特殊胺而得，所述特殊胺为二甘醇胺或2-氨基-2-甲基-1-丙醇。

所述防锈剂由成膜剂复配三元有机聚羧酸或二元酸而得。所述三元有机聚羧酸为TAT730或NEUF485，所述二元酸为癸二酸或十二碳二元酸。防锈剂复配后可与碱中和，起到良好的防锈效果。所述成膜剂为多聚酸。

[产品特性]

（1）本品采用酰胺配合乳化剂，使得切削液乳化颗粒小、清洗性好、具有低泡特性、润滑性能好；采用普通三乙醇胺复配特殊胺，让产品具有良好的碱储备，保证产品具有良好防锈环境和抑菌性能；防锈剂采用成膜剂多聚酸复配三元酸或二元酸，不仅具有更好的防锈性，而且抗硬水性能好。

（2）该切削液体系对铝合金保护性好，且对人体皮肤适应性好。同时该产品不含磷、硼、亚硝酸钠等对环境和人体有危害物质，因此环保性能好。

配方 145 金属加工切削液（2）

[原料配比]

原料	配比（质量份）		
	1#	2#	3#
二乙醇胺	3	4	5
聚乙烯醚	3	3.5	4
硼砂	4	5	6
去离子水	22	23	24
十二烷基苯磺酸钠	4	5	6
钼酸钠	1	1.5	2
乳化剂	2	2.5	3
杀菌剂	1	1.5	2

[制备方法] 将各组分原料混合均匀即可。

[产品特性] 本品易稀释、防锈能力好，对环境不会造成污染且对人体不会造成伤害。

配方 146 金属加工乳化切削液

[原料配比]

原料	配比（质量份）		
	1#	2#	3#
聚α-烯烃	15	28	22
二酚基丙烷	1	3	2
环氧蓖麻油	2	5	4
聚氯乙烯	2	5	3
硫化烯烃棉籽油	1	3	2
硅油	1	5	2

续表

原料		配比（质量份）		
		1#	2#	3#
聚氨酯		2	5	4
去离子水		5	10	7
乙二醇二醋酸酯		15	22	19
乳化剂	磺化油	1	—	—
	山梨糖醇酐单油酸酯	—	3	1.58

[制备方法]

(1) 称量：按照各个组分的质量份数称取各个组分；

(2) 混合：将各个组分依次放入搅拌器中进行搅拌；

(3) 真空静置：将搅拌好的混合液放入容器中，放置在真空室温环境下静置8～12h；

(4) 封装；真空静置后，进行包装封装，即得到金属加工乳化切削液。

[产品特性] 本品制备工艺较为便捷，能够快速乳化，便于保护金属和刀具的接触面，携带金属碎屑，从而保证金属加工的精度。

配方 147 金属加工水基切削液

[原料配比]

原料	配比（质量份）					
	1#	2#	3#	4#	5#	6#
三乙醇胺	60	80	60	80	70	70
硼酸	10	20	20	10	15	10
油酸	25	35	35	25	28	35
净洗剂	7	9	9	7	8	7
苯并三氮唑	1	5	5	1	3	2
石油磺酸钡	4	6	6	4	5	6
抗静电剂	3	8	8	3	6	3
改性聚醚	15	20	20	15	18	20
异噻唑啉酮	10	15	15	10	13	10
山梨酸钾	5	10	10	5	7	10
pH值调整剂	2	7	7	2	4	5
水溶性防锈剂	8	14	14	8	11	10

[制备方法] 将三乙醇胺投放到反应釜中加热至90℃，加入硼酸搅拌1.5h，使硼酸全部溶解后，加入油酸反应40min，反应温度保持在80℃，然后降择至60℃，放入净洗剂、石油磺酸钡、改性聚醚、异噻唑啉酮、山梨酸钾、水溶性防锈剂搅拌均匀，再加入苯并三氮唑、抗静电剂进行搅拌，最后加入pH值调整剂进行调整即为成品。

[原料介绍]

三乙醇胺有三个—OH，水溶性好；油酸不溶于水。用三乙醇胺与油酸发生化学反应生成的油酸三乙醇胺，水溶性好、易在刀具与切屑之间形成物理吸附膜，在较低负荷下起到润滑作用。

苯并三氮唑和石油磺酸钡的加入起到抑制三乙醇胺腐蚀的作用，效果好。

改性聚醚极容易溶于水，特别适合在高温、强酸碱、高剪切力、高压存在的条件下持续保持消泡、抑泡，具有极好的耐高温性、耐酸碱性，不漂浮、不漂油，可在很宽的温度范围内广泛用于各种恶劣体系的泡沫消去和抑制。

异噻唑啉酮和山梨酸钾起到了抑菌杀菌的作用，避免了切削液发臭状况的发生。

所述的净洗剂为椰子油脂肪酸二乙醇酰胺。

所述的抗静电剂为阴离子型抗静电剂，为季铵盐、硫酸酯、磷酸酯以及聚乙二醇衍生物中的任意一种。

所述的水溶性防锈剂为磷酸氢二钠和丙三醇 1∶1 的混合物。

所述的 pH 值调整剂为碳酸钠、烷基醇胺中的任意一种。

[产品特性] 本品具有较好的极压性和清洗性能以及稳定性。本品性能优异，对高温、高压的边界润滑状态具有良好的适应性，能提高刀具耐用度和工件光洁度；性能稳定，不易燃易爆，不易变质，对环境污染小，可根据需要稀释成不同浓度，使用周期长，节约能源。

配方 148 金属加工水溶性高效微乳切削液

[原料配比]

原料	配比（质量份）
矿物油	5～40
复合剂	1～20
乳化剂	10～20
防锈剂	1～20
铜合金缓蚀剂	0.2～2
铝合金缓蚀剂	2～4
杀菌剂	1～5
消泡剂	0.1～0.6
水	加至 100

[制备方法] 将各组分原料混合均匀即可。

[原料介绍]

所述的矿物油是环烷基矿物油。

所述的复合剂为新戊二醇脂肪酸酯、偏苯三酸酯、脂肪酸异新酯、链段聚醚、丙二醇脂肪酸酯中的任一种与一乙醇胺、二乙醇胺、三乙醇胺、二异丙醇胺、特殊醇胺中的任一种的混合物。

所述的乳化剂为脂肪醇烷氧化合物、蓖麻油聚氧乙烯醚、琥珀酸衍生物、醚羧酸或脂肪醇聚氧乙烯醚。

所述的防锈剂为硼酸、对叔丁基苯甲胺、三嗪类多羧酸化合物、石油磺酸钠、月桂二酸或石油硫酸钡。

所述的铜合金缓蚀剂是苯并三氮咪唑啉或甲基苯并三氮唑。

所述的铝合金缓蚀剂是磷酸酯、特殊复合酯、偏硅酸钠或原偏硅酸钠。

所述的杀菌剂是三嗪类、吗啉类或苯并异噻唑啉酮。

所述的消泡剂为改性硅氧烷。

[产品应用] 本品适用于要求宽泛的切削和磨削加工，特别是铸铁、合金钢部件的加工。

[产品特性] 本品可以抵抗硬水，具有优异的润滑性、冷却性、防锈性、消泡性，使用寿命长，同时本品不含亚硝酸盐、苯酚等有毒有害物质，不损害健康，不污染环境。

配方 149 金属加工水性切削液（1）

[原料配比]

原料	配比（质量份）
1-羟基苯并三唑	0.5～1
硫酸锌	2～3

续表

原料		配比（质量份）
聚合磷酸钠		2～4
液压油		2～3.5
十二烷基苯磺酸钠		3.5～5
硫化鲸鱼油		2～3
乙二胺四乙酸二钠		1.5～2.5
氧化亚铜		0.8～1.5
助剂		5～7
去离子水		200
助剂	人造金刚石粉	2～3
	刚玉	1～2
	丙烯腈	1～2
	柴胡油	3～4
	十二碳醇酯	2～3
	松香醇	2～3
	六甲基二硅氧烷	1～1.5
	十二烷基苯磺酸钠	3.5～4
	水	50～54

制备方法

（1）助剂的制备：首先将人造金刚石粉、刚玉、柴胡油、十二烷基苯磺酸钠加入一半量的水中研磨1～2h，然后缓慢加入剩余成分，缓慢加热至70～80℃，在300～500r/min条件下搅拌反应30～50min，冷却至室温即得。

（2）切削液的制备：将液压油、十二烷基苯磺酸钠、硫化鲸鱼油、乙二胺四乙酸二钠混合均匀，加入适量的去离子水，加热至30～35℃，研磨30～40min，得到混合料A；将除助剂之外的其余成分加入反应釜中，搅拌混合均匀，缓慢加热至55～65℃，保温1～1.5h，得到混合料B；将保温的混合料B边搅拌边缓慢加入混合料A中，充分搅拌后加入助剂，800～900r/min下搅拌反应40～60min，冷却至室温即得。

产品特性

（1）本品通过将油性润滑物质与表面活性剂混合后，不仅润滑性能好，而且提高了产品质量稳定性。

（2）通过添加1-羟基苯并三唑、硫化鲸鱼油、液压油等，提高了极压耐磨性以及防锈性能，不易磨损金属表面；添加助剂，使本品具有良好的抗磨、分散、润滑、成膜性。

（3）本品水性配方，清洗性能好、冷却性能好、质量稳定、不易变质变臭、容易保存，适用于金属切削加工。

（4）本产品润滑性能好，质量稳定性高，极压耐磨性好，防锈性能强，不易磨损金属表面。

配方 150 金属加工水性切削液（2）

原料配比

原料		配比（质量份）		
		1#	2#	3#
硼化油酰胺		3	7	6
羧酸链烷醇胺酯		8	10	9
磷酸三酯		2	5	3
水性高分子乳液	聚氨酯乳液	5	10	—
	丙烯酸乳液	—	—	9

续表

原料	配比（质量份）		
	1#	2#	3#
氯化石蜡	2	5	4
硫化棉籽油	3	7	5
苯二甲酸二辛酯	1	3	2
去离子水	55	80	75

[制备方法]

（1）称量：按照各个组分的质量份数称取各个组分；

（2）混合：将各个组分依次放入搅拌器中进行搅拌；

（3）真空静置：将搅拌好的混合液放入容器中，放置在真空室温环境下静置8～12h；

（4）封装：真空静置后，进行包装封装，即得到金属加工水性切削液。

[产品特性] 本品制备工艺较为便捷，而且切削液具有较为优良的流动性能和冷却性能，不仅能够快速润滑冷却，而且也可以带走加工碎屑，保证金属加工的精度。

配方 151 金属加工用半合成切削液

[原料配比]

原料		配比（质量份）				
		1#	2#	3#	4#	5#
去离子水		16.7	19.8	25.9	19.75	19.35
pH值稳定剂	一乙醇胺	10	—	—	—	—
	二乙醇胺	—	8	—	9	—
	三乙醇胺	—	—	5	—	6
有机酸	癸二酸	5	—	—	—	—
	正辛酸	—	8	—	—	—
	三元酸	—	—	10	—	—
	硼酸	—	—	—	6	—
	异壬酸	—	—	—	—	9
缓蚀剂	苯并三氮唑（BTA）	1	—	—	—	2.5
	巯基苯并噻唑（MBT）	—	2	—	—	—
	甲基苯并三氮唑（FTA）	—	—	3	—	—
	脂肪基磷酸酯	—	—	—	1.5	—
基础油	环状精炼的环烷基基础油	40	30	20	35	25
表面活性剂	反式嵌段聚醚 RPE1720	8	—	15	—	14
	反式嵌段聚醚 RPE1740	—	12	—	10	—
妥尔油		3	7	10	5	9
酰胺	十二酸二乙醇酰胺	8	6	5	7	7.5
十二醇		5	3	1	2	4
杀菌剂	均三嗪（BK）	3	—	—	—	—
	N,*N*-亚甲基双吗啉（MBM）	—	4	—	—	—
	异噻唑啉酮（CIT/MIT）	—	—	5	—	—
	杀菌剂 IPBC（碘代丙炔基氨基甲酸丁酯）	—	—	—	4.5	—
	聚季铵盐（Busan77）	—	—	—	—	3.5
消泡剂	有机硅消泡剂	0.3	0.2	0.1	0.25	0.15

[制备方法]

（1）将去离子水、pH值稳定剂投入反应釜1中，并开启搅拌，搅拌时间为（10±5）min；

（2）将有机酸、缓蚀剂投入反应釜2中，并搅拌使固体完全溶解至透明，搅拌过程中将温度升至45℃，搅拌（30±5）min后，取出待后续使用；

（3）继续向反应釜1中投入基础油，开始搅拌，将温度升至45℃，搅拌时间为（10±5）min；

（4）继续向反应釜1中投入反向嵌段聚合物，搅拌至透明，搅拌时间为（20±5）min；

（5）继续向反应釜1中投入妥尔油，搅拌至透明，搅拌时间为（20±5）min；

（6）继续向反应釜1中投入酰胺、十二醇搅拌至透明，搅拌时间为（10±5）min；

（7）继续向反应釜1中投入杀菌剂，并搅拌至透明，搅拌时间为（10±5）min；

（8）继续向反应釜1中投入步骤（2）已调配好的溶液，并搅拌至透明，搅拌时间为（60±5）min；

（9）继续向反应釜1中投入消泡剂，搅拌均匀后包装。

产品应用 本品适用于多种金属机床加工。

产品特性 本品特点：不含亚硝酸盐及苯酚等有害物质，对操作者及环境友好；良好的生物稳定性配方，使其具有特别长的使用寿命；出色的防腐蚀性能；极好的冲洗及冷却性能；良好的润滑性，可减少冷却液带出量，同时保持刀具及工件清洁；强效润滑添加剂，提供卓越的工件质量，延长刀具寿命；特有抑菌成分，防止真菌和细菌污染，延长切削液寿命，降低维护成本；使用宽泛的水质条件，在所有水质条件中都具有较低的泡沫；在所有机床中表现良好。

配方 152 金属加工用高品质微乳化切削液

原料配比

原料		配比（质量份）			
		1#	2#	3#	4#
油基混合液	生物可降解基础油	26	25	26	26
	OP-10乳化剂	7	7	8	7
	三乙醇胺	3	3	4	3
	聚乙烯蜡	3	3	4	3
	复配表面活性剂	3	3	3	3
	T701石油磺酸钡防锈剂	2	2	2	2
	聚醚消泡剂	1	1	1	1
水基混合液	去离子水	130	135	130	130
	纳米碳管	32	28	26	32
	甘油	8	8	6	8
	丙二醇	3	3	5	3
生物可降解基础油	棕榈油	1（体积份）	1（体积份）	1（体积份）	1（体积份）
	菜籽油	2（体积份）	3（体积份）	2（体积份）	2（体积份）
	大豆油	4（体积份）	4（体积份）	6（体积份）	4（体积份）
复配表面活性剂	吐温-20	5	5	5	5
	脂肪醇醚硫酸钠	2	2	2	2

制备方法

（1）油基混合液制备：取生物可降解基础油，向其中加入乳化剂搅拌均匀后，再加入三乙醇胺、聚乙烯蜡、复配表面活性剂、防锈剂和消泡剂，搅拌均匀后备用；

（2）水基混合液制备：取去离子水，向其中加入纳米碳管、甘油和丙二醇，搅拌均匀后备用；

（3）微乳化切削液制备：将步骤（1）和步骤（2）所得的油基混合液和水基混合液混合，以720r/min的转速搅拌至液体呈均匀透明即得金属加工用高品质微乳化切削液。

原料介绍

纳米碳管的制备方法如下。

（1）纳米碳管强酸氧化处理：称取质量份数为12～15份的纳米碳管，然后放入其6～10倍质量的强酸溶液中，加热至90℃，处理30～35min后停止加热，自热冷却至25℃取出并用去离子水洗涤至中性，干燥备用；

（2）球磨纳米碳管：将经步骤（1）所得的纳米碳管放入球磨机中，以1200r/min的转速球磨2～3h，然后将球磨后的纳米碳管放入其质量4～6倍的乙二醇中，再加入20～24份的纳米MoS_2、2～3份硫酸二甲酯和1～2份十二烷基磺酸钠，搅拌均匀后，超声处理20～25min后备用，其超声频率为240～360kHz。

所述的强酸溶液由质量分数为98%的浓硫酸和质量分数为50%～62%的浓硝酸按体积比3∶1混合而成。

所述的纳米MoS_2粒径为40～60nm。

产品应用 使用方法为：其与去离子水按1∶(10～30)的体积比稀释后使用。

产品特性

（1）本品使用强酸对纳米碳管表面进行功能化，再使用机械球磨将表面功能化的纳米碳管截断短化，使得纳米碳管能够均匀分散在基体流体中不会出现团聚现象。然后将截断短化的纳米碳管放入乙二醇溶液中，并加入纳米MoS_2粉末、适量的硫酸二甲酯和十二烷基磺酸钠超声处理，在截断短化后的纳米碳管附着一层纳米MoS_2，即两者形成了"物理包覆"，形成了以纳米碳管为轴心、纳米MoS_2粒子为外层的管状结构，而该纳米管状结构既具有韧性，又具有极低的摩擦系数。另外，由于纳米碳管的热导率与自身的长径比相关，通过截断短化将长径比控制在合适范围内，当纳米碳管处于高温环境中时，截断短化后的纳米碳管之间的碰撞概率增大，即增加了热传导效率，因此MoS_2/CNTs纳米管状结构具有较高的导热性能和热稳定性，也增加了MoS_2的高温稳定性，有效避免MoS_2在高温下被碳化。使得其微乳化的切屑液既具有水基切屑液的高冷却性，又具有油基切削液的润滑性，而且通过加入各类添加剂使得制备的切屑液在防锈、清洗等各方面性能也有一定的提升。

（2）本品通过在水基混合液中加入制备的MoS_2/CNTs纳米管状结构，可以利用其强的润滑性和较高的热传导性增强本品微乳化切削液的润滑性能和冷却性能，即使在650～1200℃的高温下，MoS_2也不会被碳化而失去润滑性，能够有效避免金属切削过程中刀具因受高温影响其使用寿命降低，或者因高温润滑性丧失导致工件切削面效果不佳。

配方153 金属加工用切削液（1）

原料配比

原料		配比（质量份）		
		1#	2#	3#
再生机油	废弃机油	100（体积份）	100（体积份）	100（体积份）
	浓硫酸（70%）	21（体积份）	21（体积份）	21（体积份）
极压剂	氢氧化钠水溶液	100（体积份）	100（体积份）	100（体积份）
	2-巯基苯并噻唑	10.5	12	13
	2-氯乙醇	18（体积份）	20（体积份）	22（体积份）
	硼酸	6.5	6.5	6.5
	乙醇	100（体积份）	100（体积份）	100（体积份）
	氯化锂	18.5	18.5	18.5
	中间体	35（体积份）	35（体积份）	37（体积份）
复配缓蚀剂	环己六醇磷酸酯	5.5（体积份）	5.5（体积份）	5.5（体积份）
	苯并三氮唑	2.8	2.8	2.8
	三乙醇胺	21（体积份）	21（体积份）	21（体积份）
	钼酸钠	1.7	1.7	1.7

续表

原料		配比（质量份）		
		1#	2#	3#
再生机油		87	90	92
表面活性剂	石油磺酸钠	1.4	1.5	1.7
乳化剂	KR-1	1.9	2.1	2.3
复配缓蚀剂		0.09	0.1	0.09
极压剂		1.15	1.3	1.5
抗菌剂	有机胍杀菌剂 G	0.01	0.03	0.05
水		80	90	100

制备方法

(1) 取再生机油和表面活性剂混合，搅拌速度为 300～400r/min，室温下搅拌 0.5～1h，制得油相混合液；

(2) 取乳化剂、复配缓蚀剂、极压剂、抗菌剂和水，搅拌速度为 300～400r/min，升温至 40～45℃，搅拌 1～2h，制得水相混合液；

(3) 将油相混合液滴加进水相混合液中，提升转速为 800～1000r/min，室温下搅拌混合 3～4h，制得切削液。

原料介绍

极压剂分子中含有硼酸酯官能团，由于缺电子性的硼元素可与金属之间吸附，使得极压剂在摩擦副表面形成吸附膜，而具有较好的极压性能，所述极压剂由以下步骤制备：

(1) 取氢氧化钠水溶液加入烧瓶中，向烧瓶中加入搅拌子，控制转速为 280～350r/min，水浴加热至氢氧化钠水溶液温度为 35～40℃，使用漏斗向烧瓶中加入 2-巯基苯并噻唑，回流反应 2～3h，反应结束，向烧瓶中加入 2-氯乙醇，保持搅拌速度，升温至 78～85℃，回流反应 2～3h，反应结束静置分层，取油状液体，即制得中间体；

(2) 取硼酸和乙醇加入烧瓶中，搅拌至硼酸完全溶解，再向烧瓶中加入中间体，再向烧瓶中加入氯化锂，在氮气保护下，控制搅拌速度为 200～250r/min，升温至 67～72℃，回流反应 8～10h，再将反应液减压旋蒸，得到棕黄色油状液体，即制得极压剂。

所述再生机油，由以下步骤制备：

(1) 除渣：取废弃机油缓慢加入浓硫酸，搅拌后静置 1～2d，取上层油液，使用自来水洗涤，再静置分层，取上层油液，洗涤 2～3 次，加入氢氧化钠调节油液 pH 值为 10，抽滤，得到除渣油液；

(2) 蒸馏：将除渣油液加入蒸馏装置中，设置蒸馏温度为 240～280℃，蒸馏 1～2h，将除渣油液中轻质低燃点油蒸馏出，再设置蒸馏温度为 350～400℃，收集馏分，即制得再生机油。

产品特性

(1) 本品腐蚀性极低，且以再生机油复配制得，将工件与空气隔绝，避免工件锈蚀。

(2) 本品具有良好的稳定性、冷却性、极低腐蚀性和高极压性能，适用于中等负荷高速切削。

配方 154 金属加工用切削液（2）

原料配比

原料	配比（质量份）		
	1#	2#	3#
氯化石蜡	7	9	8
石油磺酸钡	12	17	15

续表

原料		配比（质量份）		
		1#	2#	3#
三乙醇胺		2	4	3
乳化硅油		0.5	0.8	0.6
机械油		65	75	70
茶油		3	5	4
去离子水		10	15	12
纳米助剂		1.5	2.5	2
纳米助剂	石墨烯	12	15	13
	空心碳纳米球	20	25	22
	陶瓷微粉	7	9	8

制备方法

（1）称量：按配比称取组成金属加工用切削液的各原料；

（2）搅拌：将金属加工用切削液的各原料混合搅拌均匀，得到混合料；

（3）一级冷却：将混合料放入温度为－25～－20℃条件下冷却15～20min，得到一级冷却的混合料；

（4）二级冷却：将一级冷却的混合料放入温度为－5～0℃条件下冷却20～25min，得到二级冷却的混合料；

（5）三级冷却：将二级冷却的混合料放入温度为－15～－10℃条件下冷却10～20min，得到三级冷却的混合料；

（6）反应釜反应：将三级冷却的混合料投入反应釜中，于2000～3500r/min条件下混合搅拌5～15min，静置，即得分散均匀的所述金属加工用切削液。

原料介绍

所述纳米助剂使用前先改性，改性纳米助剂的制备方法为：

（1）按配比称取组成纳米助剂的各原料；

（2）将组成纳米助剂的各原料混合均匀得到混合料；

（3）将混合料放入乙醇水溶液中超声分散，得到分散液，其中混合料和乙醇水溶液的体积比为1∶(7.5～8.5)，乙醇水溶液中乙醇和水的体积比为1∶(1.5～1.8)；

（4）将分散液放入转速为5000～6000r/min的搅拌装置中搅拌5～8min，得到活化的分散液；

（5）水洗去除乙醇，烘干，即得所述改性纳米助剂。

氯化石蜡是作为极压剂用在切削液中的，在水中是比较稳定的，不会发生或极少发生水解，但在切削加工的过程中，由于加工点的温度很高，会有一部分氯化石蜡会热分解，部分与铁反应，部分变成盐酸进入润滑体系，故需要中和盐酸的物质及防锈剂来平衡体系，氯化石蜡对加工不锈钢类的产品有很好的效果，而且价格便宜，用在切削液中可以降低生产成本。

石油磺酸钡具有优良的抗潮湿、抗盐雾、抗盐水和水置换性能，对多种金属具有优良的防锈性能，在切削液里面主要起防锈作用。石油磺酸钡有着很好的防锈性能，原因是其能在金属表面形成强度很高的吸附膜，与氯化石蜡复配使用，使用效果更好。

石墨烯是一种由碳原子以sp杂化轨道组成六角形呈蜂巢晶格的二维碳纳米材料，是已知强度最高的材料之一，同时还具有很好的韧性，且可以弯曲，具有非常好的热传导性能。纯的无缺陷的单层石墨烯热导率高达5300W/（m·K），是热导率最高的碳材。将石墨烯加入纳米助剂中可以极大增加纳米助剂的冷却性能。

空心碳纳米球是一种新的碳纳米材料，其具有比表面积大、密度低的优点，化学稳定性、热稳定性及生物相容性好，其在能量转换、储存、催化、吸附和生物医药等众多领域展现出巨大的应用前景。将空心碳纳米球加入纳米助剂中可以极大增加纳米助剂的冷却性能。

陶瓷微粉是一种强度高而且坚硬的微球，主要成分是SiO_2和Al_2O_3，因而其具有优良的经久耐用性、耐侯性、耐腐蚀性，其分散性好、悬浮性好、化学稳定性好、耐热温度高、密度小。陶瓷微粉的黏度很低，有很好的流动性；陶瓷微粉的宽粒径分布使得小的微球能够填充到大的微球之间的空隙中，因而将陶瓷微粉加入纳米助剂中可以极大增加纳米助剂的耐久性、耐磨性，改善纳米助剂的流动性能，同时能极大降低纳米助剂的生产成本。

产品应用 切削液在存放时应避免高温及超低温，容器应该保持密封状态以避免混入异物。切削液在室外贮藏时，应绝对避免雨水混入，如实在需要将切削液放置在室外，应避免放在阳光可以直射的地方和潮湿的地方，切削液保存温度为10～25℃。

产品特性

（1）本品加入了纳米助剂，可以进一步提升冷却、润滑性能，可增大刀具进给量，提升加工精度和质量，并最终延长刀具寿命30%～50%，同时还能降低生产成本。

（2）本品具有润滑作用，可以减小前刀面与切屑、后刀面与已加工表面间的摩擦，形成部分润滑膜，从而减小切削力摩擦和功率消耗，降低刀具与工件坯料摩擦部位的表面温度，改善工件材料的切削加工性能。

（3）本品具有清洗作用，能除去生成的切屑、磨屑以及铁粉、油污和砂粒，防止机床和工件、刀具的沾污，使刀具或砂轮的切削刃口保持锋利，不致影响切削效果。

（4）本品具有防锈作用，能有效防止环境介质及残存切削液中的油泥等腐蚀性物质对金属产生侵蚀。

（5）本品具有良好的稳定性，在贮存和使用中不产生沉淀或分层、析油、析皂和老化等现象。

配方 155 金属加工用全合成切削液

原料配比

原料	配比（质量份）
去离子水①	10～35
直链十二碳二元酸	1～5
硼酸	1～6
苯并三氮唑	0.1～0.5
单乙醇胺	2～8
二乙醇胺	5～20
D1550脂肪酸	3～6
蓖麻油酸	1～3
四聚蓖麻油酸	2～7
异壬酸	1.6～5.2
辛癸酸	1.2～4.3
二环己胺	2～2.5
脂肪醇	2～4.3
聚烯烃（十六碳）	1～2.6
异构十八碳醇	1～2
去离子水②	10～70
杀菌剂	1～3
消泡剂	0.1～1

制备方法

（1）将去离子水①、直链十二碳二元酸、硼酸和苯并三氮唑投入反应釜中，然后升温至（40±5）℃，并开启搅拌，搅拌时间为（10±5）min；

（2）投入单乙醇胺，并且搅拌使固体完全溶解至透明，搅拌过程温度控制在（40±5）℃，搅拌时间为（30±5）min；

（3）依次投入D1550脂肪酸、蓖麻油酸、四聚蓖麻油酸、异壬酸和辛癸酸，搅拌至均匀透明，搅拌过程温度控制在（40±5）℃，搅拌时间为（10±5）min；

（4）投入二环己胺，搅拌至均匀透明，搅拌过程温度控制在（40±5）℃，搅拌时间为（10±5）min；

（5）投入脂肪醇、聚烯烃（十六碳）和异构十八碳醇，搅拌至透明，搅拌过程温度控制在（40±5）℃，搅拌时间为（30±5）min.；

（6）停止升温，投入去离子水②；

（7）投入杀菌剂，并且搅拌至透明；

（8）投入消泡剂，搅拌均匀后包装。

[原料介绍]

直链十二碳二元酸主要起防锈作用。

D1550脂肪酸主要起到润滑和防锈作用（长碳链的脂肪酸对金属有很好的吸附防锈作用，并能提高润滑性）。

聚烯烃（十六碳）和脂肪醇起到润滑作用。

胺类和其他脂肪酸反应生成酯类起到润滑、防锈及清洗作用。

异壬酸主要起助溶作用使得产品更稳定。

[产品特性]

（1）本品成本低，稀释液不易腐败产生异味，润滑性能好，使用周期长。

（2）本品具有优秀的冷却和清洗防锈性能。该产品最大的特点就是可以保证机加工中一些难加工材质的重型加工方式的润滑性要求，同时，产品不含有基础油成分，使用时间能够大大地延长。

配方156 金属加工用水基型切削液

[原料配比]

原料	配比（质量份）
油酸	8～12
三乙醇胺	1.8～2.5
聚乙二醇	10～12
硼酸	0.3～0.6
十二烷基酚聚氧乙烯醚（OP-10）	0.2～0.5
苯并三氮唑	0.2～0.5
碳酸钠	5～8
分散剂十二烷基二甲基甜菜碱	0.7～1
甘油聚氧丙烯醚	0.5～0.8
水	加至1000

[制备方法]

（1）将油酸与三乙醇胺加入反应釜，搅拌并加热至65～85℃使其反应30～45min；

（2）再依次加入100份水、硼酸、聚乙二醇（200～1000）继续维持温度在65～85℃，搅拌1～1.5h后停止加热；

（3）加水800份，冷却至40℃后将十二烷基酚聚氧乙烯醚（OP-10）、分散剂十二烷基二甲基甜菜碱、碳酸钠、苯并三氮唑、甘油聚氧丙烯醚按顺序加入反应釜，每加入一种原料，搅拌均匀后加下一种原料；

（4）最后加入水到1000，充分搅拌均匀，冷却到室温后即得所需产品。

[原料介绍]

聚乙二醇硼酸酯是目前抗水解、抗磨极压性能较好的添加剂，油酸三乙醇胺具有较好的润滑性和防锈性，两者混合后，生成聚乙二醇油酸三乙醇胺硼酸酯，溶液的表面活性、稳定性都显著提高，由于聚乙二醇硼酸酯、油酸三乙醇胺和苯并三氮唑三者具有协同作用，因此该切削液具有优异的防锈、冷却、润滑性能，尤其防锈性和润滑性是其他水基切削液的2～3倍。所述的聚乙二醇的相对分子质量为200～1000。

采用的OP-10和碳酸钠提高了工件的清洗性能。

甘油聚氧丙烯醚具有很好的消泡能力，对机床涂料无影响。

对钙皂有良好分散能力的甜菜碱型分散剂，阻止了钙皂的絮凝，产品稀释后，能见度高，便于观察加工件，适合精密件的加工。

[产品特性]

(1) 产品为透明无味液体，不含亚硝酸钠、矿物油、Cl、S、P，有利于保护环境和人体健康；

(2) 具有优良的磨屑沉降性，不黏刀不黏轮，能大大提高刀具的使用寿命；

(3) 具有优良的生物降解性，长期使用无异味产生，循环使用周期长，不刺激皮肤；

(4) 本品对黑色金属及含有铝、镁、钛、铜的金属具有很好的吸附能力，并在其金属基体表面形成一种致密的透明保护膜，使其具有独特的润滑性和防锈性，使得被加工金属件更具金属光泽。

配方 157 金属加工用长效微乳化切削液

[原料配比]

原料		配比（质量份）						
		1#	2#	3#	4#	5#	6#	7#
润滑剂	自乳化酯润滑剂 Priolube 3955	20	15	20	16	18	20	25
非离子表面活性剂	RT45LT	2	2	3	2.5	3	2.5	3
	RT64LT	3	2	5	2	2	3	2.5
	EL20	1	2	1.5	1	1	2	2
醇胺	DGA	6	5	7	5	5	6	5
	AMP-95	3	2	3	2	2.5	3	3
防锈耦合剂	格尔伯特酸	4	2	5	3	4	2	4
防锈剂	L190 PLUS	6	5	10	9	7	6	8
去离子水		51	60	40	54	53	51	52
炔醇	FS-640	1.8	0.2	1.5	1.5	1.5	1	1.8
杀菌剂	ROCTMA342	0.2	0.1	0.3	0.1	0.1	0.2	0.2
	BIT-20	1	1.9	1.7	0.9	0.9	1.3	1.5
阳离子表面活性剂	Busan 77	1	1	2	3	2	2	2

[制备方法]

(1) 将润滑剂和非离子表面活性剂混为相一，搅拌均匀。

(2) 将醇胺、防锈耦合剂、防锈剂和去离子水混合均匀，得到相二；温度为40～60℃。

(3) 将步骤(1)所得相一投入反应釜，保持温度在30～40℃之间，开始搅拌，向步骤(1)所得相一中依次加入炔醇、杀菌剂和阳离子表面活性剂，搅拌50～70min；再向上述体系缓慢注入步骤(2)所得相二，搅拌3～5h，即可得到切削液。

[原料介绍]

本品采用自乳化酯代替常规基础油，该自乳化酯优选 Priolube 3955，即在非离子表面活性剂和炔醇复配的基础上，辅以该特定种类自乳化酯，通过三者的配合，从而能够进一步降低体系的 HLB 值和表面张力（其工作液体系表面张力极低，5%稀释液的表面张力达 28.89mN/m），一方面，能够使工作液在金属表面更易铺展均匀，从而能够在金属表面形成均匀的“添加剂保护层”，更大程度避免了电化学腐蚀的产生，尤其是能够有效用于对抛丸喷砂后的活性金属表面进行防护，可以较大程度减少其表面的腐蚀，进而有利于减少金属损耗与浪费；另一方面，自乳化酯的添加使体系具有的低表面张力，能够加强润滑介质的渗透性，对于工件的加工质量，刀尖的冷却、预防淬火以及延长使用寿命均有着更佳的效果，且其本身的自乳化性还可以大幅度降低对乳化剂乳化能力和用量的要求，与非离子表面活性剂复配后，可以避免向体系中加入消泡剂，且消泡效果持久稳定（在未加入消泡剂的情况下，2min 泡沫消失干净），能够满足越来越快的加工速度需求。特定种类非离子表面活性剂、炔醇和自乳化酯复配而得到的乳化体系，受离子种类及含量的影响较小，能够长期保持体系状态稳定，可以进一步通过添加阳离子表面活性剂以改善工作液的沉降性，控制体系的细菌滋生，从而能够进一步提高切削液的使用寿命。

本品还通过除一乙醇胺、二乙醇胺、三乙醇胺之外的其他醇胺（优选 DGA 和 AMP-95 的组合）和其他添加剂（杀菌剂、防锈剂等）的添加，从而使所得切削液具有更加优异的防腐防锈性能，且切削液组分从机理上普遍抑制菌类滋生，其体系不含有亚硝酸盐以及甲醛释放物，甚至是磷、硫、氯元素等对人、环境和设备有伤害的添加剂。

通过使用醇胺能够有效提高碱储备并减少细菌对碱储备的攻击性，再辅以阳离子表面活性剂的抑菌作用，使切削液具有较好的抑菌、抗菌作用。

[产品特性]

（1）本品通过对切削液的组分及配比进行优化设计，利用各组分之间的协同作用，从而一方面能够有效提高所得切削液的稳定性，使其在不同温度变化下不会出现分散体系析出的现象，进而延长切削液在不同季节的存放和使用寿命，防止因发生油水分离而导致切削液性能失效，另一方面还能够进一步改善现有切削液的各项性能（润滑性、防腐防锈、环保、消泡性、水质适应性）。

（2）本品通过非离子表面活性剂和炔醇的复配，即通过炔醇的添加可以有效改善非离子表面活性剂在两相之间的分配系数，从而解决现有非离子表面活性剂分散体系易发生析出、导致切削液稳定性较差的问题。该切削液产品长期使用过程中性能稳定、使用寿命长且能够长期保存。

（3）本品通过特定种类非离子表面活性剂、炔醇及自乳化酯润滑剂的选择，从而可以进一步保证所得切削液的稳定性，提高其使用寿命、延长其在不同温度下的存放时间。同时，所得切削液中无需再添加高 pH 值调和剂、消泡剂及其他助剂，就能使所得切削液具有稳定的 pH 值、较长的使用寿命、合理的消泡性能及广泛的水质适应性。

（4）本品使用了非离子表面活性剂分散配方体系，从而能够保证良好的分散体系，且活性较低，不能形成钙皂、镁皂，适合在各种水质条件下广泛使用，同时其制备工艺简单，生产成本较低。

配方 158 金属精加工用多功能油性切削液

[原料配比]

原料		配比（质量份）			
		1#	2#	3#	4#
极压剂	高分子聚合酯类硫化物极压剂	1	2	3	3
	高碱值石油磺酸钙	2	—	—	—
	多硫化物极压剂	—	—	—	2
润滑剂	高分子量酯类聚合物	—	2	4	2

续表

原料		配比（质量份）			
		1#	2#	3#	4#
抗氧化剂	二叔丁基对甲酚	0.2	0.2	0.2	0.2
油雾抑制剂	高分子混合酯类	—	—	0.2	0.2
基础油	基础油150N	96.8	95.8	92.6	92.6

制备方法

(1) 将10%总量的基础油加入搅拌釜中，依次加入极压剂、润滑剂和复配剂；

(2) 开启搅拌器，同时启动加热功能，物料升温至70～100℃时，恒温搅拌10～60min，之后停止加热；

(3) 将余下的基础油加入搅拌釜中，常温下搅拌10～50min即可得到所述的金属精加工用多功能油性切削液。

原料介绍

所述基础油为二类加氢油。

所述极压剂为含氯极压剂、含硫极压剂及高碱值的石油磺酸盐中的至少一种。含氯极压剂为氯化脂肪、氯化石蜡中的一种或两种的混合物，含硫极压剂为硫化烯烃、硫化脂肪、高分子聚合酯类硫化物、多硫化物中的一种或以上。所述含硫极压剂中含10%～30%的硫。

所述润滑剂为高分子量酯类聚合物、环氧脂肪酸甲酯、三羟甲基丙烷酸酯中的至少一种。

所述复配剂为抗氧化剂、防腐防锈剂、油雾抑制剂中的一种或任意两种以上的组合。所述抗氧化剂为二叔丁基对甲酚。所述油雾抑制剂为高分子混合酯类、聚异丁烯、高分子量的聚乙二醇中的至少一种。

产品应用 本品可用于铝合金、铜合金、钢类等多种金属材料的高速高精度铣削。

产品特性

(1) 本品无气味，无氯、磷、活性硫、刺激性组分等危害成分，主要通过添加无危害的高分子类聚合物提高性能。使用的基础油为二类加氢油，该类基础油具有更高的抗氧化性，且气味低、无色，同时对于加工黑色金属及有色金属都能起到很好的保护作用，适用性较强。

(2) 本金属加工液的制备方法简单，能耗低，适合大批量生产。

(3) 本金属加工液可用于不锈钢、铝合金、铜合金等多种金属的高速切削加工，在转速为15000～20000r/min的高速切削过程中，可有效保护切削刀具，同时切削的产品具有良好的表面。

(4) 本金属加工液可以多次循环使用而性能稳定。

(5) 本金属加工液黏度低，加工后金属表面易清洗，同时对后处理工序如喷砂、阳极氧化、电镀等无不良影响。

(6) 本金属加工液在高速切削过程中不会产生油雾，同时对操作人员的皮肤无刺激危害。

(7) 该金属加工液在使用过程中，产线无反映有刺激气味或刺激皮肤的问题，高速切削的铝合金、不锈钢、黄铜类产品，其刀具的寿命、产品的良率都能达到与外购的金属加工液相当的效果。

(8) 该金属加工液可以提供优异的极压性能，更适用于加工高硬度的合金材料。

配方159 金属切削液（1）

原料配比

原料		配比（质量份）					
		1#	2#	3#	4#	5#	6#
减磨剂	硼酸酯	16	10	12	14	—	18
	聚乙二醇	—	—	—	—	8	—

续表

原料		配比（质量份）					
		1#	2#	3#	4#	5#	6#
pH稳定剂		3	2	2.4	2.8	—	—
润滑剂	还原氧化石墨烯	0.8	0.7	1	1.2	0.5	1.6
防锈剂	硼砂	0.8	0.6	0.8	1	—	0.8
	硼化二乙醇胺	—	—	—	—	0.4	—
缓蚀剂	硅酸钠	0.6	0.4	0.5	0.5	—	1.2
	苯并三氮唑	—	—	—	—	0.3	—
	苯甲酸钠	—	—	—	—	—	0.6
抗硬水剂	乙二胺四乙酸二钠	0.09	0.1	0.12	0.14	—	0.16
	碳酸钠	—	—	—	—	0.08	—
pH调节剂	次磷酸钠	—	—	—	—	—	7.5
	柠檬酸	7	4	5	6	—	—
	冰醋酸	—	—	—	—	3.5	—
水		加至100	加至100	加至100	加至100	加至100	加至100
pH稳定剂	三乙醇胺	1.3	1.3	1.3	1.3	1.8	—
	二异丙醇胺	1.4	1.4	1.4	1.4	—	3.6
还原氧化石墨烯	氧化石墨烯	6	6	6	6	6	8
	氢氧化钠	4	4	4	4	4	4
	水	100	100	100	100	100	100

制备方法

（1）将减磨剂、pH稳定剂加入一定量水中，在常温常压、300～500r/min转速下搅拌2～4h得预混液。

（2）将所述缓蚀剂、所述抗硬水剂、所述防锈剂、所述pH调节剂在300～500r/min的转速下搅拌3～5h。与所述预混液混合，得到基础混合液；混合在常温常压的条件下进行。

（3）将还原氧化石墨烯与剩余水混合，超声，得到分散液。超声的时间为30～60min。

（4）在常温常压的条件下，将分散液加入基础混合液中，在300～500r/min的转速下搅拌4～6h，得到金属切削液。

原料介绍

减磨剂不仅能够提高金属切削液的耐磨性能，而且还能改善金属切削液的防腐性能。

pH稳定剂能够使金属切削液的体系趋于稳定。

防锈剂的作用是防止机械设备生锈。

缓蚀剂能够防止或减缓机械设备被腐蚀。

抗硬水剂能够提高金属切削液的抗硬水性能，防止产生悬浮物。

pH调节剂能够调节金属切削液的pH值，使金属切削液更加稳定。

润滑剂不仅能够强化金属切削液的润滑性能，而且还能够提升金属切削液的抗磨性能和稳定性。所述还原氧化石墨烯的粒径为100nm～250nm。所述还原氧化石墨烯的制备步骤包括：将氧化石墨烯、碱及水混合后进行加热回流，得到还原氧化石墨烯。加热回流的温度为100～110℃，加热回流的时间为1～3h。所述碱选自氢氧化钠及氢氧化钾中的至少一种。

产品特性 本品配方合理，加入的还原氧化石墨烯能够很好地分散在金属切削液的体系中，使金属切削液的稳定性较好；同时，还原氧化石墨烯为片层结构，具有优异的力学性能，而使金属切削液的抗磨性能较好。

配方 160 金属切削液（2）

原料配比

<table>
<tr><td colspan="2" rowspan="2">原料</td><td colspan="5">配比（质量份）</td></tr>
<tr><td>1#</td><td>2#</td><td>3#</td><td>4#</td><td>5#</td></tr>
<tr><td colspan="2">防锈剂</td><td>3</td><td>5</td><td>4</td><td>4</td><td>3</td></tr>
<tr><td colspan="2">苯乙基酚聚氧乙烯醚</td><td>5</td><td>6</td><td>3</td><td>2</td><td>2</td></tr>
<tr><td colspan="2">聚乙二醇</td><td>12</td><td>18</td><td>15</td><td>17</td><td>16</td></tr>
<tr><td>抗硬水剂</td><td>乙二胺四乙酸</td><td>1</td><td>1.1</td><td>1.1</td><td>1.2</td><td>1.2</td></tr>
<tr><td>杀菌剂</td><td>环氧乙烷</td><td>1.2</td><td>1</td><td>0.9</td><td>0.5</td><td>0.8</td></tr>
<tr><td>消泡剂</td><td>二甲基硅油</td><td>5</td><td>2</td><td>4</td><td>3</td><td>5</td></tr>
<tr><td>防腐剂</td><td>苯甲酸钠</td><td>0.5</td><td>0.3</td><td>0.5</td><td>0.2</td><td>0.4</td></tr>
<tr><td rowspan="3">改性磺酸型阳离子交换树脂</td><td>工业磺化阳离子交换树脂</td><td>10</td><td>10</td><td>10</td><td>10</td><td>10</td></tr>
<tr><td>三甲基十八烷基氯化铵</td><td>3</td><td>3</td><td>3</td><td>3</td><td>3</td></tr>
<tr><td>氯仿</td><td>2</td><td>2</td><td>2</td><td>2</td><td>2</td></tr>
<tr><td>溶剂</td><td>去离子水</td><td>加至100</td><td>加至100</td><td>加至100</td><td>加至100</td><td>加至100</td></tr>
<tr><td rowspan="3">防锈剂</td><td>改性防锈剂</td><td>1</td><td>1</td><td>1</td><td>1</td><td>1</td></tr>
<tr><td>苯并三氮唑</td><td>1.2</td><td>1.2</td><td>1.2</td><td>1.2</td><td>1.2</td></tr>
<tr><td>石油硫酸钡</td><td>1</td><td>1</td><td>1</td><td>1</td><td>1</td></tr>
<tr><td rowspan="3">改性防锈剂</td><td>三乙醇胺</td><td>25</td><td>25</td><td>25</td><td>25</td><td>25</td></tr>
<tr><td>改性磺酸型阳离子交换树脂</td><td>2～5</td><td>2～5</td><td>2～5</td><td>2～5</td><td>2～5</td></tr>
<tr><td>硼酸甘油饱和溶液</td><td>20</td><td>20</td><td>20</td><td>20</td><td>20</td></tr>
</table>

制备方法

（1）将防锈剂各组分混合，加入苯乙基酚聚氧乙烯醚，然后再加入5%的溶剂，搅拌10min；

（2）向反应釜中加入聚乙二醇，搅拌的同时加热，使温度升至80℃，然后加入上述步骤制得的防锈剂，搅拌30min，然后依次加入抗硬水剂、杀菌剂、消泡剂与防腐剂边加边搅拌，并且保持温度为60℃，搅拌30min后加入余量的溶剂，充分搅拌后得到所需产品。

原料介绍

聚乙二醇作为润滑剂，可以有效增加金属切削液的润滑性。

苯乙基酚聚氧乙烯醚作为表面活性剂，可以在金属切削的时候将金属表面沾有的机床上的油污清洗干净，而且苯乙基酚聚氧乙烯醚可以增强防锈剂的分散。

苯并三氮唑与石油硫酸钡可以协同三乙醇胺硼酸酯，使其防锈性能更好，尤其是加入石油硫酸钡后，对黑色金属的防锈性能提高。

抗硬水剂可以提高金属切削液的使用范围，使其在硬水中也可以较好地分散。

杀菌剂与防腐剂均可以防止微生物在金属切削液中滋生，防止金属切削液在开盖后一段时间不用就会发臭的现象。

消泡剂可降低泡沫层的高度，并抑制泡沫的产生。

磺酸型阳离子交换树脂作为一种强酸型阳离子交换树脂，可以在酯化反应中充当催化剂，而且其较为绿色环保，但是其在高温下磺基易掉导致活性损失，为了提供其活化性，可以加入三甲基十八烷基氯化铵与氯仿对其进行改性，将磺基引入有机胺基团，提高其效率。

由于金属切削液在软水中溶解度较高，所以加入乙二胺四乙酸后可以提高金属切削液在硬水中的溶解度，提高金属切削液的适应性。

环氧乙烷为良好的杀菌剂，可以防止金属切削液打开使用后由于厌氧菌在切削液内滋生导致金属切削液发臭，提高金属切削液的使用寿命。

苯甲酸钠具有良好的抗菌性，是一种良好的防腐剂，而且其易溶于水，可以在金属切削液中较好地分散，适用性较强。另外其与环氧乙烷协同增强其杀菌性，有效地防止微生物尤其是厌氧菌在切削液内滋生，提高金属切削液的使用寿命。

二甲基硅油具有很好的消泡能力，而且对机床油漆无影响，其可以很好地分散在去离子水中，可以提高金属切削液的抑泡性和消泡性，以满足高精密机床对金属切削加工的表面精度要求。

改性防锈剂的主要成分是三乙醇胺硼酸酯，其是通过硼酸与三乙醇胺酯化形成，在普通的酯化反应中，通常是将硼酸溶解在水中，然后加入甲苯或者强酸反应制得，但是硼酸在水中溶解度较低，溶解困难，另外甲苯与强酸作为催化剂均会污染环境，所以采用甘油来溶解硼酸，使硼酸尽可能多地溶解，然后与三乙醇胺反应，在反应的过程中，利用阳离子交换树脂进行催化，其催化效率高而且可以回收，更加绿色环保。在使用阳离子交换树脂之前，需要对其进行活化，也就是需要将其放入去离子水中 24h。用这种方式制得的改性防锈剂产率较高，而且在生产过程中较为绿色环保。

所述阳离子交换树脂为改性磺酸型阳离子交换树脂，其制备方法如下：将 10 份工业磺化阳离子交换树脂，80℃下在去离子水中浸泡 24h，然后将温度升至 95℃，加入 3 份三甲基十八烷基氯化铵与 2 份氯仿，继续在此温度下反应 24h，降至室温过滤并用去离子水多次洗涤，干燥后得到所需改性磺酸型阳离子交换树脂。所述改性防锈剂是由以下步骤制成：

(1) 准备原料，将 20 份硼酸溶解至甘油中形成饱和溶液，再将 25 份三乙醇胺油浴加热至 100℃保温 0.5h，另外将 2～5 份阳离子交换树脂泡于常温去离子水中 24h 备用。

(2) 将三乙醇胺中加入阳离子交换树脂，然后将硼酸甘油饱和溶液分 4 次每次 5 份加入三乙醇胺中，升温至 140℃后保温 4h，停止反应，得到所需改性除锈剂。

(3) 过滤，将阳离子交换树脂与所得改性除锈剂分离。

[产品特性] 本品具有较好的防锈性，开盖后未使用不发臭，使用寿命长。

配方 161 金属切削液（3）

[原料配比]

原料		配比（质量份）				
		1#	2#	3#	4#	5#
磷酸酯水溶液	油醇聚氧乙烯（3）醚磷酸酯	12	12	—	3	—
	花生醇聚氧乙烯（4）醚磷酸酯	—	—	12	9	3
	十八醇聚氧乙烯（4）醚磷酸酯	—	—	—	—	9
	去离子水	70	70	70	70	70
碳酸钾		6	6	6	6	6
乙二胺四乙酸		0.05	0.05	0.05	0.05	0.05
C_{14} 醇聚氧乙烯（3）醚		3	3	3	3	3
苯并三氮唑		0.5	0.5	0.5	0.5	0.5
乙二醇二羟甲醚		0.5	0.5	0.5	0.5	0.5

[制备方法] 在磷酸酯中加入水，搅拌，得到磷酸酯水溶液；将碳酸钾、乙二胺四乙酸、C_{14} 醇聚氧乙烯（3）醚、苯并三氮唑和乙二醇二羟甲醚依次加入所述磷酸酯水溶液中，搅拌均匀，得到金属切削液。

[原料介绍]

所述磷酸酯包括油醇聚氧乙烯（3）醚磷酸酯、花生醇聚氧乙烯（4）醚磷酸酯和十八醇聚氧乙烯（4）醚磷酸酯中的一种或两种以上，采用如下方法制备：将油醇、花生醇或十八醇与环氧乙烷在氢氧化钾催化下进行聚合反应，得到聚氧乙烯醚；所述聚氧乙烯醚与五氧化二磷在催化剂存在的情况下发生酯化反应，然后加入去离子水，进行水解，得到所述磷酸酯。所述催化剂是负载有硅钨酸的MCM22/ZSM-35复合分子筛，采用如下方法制备：将质量比为（9～11）∶（28～32）∶（52～58）∶（390～410）∶（490～510）的偏铝酸钠、氢氧化钠、六亚甲基亚胺、硅酸钠和去离子水依次在不断搅拌下加入合成釜，在130～150℃反应45～55h；反应结束后，冷却，离心，取沉淀烘干，焙烧，得到MCM22/ZSM-35复合分子筛；将质量比为10∶（3.8～5.8）的MCM22/ZSM-35复合分子筛与硅钨酸在80～100℃下混合，搅拌后烘干。

[产品特性]

（1）本品具有优异的润滑性、耐磨性、防锈性、抗硬水性、抗静电性、润湿性和冷却效果，对多种切削方式及工件材料具有广泛的通用性，同时对人体无毒、无害，不伤害皮肤，对环境无污染，适用于各种金属的机械加工。该水基金属切削液的生产工艺简单，成本低。

（2）本品润滑性能、防锈性能、生物降解性能、稳定性有较大的提升。

配方162 金属切削液（4）

[原料配比]

原料		配比（质量份）	
		1#	2#
基础油	植物油	25	20
十二烷基葡萄糖苷		5	4
十二烷基磺酸钠		30	20
偏硼酸钠		8	6
聚乙二醇		5	3
甲基苯并三氮唑		4	3
防锈剂	油酸偏硼酸钠	2	3
	癸二酸偏硼酸钠	2	—
消泡剂	改性硅油	3	—
	聚醚	—	2
水		110	100

[制备方法] 室温条件下，先在基础油中加入十二烷基葡萄糖苷、十二烷基磺酸钠、偏硼酸钠并加热到50～60℃，搅拌均匀后停止加热，加入聚乙二醇、甲基苯并三氮唑、防锈剂、消泡剂和水并搅拌，直至外观澄清透明。

[原料介绍]

植物油作基础油，生物降解性好。

十二烷基葡萄糖苷是一种特殊的生物型非离子表面活性剂，十二烷基磺酸钠是一种阴离子表面活性剂，两者复配后乳化能力大大增强。

[产品特性] 本品配方科学合理，具有较好的抗磨、防锈、清洗、润滑、缓蚀性能，同时具有非常好的生物降解性，不仅满足了绿色环保要求，而且实现了较高的性价比。

配方163 金属切削液（5）

[原料配比]

原料	配比（质量份）				
	1#	2#	3#	4#	5#
防锈剂	40	35	45	40	39
短链酸	20	15	18	18	17
改性聚醚胺	5	3	8	8	6

续表

原料		配比（质量份）				
		1#	2#	3#	4#	5#
高分子聚醚润滑添加剂		10	5	8	8	7
沉降剂		2	2	2	2	3
水		23	40	19	24	28
防锈剂	三乙醇胺	5	5	5	5	5
	羧酸胺	1	1	1	1	1
短链酸	新癸酸	1	1	1	1	1
	异壬酸	1	1	1	1	1
	癸二酸	1	1	1	1	1

[制备方法]

（1）先将防锈剂与短链酸混合后升温至65～75℃；

（2）预热20～30min，至溶液透明；

（3）加入改性聚醚胺、高分子聚醚润滑添加剂、沉降剂和水混合均匀；

（4）过滤。

[原料介绍]

防锈剂为三乙醇胺和羧酸胺的混合物。

所述的高分子聚醚润滑添加剂为反向EO/PO嵌段共聚物。

所述的改性聚醚胺为二元醇为主链的二元胺。

所述沉降剂为季铵化合物。

[产品应用] 本品是一种不含磷、苯酚的金属切削液。

[产品特性]

（1）本品不含油脂原料，能满足金属材料加工中的润滑要求，同时切削加工屑沉降速度快，消泡能力极强，且对各种金属材料有防腐防锈作用，不添加任何杀菌防腐剂，油水分离性能极强。

（2）长期使用后金属切削液仍能保持清澈透明，不发臭、不霉变。切削液使用寿命延长数倍，排放减少，污染降低，极好地保护环境并节约了成本。

（3）将聚醚胺溶于水中后，会吸收水分子与交联聚合物的基团发生水合，解离出了大量的阳离子，使得阳离子做相对自由的运动，而解离出的聚合物离子则处于相对静止状态，上述两者间存在很强的静电斥力，可以使聚合物链的伸展并最终导致整个网状结构在空间上的扩张，水分子与网状结构中解离出离子水合，水合后构成了与自由水不相同的环境，环境内外存在很强的渗透压，从而改善了普通水的结构，并与其他组分一起相互协同使切削液获得了高速自动消泡的优异性能。

配方 164 金属切削液（6）

[原料配比]

原料	配比（质量份）		
	1#	2#	3#
丙烯酰胺	3.5	4	4.5
乙二醇	6	7	8
机械油	5	6	8
十二烷基硫酸钠	6	8	10
三乙醇胺	5.2～6.8	6	6.8
去离子水	15	18	20

续表

原料	配比（质量份）		
	1#	2#	3#
硼砂	2.4	2.8	3.2
杀菌剂	3	4	5

[制备方法] 将各组分原料混合均匀即可。

[产品特性] 本品润滑性好，冷却能力强，不会对环境和人体造成伤害，能有效抑制细菌的滋生。

配方 165 金属切削用环保合成切削液

[原料配比]

原料	配比（质量份）
癸二酸	2.5～3.5
三乙醇胺	5～7
苯甲酸钠	1～3
磺化蓖麻油	4～8
聚醚	3～5
聚乙二醇	4～6
碳酸钠	1～3
甘油	3～5
苯并三氮唑	0.1～0.3
消泡剂	0.1～0.3
异噻唑啉酮	0.5～0.8
荧光绿	0.02～0.05
去离子水	64～68

[制备方法]

(1) 先将计算量的去离子水、癸二酸、三乙胺醇依次加入反应釜中，启动搅拌器，以 100r/min 转速在常温下搅拌 1h；

(2) 在连续搅拌下，再将计算量的苯甲酸钠、磺化蓖麻油、聚醚、聚乙二醇、碳酸钠、甘油、苯并三氮唑、消泡剂、异噻唑啉酮、荧光绿依次加入反应釜中，同时加热升温到 50～60℃，继续搅拌 1h；

(3) 降至常温即得所需产品。

[产品特性]

(1) 本品具有更好的润滑性能。本品所含有的润滑活性物质对金属表面具有较大的亲和力，其极性分子的极性基对金属表面具有较强的化学吸附和物理吸附作用，能迅速渗透到金属和刀具之间形成牢固的边界润滑层，达到更好的润滑效果，减少摩擦与黏结，减少切削热和切削力，从而提高工件表面的光洁度。

(2) 本品稀释得到的工作液，具有更好的冷却性能，能迅速降低切削温度，减少刀具和工件的热变形，保持刀具硬度，提高加工精度和刀具耐用度，延长刀具使用周期。

(3) 本品具有更好的防锈性能，确保了对机床和被加工工件的防锈防腐蚀要求。

(4) 本品在长期贮存和使用过程中不易腐败变质，对操作者无毒无害，对环境无污染，使用周期更长，进一步降低了使用成本。

配方 166 金属润滑切削液

[原料配比]

原料		配比（质量份）		
		1#	2#	3#
三乙醇胺		30	40	40
多元酯	三羟基丙烷油酸酯	20	—	—
	季戊四醇油酸酯	—	40	40
乳化剂	NP-7	20	—	—
	AEO-9	—	10	10
防锈剂	十四碳二元酸	30	20	20
防锈辅助剂	羟肟酸改性壳聚糖	20	—	20
	烷基酸改性壳聚糖	—	20	—
水		100	100	100

[制备方法] 将三乙醇胺、多元酯、乳化剂、防锈剂、防锈辅助剂及水充分混合，得到金属润滑切削液。

[原料介绍]

所述烷基酸改性壳聚糖的制备方法如下：反应容器中，常温下将壳聚糖溶解于甲酸水混合溶液中，将对甲酰基烷基酸溶解到甲酸中，得到对甲酰基烷基酸甲酸混合溶液。升温到40～70℃，反应容器中滴加对甲酰基烷基酸甲酸并搅拌，滴加时间为1～2h，然后加入碳酸钠，调节pH值为7，继续搅拌1～2h，降温到室温后加入乙醇，析出固体，固体干燥后得到烷基酸改性壳聚糖。

所述羟肟酸改性壳聚糖的制备方法如下：

(1) 反应容器中，常温下将壳聚糖溶解于甲酸水混合溶液中，将对甲酰基烷基酸甲酯溶解到甲酸中，得到对甲酰基烷基酸甲酯甲酸混合溶液。升温到40～70℃，反应容器中滴加对甲酰基烷基酸甲酯甲酸溶液并搅拌，滴加时间为1～2h，然后加入碳酸钠，调节pH值为7，继续搅拌1～2h，降温到室温后加入乙醇，析出固体，固体干燥后得到烷基酸甲酯改性壳聚糖。

(2) 在丙酮中加入烷基酸甲酯改性壳聚糖，在－5℃以下与盐酸羟胺反应1～2h，加入含有氯化镁的乙醇水溶液，充分反应1～2h后，烘干后得到产物。

[产品特性] 本品在壳聚糖中引入羧基基团和羟肟酸基团，羟肟酸基团在长期的使用过程中会分解为羧酸，壳聚糖的羧基，可以有效吸附在金属表面，有利于提高防锈剂的防锈效果，当切削液中的镁离子含量较高时也能保证防锈剂的防锈效果。

配方 167 金属水基切削液

[原料配比]

原料	配比（质量份）				
	1#	2#	3#	4#	5#
十二烷基苯磺酸钠	3	10	5	8	7
二壬基萘磺酸钡	8	2	6	4	5
重烷基苯磺酸钠	3	6	4	6	5
二壬基萘二磺酸	6	1	5	2	4
顺丁烯二酸酐	2	7	3	6	5
1,2-丙二醇碳酸酯	10	5	9	6	8
聚氧乙烯烷基酚醚	3	8	5	7	6
椰油酸二乙醇酰胺	5	1	4	2	3

续表

原料	配比（质量份）				
	1#	2#	3#	4#	5#
富马酸	3	8	4	7	6
脂肪醇醚硫酸钠	10	4	8	6	7
三乙醇胺	3	10	6	9	7
铬酸镁	12	4	10	6	8
1，2-丙二醇	10	15	11	14	12
乙醇	20	10	17	13	15
水	20	40	25	35	30

制备方法

（1）将水加热至30～50℃，然后边搅拌边依次加入铬酸镁、十二烷基苯磺酸钠、二壬基萘磺酸钡和重烷基苯磺酸钠，过滤得到混合溶液A；

（2）将二壬基萘二磺酸、顺丁烯二酸酐、1,2-丙二醇碳酸酯、聚氧乙烯烷基酚醚、椰油酸二乙醇酰胺、富马酸、脂肪醇醚硫酸钠、三乙醇胺、1,2-丙二醇和乙醇混合，超声剪切30～60min，剪切功率为500～1500W，得到混合溶液B；

（3）将混合溶液B缓慢加入混合溶液A中，先在功率为800～1000W下超声剪切10～20min，然后在200～500W下超声剪切5～10min，最后将溶液pH值调至7～9即可。

产品特性 本品配方简单，容易制备，不含亚硝酸钠、氯和其他对人体和环境有毒有害的物质，便于加工工件和保持加工环境的清洁。该切削液综合性能优良、绿色环保、使用寿命长、生产简单且成本低。

配方 168 金属用切削液（1）

原料配比

原料		配比（质量份）				
		1#	2#	3#	4#	5#
基础油		48	48	48	48	48
妥尔油脂肪酸		10.7	10.7	10.7	10	12
脂肪酸酰胺		5.5	4.5	6	5.5	5.5
聚乙二醇400双油酸酯		12.3	7	5.5	12.3	12.3
非离子表面活性剂	吐温-80	2.5	2.5	2.5	2.5	2.5
阴离子表面活性剂	石油磺酸钠T702	8	8	8	8	8
pH调节剂	三乙醇胺	2.2	2.2	2.2	2.2	2.2
杀菌剂	苯并异噻唑啉酮	0.2	0.2	0.2	0.2	0.2
复配缓蚀剂	苯并三氮唑	0.1	0.1	0.1	0.1	0.1
	新癸酸	0.3	0.3	0.3	0.3	0.3
	癸二酸	0.1	0.1	0.1	0.1	0.1
	壬二酸	0.1	0.1	0.1	0.1	0.1
水		加至100	加至100	加至100	加至100	加至100

制备方法 将各组分原料混合均匀即可。

原料介绍

所述基础油可选自环烷基油以及石蜡油中的至少一种。

所述pH调节剂可选自三乙醇胺、异丙醇胺和氨基丙醇胺中的至少一种。

通过控制妥尔油脂肪酸、脂肪酸酰胺以及聚乙二醇400双油酸酯的比例，以使妥尔油脂肪酸、脂肪酸酰胺、聚乙二醇400双油酸酯与基础油形成稳定的油膜结构，在提升金属用切削液的存储寿命的同时，提升了切削液的使用寿命，另外由于妥尔油脂肪酸、脂肪酸酰胺、聚乙二醇

400 双油酸酯以特定比例与基础油形成稳定的油膜结构，提升了切削液的润滑性，可防止刀具在切削金属时导致的断刀等问题，进而提升刀具的使用寿命。

所述非离子表面活性剂具有较高的表面活性以及良好的增溶、洗涤、抗静电、钙皂分散等性能，刺激性小，有利于提升所述金属用切削液的表面活性。

所述阴离子表面活性剂用于改善液体的表面、液-液界面和液-固界面的性质。

[产品特性] 本品采用绿色环保的成分，在存储以及使用过程中不会对环境以及人体产生危害。

配方 169 金属用切削液（2）

[原料配比]

原料	配比（质量份）			
	1#	2#	3#	4#
甘油	8	4	10	10
二乙二醇丁醚	13	10	15	10
脂肪醇聚氧乙烯醚	12	10	15	15
吗啡啉	6	4	8	4
二氧化硅	15	10	18	18
稳定剂	12	10	13	10
硬脂酸丁酯	9	8	10	10
去离子水	加至 100	加至 100	加至 100	加至 100

[制备方法] 将各组分原料混合均匀即可。

[产品特性] 本品配方中所有添加剂均为生物降解速度较快的添加剂，使得本加工液具有环保的作用，在生产和使用过程中不存在环境污染，高效、绿色而且环保。

配方 170 金属专用的切削液

[原料配比]

原料	配比（质量份）
聚甘油脂肪酸	5～8
烷基酚聚氧乙烯醚	3～9
防锈剂	2～9
消泡剂	0.2～2
极压剂	1～6
水	30～50

[制备方法]

（1）将聚甘油脂肪酸加热至 55～60℃，加入水、防锈剂，搅拌混合，得到混合物。

（2）将烷基酚聚氧乙烯醚、消泡剂和极压剂加入混合物中，在常温下搅拌 60～80min，得到防锈切削液。

[产品特性] 本品具有良好的防锈与防腐性能，同时具有良好的润滑性，能够进一步满足不同条件下的使用需要。

配方  具有防锈功能的水基切削液

[原料配比]

原料		配比（质量份）					
		1#	2#	3#	4#	5#	6#
有机醇类	乙二醇	20	—	—	—	20	—
	丙三醇	—	30	—	—	—	30
	聚乙二醇 400	—	—	40	—	—	—
	聚乙二醇 600	—	—	—	30	—	—
防锈剂	苯并三氮唑	2	1	3	2	1	2
	有机酸和有机胺的组合物	4	2	6	5	4	6
防沉降剂		1	5	3	5	2	2
添加剂	1740 反式聚醚	3	4	4	5	3	4
对苯二酚		1	2	1.5	1	2	1
去离子水		加至 100	加至 100	加至 100	加至 100	加至 100	加至 100

[制备方法] 将各组分原料混合均匀即可。

[原料介绍]

有机酸和有机胺复配组成的组合物产生协同作用，具有防锈功能，采用的有机酸和有机胺都具有羟基和疏水性的基团，因此该复配组合物具有亲水性的羟基和疏水性的基团，其极易在刀具和切屑之间形成物理吸附膜，有效地提高水基切削液的润滑作用，同时避免了三乙醇胺和有机酸的腐蚀性。

苯并三氮唑可有效地抑制切削液对刀具的腐蚀。

[产品特性] 本品在高温、强碱性、高剪切力、高压存在的条件下能持续地保持耐高温性、耐酸碱性。苯并三氮唑与有机酸和有机胺的组合物具有协同作用，能有效提高水基切削液的防锈功能。

配方 172 具有高抗磨高防锈性能的全合成切削液

[原料配比]

原料		配比（质量份）		
		1#	2#	3#
十水合四硼酸钠		0.5	0.8	1
极压剂	二烷基二硫代磷酸酯	1	—	—
	二烷基二硫代磷酸酯和二烷基二硫代磷酸氧钼的混合物	—	1.5	—
	二烷基二硫代磷酸氧钼	—	—	2
消泡剂	甲基硅油	0.02	—	—
	甲基硅油和二甲基硅油的混合物	—	0.5	—
	二甲基硅油	—	—	0.1
1,2,3-苯并三唑		0.08	0.1	0.15
聚乙二醇	聚乙二醇 200	0.5	—	—
	聚乙二醇 200、聚乙二醇 400 和聚乙二醇 600 的混合物	—	1	—
	聚乙二醇 400	—	—	1.5
添加剂组分 A		1	1.5	2
去离子水		加至 100	加至 100	加至 100

续表

原料		配比（质量份）		
		1#	2#	3#
添加剂组分A	油酸	1.8	1.9	2
	三乙醇胺	1	1	1

[制备方法]

（1）添加剂组分A的制备：将油酸和三乙醇胺在60～80℃、80～100r/min搅拌速度下恒温反应3～6h，制备得到兼具润滑、防锈、缓冲和分散性能于一体的添加剂组分A。

（2）全合成切削液的制备：将极压剂、添加剂组分A、消泡剂以任意顺序加入聚乙二醇中，50℃恒温加热条件下，搅拌至均匀。继续加入温度不低于50℃的去离子水，50℃加热条件下持续搅拌至均一透明后，以任意顺序加入1,2,3-苯并三唑和十水合四硼酸钠，50℃下继续搅拌至组分完全溶解，溶液呈均一透明即可。

[原料介绍]

添加剂组分A的主要成分是油酸、三乙醇胺以及三乙醇胺油酸酯。油酸是一种良好的可降解油性剂，能够在200℃以下起到很好的润滑性，保证了产品的低温润滑性。三乙醇胺兼具分散性、pH缓冲和防锈性，能够提高切削液硬水适应性和理化稳定性。三乙醇胺油酸酯具有良好的极压性，同时能够抑制硬质铝合金刀具中钴的析出。

[产品应用] 本品主要适用于普通刀具，也适用于硬质铝合金刀具，还可用于多种材料的高低速加工，尤其是铸铁、碳钢和不锈钢等。

[产品特性]

（1）本品的添加剂组分兼具分散性、pH缓冲作用、防锈性和极压性，并且通过添加剂A合成时间的调控可以实现各种性能的调整，明显提高其极压性。

（2）本品不仅适用于普通刀具，而且适用于硬质铝合金刀具，而不降低硬质铝合金刀具的硬度和使用寿命。本品具有极佳的抗磨减摩性能，通用性强，并且透明度高，保证了加工的可视性，可用于高精度作业。

（3）本品不含酚、亚硝酸等有毒物质，低气味，是一种环境友好型切削液。

配方 173 具有抗菌防腐效果的切削液

[原料配比]

原料	配比（质量份）
乙二胺四乙酸钠	2～3
三乙醇胺	2.58～3.5
双乙酸钠	1～2
大蒜油	3～4
8-羟基喹啉	1～1.5
二乙醇胺	3～4
水杨酸	2～3
脂肪醇聚氧乙烯醚	4～5
环己六醇六磷酸酯	3～5
石油磺酸钠	3～5
硼砂	2～4
助剂	5～7
去离子水	200

续表

原料		配比（质量份）
助剂	纳米氮化铝	3～4
	石墨	2～3
	十二烷基苯磺酸钠	1～2
	硼砂	2～4
	十二碳醇酯	2～3
	抗坏血酸	1～2
	微晶蜡	2～3
	硬脂酸钠	3.5～4
	水	50～54

制备方法

（1）将石油磺酸钠、硼砂、大蒜油、8-羟基喹啉混合均匀，加入适量的去离子水，加热至30～35℃，搅拌反应30～40min，得到混合A料；

（2）将除助剂之外的其余剩余成分加入反应釜中，搅拌混合均匀，缓慢加热至55～65℃，保温1～1.5h，得到混合B料；

（3）将保温的混合B料边搅拌边缓慢加入混合A料中，充分搅拌后加入助剂，800～900r/min下搅拌反应40～60min，冷却至室温即得。

产品特性

（1）本品添加具有抗菌防霉效果的8-羟基喹啉、大蒜油，改善了容易变臭、不易保存的缺点。

（2）添加助剂，增强了抗磨、分散、润滑、成膜性。

（3）本品含有多种表面活性剂，具有良好的渗透性、清洗性，而且冷却速度快，润滑性和防锈性能好，适合各种金属加工。

（4）该切削液不仅对人体无害，而且能长时间储存，不易变臭。

配方174 具有抗菌能力的切削液

原料配比

原料	配比（质量份）
磷脂酸	8～10
无水乙醇	3～15
乳化剂	9～20
椰子油脂肪酸二乙醇酰胺	15～20
合成防锈剂	12～15
消泡剂	1～4
水	加至100

制备方法

（1）将配比量的磷脂酸、无水乙醇、乳化剂、椰子油脂肪酸二乙醇酰胺以及配比量35%～80%的水混合，加热至150～162℃，搅拌反应10～15min。

（2）将配比量的合成防锈剂、消泡剂和剩余配比量的水混合，加热至115～120℃，搅拌反应20～35min。

（3）将步骤（1）、（2）所得物料混合，加热至60～100℃，搅拌0.5～3h，即可。

产品特性

（1）本品具有良好的抗磨性，较好的抗硬水性，优良的抗静电性、化学稳定性及抗微生物特性，对多种切削方式及工件材料具有广泛通用性。

（2）本产品不仅具有良好的润滑性、高防锈性、高抗菌能力和高稳定性，使用寿命长，而且对环境无污染，对人体无伤害，全面满足了一些高难度加工对切削的需求。

（3）本品操作方便简单，制作条件温和，制作时间短，同时也更加实用。

配方 175 具有清洗功能的非油改性切削液

原料配比

原料			配比（质量份）				
			1#	2#	3#	4#	5#
植物油改性润滑脂			9	10	13	11	12
自乳化酯	水溶性自乳化合成酯		6	—	—	—	—
	禾大 3955 自乳化酯		—	5	—	4	—
	美桑化学 D604 自乳化酯		—	—	3	—	4
丙三醇			25	30	32	27	30
活性剂	油醇聚氧乙烯醚		15	—	—	11	13
	丁基一乙醇胺		—	10	—	—	—
	丁基二乙醇胺		—	—	5	—	—
三乙醇胺			5	8	10	9	6
二乙二醇丁醚			12	10	8	9	11
三元羧酸			1	2	4	3	1
水			加至 100	加至 100	加至 100	加至 100	加至 100
植物油改性润滑脂	植物油聚醚多元醇	环氧化植物油和羟基化植物油	35	40	38	36	37
	羟基化壳聚糖	羟丙基壳聚糖	19	15	25	23	18
	植物油基异氰酸酯		35	30	25	31	35
	改性剂	碳酸丙烯酯	6.2	—	—	—	—
		月桂酰胺丙基氧化胺分子改性纳米 MoS_2	—	10	—	—	—
		烷基季铵盐改性膨润土	—	—	2	—	—
		碳酸丙烯酯与烷基季铵盐改性膨润土的混合物	—	—	—	1	—
		碳酸丙烯酯与月桂酰胺丙基氧化胺分子改性纳米 MoS_2 的混合物	—	—	—	—	4
	稠化剂	85#微晶蜡	4	—	—	8	—
		70#地蜡	—	3	8	—	5
	添加剂	抗氧化剂 *N*-苯基-*α*-萘胺、二苯胺以及防锈剂十二烯基丁二酸	0.8	—	—	—	—
		抗氧化剂 2,6-二叔丁基对甲酚以及防锈剂二壬基萘磺酸钡	—	2	—	—	—
		抗氧化剂二烷基二硫代磷酸锌以及防锈剂十二烯基丁二酸	—	—	2	—	—
		抗氧化剂 *N*-苯基-*α*-萘胺、二烷基二硫代磷酸锌以及防锈剂十二烯基丁二酸	—	—	—	1	—
		抗氧化剂 *N*-苯基-*α*-萘胺以及防锈剂合成烷基苯磺酸钙	—	—	—	—	1

[制备方法] 将各组分原料混合均匀即可。

[原料介绍]

所述的植物油聚醚多元醇为环氧化植物油和羟基化植物油进行聚合反应而得。

所述的植物油改性润滑脂的制备包括如下步骤：将植物油聚醚多元醇、羟基化壳聚糖、植物油基异氰酸酯进行混合，在75℃下搅拌反应1～3h至异氰酸酯反应完全，加入改性剂、稠化剂、添加剂进行混合，在75～100℃下搅拌使之全部溶解，之后继续搅拌45～60min，自然降温至室温即可出釜，制得润滑脂。所述的羟基化壳聚糖为羟丙基壳聚糖。

[产品应用] 本品是主要用于有色金属加工、切削冷却及加工后去污清洗，在切削的过程中快速高效地清除切屑、油污和砂砾等的一种具有清洗功能的非油改性切削液。

使用方法：称取具有清洗功能的非油改性切削液和纯水按质量分数10%～30%进行混合，之后添加到机床冷却液箱作为润滑切削液使用。或称取具有清洗功能的非油改性切削液和纯水按质量分数5%～15%进行混合，之后加热至(70±5)℃，配合超声波作为除油去污液使用。

[产品特性] 本品采用非油性配方体系，通过植物改性润滑剂与活性剂相结合原理而实现切削润滑和去污除油作用。产品耐用节能，使用寿命长；可当工业清洗剂使用去污效果突出，在切削的过程中快速高效地清除切屑、油污和砂砾等，去污能力显著，而且制备方法步骤简单，容易控制，易于工业化生产，生产成本低。

配方 176 抗冻水基切削液

[原料配比]

原料		配比（质量份）				
		1#	2#	3#	4#	5#
润滑剂	丙二醇	10	—	5	10	—
	乙二醇	10	15	10	—	28
	甘油	—	10	—	—	—
	异丙醇	—	10	5	5	11
润湿剂	聚氧乙烯聚合物	5	—	—	20	—
	聚甘油酯	—	—	10	—	—
	聚氧乙烯醚山梨醇酯	5	—	5	—	20
	聚氧乙烯、聚氧丙烯嵌段聚合物	—	3	—	—	—
	聚氧乙烯醚烷基酚醚	—	10	—	—	—
	炔二醇醚	40	35	25	—	15
	山梨醇	—	—	—	35	—
消泡剂	聚硅氧烷类消泡剂	3	—	2	—	4.5
	炔二醇类消泡剂	4	5	8	—	1
	含氟类消泡剂	—	—	—	3	—
杀菌剂	有机硅甜菜碱型抗菌化合物	1.6	1	2	4.5	0.1
	三嗪	0.4	1	—	—	—
	山梨酸钾	—	—	—	0.5	—
pH调节剂	柠檬酸	0.1	—	—	0.01	—
	异壬酸	—	0.1	0.1	—	0.5
	草酸	—	—	—	—	2
亲水性纳米二氧化硅颗粒		0.005	0.01	0.001	0.003	0.007
水		20.9	9.9	27.9	22	17.5

[制备方法]

(1) 将杀菌剂中加入水，并加入亲水性纳米二氧化硅颗粒，开启搅拌器进行搅拌；

(2) 将步骤(1)所得水溶液加热到30～50℃然后加入润滑剂、润湿剂、消泡剂、pH调节剂，混合搅拌均匀即得抗冻水基切削液。

[原料介绍]

润滑剂能快速润滑切割界面，降低摩擦力，提高切割效率，同时能起到降低切割液冰点的作用。

润湿剂能够降低表面张力，使切割液更好地渗透、浸润切割线和硅片的表面，降低摩擦力，降低切割损伤，提高硅棒切割良率。

消泡剂起到抑制或消除泡沫的作用。

杀菌剂能够进一步抑制细菌的产生，维持切割液的性能，防止变质。杀菌剂含有有机硅甜菜碱型抗菌化合物，有机硅甜菜碱型抗菌化合物具有接触角均低于10°的超亲水表面，与水以及其他水性添加剂均具有良好的相容性，同时作为一种广谱性工业杀菌防腐剂，对常见的微生物有很好的抑制和杀灭作用，对真菌、细菌、酵母菌及硫酸盐还原菌均有很好的抑杀作用，且其毒性低，属环境友好型杀生剂、缓释型杀菌剂，作为杀菌剂应用于切削液，可以长效保护产品的稳定性，防止质变，延长切削液的使用寿命，符合水性加工液的要求。

pH 调节剂的添加能够调节 pH 值，使切割液更稳定，同时抑制硅片切割中氢气的产生。

对二氧化硅进行化学改性，使二氧化硅表面带有长碳链官能团及水溶性官能团，水溶性官能团可以提高二氧化硅在水性体系中的分散稳定性，而这些长碳链官能团可防止二氧化硅的聚集，使得纳米二氧化硅颗粒能稳定地分散于体系中。亲水性纳米二氧化硅颗粒作为稳定剂添加在切削液中，能够与其他组分起到协同增效作用，有效降低切削液的凝固点，提高切削液的抗冻性能，使得切削液在－20℃的温度条件下稳定储存和运输，进一步起到抗磨减磨、润滑的作用。

[产品应用] 本品适用于单晶或多晶硅等非金属脆硬材料的加工。

[产品特性]

（1）本品具有良好的冷却、清洗、润滑等作用，使用寿命长。

（2）本品可防止切削工具被腐蚀，延长切削工具的使用寿命，也可以提高产品的表面光洁度。

配方 177 抗高硬水切削液

[原料配比]

原料	配比（质量份）		
	1#	2#	3#
环烷油	10	20	30
菜籽油酸	5	8	8
四聚蓖麻油酸酯	10	5	8
石油磺酸钠	7	10	5
三乙醇胺	30	20	10
癸二酸	5	7	10
乙二胺四乙酸二钠	2	3	5
MBM	1	2	5
硅氧烷消泡剂	1	2	3
水	29	23	26

[制备方法] 将各组分原料混合均匀即可。

[产品应用] 本品使用方法：

（1）确认用于稀释切削液的水的硬度；

（2）根据所述水的硬度将切削液稀释到不同的浓度使用。当水硬度为 500～1000μg/g 时，浓度为 5%～8%；当水的硬度为 1000～2000μg/g 时，浓度为 8%～15%；当水的硬度高于

2000μg/g时，浓度为15%～20%。

[产品特性] 本品适用各种高硬度地下水，不析油析皂，很好地保护了加工的金属，降低了成本。

配方 178 抗极压切削液

[原料配比]

原料		配比（质量份）		
		1#	2#	3#
液压油		20	30	25
动物油脂衍生物		10	15	12
有机酰胺		10	15	13
表面活性剂	烷基酚聚氧乙烯醚	5	—	—
	石油磺酸钠	—	10	—
	吐温-80	—	—	6
消泡剂	乳化硅油	1	2	—
	高级醇	—	—	1
防锈剂	羧酸胺盐衍生物	2	5	—
	硼酸胺盐衍生物	—	—	3
pH稳定剂		1	2	1
去离子水		100	150	130

[制备方法] 将各组分原料混合均匀即可。

[产品特性]

（1）该切削液具有润滑、防锈、清洗、杀菌、耐高温、寿命长等优点。

（2）本品透明稳定，具有优良的抗磨性、极压性、润滑性、防锈性、耐高温性、杀菌性，各性能指标均满足使用要求。

（3）本品溶液晾干后能形成一层防锈保护膜，对机床滑动和转动部件起到良好的防锈作用。本品具有良好的冷却性，能够在加工过程中快速降温，耐高温性能好，清洁性能好，不会损坏机床油漆，加工效果好。

配方 179 抗菌防锈水基切削液

[原料配比]

原料	配比（质量份）		
	1#	2#	3#
十二烷基苯磺酸钠	8	9	10
二乙醇胺硼酸多聚羧酸复合酯	9	10	16
环己六醇六磷酸酯	1	2	3
烷基磷酸酯	2	3	5
石油磺酸钠	2	4	6
三乙醇胺	3	4	6
硼酸	1	2	3
葡萄糖酸钠	4	6	8
润滑剂	2	3	6
消泡剂	1	1.5	2
表面活性剂	0.6	0.7	0.9

续表

原料	配比（质量份）		
	1#	2#	3#
防锈剂	1	2	3
抗菌剂	2	2.5	3
去离子水	30	32	35

[制备方法] 将各组分原料混合均匀即可。

[产品特性] 本品冷却及润滑性能好，杀菌效果好，解决了传统水基切削液容易滋生细菌、变质、发臭的问题，同时可防止金属表面生锈。

配方 180 抗菌型金属切削液

[原料配比]

原料	配比（质量份）		
	1#	2#	3#
油酸	65	56	50
二甲基氯硅氧基二甲基硅醚	23	21	25
磷酸	20	30	25
硫酸锌	5	8	6
亚硫酸钠	4	2	6
三乙醇胺	18	15	20
乙丙醇	3	9	6
水	500	400	300
丙酸	10	20	15
3-乙氧酰基苯胺甲磺酸钠	14	12	18
对羟基苯甲酸乙酯	5	20	10

[制备方法] 将各组分原料混合均匀即可。

[产品特性] 本品采用多种抗菌剂配合作用，能够有效地提升抗菌效果（循环使用 30 天无臭味），同时达到润滑、防蚀、缓蚀作用，满足使用要求。

配方 181 抗菌性能好的铝合金切削液

[原料配比]

原料		配比（质量份）				
		1#	2#	3#	4#	5#
基础油		30	40	35	32	38
月桂醇硫酸钠		8	3	6	5	7
聚乙二醇		1	3	2	1.5	2.5
三乙醇胺		8	6	7	6.5	7.5
硫代硫酸钠		1	3	2	1.5	2.5
pH 值稳定剂		1	0.5	0.7	0.6	0.8
缓蚀剂	苯并三氮唑	0.2	0.5	—	—	—
	巯基苯并噻唑	—	—	0.3	—	—
	铬酸钠	—	—	—	0.35	—
	硅酸钠	—	—	—	—	0.4
异噻唑啉类化合物		0.06	0.02	0.04	0.03	0.05
十二碳二元酸		1	3	2	1.5	2.5

续表

原料		配比（质量份）				
		1#	2#	3#	4#	5#
消泡剂		0.2	0.05	0.1	0.08	0.15
去离子水		9	16	12	10	13
基础油	改性橄榄油	1.5	1.2	1	1.5	1.2
	聚 α-烯烃	0.2	0.4	0.6	0.2	0.4
	三羟甲基丙烷酯	0.7	0.6	0.5	0.7	0.6
改性橄榄油	橄榄油	1	1	1	1	1
	过氧乙酸	0.8	0.5	0.8	0.8	0.5
	纳米氧化锌	0.3	0.5	0.3	0.3	0.5

制备方法 将各组分原料混合均匀即可。

原料介绍

基础油包括改性橄榄油、聚 α-烯烃、三羟甲基丙烷酯。橄榄油的可降解性和润滑性好，具有环境友好性，但分子中不饱和碳碳双键以及 β-H 的存在使橄榄油的氧化稳定性和低温流动性不好，选择过氧乙酸对橄榄油进行改性，对橄榄油中的碳碳双键进行氧化，能够改善橄榄油的氧化稳定性和低温流动性，且在此基础上，能够提高氧化锌与橄榄油的相容性，较好地引入具有除菌作用的氧化锌粒子，有效提高本品的抗菌性能。聚 α-烯烃具有高闪点、高自燃点、低倾点、高黏度指数和低挥发性等特点，同时也具有良好的氧化稳定性和水解稳定性；三羟甲基丙烷酯和天然油脂的结构非常相似，都具有酯基结构，故其具有很好的生物降解性；所述改性橄榄油制备工艺如下：向橄榄油中加入过氧乙酸和催化剂，于 65～75℃下反应 5～8h，降温至常温，加入纳米氧化锌和偶联剂，搅拌反应 2～4h，得到改性橄榄油。

所述催化剂为阳离子交换树脂。

产品特性 本品各原料之间相容性好，且合理调配原料之间的配比，使本品能够满足市场对于切削液性能的需求；本品的改性橄榄油、聚 α-烯烃、三羟甲基丙烷酯三者配合作为基础油，不仅三者之间相容性良好，且使本品具有优异的润滑、抗菌、可降解、氧化稳定等性能，符合高效环保的理念要求。

配方 182 抗菌性强的水基金属切削液

原料配比

原料	配比（质量份）			
	1#	2#	3#	4#
环烷基基础油	10	30	15	28
合成杀菌剂	5	0.5	4	1
复合防锈剂	5	12	7	10
极压润滑剂	13	6	12	7
脂肪醇聚氧乙烯醚	5	15	6	13
石油磺酸钠	20	10	18	12
二甲基硅油	0.2	2	0.4	1.8
脂肪酸	3	0.3	2.5	0.5
环氧乙烷环己胺	1	10	2	9
乙二醇醚	10	3	8	4
水	10	40	15	35

制备方法 将各组分原料混合均匀即可。

[原料介绍]

所述复合防锈剂由十二烯基丁二酸、苯并三氮唑、碱性二壬基苯磺酸钡按质量比 5∶4∶9 复配而成。由于十二烯基丁二酸、苯并三氮唑、碱性二壬基苯磺酸钡中极性基团的存在，金属表面形成了薄而牢固的油膜，阻止腐蚀介质与金属接触，保护金属不被锈蚀和腐蚀。

环烷基基础油具有生物降解性高、适用范围宽、兼容性好、毒性低、成本较低等优点，能显著提高切削液的润滑性。

本品杀菌剂通过在有机胍分子中接入长碳链，使得分子结构中既含有多个胍基又含有长碳链结构，而长碳链亲油基团的引入使杀菌效率有较大提高，并且能有效抑制切削液中细菌的滋生。所述合成杀菌剂按如下方法合成：将十二胺、盐酸胍和二乙烯三胺置于带有回流和搅拌的装置中，开启搅拌，加热至 145～150℃，反应 180～230min 后，加入乙二醇和水，冷却出料，即得合成杀菌剂。所述合成杀菌剂的固含量优选为 30%～50%。

本品将三乙醇胺硼酸酯、油酸三乙醇胺和硼砂按质量比 6∶4∶5 复配作为极压润滑剂，其中三乙醇胺硼酸酯具有油膜强度高、摩擦系数低等特点，其单独作为润滑剂使用时，润滑效果有限，而油酸三乙醇胺本身也是一种很好的水溶性润滑剂，且和硼砂、三乙醇胺硼酸酯复合使用时有协同作用，满足了切削加工对润滑、减摩、承载能力的要求。

本品非离子表面活性剂脂肪醇聚氧乙烯醚和阴离子表面活性剂石油磺酸钠复配，能显著降低表面自由能，并与基础油以合适比例相互配合，能形成稳定的微乳液，保证本品在具有均一外观和适中黏度的同时，避免了表面张力高、渗透性低的问题，使得本品具有较低的表面张力和良好的渗透性；并且脂肪醇聚氧乙烯醚、石油磺酸钠与二甲基硅油、脂肪酸相互配合，使得本品具有良好的低泡性并具有很低的表面张力，从而进一步增加本品的渗透性。

本品加入环氧乙烷环己胺作为 pH 调节剂，环氧乙烷环己胺不但具有优异的 pH 调节能力，而且可以增强切削液的防锈、防腐蚀性能，还具有抗微生物降解功能，一定程度上能延长切削液的使用寿命。

本品加入了乙二醇醚，可以进一步提高微乳金属切削液的热力学稳定性能。

[产品特性] 本品在加工过程中具有良好的润滑、抗磨、防锈和清洗功能，并且不起泡、切屑移除性好、不腐不臭、工作寿命长，因此加工后的工件表面粗糙度低、无有机物残留，并且放置长时间不返锈，从而可以很好满足对金属的切削加工要求。本品润滑性好、渗透性强、抗菌性能优异。

配方 183 抗磨防锈切削液

[原料配比]

<table>
<tr><th colspan="2" rowspan="2">原料</th><th colspan="5">配比（质量份）</th></tr>
<tr><th>1#</th><th>2#</th><th>3#</th><th>4#</th><th>5#</th></tr>
<tr><td colspan="2">矿物油</td><td>55</td><td>65</td><td>58</td><td>62</td><td>60</td></tr>
<tr><td rowspan="2">邻苯二甲酰亚氨基戊酸醇胺稀土盐</td><td>邻苯二甲酰亚氨基戊酸醇胺铈</td><td>9</td><td>—</td><td>12</td><td>16</td><td>14</td></tr>
<tr><td>邻苯二甲酰亚氨基戊酸醇胺镧</td><td>—</td><td>18</td><td>—</td><td>—</td><td>—</td></tr>
<tr><td colspan="2">柠檬酸山梨醇酯</td><td>6</td><td>12</td><td>8</td><td>10</td><td>9</td></tr>
<tr><td colspan="2">四丁基乙酸季四戊醇酯</td><td>5</td><td>10</td><td>6</td><td>8</td><td>7</td></tr>
<tr><td colspan="2">植酸镧</td><td>5</td><td>10</td><td>6</td><td>8</td><td>7</td></tr>
<tr><td colspan="2">钼酸锌</td><td>5</td><td>10</td><td>6</td><td>8</td><td>7</td></tr>
<tr><td colspan="2">碳化钨</td><td>3</td><td>6</td><td>4.5</td><td>5.5</td><td>5</td></tr>
<tr><td colspan="2">硼酸铜</td><td>2</td><td>4</td><td>2.5</td><td>3.5</td><td>3</td></tr>
<tr><td rowspan="2">乳化剂</td><td>油酸聚氧乙烯酯</td><td>3</td><td>—</td><td>4</td><td>—</td><td>4.5</td></tr>
<tr><td>脂肪醇聚氧乙烯醚</td><td>—</td><td>6</td><td>—</td><td>5</td><td>—</td></tr>
</table>

续表

原料		配比（质量份）				
		1#	2#	3#	4#	5#
聚氧乙烯聚氧丙烯季戊四醇醚		0.5	1	0.6	0.8	0.7
表面活性剂	脂肪酸甘油酯	0.5	—	0.6	—	0.7
	硬脂酸	—	1	—	0.8	—
水		6	14	8	10	9

[制备方法] 将各组分原料混合均匀即可。

[原料介绍]

邻苯二甲酰亚氨基戊酸醇胺稀土盐、柠檬酸山梨醇酯、四丁基乙酸季四戊醇酯、植酸镧的防锈性能优异，四者相互配合组成切削液的防锈体系，富含羟基和酰胺基团，极易吸附于金属表面上，防止水分侵蚀表面，显著提高防腐性能。

钼酸锌、碳化钨、硼酸铜可以作为切削液防锈体系的缓蚀协效剂提高防锈效果，同时具有优异的抗磨减摩效果，进一步提高切削液的抗磨性能。

聚氧乙烯聚氧丙烯季戊四醇醚、表面活性剂和乳化剂，减少气泡，促进切削液中各组分乳化和分散，提高切削液与金属的润湿效果，增加切削液体系稳定性。

[产品特性] 本品抗磨性能好、防腐蚀效率高、安全环保。

配方 184 抗磨效果优异的水性切削液

[原料配比]

原料		配比（质量份）
硬脂酸酰胺		1～2
苯并三氮唑		2～3
碳化钛		4.5～6.5
高碱值硫化烷基酚钙		2～3
聚山梨酯-80		4～6
三乙醇胺硼酸酯		2～3
硫化异丁烯		1～2
碳化硅		4～6
偏硼酸钾		2～3
助剂		5～7
去离子水		200
助剂	碳化硅	2～3
	纳米二氧化锆	2.5～3.5
	当归油	1～2
	尿素	1～2
	十二碳醇酯	2～3
	聚乙烯蜡	2～4
	分散剂 NNO	2～3
	丙烯酸树脂乳液	2.5～3.5
	石油磺酸钠	2～3
	水	50～54

[制备方法] 先将碳化钛、碳化硅以及聚山梨酯-80 混合均匀，加入去离子水，加热至 30～35℃，研磨 30～40min，得到混合料 A；再将硬脂酸酰胺、苯并三氮唑、高碱值硫化烷基酚钙、三乙醇胺硼酸酯、硫化异丁烯以及偏硼酸钾加入反应釜中，搅拌混合均匀，缓慢加热至 55～65℃，保温 1～1.5h，得到混合料 B；最后将保温的混合料 B 边搅拌边缓慢加入混合料 A 中，充分搅拌后

加入助剂，800～900r/min下搅拌反应40～60min，冷却至室温即得。

[原料介绍] 助剂的制备：将碳化硅、纳米二氧化锆、分散剂NNO以及石油磺酸钠加入一半量的水中，研磨1～2h，然后缓慢加入当归油、尿素、十二碳醇酯、聚乙烯蜡以及丙烯酸树脂乳液缓慢加热至70～80℃，在300～500r/min条件下搅拌反应30～50min，冷却至室温即得。

[产品特性] 本品将碳化钛、碳化硅与表面活性剂相结合，不仅使得磨料分散均匀、质量均一，而且通过与助剂的结合，增强了抗磨、分散、润滑以及成膜性，在工件表面形成一层保护膜，保护工件不被腐蚀。本品是水性配方，具有优良的润滑性、防锈性、冷却性和清洗性，加工后提高了工件表面光洁度。

配方 185 抗氧化防锈润滑切削液

[原料配比]

原料		配比（质量份）
乙二醇		3～5
妥尔油酸钠盐		4～5
聚山梨酯-80		2～3
二壬基萘磺酸锌		2～3
三乙醇胺油酸皂		1～2
二硬酯胺		2～3
二甲基硅油		0.6～1.2
双十四碳醇酯		3～4
月桂酸		2～3
助剂		4～6
水		150～180
助剂	分散剂亚甲基双萘磺酸钠（NNO）	1～2
	聚甘油脂肪酸	0.4～0.6
	松焦油	3～4
	2-氨基-2-甲基-1-丙醇	1～2
	高耐磨炭黑	2～4
	硅油	4～6
	植酸	2～3
	乙酰丙酮	2～3
	山梨糖醇	1～2
	硫脲	2～3
	二异丙醇胺	0.4～0.7
	消泡剂	0.2～0.4
	水	40～50

[制备方法]

（1）将妥尔油酸钠盐、三乙醇胺油酸皂、聚山梨酯-80和双十四碳醇酯混合，加热至30～50℃，搅拌反应20～40min后得到混合物A；

（2）将水煮沸后迅速冷却至70～80℃，再加入二硬酯胺和月桂酸搅拌均匀，在800～900r/min下搅拌反应40～60min，得到混合物B；

（3）将混合物B边搅拌边缓慢加入至混合物A中，将温度控制在40～55℃，搅拌均匀后加入乙二醇、二壬基萘磺酸锌、二甲基硅油以及助剂，在1400～1600r/min下高速搅拌20～30min后过滤即可。

[原料介绍]

助剂的制备：

(1) 将分散剂NNO、聚甘油脂肪酸、山梨糖醇加到水中，加热至50～60℃，搅拌均匀后加入消泡剂备用；

(2) 将松焦油、硅油、植酸、高耐磨炭黑、乙酰丙酮混合加热至40～50℃，搅拌均匀后将步骤(1)所得产物缓慢加入，以300～400r/min的转速搅拌，加料结束后加热至70～80℃，并在1800～2000r/min下高速搅拌10～15min，再加入2-氨基-2-甲基-1-丙醇、硫脲以及二异丙醇胺，继续搅拌5～10min即可。

[产品特性] 本品抗氧化效果好，不易变质，贮存时间长，防锈效果好，使工件和刀具不易生锈，延长了使用时间，此外，还具有优良的润滑性能，可减少工件之间的摩擦，保护刀具，而且无毒无味，对人体无害。

配方 186 抗氧化金属切削液

[原料配比]

原料	配比（质量份）			
	1#	2#	3#	4#
甲基硅油	10	20	25	15
钙镁离子软化剂	1	5	2	1
聚乙二醇	10	8	3	2
偏硅酸钠	1	3	4	4
油酸	5	2	8	10
十二烷基硫酸钠	1	5	3	2
脂肪醇聚氧乙烯醚	1	3	6	8
丙二醇	3	6	8	1
山梨糖醇单油酸酯	2	3	1	5

[制备方法]

(1) 将甲基硅油、聚乙二醇、偏硅酸钠、丙二醇按照比例超声混合；超声混合温度为45～50℃。

(2) 将钙镁离子软化剂、油酸、十二烷基硫酸钠、脂肪醇聚氧乙烯醚、山梨糖醇单油酸酯按比例超声混合；超声混合温度为20～35℃。

(3) 将步骤(1)和步骤(2)得到的溶液混合，即得抗氧化金属切削液。

[产品特性] 本品防锈效果好，润滑性能佳。

配方 187 抗硬水型不溶油全合成水溶性金属加工切削液

[原料配比]

原料	配比（质量份）		
	1#	2#	3#
蒸馏水	55	50	58
三乙醇胺	14	15	12
乙二胺四乙酸二钠	2.5	1.8	1.8
羧酸	10	13	10
硼酸酯	5	7.4	5
AMP-95助剂	0.5	0.2	0.4
PAG	12	12	12
非甲醛释放型复合杀菌剂	1	0.6	0.8

[制备方法]

（1）在搅拌槽内放入蒸馏水，水温高于 20℃，整个制备过程中保持搅拌槽内温度高于 20℃；

（2）投入乙二胺四乙酸二钠并全部溶解，使得液体呈澄清透明；

（3）依次加入三乙醇胺、羧酸、硼酸酯，持续搅拌 30min，直至液体呈清澈透明；

（4）加入 AMP-95、非甲醛释放型复合杀菌剂搅拌 3min 以上，直至液体呈无色至微黄色；

（5）再投入 PAG 搅拌 20min，转速不超过 1000r/min，即得抗硬水型不溶油全合成水溶性金属加工切削液。

[原料介绍]

三乙醇胺能够起到防锈、润滑的作用，也是一种储备碱。

乙二胺四乙酸二钠起到抗硬水的作用。

羧酸起到防锈作用。

硼酸酯起到防锈作用。

AMP-95 助剂作为高效储备碱，起到水质稳定作用。

PAG 起到润滑、成膜的作用。

非甲醛释放型复合杀菌剂起到杀菌的作用。

[产品特性] 本品具备水溶性，可以勾兑稀释使用，具有抗硬水的能力，可作为金属切削、车削、剪切、研磨、防锈用的冷却润滑液。

配方 188 可生物降解微乳化切削液

[原料配比]

原料		配比（质量份）		
		1#	2#	3#
水溶性二氧化硅纳米颗粒	十六烷基三甲基溴化铵	15.6	15.6	15.6
	水	375（体积份）	375（体积份）	375（体积份）
	三乙醇胺	6.6	6.6	6.6
	正硅酸四乙酯	0.3	0.3	0.3
	乙醇	2.6（体积份）	2.6（体积份）	2.6（体积份）
油酸		9.19	11.58	5.79
有机醇胺	三乙醇胺	1.91	2.42	1.21
水		10	15	10
基础油	5#白油	15	20	10
蓖麻油酸		5	6	3
月桂酸		7	8	4
表面活性剂	二乙二醇丁醚	7	10	5
	聚氧乙烯山梨糖醇酐脂肪酸酯 60	2	2	1
	失水山梨糖醇单油酸酯 80	2	2	1
	十二烷基苯磺酸钠	2	4	2
消泡剂	有机硅消泡剂	1.5	1.5	0.85
水溶性二氧化硅纳米颗粒		0.06	0.08	0.02
pH 调节剂	三乙醇胺	8.7	9	8.9

[制备方法]

（1）将油酸和三乙醇胺混合，得到溶液 A；混合的温度为 70～80℃，时间为 30min。

（2）将水升温至 45℃后，依次加入基础油、蓖麻油酸、月桂酸、表面活性剂和消泡剂混合，混合完成后，保持 45℃的温度继续搅拌 30min，得到溶液 B。

（3）将所述溶液 A 和溶液 B 混合后，加入水溶性二氧化硅纳米颗粒和 pH 调节剂，混合均匀，得到所述可生物降解微乳化切削液。

原料介绍

所述水溶性二氧化硅纳米颗粒的粒径为 20～50nm。制备方法包括以下步骤：

（1）将十六烷基三甲基溴化铵的水溶液和三乙醇胺混合后，依次加入正硅酸四乙酯和乙醇，得到中间产物；

（2）将所述中间产物进行煅烧，得到所述水溶性二氧化硅纳米颗粒。

蓖麻油酸起防锈和极压润滑作用，月桂酸起防锈和润滑作用，二者均可生物降解，对环境无污染。

油酸和有机醇胺反应制得的有机酸醇胺具有较好的防锈润滑作用及抗菌稳定作用，可以有效防腐防变质。

二氧化硅具有滑动/滚动效应，增强了切削液的润滑能力和承载能力，且介孔二氧化硅可生物降解，绿色无污染。

将醇醚、聚氧乙烯山梨糖醇酐脂肪酸酯、失水山梨糖醇单油酸酯和十二烷基苯磺酸钠进行复配作为表面活性剂可以起到良好的乳化稳定作用，使得各个组分在水中均匀稳定分散，防止有效成分的沉降、分层、团聚、絮凝或老化，可提高可生物降解微乳化切削液的储存稳定性；同时，十二烷基苯磺酸钠可以有效地提高工件的清洗性能。

所述基础油的作用是润滑，减轻机械磨损。

产品特性

（1）本品不含氯、磷、硫、易致癌的亚硝酸盐、苯酚、甲醛和重金属等有害物质，原料中采用的蓖麻油酸和月桂酸都是从天然植物中提取，可生物降解，对环境无污染，有利于保护环境和人体健康；

（2）本品为半透明无味的液体，生物稳定性良好，使用寿命长；

（3）本品可以稳定分散，润滑能力增强，摩擦系数保持在 0.1 以下，同时极压性能、承载能力和最大无卡咬负荷提高。

（4）本品具有优良的防锈、防腐蚀性能，防锈、防腐蚀性能达到 A 级。

配方 189 可循环净化再生的水溶性切削液

原料配比

原料		配比（质量份）		
		1#	2#	3#
环烷基硅油		56	50	52
极压润滑缓蚀剂		7	5	6
油性润滑剂	季戊四醇四油酸酯	12	10	10
防锈剂		4	2	3
碱性保持剂	三乙醇胺	8	3	5
司盘-80		6	5	5
脂肪醇聚氧乙烯醚		4	2	3
杀菌剂	聚吡啶乙酰基壳聚糖	6	4	5
去离子水		12	8	10
防锈剂	烷基丙二胺衍生物	1	1	1
	O-苯并三氮唑-*N*,*N*,*N*′,*N*′-四甲基脲四氟硼酸酯	1	1	1
极压润滑缓蚀剂	Rhodafac AS 010 或 MDIT	1	1	1
	CPNF-3 或 Horlt C101	2	2	2

[制备方法]

(1) 将环烷基硅油、极压润滑缓蚀剂、油性润滑剂混合加入反应釜中，加热至60～80℃，搅拌均匀，然后加入1/3的去离子水，继续搅拌，分批次加入用乙醇溶解好的防锈剂和杀菌剂，搅拌30～45min；

(2) 将司盘80、脂肪醇聚氧乙烯醚加入1/3的去离子水，重复溶解，然后加入步骤(1)的反应釜中，于50～60℃的条件下搅拌60～100min；

(3) 最后加入将剩余的去离子水和碱性保持剂，搅拌直至溶液变为乳白色半透明。

[原料介绍]

所述碱性保持剂至少包括单乙醇胺、三乙醇胺、异丙醇胺、二甘醇胺、2-氨基-2-甲基-1-丙醇中的一种。

所述杀菌剂为聚吡啶乙酰基壳聚糖。所述聚吡啶乙酰基壳聚糖的合成工艺如下：

(1) 称取适量小分子壳聚糖，加入*N*-甲基-2-吡咯烷酮溶剂中，搅拌均匀，然后滴入2～3倍物质的量的苯甲酰氯，室温下继续搅拌反应24～48h，加入过量丁酮，出现粉末状沉淀，静置，抽滤，丁酮洗涤、干燥；

(2) 称取上述固体粉末溶于二甲亚砜溶剂中，加入吡啶，60～80℃水浴中搅拌反应24～48h，加入过量乙醚，出现大量沉淀，静置、抽滤、乙醚洗涤、干燥，得到聚吡啶乙酰基壳聚糖。

[产品特性]

(1) 由于本配方体系中不含有亚硝酸盐、磷酸盐、磷酸酯、偏硅酸盐和铬酸盐等，对环境污染相对较小，且烘干后不会在金属表面产生白色残留物。

(2) 通过添加过量的碱性保持剂，保持切削液的pH值稳定，并减缓切削液的pH值变化；进一步避免了切削液中有效成分被降解，预防切削液失效。

(3) 本品具有优异的润滑缓蚀性能，冷却、防锈性能。经过180天的循环使用后本品切削液仍为乳白色，没有发生变黑的现象。

配方 190 可以防锈的金属加工用切削液

[原料配比]

原料		配比(质量份)
矿物油		40
二乙醇胺		7
氨基三乙酸		4.5
极压剂		3
烷氧基聚醚		2
金属缓蚀剂		2
防锈剂		1
杀菌剂		0.6
水		加至100
金属缓蚀剂	铜缓蚀剂苯并三氮唑	30～40
	铝缓蚀剂硅酸盐	30～40
	乳化剂烷基醇胺磷酸酯6503	加至100

[制备方法] 将各组分原料混合均匀即可。

[产品特性] 本品具有优良的防锈性能，而且其不含氯、亚硝酸钠等有害成分；使用更加环保可靠，而且其抗菌性能好，可有效地防止切削液变质发臭；低泡沫，有利于扩大适用范围；不但具有较好的润滑性能，同时也大大降低了成本；有利于提高产品表面的加工精度，适用性强且实用性好。

配方 191 锂合金半合成切削液

原料配比

原料		配比（质量份）				
		1#	2#	3#	4#	5#
基础油	环烷基基础油	48.9	15	30	20	—
	中间基基础油	—	30	30	20	70
pH 调节剂	三乙醇胺	8.5	—	—	—	—
	二甘醇胺	—	8	—	—	—
	异丙醇胺	—	—	7	—	—
	2-氨基-2-甲基-1-丙醇	—	—	—	4	—
	N-甲基二乙醇胺	—	—	—	—	13
乳化剂	50%～60%的石油磺酸钠溶液	20	—	—	—	—
	聚氧乙烯失水山梨醇脂肪酸酯	—	18	—	—	—
	烷基酚聚氧乙烯醚	—	—	—	30	—
	脂肪醇聚氧乙烯醚	—	—	16	—	—
	50%的石油磺酸钠溶液	—	—	—	—	3
	聚异丁烯琥珀酸酐	—	—	—	—	9
缓蚀剂	烷基磷酸酯缓蚀剂 ASI-80	4.5	—	—	—	—
	烷基磷酸酯缓蚀剂 OPS-75E	—	—	5	—	—
	苯并三氮唑衍生物 L39	—	4	—	1	—
	钼酸钠	—	—	—	3	—
	聚丙烯酸钠	—	—	—	3	—
	苯并三氮唑 T706	—	—	—	—	1
	乙二胺四亚甲基膦酸钠	—	—	—	—	1.5
消泡剂	Foam Ban 129	0.1	—	—	—	—
	Foam Ban HP720	—	0.1	—	—	—
	DEE FO 1015	—	—	0.1	—	—
	Foam Ban HP710	—	—	—	0.01	—
	Foam Ban MS-575	—	—	—	—	0.2
杀菌剂	BK	3.5	—	—	—	—
	IPBC	—	3	—	—	—
	MBM	—	—	—	2	—
	MIT	—	—	4	—	—
	Forte	—	—	—	—	6
络合剂	水解聚马来酸酐	7	—	—	—	—
	聚羟基丙烯酸	—	5	—	—	—
	聚丙烯酰胺	—	—	—	3	—
	酒石酸	—	—	6.5	—	—
	葡庚糖酸盐	—	—	—	—	10
水		12.5	17.9	7.9	20	5

制备方法

（1）在调和罐中加入基础油，开启搅拌机；

（2）加入 pH 调节剂，搅拌均匀；

（3）加入乳化剂，搅拌至完全分散均匀；

（4）加入缓蚀剂，搅拌使之均匀分散；

（5）加入络合剂，搅拌使之均匀分散；

（6）加入水，升温至 50℃搅拌，再加入杀菌剂，搅拌均匀；

（7）加入消泡剂，搅拌均匀。

[原料介绍]

所述基础油用于提高锂合金切削液的抗磨性。所述基础油的密度为0.86～0.9g/cm^3，在40℃下的运动黏度为20～40mm^2/s，可以提高锂合金切削液的润滑性。

pH调节剂的合理使用符合水溶性切削液的性能要求和环保要求，并且具有良好的pH值稳定性，从而利于切削液保持其长期的使用寿命。

乳化剂可以提高锂合金切削液的稳定性能。

缓蚀剂可以显著提高锂合金切削液的抗腐蚀性能。

消泡剂可以显著提高锂合金切削液的消泡性能。

杀菌剂可以延长锂合金切削液的使用寿命。

络合剂不但能提高切削液对锂合金的缓蚀性能，保证切削后的锂合金表面能光亮如初，而且还可以提高切削液的抗硬水性能。

[产品特性]

（1）锂合金切削液的pH值并不受特别限制，锂合金切削液的pH值为9.5～10.5；该pH值范围的切削液既能抑制细菌的繁殖，又不至于因pH值过高对操作人员皮肤造成不适，稳定性和使用寿命还显著提高。

（2）本品具有良好的润滑性、消泡性、耐磨性、抗硬水性、抗腐蚀性和优异的清洗冷却性能，同时稳定性好，使用寿命长。

配方192 利用地沟油合成的切削液

[原料配比]

原料		配比（质量份）
精制地沟油	地沟油	100
	5%NaOH溶液	30～40
	20%硫酸铝溶液	10～15
	软水	20～30
	活性白土	20～30
精制地沟油		50
石油磺酸钠		10～20
油酸		4～8
三乙醇胺		5～10
苯甲酸钠		0.1～5
二丁基羟基甲苯		0.05～0.1
水		15～20
硼酸		0.5～1.5
乳化剂OP-10		3～5

[制备方法]

（1）取精制地沟油、石油磺酸钠、油酸、三乙醇胺、苯甲酸钠、二丁基羟基甲苯混合作为油相，将水、硼酸、乳化剂OP-10混合作为水相，分别搅拌加热至60～80℃；

（2）在高速搅拌下，将油相加入水相中，继续搅拌3～5min后，改低速搅拌，并保温反应30～40min，然后在低速搅拌下，缓慢冷却至室温，即得成品。

[原料介绍]

精制地沟油制备方法如下。

（1）将地沟油用20～30目滤网进行粗过滤，除去固体漂浮物；

（2）在步骤（1）所得的100份滤液中加入含量为5%的NaOH溶液，搅拌加热至70～80℃，反应 30～45min，然后在搅拌下缓慢加入含量为 20%的硫酸铝溶液，继续搅拌 15min，保温静置 2～3h，再进行油水分离，弃去水层絮状物；

(3) 用 70～80℃的软水洗涤油层，然后进行油水分离，弃去水层和絮状物，如此反复洗涤 3 次；

(4) 向步骤 (3) 得到的滤液中加入活性白土，并搅拌加热至 110～120℃，再保温搅拌 2～3h，然后进行热过滤；

(5) 取步骤 (4) 得到的滤液在温度为 150～200℃、真空度＞0.093MPa 的条件下水蒸气蒸馏 2～4h，得到精制地沟油。

产品特性 本产品采用地沟油为原料，充分利用了其可利用的价值，解决了地沟油的出路问题，是一种变废为宝、符合循环经济模式的方法，同时，由于地沟油有了新的用途，大大降低了其流向餐桌的可能，用其生产工业乳化切削液，可大幅度降低生产成本，具有可观的经济效益。本品稳定性好、易稀释、可长期保存。该切削液不仅除锈性能和冷却性能好，而且无毒无味，对人体无害。

配方 193 利用地沟油生产环保型切削液

原料配比

原料	配比（质量份）			
	1#	2#	3#	4#
地沟油基础油	8	15	12	12.9
水	70	61	66	70
非离子表面活性剂	15	15	12.8	8
极压抗磨剂	3.9	5	5	5
清洁剂	2	2.8	3	3
消泡剂	0.1	0.2	0.2	0.1
抗氧剂	0.5	0.5	0.5	0.5
防锈剂	0.5	0.5	0.5	0.5

制备方法 向地沟油基础油中加入非离子表面活性剂、极压抗磨剂、清洁剂、消泡剂、抗氧剂、防锈剂及水，即制得环保型切削液。

原料介绍

所述的非离子表面活性剂起乳化作用，选自烷基酚聚氧乙烯醚、高碳脂肪醇聚氧乙烯醚、脂肪酸甲酯乙氧基化物及脂肪酸聚氧乙烯酯中的一种或多种。

所述极压抗磨剂选自酸性亚磷酸二丁酯、硫代磷酸铵盐、硫化异丁烯及氨基硫代酯中的一种或多种。

所述清洁剂选自超碱值合成磺酸镁及环烷酸镁中的一种或多种。

所述消泡剂选自甲基硅油、丙烯酸与醚共聚物及蓖麻油聚氧乙烯醚中的一种或多种。

所述抗氧剂选自 2,6-二叔丁基对甲酚、2,6-二叔丁基混合酯、四 [β-(3,5-二叔丁基-4-羟基苯基) 丙酸] 季戊四醇酯及二酚基丙烷中的一种或多种。

所述防锈剂选自重烷基苯磺酸钠、烯基丁二酸酯及失水山梨糖醇单油酸酯中的一种或多种。

地沟油基础油的制备方法如下。

(1) 对地沟油进行除杂、脱胶和脱色处理得到中间产物Ⅰ。采用 1μm 的滤膜对地沟油进行热过滤除杂。采用酸化-水化联合法于 60℃下对地沟油进行脱胶处理，具体工艺过程为：首先，向地沟油中加入地沟油质量 0.2%的磷酸酸化处理 30min，然后再加入地沟油体积 2%的去离子水水化处理 20min，静置取上层油相进行下一步脱色处理。采用双氧水和硅藻土对地沟油进行联合脱色，具体工艺过程为：将待处理物分散于 1%的双氧水中，在温度 70～90℃下搅拌 30min，然后向其中加入10%的硅藻土并在该温度下继续搅拌40min，接着离心、静置36h。

(2) 采用酸化催化处理法对中间产物Ⅰ进行处理得到中间产物Ⅱ，将中间产物Ⅱ与乙醇混合反应，减压蒸馏得到粗制脂肪酸乙酯，具体工艺过程为：将硫酸和盐酸按照体积比1∶2的比例混合，再向其中加入乙醇，将得到的混合液加入地沟油中，于80～90℃下反应4～6h，反应结束后减压蒸馏除去水和乙醇。所述的乙醇和地沟油的体积比为10%～25%，所述乙醇为纯度大于99.5%的无水乙醇。

(3) 将粗制脂肪酸乙酯加入1,1,1-三羟甲基丙烷的乙醇溶液中，通过酸法催化转酯化反应后再减压蒸馏得到酸性基础油，具体工艺过程为：向步骤(2)得到的产物中加入1,1,1-三羟甲基丙烷的乙醇溶液中，再向其中加入盐酸，于80～90℃下反应3～4h，再在－0.5MPa压强下减压蒸馏，温度为85～95℃，反应1～2h，得到酸性基础油。该步骤通过转酯化反应能够得到三羟甲基丙烷脂肪酸酯。

(4) 对步骤(3)得到的酸性基础油进行洗涤静置后取上层油相，减压蒸馏得到中间产物Ⅲ；所采用的洗涤水为碱性的饱和食盐水，碱性物质为氢氧化钾、氢氧化钠及碳酸钠中的一种或多种。

(5) 对中间产物Ⅲ进行脱色处理得到浅黄色地沟油基础油。

产品特性 本品利用回收地沟油生产环保型切削液，不但能够实现废弃地沟油的高附加值资源化利用，更因为动植物油来源的基础油可生物降解而更加环保；本品无毒无味，且具有易稀释、耐用、防锈除锈性能好、冷却性能优异等诸多优点，使刀具更加耐用，且性能稳定，使用过程中机床台面无油腻感，加工能见度高。

配方 194 利用再生润滑油制备的半合成金属切削液

原料配比

原料	配比(质量份)
再生润滑油	23
缓蚀剂	4
极压抗磨剂	4
pH稳定剂	8
表面活性剂	20
防锈剂	9
油性润滑剂	18
消泡剂	0.1
杀菌剂	1
香精	0.5
去离子水	加至100

制备方法

(1) 水相配制：在水浴环境下，向去离子水中加入pH稳定剂，使切削液稀释液pH值保持在9～10，完全溶解后分别依次加入防锈剂、缓蚀剂、杀菌剂和消泡剂搅拌，静置，得到水相物质；水浴环境温度为50～60℃，搅拌时间为30～60min；其中杀菌剂可根据常使用的工作环境温度适当提高比例。

(2) 油相配制：在水浴环境下，向再生润滑油中依次加入油性润滑剂、极压抗磨剂和表面活性剂，搅拌，静置，得到油相物质；水浴环境温度为50～60℃，搅拌时间为30～50min。

(3) 两相相溶：将油相物质缓慢地加入水相物质中，加入香精，保持搅拌30～50min，直至混合完全，得到利用再生润滑油制备的半合成金属切削液。

[原料介绍]

所述缓蚀剂选自但不限于聚醚磷酸酯 RP710、有机硅氧烷和苯并三氮唑。

所述极压抗磨剂选自但不限于氯化石蜡（S-52）和硼酸。

所述 pH 稳定剂选自但不限于有机醇胺，即一乙醇胺（MEA）、三乙醇胺（TEA）和甲基二乙醇胺（MDEA）。

所述表面活性剂选自但不限于石油磺酸钠 T702、吐温-80 和脂肪醇聚氧乙烯醚（AEO-7）。

防锈剂包括防锈剂 A 和防锈剂 B，防锈剂 A 选自但不限于十二烯基琥珀酸二乙醇酰胺，防锈剂 B 选自但不限于苯甲酸钠。

所述油性润滑剂选自但不限于月桂二酸、蓖麻油酸和妥尔油酸。

所述消泡剂选自但不限于二甲基硅油。

所述杀菌剂选自但不限于均三嗪类杀菌剂 M722 和异噻唑啉酮。

所述再生润滑油制备的具体过程：

（1）脱色处理：取 100 份废润滑油，将 5 份絮凝剂聚丙烯酰胺加入，搅拌 10～20min 后需静置 30～50min，再加入 5 份聚合氯化铝充分搅拌 60～80min 后沉降处理，待其稳定后取出上层清油，余量清油可用 200 目滤纸过滤出来。

（2）脱水处理：将脱色好的澄清废润滑油加热到 80～120℃，持续 20～30min，将水分和低馏分杂质蒸完后得到再生润滑油。

[产品应用] 本品主要用作普通磨床、机床等的加工。

[产品特性]

（1）本品可使废润滑油更大程度地资源化利用，解决了废机油难处理的问题同时又保护了环境，做到资源回收利用。本品生产成本低，可获得更大的经济效益。

（2）该产品未加入含磷、硫等常见的添加剂，对操作人员和环境危害极小。

配方 195 利于切削的切削液

[原料配比]

<table>
<tr><th colspan="2">原料</th><th>配比（质量份）</th></tr>
<tr><td colspan="2">甘油</td><td>40</td></tr>
<tr><td colspan="2">表面活性剂</td><td>7</td></tr>
<tr><td colspan="2">苯甲酸</td><td>4.5</td></tr>
<tr><td colspan="2">极压剂</td><td>3</td></tr>
<tr><td colspan="2">四丁基乙酸季四戊醇酯</td><td>2</td></tr>
<tr><td colspan="2">金属缓蚀剂</td><td>2</td></tr>
<tr><td colspan="2">消泡剂</td><td>1</td></tr>
<tr><td colspan="2">杀菌剂</td><td>0.6</td></tr>
<tr><td colspan="2">水</td><td>加至 100</td></tr>
<tr><td rowspan="3">金属缓蚀剂</td><td>铜缓蚀剂苯并三氮唑</td><td>30～40</td></tr>
<tr><td>铝缓蚀剂硅酸盐</td><td>30～40</td></tr>
<tr><td>乳化剂烷基醇胺磷酸酯 6503</td><td>加至 100</td></tr>
</table>

[制备方法] 将各组分原料混合均匀即可。

[产品特性] 本品具有优良的防锈性能，而且不含氯、亚硝酸钠等有害成分，使用更加环保可靠，而且抗菌性能好，可有效地防止切削液变质发臭；低泡沫，有利于扩大适用范围；不但具有较好的润滑性能，同时也大大降低了成本；有利于提高产品表面的加工精度，适用性强且实用性好。

配方 196 粮食机械工件加工用的高品质切削液

［原料配比］

原料	配比（质量份）		
	1#	2#	3#
十六烷基苯磺酸钠	3	4	5
亚硝酸钠	0.5	0.8	1
四硼酸钙	2	3	4
矿物油	10	12	15
脂肪酸甘油酯	5	7	8
碳酸氢铵	0.5	1	1.5
切削填料	10	13	15
水	260	270	280

［制备方法］ 将所有原料共同投入到搅拌罐内，加热保持搅拌罐内的温度为55～60℃，高速搅拌处理1.5～2.5h后取出即得成品切削液。所述的高速搅拌处理时的搅拌转速为2400～2600r/min。

［原料介绍］

切削填料制备方法如下。

（1）先将膨润土投入到磷酸溶液中浸泡处理4～6min，取出后再投入到氢氧化钠溶液中浸泡处理5～8min，最后取出用去离子水冲洗至中性后备用；所述的磷酸溶液中磷酸的质量分数为8%～9%，所述的氢氧化钠溶液中氢氧化钠的质量分数为9%～10%。

（2）将操作（1）处理后的膨润土放入到煅烧炉内进行煅烧处理，1～2h后取出备用；所述的煅烧处理时保持煅烧炉内的温度为860～890℃。

（3）先将二甲基二甲氧基硅烷和二异丙醇胺按照质量比1∶（2.3～2.6）进行混合，放入到反应釜内，然后加热保持反应釜内的温度为120～126℃，高速搅拌处理2～3h后，再向反应釜内加入二甲基二甲氧基硅烷总质量25%～30%的环氧氯丙烷、3～4倍的无水乙醇，然后保持反应釜内的温度为42～48℃，高速搅拌处理2～2.5h后取出得反应物A备用；所述的反应釜内的压力始终保持为0.3～0.35MPa。

（4）将操作（3）所得的反应物A和4-(6-氨基己氧基)-4′-氰基联苯、焦磷酸钠、氮化硅、去离子水按照质量比（5～7）∶（0.2～0.4）∶（1～2）∶（1.5～3）∶（80～90）进行混合投入到搅拌罐内，高速搅拌均匀后再将操作（2）处理后的膨润土投入到搅拌罐内，超声震荡处理2～3h后离心过滤，然后再经真空干燥处理后得切削填料备用；所述的超声震荡处理时超声波的频率为300～350kHz，所述的氮化硅的颗粒粒径为80～300nm。

［产品特性］

（1）本品利用二甲基二甲氧基硅烷与二异丙醇胺发生反应，制成改性的硅烷成分，然后与环氧氯丙烷发生季铵化反应形成复合的季铵盐成分，能很好地改善膨润土的表面活性，避免了相互间的吸附团聚现象，提升了分散效果；在4-(6-氨基己氧基)-4′-氰基联苯等成分的作用下，氮化硅有效的插层固定于膨润土的层间，扩大了层间距，增强了片层间的滑移性，同时氮化硅颗粒又起到了类似滚珠的作用，提升了片层滑移的效率，有助于切削碎屑的排出以及热量的移出，减少了刀具的损伤，提高了工件的精度。

（2）本品工艺简单，冷却速度快，适用于各种速度的切割处理，能很好地提升切割的效率和精度，降低刀具的磨损，具有很好的推广应用价值。

配方 197 铝箔、铜箔免清洗油性切削液

原料配比

原料		配比（质量份）							
		1#	2#	3#	4#	5#	6#	7#	8#
基础油	轻质矿物油	90	85	80	90	60	50	30	44
长链烯烃	十二烯	6	4	—	—	15	—	—	—
	十四烯	—	4	5	—	10	—	—	—
	十六烯	—	—	—	3	10	38	60	35
	十八烯	—	—	5	3	—	—	—	—
烷醇	十二烷醇	2	—	3	—	—	—	—	—
	十四烷醇	—	4	—	2	—	5	0.5	10
	十六烷醇	—	—	3	—	1	5	8	10
聚脂肪酸酯	聚羟基脂肪酸酯	1	1	1	—	—	—	—	—
	聚甘油脂肪酸酯	—	1	—	1	—	1	2	1
	聚乙二醇脂肪酸酯	—	—	2	—	3.5	—	—	—
防锈剂		1	1	1	1	0.5	1	1.5	1

制备方法

（1）将轻质矿物油、长链烯烃、聚脂肪酸酯加入搅拌釜中，混合均匀，得到第一混合物溶液；混合均匀通过搅拌 30～90min 达到。

（2）将烷醇和防锈剂混合并搅拌均匀，得到第二混合物溶液；混合均匀通过搅拌 1～2h 达到。

（3）将第二混合物溶液加入第一混合物溶液中，混合均匀，得到铝箔、铜箔免清洗油性切削液。

原料介绍

基础油为石油炼制产生的含有侧链的异构烷烃组成的轻质矿物油具有黏度小、易挥发、润滑性好的优点，烷烃支链使得分子间隙增大，降低了轻质矿物油的沸点，使其在室温自然放置的条件下便可挥发，同时增强了润滑性能。

长链烯烃均为直链，可在铝箔、铜箔表面形成油膜，减小加工时的摩擦力，与基础油协同增强切削液的润滑性能。

烷醇中含有羟基，具有亲水性，可以溶解水溶性化合物。亲水性基团的加入让本品切削液也可配合水使用，扩大了使用范围。

聚脂肪酸酯有着很多的亲水性羟基，而其亲油性随脂肪酸烷基不同而不同。聚脂肪酸酯兼有亲水、亲油双重特性，具有良好乳化、分散、湿润、稳定、起泡等多重性能，是良好的表面活性剂。本品中基础油与长链烯烃起协同润滑的作用；聚脂肪酸酯起表面活性剂的作用。

烷醇主要用来提高防锈剂在基础油中的溶解度。

所述的防锈剂选用市面上主要成分为十二烷基苯磺酸钠的商用防锈剂。

产品应用 本品主要用于锂离子电池、电容器等器件中铝箔、铜箔、极耳等的切削加工。

产品特性 该切削液的特征是黏度小，易挥发；铝箔加工后自然放置 30min，便可无残留，省去了后续的清洗工艺，节约了加工成本，同时具备优异的润滑性。

配方 198 铝合金高光加工环保型全合成切削液

原料配比

原料		配比（质量份）							
		1#	2#	3#	4#	5#	6#	7#	8#
防锈剂		3	2	8	3	3	3	3	3
醇胺		15	10	20	15	15	15	15	15
润滑剂		6	5	25	6	6	6	6	6
耦合剂	己二醇	3	2	5	3	3	3	3	3
缓蚀剂	甲基三甲氧基硅烷	1	0.5	2	1	1	1	1	1
沉降剂	阳离子季铵盐类沉降剂	0.3	0.1	0.5	0.3	0.3	0.3	0.3	0.3
消泡剂	有机硅消泡剂 HP777	0.1	0.05	0.2	0.1	0.1	0.1	0.1	0.1
杀菌剂	苯基-1,3,5-三嗪	1.5	0.5	2	1.5	1.5	1.5	1.5	1.5
水		55	40	60	55	55	55	55	55

制备方法

（1）将防锈剂和醇胺以及少量水在 60℃下搅拌 0.5h 得到混合物 A；

（2）将润滑剂备好；

（3）将剩余原料和少量水混合制得混合物 C；

（4）将混合物 A、润滑剂、混合物 C 以及剩余水持续搅拌混合均匀，得到产品。

原料介绍

所述防锈剂为新型有机防锈剂，制备原料包含：硅醇钠、四氯化钛、二（3,3,3-三氟丙基）二氯硅烷。所述硅醇钠和四氯化钛的摩尔比为 1∶1。

所述防锈剂的制备方法如下：

（1）将硅醇钠和四氯化钛分别溶于甲苯中，得到硅醇钠溶液和四氯化钛溶液，然后将四氯化钛溶液在搅拌下逐步滴入到硅醇钠溶液中，继续在 110℃下反应 30min，得产物 1；

（2）在反应器中，加入 100mL 水和 40mL 甲苯，在搅拌的状态下缓慢滴入 0.33mol 步骤（1）中的产物 l、0.038mol 二（3,3,3-三氟丙基）二氯硅烷和 0.01mol 的四甲基二硅氧烷，控制体系温度低于 50℃；5h 后停止反应，分层保留甲苯相并水洗至中性，过滤，旋转蒸发蒸除甲苯，80℃真空干燥 2h，得防锈剂。

所述润滑剂由 AMP-95、嵌段聚醚、甘油和新癸酸组成。

所述润滑剂的制备方法如下：将 AMP-95、嵌段聚醚、甘油、新癸酸以及少量水在温度 50～80℃下搅拌混合 3～5h，得到润滑剂；AMP-95、嵌段聚醚、甘油和新癸酸的质量比为（5～8）∶（40～50）∶（20～30）∶（4～5）。

所述嵌段聚醚的制备原料包括：环氧乙烷、环氧丙烷、5-(3,4-二羟基苯基)-1,3-噁唑-2（3*H*）-硫酮。

所述环氧乙烷、环氧丙烷、5-(3,4 二羟基苯基)-1，3-噁唑-2（3*H*）-硫酮的摩尔比为 2∶2.85∶0.15。

所述嵌段聚醚的制备方法如下：在洁净干燥的反应釜中加入总制备原料 1%的起始剂丙二醇和总制备原料 2%的催化剂，用氮气置换数次。在搅拌下加热至 100℃，抽真空脱除水分。然后，向釜内加入环氧乙烷、环氧丙烷、5-(3,4-二羟基苯基)-1,3-噁唑-2（3*H*）-硫酮。反应结束后，降温，用氮气清扫反应系统，出料分析。其中，反应温度为 130℃，反应时间为 166min，反应压力为 0.2MPa，催化剂为氢氧化钾。

所述醇胺为单乙醇胺、二乙醇胺、三乙醇胺、一异丙醇胺、甲基二乙醇胺、二甘醇胺和醇胺聚合物中的任一种或多种。

所述醇胺聚合物的制备方法如下：

(1) 在反应器中，加入2mol的二乙醇胺和1mol的环氧氯丙烷，在室温下搅拌反应30min后，反应生成1-二羟基氨基-3-氯-2-丙醇。

(2) 待步骤(1)的反应体系反应结束后，加入0.5mol的氢氧化钠，室温下继续搅拌30min后，得到*N*,*N*-二羟乙基氨基-1,2-环氧丙烷。

(3) 将步骤(2)得到的*N*,*N*-二羟乙基氨基-1,2-环氧丙烷进行环氧开环聚合反应，即可制备得到醇胺聚合物；所述开环聚合反应条件如下：在高压反应釜中反应，反应前用氮气吹扫反应釜2次，反应温度为130℃，表压为0.25MPa，催化剂为氢氧化钾。

[产品特性] 本品具有优异的润滑性能、防锈性能且切削出的金属材料质量很好。本品中的防锈剂与金属基材具有很强的吸附性，不仅防锈性能强，而且使用周期长，能在很长时间内保护金属材料；同时，本品中的润滑剂，可以和防锈剂之间形成网状结构，能够防锈的同时，还能保持长期的润滑性能，且所述润滑性能不会因为清洗而消失，其借助防锈剂的吸附力，与金属基材具有长期而强烈的吸附性。同时，本品中的醇胺可以维持切割材料的高质量输出，因为其可以渗透到材料的缝隙中，消灭积屑瘤的存在，保持产品的精度。

配方 199 铝合金加工用全合成环保切削液

[原料配比]

原料	配比（质量份）										
	1#	2#	3#	4#	5#	6#	7#	8#	9#	10#	11#
羧酸铵盐复合防锈剂	5	25	10	25	20	20	20	20	20	20	20
磺化蓖麻油	5	30	10	30	26	26	26	26	1	26	26
水溶性润滑剂	2	14	2	10	6	6	6	6	6	25	6
一元酸	1	6	2	5	2	2	2	2	2	2	2
防霉杀菌剂	0.5	2	1	1.5	1.5	1.5	1.5	1.5	1.5	1.5	1.5
消泡剂	0.02	1	0.05	1	0.05	0.05	0.05	0.05	0.05	0.05	0.05
水	40	85	30	50	45	45	45	45	45	45	45

[制备方法]

(1) 将所述磺化蓖麻油、水溶性润滑剂、一元酸加入反应容器中，常温常压下搅拌0.5～1h，制得混合物A；

(2) 将防霉杀菌剂、消泡剂、水在常温常压下搅拌10～30min，得混合物B；

(3) 将羧酸铵盐复合防锈剂、混合物A、混合物B常温常压下搅拌0.5～1h，即可。

[原料介绍]

所述水溶性润滑剂选自聚醚、聚醚酯、自乳化酯、聚合酯中的一种或多种。所述聚醚为反式嵌段聚醚。所述反式嵌段聚醚为环氧乙烷和环氧丙烷的嵌段聚合物。所述反式嵌段聚醚选自RPE1720、RPE1740、RPE2520中的一种或多种。

所述羧酸铵盐复合防锈剂由十二碳二元酸、三元聚羧酸、单乙醇胺、三乙醇胺按照质量比为1∶(1～3)∶(1～3)∶(7～10)组成。所述羧酸铵盐复合防锈剂的制备步骤为：将十二碳二元酸、三元聚羧酸、单乙醇胺、三乙醇胺加入反应器中，在50～60℃下，混合搅拌30～60min，即制得羧酸铵盐复合防锈剂。

所述一元酸为有机一元酸，为C_7～C_{20}的一元酸。所述一元酸选自异辛酸、正辛酸、异壬酸、新癸酸、正癸酸、异构癸酸、格尔伯特酸中的一种或多种。

所述防霉杀菌剂选自三嗪衍生物、吗啉衍生物、3,3-亚甲基(5-甲基噁唑烷)、*N*,*N*-亚甲基双吗啉、苯并异噻唑啉酮中的一种或多种。

所述消泡剂选自高碳醇脂肪酸酯复合物、聚氧乙烯聚氧丙烯季戊四醇醚、聚氧乙烯聚氧丙醇胺醚、聚氧丙烯甘油醚、聚氧丙烯聚氧乙烯甘油醚、有机硅消泡剂中的一种或多种。

[产品特性] 本品采用磺化蓖麻油以及水溶性润滑剂复配提供高润滑性能，作为不含油的切削液产品，在同等条件下能够代替低含油量的半合成切削液。此外，本品通过蓖麻油酸、有机酸和特殊醇胺的复配，起到铝合金不易变色的保护作用，解决了铝合金加工过程中的高润滑要求，不含磷、硅等缓蚀剂，对铝合金有很好的保护作用，不易发生腐蚀；同时不含矿物油，降低细菌滋生的风险，延长使用寿命。

配方 200 铝合金轮毂专用切削液

[原料配比]

原料		配比（质量份）
石油磺酸钠		15～20
油酸三乙醇胺酯		10～12
十二烯基丁二酸		2
苯并三氮唑		0.5～1
非离子表面活性剂 H		3～5
防锈剂		5～10
氨基醇		10～15
乳化剂		15～20
防腐剂		<2
消泡剂		<1
10＃机械油		加至 100
油酸三乙醇胺酯	油酸	1
	三乙醇	3

[制备方法] 按配方将各组分混合，进行搅拌生成切削液产品。

[原料介绍]

非离子表面活性剂 H 的制备：松香和顺酐在催化剂的作用下，进行共聚反应，反应温度控制在 150～180℃，共聚物进一步与多元胺发生中和反应，生成非离子表面活性剂 H，产物为红棕色黏稠液体。

油酸三乙醇胺酯的合成：油酸与三乙醇胺按照 1∶3 摩尔比进行混合，温度控制在 120～150℃，油酸的—COOH 基团与三乙醇胺的—OH 基团发生酯化反应，生成一种水溶性油酸三乙醇胺酯油性剂。

[产品应用] 使用时，将本切削液配成 2%～3%的乳化液（即用 2%～3%的原液加入 97%～98%的去离子水搅拌成乳化液）。

[产品特性] 本品为半透明状，防锈性、清洗性及润滑性良好。本品易稀释、耐用；防锈性能好且具有除锈功能；冷却性能好、刀具更耐用；稀释液呈半透明状态，使用过程中，机床台面无油腻感，加工能见度高。本产品洁净、环保、不发臭，给操作人员以更洁净的工作环境，对机床涂料和密封部件无腐蚀和溶胀作用。本品无毒无味，对操作人员皮肤无不良刺激，对人体无害。

配方 201 铝合金切削液（1）

[原料配比]

原料		配比（质量份）		
		1#	2#	3#
基础油	机械油	10	—	20
	植物油	—	4	10
	太古油	15	16	—
润滑剂	油酸	3	—	6
	聚乙二醇	—	5	5
	妥尔油酰胺	6	—	—
	甘油	3	5	4
表面活性剂	非离子表面活性剂	12	—	8
	阴离子表面活性剂	—	10	7
防锈剂	三乙醇胺	8	—	5
	石油磺酸钠	—	5	5
抗氧化剂	苯甲酸钠	2	—	1
	山梨酸钾	—	1	2
极压剂	硼酸酯	6	—	—
	妥尔油酸酯	—	5	5
	磷酸酯	4	3	—
	石蜡	—	—	7
消泡剂	二甲基硅油	0.8	0.5	1
纯水		加至100	加至100	加至100

[制备方法]

（1）在搅拌釜中加入计量好的纯水和消泡剂，慢速搅拌到完全溶解；

（2）按顺序加入计量好的表面活性剂、防锈剂、抗氧化剂、润滑剂、极压剂和基础油，搅拌分散至透明，即得高性能铝合金切削液。

[产品特性] 本品结构稳定，不易破乳，经久耐用，而且不含有对人体有毒的亚硝酸，冷却效果好，经济环保。铝合金切削液的制备工艺简单，适合常温下操作。

配方 202 铝合金切削液（2）

[原料配比]

原料		配比（质量份）		
		1#	2#	3#
聚甘油		6	8	7
柠檬酸钠		0.5	1	0.8
直长碳链二元酸钠盐		3	8	5
苯并三氮唑		0.1	0.6	0.4
三乙醇胺		7	10	8
硫脲		1	1	2
乳酸钠		1	1	3
聚醚多元醇		2	4	3
pH调节剂	醋酸铵	1	3	2
去离子水		10	25	15

续表

原料		配比（质量份）		
		1#	2#	3#
直长碳链二元酸钠盐	十一碳二元酸钠	—	8	1
	癸二酸钠	3	—	1
	十二碳二元酸钠	—	—	1

［制备方法］ 按照质量份数将各组分溶于去离子水中，调 pH 值至 8.0～9.6，制成切削液母液。

［产品应用］ 使用方法：使用时，利用去离子水将切削液母液稀释至 2～10 倍。

［产品特性］ 本品中引入聚醚多元醇，并通过添加醋酸铵将其浊点的温度提升至铝合金切削液非作业区温度以上和铝合金切削液作业面温度以下，能够保证循环使用的切削液在 60℃的低温条件下保持澄清流体状态，易于观察易于传热，并且还能够在 90℃以上的高温条件下出现乳浊，很好地实现润滑和保护的效果。

配方 203 铝合金切削液（3）

［原料配比］

原料		配比（质量份）			
		1#	2#	3#	4#
醇胺		15	10	20	18
防锈剂		12	10	15	12
润滑剂		8	5	10	6
腐蚀抑制剂		0.8	0.5	1	0.6
金属缓蚀剂		2	1	3	1
去离子水		30	20	40	25
醇胺	三乙醇胺	1	1	2	1
	2-氨基-2-甲基-1-丙醇	1	1	1	—
	二甘醇胺	—	—	—	1
防锈剂	三元有机聚羧酸 485	1	1	2	1
	癸二酸	1	1	—	1
	十二碳二元酸	—	—	1	—
润滑剂	聚醚	1	1	1	1
	聚醚酯 483	2	—	—	2
	聚醚酯 483	—	2	—	—
	聚醚酯 1500	—	—	1	—
金属缓蚀剂	三聚酸	1	1	—	—
	多聚酸	—	—	1	1
	硅氧烷酮	1	1	—	1

［制备方法］

(1) 依次将去离子水、醇胺及防锈剂加入容器中，搅拌至溶解；搅拌的时间均在 10～15min。

(2) 在所述容器中依次加入润滑剂、腐蚀抑制剂及金属缓蚀剂，搅拌至均匀透明。搅拌的时间均在 10～15min。

［原料介绍］

所述醇胺由三乙醇胺复配特殊胺而得。特殊胺为二甘醇胺或陶氏化学的 2-氨基-2-甲基-1-丙醇。采用普通三乙醇胺复配特殊胺，让产品具有良好的碱储备，保证产品具有良好防锈环境和抑菌性能。

所述防锈剂由三元有机聚羧酸复配二元酸而得，使本品不仅具有更好的防锈性，而且抗硬水性能好。所述二元酸为癸二酸或十二碳二元酸，该类添加剂不仅拥有良好防锈性能，同时抗硬水能力强、泡沫低，让切削液不仅拥有较好防锈性，同时延长产品使用寿命和增强低泡性。

所述润滑剂由聚醚复配聚醚酯而得，让切削液具有更好的润滑性能。聚醚酯拥有比聚醚更好的润滑性，与聚醚配合使产品具有更强润滑性，同时产品体系为中性体系，该类物质在中性条件下润滑性更好。

所述金属缓蚀剂由成膜剂复配缓蚀剂而得。所述成膜剂为三聚酸或四聚酸，三聚酸或四聚酸经过碱中和后可更好地吸附在金属表面形成致密保护膜防止金属腐蚀，为金属保护剂提供良好成膜环境并有效增进金属保护剂作用。所述缓蚀剂为硅氧烷酮，拥有对铝合金良好的保护作用。

所述腐蚀抑制剂为苯并三氮唑或其衍生物。

[产品特性] 该铝合金切削液能很好地保护铝合金，不含对人体有危害的成分，环保性能及润滑性能较优。

配方 204 铝合金切削液（4）

[原料配比]

原料		配比（质量份）		
		1#	2#	3#
物质 A	油酸三乙醇胺酯	25	23	20
	聚苯胺	15	17	18
	硼酸	9	5	3
	梓油	0.9	2	4
	烷基苯磺酸钠	7	5	3
	葡萄糖酸钠	1.5	2	3.5
	去离子水	30	17	15
物质 B	磷酸锌水溶液	0.5	1.3	0.5～1.3
	硅酸锂水溶液	3	1.5	1.5～3
物质 A		1	1	1
物质 B		0.2	0.5	0.2～0.5
非离子表面活性剂	壬基酚聚氧乙烯醚	0.5	—	—
	高碳脂肪醇聚氧乙烯醚	—	0.04	—
	辛基酚聚氧乙烯醚	—	—	0.04～0.5
缓蚀剂		0.1	0.3	0.1～0.3
消泡剂		0.25	0.1	0.1～0.25
杀菌剂		0.06	0.1	0.06～0.1

[制备方法]

（1）将油酸三乙醇胺酯、聚苯胺、硼酸、梓油、烷基苯磺酸钠、葡萄糖酸钠和去离子水放入调和釜中，升温至 65～75℃，搅拌 25～30min（搅拌转速为 250～300r/min），冷却至 30～40℃，得到物质 A；

（2）向磷酸锌水溶液中加入硅酸锂水溶液，升温至 40～60℃，保温搅拌反应 0.5～1.5h，降温至 20～30℃，继续保温搅拌反应 2～3h，过滤，得到物质 B；

（3）向物质 A 中依次加入物质 B、非离子表面活性剂、缓蚀剂、消泡剂和杀菌剂，搅拌 10～20min，调节混合液的 pH 值至 8～9.5，然后继续搅拌 25～35min，静置冷却至室温，得到铝合金切削液。

[产品特性]

（1）本品添加磷酸锌水溶液和硅酸锂水溶液制备得到物质 B，在切削液实际操作中，磷酸锌会离解和水解，生成磷酸二氢盐，生成的磷酸二氢根会和被腐蚀面上的离子反应生成难溶的附着层，引起阳极极化，锌离子又会与阴极的—OH反应，生成物又会引起阴极极化，再次起到防锈作用；将其与硅酸锂水溶液反应形成络合物，在提高磷酸锌与基础油油酸三乙醇胺酯和聚苯胺相容性的同时，使本品具有较好的成膜性，能够形成连续均匀的钝化膜，提高防锈效果。本品添加的烷基苯磺酸钠与葡萄糖酸钠配合起作用，能够有效提高抗菌性和润滑性。本品安全环保、操作简单，适合工业生产化。

（2）本品具有优异的润滑性和防锈性。

配方 205 铝合金用切削液

原料配比

原料			配比（质量份）				
			1#	2#	3#	4#	5#
非离子表面活性剂	壬基酚聚氧乙烯醚		10	35	20	30	25
防锈剂			3	10	5	7	6
聚乙二醇 400			5	30	15	25	20
乳化硅油			3	10	5	8	7
氨基醇	4-氨基-1-丁醇		1	10	3	6	5
去离子水			1	15	5	12	10
防锈剂	基础油	石蜡基基础油 150SN	100	100	100	100	100
	防锈组分		15	15	15	15	15
	成膜助剂		3	3	3	3	3
	抗磨剂	纳米二氧化硅	1	1	1	1	1
	防锈组分	石油磺酸钡	1	1	1	1	1
		硬脂酸乙酯	5	5	5	5	5
		硬脂酸	3	3	3	3	3
	成膜助剂	液体热塑性丙烯酸树脂	100	100	100	100	100
		三聚氰胺甲醛树脂	20	20	20	20	20
		乙基纤维素	10	10	10	10	10
		无水乙醇	30	30	30	30	30

制备方法 将非离子表面活性剂、防锈剂、聚乙二醇、乳化硅油、氨基醇以及去离子水加入反应器中，常温下搅拌均匀后，即可得到铝合金用切削液。

原料介绍

所述防锈组分选自磺酸盐类防锈剂、羧酸类防锈剂、酯类防锈剂、胺类防锈剂中的任意一种或几种的组合。

所述成膜助剂的制备方法包括以下制备步骤：将液体热塑性丙烯酸树脂、无水乙醇室温下混合均匀，然后再加入乙基纤维素，搅拌均匀后，加入三聚氰胺甲醛树脂，再次搅拌均匀，即可得到成膜助剂。

所述防锈剂的制备方法包括以下步骤：将基础油、防锈组分混合均匀后，然后再加入成膜助剂，再次搅拌均匀后，得到环保型硬膜防锈剂。

所述氨基醇选自2-氨基-2-甲基-1,3-丙二醇、二乙氨基乙醇、3-氨基-1-金刚烷醇、4-氨基-1-丁醇中的任意一种或几种的组合。

产品特性

（1）本品渗润性能高，能有效地提高加工工件之精度及降低粗糙度。

（2）本品极压及冷却性能良好，能提供良好的护刀性能，延长刀具寿命。

（3）本品清洗性好，机械加工后金属屑速沉，不漂浮。

(4) 本品具有较好的防锈性，对敏感的有色金属不会有腐蚀作用。

(5) 本品 pH 值稳定，不易发臭，使用寿命长。

(6) 本品不含酚和亚硝酸盐、多氯联苯及其它致癌物质，可确保操作人员安全。

配方 206 铝合金专用半合成切削液

原料配比

原料	配比（质量份）
水	35～45
硼酸	0.5～2.5
癸二酸	0.5～1
月桂二酸	0.5～1
苯并三氮唑	0.5～1
一乙醇胺	1.5～3.5
三乙醇胺	1.5～3.5
环烷油	10～20
妥尔油脂肪酸	2～4
二聚酸	3～5
四聚蓖麻油酸酯	6.5～8.5
油酸异辛酯	4～6
二环己胺	2.5～4.5
脂肪醇聚氧乙烯醚	1.5～3.5
氯化石蜡	3～6
ASI-80 铝缓蚀剂	0.5～1
亚甲基双吗啉	1～2
MS-575 消泡剂	0.1～0.3

制备方法

(1) 将所述配方量的硼酸、癸二酸、月桂二酸、苯并三氮唑、一乙醇胺、三乙醇胺加入配方量的水中，加热至 50～70℃，搅拌 30～60min 后停止加热。

(2) 向由步骤 (1) 得到的液体中继续依次加入配方量的环烷油、妥尔油脂肪酸、二聚酸、四聚蓖麻油酸酯、油酸异辛酯、二环己胺、脂肪醇聚氧乙烯醚、氯化石蜡、ASI-80 铝缓蚀剂，搅拌至完全溶解。也可以加料完成后，保持 50～70℃加热进行搅拌，可更快速达到完全溶解。

(3) 将步骤 (2) 所得到的液体温度降至 40℃及以下时，加入配方量的亚甲基双吗啉和 MS-575 消泡剂，再搅拌均匀。

原料介绍

硼酸与一乙醇胺、三乙醇胺在适当的温度下具有很好的协同作用，复配癸二酸、月桂二酸、苯并三氮唑，形成防锈、防腐蚀效果优异的稳定水相；以环烷油为载体，复配二聚酸、四聚蓖麻油酸酯、油酸异辛酯、二环己胺、氯化石蜡、ASI-80 铝缓蚀剂形成防锈、防腐蚀和润滑性极佳的油相；水相与油相在妥尔油脂肪酸、四聚蓖麻油酸酯、脂肪醇聚氧乙烯醚共同乳化作用下形成黄色清透、均一稳定的液体，补加亚甲基双吗啉杀菌剂、MS-575 消泡剂，最终形成防锈、防腐蚀、润滑、消泡和使用寿命俱佳的铝合金专用半合成切削液。

所述环烷油 40℃运动黏度为 28～34mm^2/s，所述氯化石蜡氯含量为 48%～52%。

产品特性

(1) 切削液在实际使用过程中一般需要用 90%以上的水进行稀释。为保护机床、刀具和工件不受切削液的侵蚀，需要在切削液中加入合适防锈剂，单一防锈剂很难达到理想的防锈腐蚀效果，本品通过几种防锈剂协同，使其在铝表面形成致密的保护膜，防止锈蚀的发生。

(2) 铝合金有较强化学活性，在加工过程中会与环境中水、空气、切削液分解氧化产生的腐蚀性产物等接触发生电化学反应，致使材料表面受到腐蚀产生黑斑等。硅酸盐是常见的腐蚀抑制剂，但其在配方中容易析出产生沉淀，本品选用 ASI-80 铝缓蚀剂，产品中存在的磷酸基团不但易与溶液中铝的氧化物络合阻止铝腐蚀的发生，同时磷酸基团相较于硅酸盐稳定性更好，不易析出。

(3) 油相载体选用环烷基油，与石蜡基油相比，环烷基油环烷烃含量高、正构烷烃含量少且芳烃含量低，与水的密度接近，对添加剂的溶解能力强，容易乳化并且有较好的乳化稳定性。辅以氯化石蜡、二聚酸使配方具有适宜的有效成分和润滑性。

(4) 主乳化剂选用四聚蓖麻油酸酯，协同妥尔油脂肪酸和脂肪醇聚氧乙烯醚，使配方乳化微粒粒径更小，从而实现稀释液稳定性优于一般半合成切削液。

配方 207 铝合金专用环保切削液

原料配比

原料		配比（质量份）		
		1#	2#	3#
润滑剂	四聚蓖麻油酸酯	4	2	5
	嵌段聚醚	4	5	2
表面活性剂	烷基 EO/PO 聚合物	3	2	4
	异构十三醇聚氧乙烯醚	6	8	4
	司盘-80	5	3	6
防锈剂	改性脂肪酸单乙醇胺酰胺	3	4	2
	硼酸二乙醇胺酰胺	6	8	8
杀菌剂	吗啉衍生物	0.8	0.5	1
	苯并异噻唑啉酮	0.7	1	0.5
消泡剂		0.2	0.1	0.3
脂肪醇聚氧乙烯醚		5	6	3
琥珀酸衍生物		2	1	3
三元酸		5	6	3
三乙醇胺		12	10	15
基础油	矿物油	35	40	30
水		35	30	40

制备方法

(1) 将所述三元酸和三乙醇胺混合加热至 40～65℃，保温搅拌 25～40min，得到第一混合物；

(2) 在所述第一混合物中加入防锈剂和琥珀酸衍生物搅拌 15～25min，然后加入脂肪醇聚氧乙烯醚和表面活性剂搅拌 15～25min，得到第二混合物；

(3) 在所述第二混合物中加入基础油，搅拌 15～25min 后，再依次加入水、润滑剂、杀菌剂和消泡剂搅拌 25～40min，得到铝合金专用环保切削液。

原料介绍

在切削液中加入一定的润滑剂，使得切削液具备优异的润滑和减摩特性，光洁度和精度提高，刀具使用寿命延长，并能够有效改善切削时的黏刀问题。通过添加适量的表面活性剂等，提高了铝合金切削液的清洗能力。同时将脂肪醇聚氧乙烯醚和琥珀酸衍生物复配使用，切削液能够快速渗入工件，并进一步提高带走切屑的能力。

三元酸和三乙醇胺协同作用，既能够有效维持切削液的 pH 值，又避免铝合金受酸碱影响。利用三乙醇胺表面的多羟基，在工件的表面形成具有防锈功能的保护膜层，保证在长时间的持续工作下同样能保持良好的防锈性能，且基础油和水的用量大致相等，赋予切削液优异的冷却性，保证工件的形状、尺寸和加工精度。

采用四聚蓖麻油酸酯和嵌段聚醚作为润滑剂，能够赋予产品良好的润滑性能和减摩性能，可以有效解决铝加工时的黏刀问题。同时对产品的整体稳定性具有一定的辅助作用。将改性脂肪酸单乙醇胺酰胺和硼酸二乙醇胺酰胺复配使用，能够增强产品的润湿性能和脱脂能力，有助于切削液迅速渗入工件表面，形成防锈膜层，对铝合金具有良好的缓蚀效果且可改善切削碎屑的沉降性，避免刀具上积屑瘤的形成。通过采用合适的杀菌剂，能够赋予产品良好的抗菌效果。所述铝合金专用环保切削液的 pH 值为 8.0～9.0 可避免性质活泼的铝合金在酸碱环境中发生反应。

所述表面活性剂选自烷基 EO/PO 聚合物、异构十三醇聚氧乙烯醚、司盘-80、十二烷基苯磺酸钠和烷基酚聚氧乙烯醚中的一种或多种。

所述琥珀酸衍生物选自琥珀酸酯、琥珀酸盐、琥珀酸铵、琥珀酰卤、琥珀酸酐中的一种或多种。

所述的消泡剂为质量比为 1∶0.2 的聚二甲基硅氧烷和二氧化硅。二氧化硅粒子能够进入气泡液膜，由于其疏水性作用，与表面活性剂产生的发泡液滴的接触角大，使得液滴从疏水的二氧化硅粒子表面排开，引起液滴快速破裂。二氧化硅和聚二甲基硅氧烷协同作用，具有快速消泡的效果。

产品特性

(1) 本品采用特殊工艺调和，磨削过程中切削液在工件和砂轮表面形成物理（或化学）吸附膜，且渗入到砂轮与轴承表面形成沉积膜，在金属表面附着并展开，在高压、高温与激烈的摩擦状态下 2 种膜共同作用，减摩效果明显，并显示出极好的极压润滑性能，有利于防止或减少金属表面的直接接触，达到减少黏结的目的。同时具有良好的防锈和抗菌作用，对铝合金表面有很好的抗氧化保护作用，确保加工面的光洁度好，清洗性能好，确保工件表面和设备清洁，降低使用成本。

(2) 该切削液适用于铝合金的特殊加工需求，具有极佳的润滑性和减摩特性，可以有效解决铝加工时的黏刀问题。本品制备工艺简单，适用于工业化生产。

配方 208 铝合金专用长效切削液

原料配比

原料	配比（质量份）		
	1#	2#	3#
46#机械油	12.28	12.5	13
妥尔油酰胺浓缩液（AC28）	1.23	1.5	1
三元酸防锈剂（CP-50）	3.07	3.5	3
杀菌剂（BK）	1.84	3	1.5
甘油	4	4	4
水	50.37	50.1	47.25
亚硝酸钠	3.84	3.5	4.5
聚氧乙烯失水山梨醇脂肪酸酯（T-80）	4.48	4	5
失水山梨醇脂肪酸酯（S-80）	8	7	9
壬基酚醚磷酸酯（JHP-E9600）	1.84	1.5	2.5
苯并三氮唑（T706）	0.18	0.2	0.15
三乙醇胺	1.23	1	2
消泡剂	0.12	0.2	0.1
三乙二醇丁醚	7.52	8	7

续表

原料		配比（质量份）		
		1#	2#	3#
三元酸防锈剂	三元酸	1	1	1
	三乙醇胺	2.8	2.8	2.8
	水	1	1	1

制备方法

（1）在调和釜1内，将JHP-E9600与三乙醇胺加热至60～65℃，搅拌20～30min，成水色，再把T706加入搅拌成无色液体；

（2）在调和釜2内，取水加入亚硝酸钠，搅拌溶解完后，加入46#机械油、AC28、T-80搅拌均匀后，再加入甘油、杀菌剂，搅拌均匀后加入S-80，用三乙二醇丁醚调透明，再搅拌30min，加入消泡剂再搅拌30min，制得混合液；

（3）将步骤（1）、步骤（2）的混合液进行混合，加入CP-50三元酸防锈剂，搅拌混合均匀，检验合格后过滤包装。

原料介绍

所述AC28为妥尔油酰胺浓缩液，是一种助乳化剂，在本配方中起到稳定体系的作用，防止原液产生变态、析油。

所述杀菌剂具有长效、低毒、广谱的特点，主要成分为三嗪化合物，有非常好的抑菌灭菌作用，还能较好地稳定体系的pH值，对清除异味有一定的作用。杀菌剂在冬天加入配方2%、夏天加入3%，保证乳液一年都不会发臭，这是乳液长效的基础。所述杀菌剂为含量75%以上的BK广谱杀菌剂。

所述甘油起到冬天防止原油上冻的作用。

亚硝酸钠是含量99%的亚硝酸钠，作用是防止设备生锈。亚硝酸钠对纯铝是有腐蚀作用的，对铝合金的影响就小多了，使用亚硝酸钠得当是完全可以防止它的腐蚀作用，还能起到很好的防止设备生锈作用。

用T-80作乳化剂具有润滑性、抗硬水作用；具有很好的分散性、清洗性。所述T-80为聚氧乙烯失水山梨醇脂肪酸酯，含量≥98%，HLB值为15。

所述JHP-E9600与三乙醇胺加热反应后可保证铝或铝合金高温、室温不变黑、不出水印、不出白斑，同时它会在铝或铝合金上形成一层严密的极压膜，一方面保护了铝材，另一方面阻止了亚硝酸钠与铝材接触。

所述T706对防止铜变色有很好的作用。

三乙二醇丁醚，一个作用是调整油的黏度，另一个作用是增容，增加乳液的抗硬水能力，还有一个作用是调透明。

所述CP-50是一种三元酸防锈剂，由三元酸∶三乙醇胺∶水按质量比为1∶2.8∶1配制，三元酸为含量50%的三元酸，三乙醇胺为混胺85%的三乙醇胺，水为0～500mg/L硬度的中性水。先加三乙醇胺，再加三元酸搅拌均匀，加热至70～80℃，当三元酸消失、无皂沫，即为反应完毕，加入所需水，再搅拌0.5h，经检验合格即为成品。

所述S-80为失水山梨醇脂肪酸酯，含量≥98.5，具有很好的润滑性、防锈性。

所述消泡剂为乳化硅油。

产品特性

（1）微乳液更稳定，无阴离子设计更抗硬水；

（2）用本品配出的稀释液长期有效，机械油析出后稀释液仍有效，不影响切削、不用清理；

（3）节能、维护费用低、清理周期长、节省大量原材。

配方 209 铝及其合金切削液

原料配比

原料		配比（质量份）
石油硫酸钡		10～15
石油硫酸钠		10
pH 调节剂	氢氧化钠	0.1～1
油酸		10～15
防锈剂		1～5
表面活性剂	烷基磷羧酸盐	5
甘油		10～30
95%的工业乙醇		加至 100
防锈剂	盐酸	2～3
	十二烷基苯磺酸钠	1～2
	氯化钠	1～2
	柠檬酸	加至 100

制备方法

（1）将石油硫酸钡与甘油加入搅拌釜内进行搅拌，并逐步将温度提高至 100～150℃；

（2）向搅拌釜内加入防锈剂和油酸，通过控制油酸的加入量控制搅拌釜内 pH 值在 3～5；

（3）向搅拌釜内加入 pH 调节剂调节搅拌釜内 pH 值在 6～7；

（4）向搅拌釜内加入表面活性剂和 pH 调节剂，使搅拌釜内的 pH 值在 8～9；

（5）将搅拌釜内温度调整至 30℃以下，并将工业乙醇加入搅拌釜内。

原料介绍

石油硫酸钡的分子量较大，可保证切削液充分雾化。

所述的防锈剂包括盐酸 2～3 份、十二烷基苯硫酸钠 1～2 份、氯化钠 1～2 份，余量为柠檬酸（补足至 100）。防锈剂能够有效地减缓刀具被氧化速度，延长刀具的使用寿命。

雾化后的工业乙醇能够降低刀具周边的温度，尤其是能快速地降低切削后铝屑的温度，避免高温铝屑黏在刀具上，影响刀具的切削精度和切削力。

pH 调节剂能够保证切削液在制备过程中各组分能够有一个相对适宜的酸碱环境，将最终的切削液调整至碱性，降低了切削液与刀具本身发生的反应。

产品特性 将切削液喷射在刀具上，油脂性物质附着在刀具的表面上，降低高温刀片与空气的接触，从而降低刀具的氧化，延长刀具的使用寿命；通过工业乙醇的挥发作用降低刀具以及刀具周边的温度，减少刀具上积屑瘤的附着，提高切削效率。

配方 210 铝镁合金切削液（1）

原料配比

原料	配比（质量份）
基础油	30
非离子表面活性剂	15
阴离子表面活性剂	5
防锈剂	5
极压剂	2
杀菌剂	1
消泡剂	1

续表

原料	配比（质量份）
铝镁合金缓蚀剂	2
水	加至100

[制备方法] 将各组分原料混合均匀即可。

[原料介绍]

所述的基础油为三羟甲基油酸酯、季戊四醇油酸酯中的一种或几种的混合物。

所述的非离子表面活性剂是失水山梨醇油酸酯、烷基酚聚氧乙烯醚、脂肪醇聚氧乙烯醚中的一种或几种的混合物。

所述的阴离子表面活性剂为石油磺酸盐。

所述的防锈剂为硼酸酯、月桂酸、十一碳二元酸、十二碳二元酸中的一种或几种的混合物。

所述的极压剂为脂肪基磷酸酯。

所述的杀菌剂为硼砂。

所述的消泡剂为二甲基硅油。

所述的铝镁合金缓蚀剂为磷酸酯、妥尔油与2-氨基-2-甲基-1-丙醇、偏硅酸钠和改性磷酸酯中的一种或几种的混合物。

[产品特性]

（1）该铝镁合金切削液中的三羟甲基油酸酯、季戊四醇油酸酯是常见的多元醇酯，原料来源广泛，制备工艺成熟。相比于矿物油，多元醇酯具有较宽的黏度范围，较高的黏度指数，优良的黏温性能与低温性能，热安定性好，润滑性能优异，由于分子结构中含有酯基官能团，相对于烃类更容易被“消化”，因此具有良好的生物降解性，生物降解率超过85%，因此所得铝镁合金切削液具有优良的黏温性能，通用性强，适合铸铁、铜、铝和镁等金属的切削加工。

（2）本品不含氯、亚硝酸盐、苯酚，防腐防锈性能优良，尤其应用在铝合金和镁合金上防腐效果显著，更换周期长，对环境友好，对人体损害极小。

配方 211 铝镁合金切削液（2）

[原料配比]

原料	配比（质量份）		
	1#	2#	3#
基础油	25	20	30
环烷基油	4	3	5
环氧蓖麻油	4.5	3	6
山梨醇	2	1	3
抗硬水剂	0.75	0.5	1
阴离子表面活性剂	0.85	0.5	1.2
金属减活剂	0.3	0.2	0.4
抗氧化剂	0.3	0.1	0.5
防污剂	0.3	0.2	0.4
有机酸	0.85	0.5	1.2
石油磺酸钠	1.6	0.8	2.4
耦合剂	0.5	0.3	0.7

[制备方法] 将各组分原料混合均匀即可。

[产品特性] 本品具有超强的抗硬水性能，是一种微乳化的环境友好性切削液，能够使用6～8个月而无需更换。

配方212 绿色环保水基全合成切削液

[原料配比]

原料		配比（体积份）			
		1#	2#	3#	4#
三乙醇胺硼酸酯		5	10	15	20
切削液基础液		95	90	85	80
切削液基础液	去离子水	99.5	99.5	99.5	99.5
	杀菌剂	0.25	0.25	0.25	0.25
	消泡剂	0.25	0.25	0.25	0.25

[制备方法] 首先按照比例将去离子水导入反应釜内，加入相应比例的杀菌剂与消泡剂，持续搅拌形成切削液基础液。然后将三乙醇胺硼酸酯与切削液基础液混合，持续搅拌形成绿色环保的新型水基全合成切削液。

[原料介绍]

所述的杀菌剂为异噻唑啉酮。

所述的消泡剂为改性聚醚。

[产品特性] 本品具有很强的极压润滑性能。本品无毒环保，而且具有优异的减摩抗磨性能，能够减小切削力、降低摩擦系数，从而减少刀具的磨损延长刀具的使用寿命，并提高工件表面质量。该品具有优异的冷却清洗性能，能够降低切削区域的温度、冲洗各种杂质，能够避免因温度过高导致工件发生的变形现象，提高了加工精度。该品具有优异的防锈和抗腐蚀性能，可以有效地防止加工机床和工件的锈蚀。该品不含有毒有害物质，不会对人体产生危害，也不会污染环境，属于绿色环保型水基全合成切削液。

配方213 绿色环保型金属切削液（1）

[原料配比]

原料		配比（质量份）		
		1#	2#	3#
硼酸三乙醇胺酯		5	7	3.5
硼酸三乙醇胺酯	硼酸	1	1	1
	三乙醇胺	2	2	2
复合防锈剂	异丙醇胺	5	6	5
	单乙醇胺	7	6	10
	月桂二元酸	4	5	4
	1,2,3-苯并三氮唑	0.2	0.1	0.1
纯水①		10	12	15
复合润滑剂	蓖麻油酸	3	2	2
	六聚蓖麻油酸	8	8	8
	植物油酸	0.5	0.5	1
辅助防锈剂	二环己胺	3	2	2
一元醇	1-十二醇	6	—	—
	1-十四醇	—	5	5
非离子表面活性剂	异构十三醇聚氧乙烯醚	5	3	—
	异构十醇聚氧乙烯醚	—	—	3
基础油	地沟油制备的生物柴油	13	12	12

续表

原料		配比（质量份）		
		1#	2#	3#
水②		24	25	25
阴离子表面活性剂	石油磺酸钠	5	5	3
杀菌剂	异噻唑啉酮	1.2	—	—
	均三嗪	—	1.2	1.2
消泡剂	有机硅消泡剂	0.1	0.2	—
	聚醚消泡剂	—	—	0.2

制备方法

（1）将反应釜加热至60～80℃，之后以质量比1∶（2～2.5）加入硼酸与三乙醇胺混合，并搅拌反应30～40min，得到具有防锈作用的硼酸三乙醇胺酯；

（2）依次加入单乙醇胺、异丙醇胺、月桂二元酸、1,2,3-苯并三氮唑并搅拌15～30min，形成复合防锈剂；

（3）加入纯水①将反应釜壁上的原料冲入体系中，并搅拌20～40min；

（4）降温至30～40℃，加入复合润滑剂与辅助防锈剂搅拌20～40min；

（5）加入非离子表面活性剂、一元醇及基础油，并搅拌20～40min；

（6）加入水②、阴离子表面活性剂、杀菌剂及消泡剂，并搅拌至溶液澄清透明，即得到金属切削液。

原料介绍

所述的硼酸三乙醇胺酯由硼酸与三乙醇胺反应得到。反应结束后会有少量三乙醇胺剩余，之后加入的月桂二元酸一方面可用于调节pH值并起到润滑作用，另一方面可与单乙醇胺、异丙醇胺及剩余三乙醇胺等醇胺类组分反应，生成的醇胺酯具有较好的防锈作用。

辅助防锈剂在复合润滑剂之后添加，一方面用于提高金属切削液的防锈性能，另一方面用于降低复合润滑剂的黏度，防止制备过程中复合润滑剂过多残留于容器内，增加金属切削液的配制操作难度。

所述的一元醇选自十二醇、十三醇和十四醇中的至少一种，其主要对配方中的水起到增溶的作用，并因分子结构简单，凝固点较低，可用于低温环境，有利于拓展金属切削液的使用条件。

所述的基础油选自由地沟油制备的生物柴油、蓖麻油和大豆油中的至少一种。所述的地沟油泛指在生活中存在的各类劣质油，如回收的食用油、反复使用的炸油等，已被严禁用于食用油领域。

所述的复合润滑剂选自蓖麻油酸、六聚蓖麻油酸和植物油酸中的至少一种。

所述的辅助防锈剂为二环己胺。

所述的非离子表面活性剂选自聚氧乙烯醚类表面活性剂和吐温-85中的至少一种。所述的聚氧乙烯醚类表面活性剂选自脂肪醇聚氧乙烯醚和烷基酚聚氧乙烯醚中的至少一种。所述的脂肪醇聚氧乙烯醚选自异构十三醇聚氧乙烯醚、C_9～C_{11}醇聚氧乙烯醚、异构十醇聚氧乙烯醚、油醇聚氧乙烯醚、丙二醇聚氧乙烯醚中的至少一种。

所述的阴离子表面活性剂为石油磺酸钠。

所述的消泡剂为有机硅消泡剂或聚醚消泡剂。

所述的杀菌剂选自均三嗪和异噻唑啉酮中的至少一种。

产品应用 本品是一种以生物柴油为基础油的绿色环保型切削液。

产品特性

（1）本品不含亚硝酸盐、重金属、有毒溶剂等组分，对环境无污染，所使用的基础油包括地沟油制备的生物柴油，实现了地沟油的资源化再利用，并有效解决了地沟油流入食品市场的问题，因此，本品属于国家支持的零污染排放的绿色环保产品。

（2）本品配方科学合理，通过调整各种添加剂的含量使得各组分进行特殊复配，最大限度发挥作用，并使所制备的切削液表现出优异的清洗性、防锈性、乳化稳定性和良好的消泡性，同时在润滑、抑菌方面也有独特的优势，可广泛应用于各种加工材料，此外加工废液易于处理，可通过破乳后按一般工业废水处理。

（3）本品制备方法简单，节能环保，原料价格低廉，润滑性能和冷却效果均较好，具有经济、散热快、清洗性强等优点，适用于工业生产。

配方 214 绿色环保型金属切削液（2）

原料配比

原料		配比（质量份）			
		1#	2#	3#	4#
基础油	菜籽油	30	—	—	—
	玉米胚芽油	—	20	—	—
	大豆油	—	—	40	—
	花生油	—	—	—	25
失水山梨醇酯		14	10	18	12
椰油酸二乙醇胺		12	9	15	11
蓖麻油聚氧乙烯醚		14	12	17	13
十二烯基丁二酸		12	8	16	10
N-油酰肌氨酸十八胺盐		15	10	20	12
松香酸		11	7	15	10
氨基三亚甲基膦酸		9	6	12	7
羟基亚乙基二膦酸		7	5	10	6
壬基苯氧基乙酸		8	6	11	7
油酸聚氧乙烯酯		11	8	15	10
三羟甲基丙烷油酸酯		8	6	10	7
芳香族二异氰酸酯		14	10	18	12
十二酰-*N*-甲基甘氨酸		16	12	20	14

制备方法

（1）首先将基础油与失水山梨醇酯、椰油酸二乙醇胺、蓖麻油聚氧乙烯醚进行混合，在室温下搅拌 10～20min，得混合物 A；

（2）将十二烯基丁二酸、N-油酰肌氨酸十八胺盐、松香酸、氨基三亚甲基膦酸、羟基亚乙基二膦酸、壬基苯氧基乙酸、油酸聚氧乙烯酯、三羟甲基丙烷油酸酯、芳香族二异氰酸酯、十二酰-*N*-甲基甘氨酸进行混合，搅拌均匀后得混合物 B；

（3）将步骤（1）制备的混合物 A 和步骤（2）制备的混合物 B 进行混合搅拌，在 50～70℃的温度下搅拌 30～50min 后，将混合液冷却至室温即得。

原料介绍

所述基础油为植物油或合成油。所述植物油为菜籽油、玉米胚芽油、大豆油、花生油、葵花籽油中的一种。

产品特性

（1）本品具有良好的润滑性，对金属的腐蚀性和防锈性能好。

（2）本品所用原料是环境友好型原料，对生态环境和人类健康副作用小，可以减少废液排放量，因此适于普遍推广与应用。

配方 215 绿色环保型全合成金属切削液

原料配比

原料		配比（质量份）			
		1#	2#	3#	4#
水性润滑剂		30	40	30	25
三乙醇胺		12	10	15	12
硼砂		5	10	25	15
苯甲酸钠		1	3	3	5
苯并三氮唑		5	4	5	8
二甲基硅油		2	1	3	2
去离子水		30	40	40	60
水性润滑剂	二聚酸：羟乙基磺酸钠（摩尔比）	1∶2.6	1∶2.6	1∶2.5	1∶2.5

制备方法

（1）制备水性润滑剂：称取二聚酸（或氢化二聚酸）、羟乙基磺酸钠和催化剂 ZnO，向羟乙基磺酸钠中滴加去离子水至其完全溶解；将上述原料加入反应釜中搅拌均匀，在氮气保护下加热至 180～220℃，酯化反应 3～4h，然后降温至 20～50℃；再向上述反应液中加入乙醇至未反应的羟乙基磺酸钠完全析出，过滤得到上清液；然后对上清液降压蒸出乙醇，得到黏稠液体；羟乙基磺酸钠与二聚酸或氢化二聚酸摩尔比为（2.3～2.8）∶1。

（2）将三乙醇胺和去离子水加入步骤（1）得到的黏稠液体中，充分搅拌使其完全溶解；再依次加入硼砂、苯甲酸钠、苯并三氮唑、二甲基硅油，搅拌均匀，调节 pH 值为 7，即得到全合成金属切削液。

原料介绍

采用水溶性的二羟乙基磺酸钠二聚酸酯作为润滑剂，不仅增加了切削液润滑性能，且切削液易于清洗，经其处理的工件可直接进行后续工序，克服了使用二聚酸作为润滑剂所产生的润滑性差、不易清洗的缺点。

三乙醇胺为一种水性防锈剂，能起到助溶剂的作用，可以增加水性润滑剂二羟乙基磺酸钠二聚酸酯和/或二羟乙基磺酸钠氢化二聚酸酯在水中的溶解能力，还能增加制备的全合成金属切削液的稳定性。

硼砂的加入可赋予全合成金属切削液良好的杀菌性能和润滑性能。

苯甲酸钠作为防腐剂。

苯并三氮唑作为防锈剂和三乙醇胺配合使用效果更好。

所述水性润滑剂为二羟乙基磺酸钠二聚酸酯和/或二羟乙基磺酸钠氢化二聚酸酯。

产品特性

（1）本品配方简单、原料易得且绿色环保。

（2）本品能耗低、污染小、绿色环保。切割金属时使用，不会对人身体产生任何伤害，且润滑性能较好，而且还易于清洗，经其处理的工件可直接进行后续工序，能有效提高生产效率，降低损耗。

（3）本品为透明液体，由具有水溶性的特殊的二聚酸酯作为润滑剂，同三乙醇胺等其他物质复配，使得其具有良好的润滑性、清洗性、防锈性、冷却性和低泡性。

配方216 镁合金切削液（1）

[原料配比]

原料	配比（质量份）
水	20～30
乙二胺四乙酸四钠	3～5
异丙醇胺	3～7
环烷基基础油	30～50
T702	5～7
磷酸酯	4～8
AEO-9	3～6
杀菌剂	2～5
司盘-80	4～8

[制备方法]

（1）将水和乙二胺四乙酸四钠、异丙醇胺在常温下搅拌至形成透明的混合液A；

（2）将环烷基基础油、T702、磷酸酯、AEO-9、杀菌剂以及司盘-80在常温下搅拌至形成透明的混合液B；

（3）将步骤（1）所得混合液A与步骤（2）所得混合液B充分混合，即得镁合金切削液。

[产品特性]

（1）产品采用最新的多点络合技术，抑制了镁离子和H_2的析出，抗硬水能力强，能有效防止镁合金表面发黑，有效地提高金属加工表面的光亮度；

（2）本品通过采用磷酸酯、乙二胺四乙酸四钠、石油磺酸系物质等多种抗硬水剂协调作用，提高了镁离子的络合极限，大大增强了产品的抗硬水能力；

（3）本品由于特别添加了特殊的细菌和霉菌抑制剂，既不腐蚀镁合金材料，又可有效地控制细菌繁殖，协同非凡的抗硬水能力，使用寿命可大大延长；

（4）本品不含硼、氯、硅等物质，借助镁合金加工过程中自然析出的镁离子抑制泡沫产生，使后续的表面处理得以顺利进行。

配方217 镁合金切削液（2）

[原料配比]

原料	配比（质量份）
去离子水	12
一异丙醇胺	2.5
十二烷基二甲基苄基氯化铵	4
二甘醇胺	3
油酸三乙醇胺	2
癸二酸	1.2
苯并三氮唑	0.4
精制妥尔油	10
5#白油	30
自乳化酯	7
抗硬水剂	3
吐温-20	3
均三嗪	1

续表

原料	配比（质量份）
镁铝合金缓蚀剂	2
甘油	12
消泡剂	0.2

[制备方法]

（1）按照配方的量将所述去离子水放入反应釜中升温到40～50℃，然后依次加入一异丙醇胺、十二烷基二甲基苄基氯化铵、二甘醇胺、油酸三乙醇胺、癸二酸和苯并三氮唑充分搅拌20min后，升温到70～80℃；

（2）反应2h后，把温度降到40～50℃，再依次加入精制妥尔油、5#白油和自乳化酯，搅拌10min后，升温到70～80℃；

（3）反应30min后，把温度降到40～50℃，依次加入抗硬水剂、吐温-20、均三嗪、镁铝合金缓蚀剂、甘油和消泡剂，搅拌30min后即为成品。

[原料介绍]

一异丙醇胺为优良的溶剂。

癸二酸为合成润滑油或润滑油添加剂。

苯并三氮唑为金属防锈剂和缓蚀剂。

油酸三乙醇胺具有优异的乳化和分散性能，发泡能力强，泡沫细腻，在酸性和碱性介质中稳定性强，有良好的洗涤及防锈能力。

精制妥尔油为乳化液助剂，具有防锈、润滑及清洁性能，可提高工件的表面光洁度，减少碎屑的黏附，从而提高刀具的使用寿命。

自乳化酯可用于金属加工液中，是当前解决金属加工液润滑性的最佳产品之一，可替代部份硫、磷极压剂，同时，可完全替代氯系产品，减少氯系润滑剂的危害。

所述消泡剂为乳化硅油、高碳醇脂肪酸酯复合物、聚氧乙烯聚氧丙烯季戊四醇醚、聚氧乙烯聚氧丙醇胺醚、聚氧丙烯甘油醚、聚氧丙烯聚氧乙烯甘油醚和聚二甲基硅氧烷中的一种或几种的混合物。

所述镁铝合金缓蚀剂为磷酸酯、妥尔油与2-氨基-2-甲基-1-丙醇、偏硅酸钠和改性磷酸酯中的一种或几种的混合物。

所述抗硬水剂为乙二胺四乙酸、羟乙二胺四乙酸、乙二胺四乙酸盐（或羟乙二胺四乙酸盐）中的一种或几种的混合物。

[产品应用] 使用方法：通过循环泵把成品切削液存储箱内的切削液通过管道输送到切削刀头的位置。

[产品特性] 本品对镁合金切削加工起着重要的作用，具有优异的润滑抗磨、清洗冷却、防锈抗腐蚀、杀菌灭藻和抗硬水性能；避免了切削瘤的产生，有效地保护了刀具，提高了产品的质量降低了加工面的温度，避免工件因高温而变形的现象，提高了加工的精度；避免了工件的腐蚀和生锈，节约生产成本；简化加工工艺，缩短加工周期，提高生产效率；保护环境不会被污染，成本低廉，长效抗菌；属环境友好型产品。

配方 218 镁合金切削液组合物

[原料配比]

原料		配比（质量份）					
		1#	2#	3#	4#	5#	6#
基础油	5#白油	51	—	—	—	—	—
	10#白油	—	55	—	—	—	—
	氢化植物油	—	—	30	—	45	45
	环氧大豆油	—	—	—	60	—	—

续表

原料		配比（质量份）					
		1#	2#	3#	4#	5#	6#
油性剂	三羟甲基丙烷油酸酯	10	10	—	—	—	—
	棕榈油	—	—	20	—	15	15
	蓖麻油	—	—	—	10	—	—
有机胺	二甘醇胺	7	—	—	—	—	—
	一乙醇胺	2	—	—	—	—	—
	聚醚胺	—	5	2.5	1	—	—
	二乙醇胺	—	5	2.5	4	10	10
	2-氨基-2-甲基-1-丙醇	—	—	—	—	5	5
有机酸	癸二酸	2	—	—	—	—	—
	对叔丁基苯甲酸	3	2	10	1	3	3
	十二碳二元酸	—	2	5	4	2	2
表面活性剂	脂肪醇聚氧乙烯聚氧丙烯醚	4	6	3	4	3	3
	脂肪醇聚氧乙烯醚	2	—	—	—	—	—
	石油磺酸钠	8	5	4	3	4	4
	醚羧酸	3	4	1	1	6	6
	醚羧酸季铵盐	3	2	2	2	2	2
缓蚀剂	磷酸酯	3	1.5	2.5	1.5	0.25	2
	苯并三氮唑	—	0.5	0.5	1.5	0.25	0.25
杀菌剂	苯并异噻唑啉酮	2	—	—	2	—	—
	吗啉	—	2	—	—	2	—
	苯并异噻唑啉酮衍生物	—	—	2	—	—	—
水		—	—	15	—	2.5	2.5

制备方法

（1）将有机酸、有机胺和部分缓蚀剂混匀后，在 100～300r/min 的转速下搅拌并加热至 70～80℃，反应至物料均匀透明无固体颗粒物，冷却至 40℃，得到预混液，备用；所述部分缓释剂的量为缓释剂总质量的 10%。

（2）在所述预混液中加入表面活性剂、杀菌剂和剩余缓蚀剂，混匀后，加入基础油和油性剂，常温下以 300r/min 的转速搅拌至物料透明，得到所述镁合金切削液组合物。

产品特性

（1）基础油含量较高，润滑性好；油性剂起到物理润滑的作用；缓蚀剂可保证工件具有较高的精度和较好的外观光洁度；表面活性剂可以保持乳液稳定，不破乳。本品润滑性能和挤压性能均良好，对镁合金还具有良好的保护效果。

（2）由于复配的表面活性剂的使用，使本品具有优异的耐硬水性能和防析氢性能，尤其是可在镁离子含量为 15000μg/g 以上的硬水中不破乳；

（3）由于缓释剂的使用，使本品对镁合金具有优异的防腐蚀性能；

（4）切削液的使用寿命可达 6 个月以上。

（5）本品针对金属切削加工和含氯水质，选择多种缓蚀剂，配比合理，尤其是复合缓释剂的使用，可以在镁合金表面形成钝化-吸附膜，该保护膜形态致密，吸附性强，抑制析氢和电子转移的效果更为明显，起到优异的镁合金防腐蚀效果。

配方 219 镁合金水溶性切削液（1）

原料配比

原料	配比（质量份）		
	1#	2#	3#
pH 调节剂	2	2	5
表面活性剂	3	1	8
防锈剂	4	4	10
缓蚀剂	1	1	2
抗硬水稳定剂	1	1	4
镁合金保护剂	2	2	5
消泡剂	2	2	4
杀菌剂	2	4	4
基础油和去离子水	加至 100	加至 100	加至 100

制备方法

（1）首先将 pH 值调节剂、缓蚀剂、防锈剂与基础油和去离子水混合搅拌均匀，待溶液透明后加热至 40～60℃，保温 45～65min 后冷却至室温，制得溶剂；

（2）然后向上述溶剂中加入镁合金保护剂、抗硬水稳定剂、表面活性剂、消泡剂和杀菌剂并搅拌均匀，制得棕色透明液体，该棕色透明液体即为镁合金水溶性切削液。

原料介绍

所述的 pH 调节剂包含多羟多胺类有机碱（或无机碱）和异构脂肪十醇聚氧乙烯醚，能够维持体系一定的 pH 环境。所述的多羟多胺类有机碱为三乙醇胺，无机碱为氢氧化钾。异构脂肪十醇聚氧乙烯醚也是高效的分散剂和润湿剂，起到机械隔离作用，比较容易用酸洗去。

所述的表面活性剂包含阴离子表面活性剂和非离子表面活性剂。所述的阴离子表面活性剂包括聚氧乙烯烷氧基醚磺酸钠和天然磺酸钠。所述的非离子表面活性剂包括月桂醇聚氧乙烯醚和二丙二醇单丁醚。表面活性剂能够有效地连接亲水亲油成分，使得整个体系不易被打破，提高了切削液的稳定性。

所述的防锈剂为 YL-1082 水溶性防锈剂或 RT-9411 无油型防锈剂。YL-1082 水溶性防锈剂是一种不含亚硝酸钠的环保型水溶性防锈剂，由多元羧酸盐、络合剂等复合而成，防锈剂对后序加工无任何影响，也可防止工件和机床的生锈与腐蚀。

所述的缓蚀剂包含苯并三氮唑（T706）、苯并三氮唑衍生物（L39）、烷基磷酸酯和烷基磷酸酯衍生物（ASI-80/OPS-75E/MDIT/CPNF-3/9218LA），具有一定的缓蚀作用，能够保护镁合金不被腐蚀和变色。

所述的抗硬水稳定剂包含醚羟酸类抗硬水乳化剂，醚羟酸类抗硬水乳化剂包括乙二醇单丁醚、二乙二醇单丁醚和丙三醇，其拥有一定的抗硬水作用，可以显著地提高该镁合金切削液的稳定性。

所述的镁合金保护剂包含醚羧酸、含 EO 的乳化剂、烷基聚环氧乙烯醚磷酸酯和二丙二醇单丁醚，醚羧酸、含 EO 的乳化剂、烷基聚环氧乙烯醚磷酸酯和二丙二醇单丁醚按照（1.5～2.5）：(3～4)：(2～3)：(1.5～2）的质量比配制而成。镁合金保护剂能够对镁合金起到良好的保护效果，也在一定程度上维持体系的稳定性。

所述的消泡剂包含硅氧烷类，本品采用聚硅氧烷消泡剂，可以进一步提高镁合金切削液的消泡性能。

所述的杀菌剂为广谱低毒性杀菌剂，包括 2-苯并异噻唑啉-3-酮、六氢三嗪、BBIT 复合剂、杀菌亚甲基双吗啉和 4-苯并异噻唑啉-4-酮，能够有效地抑制细菌的增长和维持体系的生物稳定性，延长使用寿命。

所述的基础油包含质量分数为70%煤油与质量分数为30%的20#机油。基础油能使切削液中的游离酸含量低于0.2%，从而能够有效防止切削液对镁合金零件造成腐蚀，并且混合基础油有较低的黏度，能够达到更好的冷却效果。

所述的基础油包含质量百分比为70%煤油与质量百分比为30%的20#机油。

[产品特性] 本品具有较低的黏度，并且可以防止空气、水及诸多环境对镁合金零件造成腐蚀，能够有效地维持稳定性，具有很好的抗氧化性；能够在实际加工中起到润滑、冷却和不变色的作用，而且在很高的pH值条件下能够长期维持生物稳定性，无需担心有大量镁皂析出的现象。本品在用于镁合金切削时无氢气释放，确保生产过程的安全进行和环境保护。本品有效地解决了在实际加工中镁合金材料易燃、温度过高导致变形和工件表面腐蚀发黑等问题，极大地延长了刀具的使用寿命及很好地改善了表面粗糙度，保证了工件的加工精度。

配方 220 镁合金水溶性切削液（2）

[原料配比]

原料	配比（质量份）		
	1#	2#	3#
润滑剂	12.5	10	15
极压耐磨剂	6.5	5	8
缓蚀剂	0.85	0.5	1.2
油酸钠	4	3	5
石油磺酸钡	1.3	0.5	2.1
耦合剂	0.3	0.2	0.4
脂肪酸甘油酯	3	2.5	3.5
酯类油性剂	2.75	0.5	5
消泡剂	0.15	0.1	0.2
环烷基油	0.2	0.1	0.3
太古油	0.2	0.1	0.3
乳化剂	0.3	0.1	0.5
棕榈油	0.45	0.3	0.6
金属表面活性剂	1	0.5	1.5

[制备方法] 将各组分原料混合均匀即可。

[产品特性] 本品能够完全溶于水，对环境友好，不会产生重金属废水，且润滑性能好，相较于油性的切削液具有成本低、制备工艺简单的优点。

配方 221 镁锂合金切削液

[原料配比]

原料		配比（质量份）					
		1#	2#	3#	4#	5#	6#
基础油	60N石蜡基基础油	5	—	12	—	—	—
	100N石蜡基基础油	—	20	—	—	—	—
	−30℃环烷基变压器油	—	—	—	25	—	—
	−10℃环烷基变压器油	—	—	—	—	31	—
	−20℃环烷基变压器油	—	—	—	—	—	42

续表

原料		配比（质量份）					
		1#	2#	3#	4#	5#	6#
自乳化酯润滑剂	禾大 3955 自乳化酯润滑剂	10	—	—	—	—	6
	禾大 3952 自乳化酯润滑剂	—	5	—	—	—	—
	禾大 3954 自乳化酯润滑剂	—	—	20	—	—	—
	路博润 GY300	—	—	—	16	8	—
表面活性剂	非离子表面活性剂 AEO-9（脂肪醇聚氧乙烯醚）	1	—	3	10	2	1
	脂肪醇聚氧乙烯聚丙乙烯醚 RT64（沙索）	—	1	—	—	—	—
	石油磺酸钠	—	—	5	4	5	—
	三乙醇胺	—	10	—	—	—	—
	单乙醇胺	5	—	—	—	—	—
防锈剂	硼酸	5	10	5	6	3	5
	十二碳二元酸和十一碳二元酸混合物	—	10	—	—	2	—
	癸二酸钠盐	5	—	—	6		4
	烷基磷酸酯	5	10	7.5	7	2	5
	二羧酸盐基复合物	—	—	7.5	—	—	—
聚乙二醇		5	5	10	6	8	7
单丁醚耦合剂	乙二醇单丁醚	1	5	—	—	3	—
	二乙二醇单丁醚	—	—	1	1	—	2
醚羧酸		5	10	8	6	7	8
消泡剂	道康宁 1247	0.01	0.1	—	—	—	—
	道康宁 1267	—	—	0.05	0.02	0.07	0.1
杀菌剂	均三嗪（BK）	1	—	—	—	—	—
	BIT-20	—	3	—	—	—	—
	MBM	—	—	2	1	2	1.5
水		加至 100	加至 100	加至 100	加至 100	加至 100	加至 100

制备方法

（1）将防锈剂、聚乙二醇和水混合，搅拌至固体完全溶解，获得混合溶液；

（2）将基础油、自乳化酯润滑剂、表面活性剂、单丁醚耦合剂、醚羧酸、消泡剂和杀菌剂投入混合溶液中，搅拌均匀，获得镁锂合金切削液。

原料介绍

所述的防锈剂选自硼酸、C_8～C_{12} 单元酸和 C_8～C_{12} 双元酸中的一种或几种。

所述的烷基磷酸酯为 C_8～C_{12} 的磷酸酯，可以为正辛醇磷酸酯、异辛醇磷酸酯、异壬醇磷酸酯、癸醇磷酸酯中的一种或几种磷酸酯的混合物。

所述的表面活性剂选自非离子表面活性剂和阴离子表面活性剂中的一种或几种。所述的非离子表面活性剂选自脂肪醇聚氧乙烯醚、有机醇胺和聚丙乙烯醚中的一种或几种；所述阴离子表面活性剂为石油磺酸钠、油酸等。

产品应用 镁锂合金切削液的使用方法：采用水将镁锂合金切削液稀释至质量分数为 3%～10%，之后和普通镁锂合金切削液的使用程序相近，其中镁锂合金切削液浓度为 10%时毛刺会比 5%少或是几乎没有，因为浓度高润滑性更好。

产品特性

（1）镁锂合金切削液含有自乳化酯，润滑性可以达到甚至超越市面上乳化油的水平，在镁锂合金切削过程中不会产生刀纹，可以很好地抑制镁锂合金的电化学腐蚀产生，使工件在加工过程中不会氧化变色，提高了产品质量和良率。

(2) 同时使用C_8～C_{12}的磷酸酯和醚羧酸，总比例加到10%～20%时抑制镁锂合金电化学腐蚀的效果更佳。

(3) 制备方法简单易操作，利于推广生产。

(4) 基础油是镁锂合金切削液的基础材料、各组分的载体，为各组分提供分散溶解环境。自乳化酯润滑剂的润滑性可以达到甚至超越市面上乳化油的水平，确保镁锂合金切削过程中不会产生刀纹。

配方 222 免排放铝合金切削液

原料配比

原料		配比（质量份）				
		1#	2#	3#	4#	5#
硼酸		1	10	3	8	5
二元酸防锈剂	癸二酸	3	5	4	2	3
三元酸防锈剂		5	3	4	2	5
水性聚醚酯		20	15	13	7	10
醇胺	二乙醇胺	—	10	9	6	—
	一乙醇胺	5	—	9	—	8
	三乙醇胺	15	10	—	6	7
阳离子表面活性剂	阳离子季铵盐型表面活性剂	1	5	4	2	3
消泡剂		0.5	2	1.5	0.5	1
去离子水		49.5	40	52.5	66.5	53

制备方法 将各组分原料混合均匀即可。

产品应用 本品是一种适用于铝合金的轻至重负荷加工的免排放铝合金切削液。

使用方法为：

免排放铝合金切削液兑水使用，用于铝合金的全工艺加工。

免排放铝合金切削液与水按体积比1∶(20～30)倍稀释，用于铝合金的磨削工艺。

免排放铝合金切削液与水按体积比1∶(10～20)倍稀释，用于铝合金的铣削工艺。

免排放铝合金切削液与水按体积比(1∶5)～(1∶10)倍稀释，用于铝合金的钻孔攻牙工艺。

产品特性 本品根据不同的用途调整兑水比例，能够满足铝合金机加工全工段所需要的润滑性、冷却性、清洗性、防锈性；本品的润滑性极佳，而且不含矿物油，使用过程中可以良好地维持工作液的pH值、颗粒度的稳定，不会造成变质发臭，只需要持续添加使用即可，没有废液的排放，真正意义上做到了免排放，减轻了环保压力。

配方 223 免清洗新型环保切削液

原料配比

原料	配比（质量份）
异丙醇胺	5
三元酸防锈剂	1
硼酸	2.1
葡萄糖酸钠	2.5
焦磷酸钾	2
乙二胺四乙酸（EDTA）	0.5
聚酯 GY-25	10

续表

原料	配比（质量份）
妥尔油酸二乙醇酰胺	1.6
妥尔油	2
异构十三醇聚氧乙烯醚	5
环烷基基础油	40
去离子水	加至 100

制备方法

（1）将去离子水、异丙醇胺、三元酸、硼酸、葡萄糖酸钠、焦磷酸钾和乙二胺四乙酸（EDTA）加入搅拌器皿中，搅拌直至溶液均匀透明得到混合溶液；搅拌温度为常温。

（2）将聚酯 GY-25、妥尔油、妥尔油酸二乙醇酰胺、异构十三醇聚氧乙烯醚和环烷基基础油加入前述混合溶液，搅拌至溶液均匀透明，得到产品。搅拌温度为 20～50℃，搅拌速率为 500～2000r/min。

原料介绍

异丙醇胺是重要的缓蚀剂，可用于锅炉水处理、汽车引擎的冷却剂，在钻井和切削油以及其他各类润滑油中起缓蚀作用。

三元羧酸防锈剂具有良好的防锈性、极端的低泡性、良好的硬水稳定性，通常使用的浓度范围内的溶液对皮肤和黏膜无刺激性；主要用于半合成切削液、全合成研磨液、水性淬火液和水性清洗剂、汽车防冻剂、防锈水等水性产品中作金属的腐蚀抑制添加剂。

硼酸用作 pH 值调节剂、消毒剂、抑菌防腐剂。

焦磷酸钾具有其他聚合磷酸盐的所有性质，与焦磷酸钠相像，但溶解度较大，能和碱土金属和重金属离子发生螯合作用；能与硬水中的 Ca^{2+}、Mg^{2+} 形成稳定的络合物从而软化硬水、提高洗涤能力、清除污垢，还能在铁、铅、锌、铝等金属表面形成一层保护膜。

葡萄糖酸钠用作水质稳定剂、金属表面清洗剂。

乙二胺四乙酸（EDTA）用途很广，是螯合剂的代表性物质；能和碱金属、稀土元素和过渡金属等形成稳定的水溶性络合物；广泛应用于高分子化学工业、日用化学工业、造纸业、医药工业、农业、纺织印染业、水产养殖、照相化学品、油田化学品、水处理剂、锅炉清洗剂及分析试剂。此外 EDTA 也可用来使有害放射性金属从人体中迅速排泄起到解毒作用。

聚酯 GY-25 是一种无灰级高黏度高分子饱和聚酯润滑剂，在金属加工液和工业润滑油中被广泛使用。由于其不含氯、硫、磷，在可溶油和半合成产品中能够取代含氯、硫系极压添加剂。该合成酯产品还具有良好的水解稳定性和热、氧化性能，非常适用于高温退火，抑制细菌滋生。

妥尔油酸二乙醇酰胺具有优良的润滑及防锈性能，能有效提高机械设备运作过程的润滑防锈性，降低机械摩擦系数，因此它可以作为机械加工用油的润滑防锈剂。

妥尔油主要用作乳化剂，起辅助的润滑作用，属不饱和脂肪酸，抗腐败性比油酸好。

异构十三醇聚氧乙烯醚易分散或溶于水，具有优良的润湿性、渗透性和乳化性。

环烷基基础油低温性能好，易乳化，与添加剂相容性好。

产品特性

（1）本品加工后的工件表面光洁度很高，不需要清洗。本品性能稳定，满足各项加工条件。

（2）本品具有不刺激皮肤、对眼睛低刺激和无毒特性，使用过程安全。

（3）本品能有效提高生产效率，节约成本，保护环境。

（4）本品环境适应性极佳，适用于不同加工材质和不同加工环境。

配方 224 纳米颗粒微量润滑切削增效的切削液

原料配比

原料		配比（质量份）		
		1#	2#	3#
酯油基水溶性切削油		5	5	5
纳米颗粒	20nm 石墨纳米颗粒	0.5	—	—
	20nm 二硫化钼纳米颗粒	—	0.5	0.5
表面活性剂	三乙醇胺油酸皂	6	6	—
	脂肪醇聚氧乙烯醚（AEO-3）	—	—	10
去离子水		88.5	88.5	84.5

制备方法

（1）将配制切削液所需的仪器及量具清洗、擦拭干净，晾干备用。

（2）将去离子水倒入混合容器中，作为配制切削液的基液。

（3）向混合容器中加入酯油基水溶性切削油，利用超声波清洗机超声处理，使去离子水和酯油基水溶性切削油均匀混合，形成切削乳液；超声处理时间为 10～20min。

（4）向混合容器中加入表面活性剂，利用超声波清洗机超声处理。在表面活性剂采用三乙醇胺油酸皂的情况下，超声处理时间为 20～60min；在表面活性剂采用脂肪醇聚氧乙烯醚（AEO-3）的情况下，超声处理时间为 30～80min。

（5）向混合容器中加入 20nm 纳米颗粒，利用超声波清洗机超声处理；超声处理时间为 20～100min。

（6）取出超声波清洗机内的混合容器，静置后，制备好切削液。可将混合容器内配制的切削液倒出至储存罐中备用。静置时间为 10～120min。

原料介绍

酯油基水溶性切削油不含氟、硼、甲醛和锌等，拥有优异的切削性能，适用于难加工材料，如钛合金、镍合金、钴铬合金等，同时也适用于铸铁、钢、铝合金等的重负荷加工，另外，适合于软水和硬水。

AEO-3 为无色透明黏稠液体，具有亲油性，易溶于油和有机溶剂，可分散到水中，可使纳米颗粒均匀悬浮于切削液中，也可作为水消泡剂，具有很好的生物降解性，对皮肤的刺激低，生物稳定性好，具有良好的去污、净洗性能。

三乙醇胺油酸皂具有亲水性，溶于水，对介质中的物质有分散作用，使纳米颗粒均匀悬浮于切削液中，还具有良好的润滑、冷却和防锈特性，对机油、石蜡、润滑油等具有良好的清洗能力，同时具有良好的润滑性能，并有很好的冷却和防锈功能。

产品特性

（1）本品具有低黏度、高渗透性、较好的表面附着系数，以及高温稳定性。

（2）本品添加的纳米颗粒可吸附于加工表面以及待加工表面，实现固体润滑，有效降低了切屑与刀具、刀具与工件的摩擦，降低切削力，二硫化钼尤其在较高温度下有很好的润滑效果。

（3）本品为水基切削液，水基无毒无臭来源丰富，并且水基具有冷却性好、低污染、难燃、环保等诸多优点。

（4）本品切削液制备过程操作简单，对车间工人的操作技术无太高的要求，适用的操作人员的范围比较广，制造成本低。

配方 225 耐腐蚀金属切削液

[原料配比]

原料		配比（质量份）		
		1#	2#	3#
聚氧化丙烯二醇		25	11	19
失水山梨糖醇单油酸酯		6	2	5
纳米氧化钛		0.2	0.1	0.15
油酸丁酯		2	1	1
环烷酸镁		6	3	5
四硼酸钠		1.5	0.5	0.8
去离子水		105	65	90
抗氧抗腐剂	二丁基羟基甲苯	1.5	0.5	—
	硫代二丙酸二月桂酯	—	—	0.9
金属减活剂	噻二唑衍生物	0.8	0.2	0.3

[制备方法]

（1）称量：按照各个组分的质量份数称取各个组分；

（2）混合：将各个组分依次放入搅拌器中进行搅拌；

（3）真空静置：将搅拌好的混合液放入容器中，放置在真空室温环境下静置 8～16h；

（4）封装：真空静置后，进行包装封装，即得到耐腐蚀金属切削液。

[产品应用] 本品是一种金属加工过程中使用的防锈水性切削液。

[产品特性] 本品制作工艺简单快捷，随时随地可配制使用，而且防锈和耐腐蚀性能极为优良，润滑效果和冷却性能较佳，是一种非常理想的金属加工切削液。本品为均匀液态，无分层沉淀现象。

配方 226 耐双金属接触腐蚀的镁合金切削液

[原料配比]

原料			配比（质量份）		
			1#	2#	3#
复合防锈剂			28.8	23	28.4
复合含磷缓蚀剂			5.2	7.5	5.6
苯并三氮唑			0.8	1.2	1.5
矿物油			23	20	22
植物油改性润滑酯			5	10	5
石油磺酸钠			4.5	3.5	3.5
脂肪醇聚氧乙烯醚			4.2	6	4
耦合增溶剂			1	0.8	0.8
水			24.9	24.3	27.1
微生物抑制剂			2.5	3.6	2
硅氧烷类消泡剂			0.1	0.1	0.1
复合防锈剂	组分 A	甲基二乙醇胺与三乙醇胺的混合物	36.7	38	23
	组分 B	十二碳二元酸	8	10	12
	组分 C	妥尔油酸与醇醚羧酸的混合物	55.3	52	65
	组分 A	甲基二乙醇胺	6	6	4
		三乙醇胺	1	1	1
	组分 C	妥尔油酸	1	1	1
		醇醚羧酸	1.5	1.5	1.5

续表

原料			配比（质量份）		
			1#	2#	3#
复合含磷缓蚀剂	组分D	二甘醇胺与三乙醇胺的混合物	75	75	80
	组分E	辛基膦酸与异构十三醇醚磷酸酯的混合物	25	25	20
	组分D	二甘醇胺	1	1	1.5
		三乙醇胺	1	1	1
	组分E	辛基膦酸	1	1	1
		异构十三醇醚磷酸酯	2.5	2.5	1.5

制备方法

（1）将反应釜温度设定在45～55℃，向反应釜中依次加入上述质量份数的复合防锈剂和复合含磷缓蚀剂，再加入上述质量份数的苯并三氮唑和10质量份数的水，恒温搅拌1h；

（2）将反应釜温度设定在35～45℃，再按上述质量份数依次加入矿物油、植物油改性润滑酯，恒温搅拌30～60min；

（3）停止加热，按上述质量份数依次加入石油磺酸钠、脂肪醇聚氧乙烯醚、耦合增溶剂，搅拌50～60min；

（4）待温度降低到35℃以下后，按上述质量份数加入微生物抑制剂和硅氧烷类消泡剂，并补充剩余质量份数的水，搅拌1.5～2.5h，待反应釜中混合物变为深琥珀色澄清液体，即制得所述镁合金切削液。

原料介绍

所述复合防锈剂为组分A、组分B和组分C的反应产物，其制备过程为：将上述质量份数的组分A和组分B依次投入反应釜中，加热至55～65℃并搅拌，固体物料完全反应至澄清透明状态后加入上述质量份数的组分C，持续搅拌30min至反应完全。

所述复合含磷缓蚀剂为组分D和组分E的反应产物，其制备过程为：将上述质量份数的组分D和组分E依次投入反应釜中，加热至35～45℃并持续搅拌30min至反应完全。

产品特性

（1）该切削液不仅能够满足镁合金的防腐蚀性能要求，还能解决金属加工企业在镁合金加工过程中出现的双金属接触腐蚀的问题，从而提高镁合金加工的生产合格率和生产加工效率。

（2）镁合金中的镁元素属于活泼金属元素，当其他金属材质与镁合金紧密接触时，两者与切削液（作为电解质）形成了原电池回路，较为活泼的镁作为阳极容易失去电子发生氧化反应，因此产生腐蚀。本品通过合成特种双金属防锈缓蚀剂，在镁合金材质表面迅速形成防锈保护膜，阻隔了与其他金属的电偶腐蚀反应，并且含有该缓蚀剂的切削液在镁离子含量高达8000μg/g的条件下仍然具有稳定状态，不会有破乳析油等现象发生。

（3）优异的抗盐负荷能力：用1200μg/g氯离子含量、600μg/g钙镁离子含量的含盐硬水进行配液，仍然能够保证2周内不出现破乳现象。

配方227 耐用环保型抗磨防锈切削液

原料配比

原料		配比（质量份）									
		1#	2#	3#	4#	5#	6#	7#	8#	9#	10#
甘油		15	18	20	18	18	18	18	18	18	18
去离子水		28	25	23	25	25	25	25	25	25	25
耐磨助剂	硫化油酸	2	3	3.5	3	3	3	3	3	3	3

续表

原料		配比（质量份）									
		1#	2#	3#	4#	5#	6#	7#	8#	9#	10#
润湿剂	聚乙二醇辛基苯基醚	17	—	—	—	—	—	—	—	—	—
	脂肪酸锌皂盐	—	15	—	15	15	15	15	15	15	15
	二异辛基琥珀酸酯磺酸钠	—	—	12.5	—	—	—	—	—	—	—
防锈剂	钼酸钠	9.5	—	—	—	—	—	—	—	—	—
	二丙酣醇甲醚烷醇酰胺	—	12	—	12	12	12	12	12	12	12
	肌醇六磷酸酯	—	—	15	—	—	—	—	—	—	—
抗菌防腐剂	丙酸钙	4.5	—	—	1	0.5	1.5	1	2	1	1
	纳米竹炭粉	—	6	—	2	2	1.5	2.5	1	—	—
	氯化银包覆的纳米竹炭粉	—	—	—	—	—	—	—	—	2	—
	纳米氯化银粉末	—	—	—	—	—	—	—	—	—	2
	纳米钛白粉	—	—	7.5	3	3.5	3	2.5	3	3	3

原料		配比（质量份）									
		11#	12#	13#	14#	15#	16#	17#	18#	19#	20#
甘油		18	18	18	18	18	18	18	18	18	18
去离子水		25	25	25	25	25	25	25	25	25	25
耐磨助剂	硫化油酸	3	3	3	3	3	3	3	3	3	3
润湿剂	聚乙二醇辛基苯基醚	5	4	5.5	5.5	6	5	5	5	5	5
	脂肪酸锌皂盐	4	4.5	3.5	4.5	3	4	4	4	4	4
	二异辛基琥珀酸酯磺酸钠	6	6.5	6	5	6	6	6	6	6	6
防锈剂	钼酸钠	—	—	—	—	—	4	3	5	5	6.5
	二丙酣醇甲醚烷醇酰胺	12	12	12	12	12	6	6.5	5	6.5	4.5
	肌醇六磷酸酯	—	—	—	—	—	2	2.5	2	1.5	1
抗菌防腐剂	丙酸钙	1	1	1	1	0.5	1	1	1	1	1
	纳米竹炭粉	2	2	2	2	2	2	2	2	2	2
	纳米钛白粉	3	3	3	3	3.5	3	3	3	3	3

制备方法 按比例称取各原料，共混均匀，得到成品切削液。

原料介绍

所述纳米竹炭粉为氯化银包覆的纳米竹炭粉。

所述氯化银包覆的纳米竹炭粉的制备工艺包括以下步骤：

（1）向硝酸银溶液中添加稀盐酸，得到混合液；

（2）由所述混合液对纳米竹炭粉在流化床包衣机中进行包衣、干燥，再进行筛分，得到氯化银包覆的纳米竹炭粉。

所述的纳米氯化银粉末由饱和硝酸银溶液和稀盐酸共混加热、蒸发、研磨并在流化床包衣机中进行包衣、干燥，再进行筛分，即得。

产品特性

（1）由于采用润湿剂与甘油配合，改善了以甘油为基质的水性切削液润滑性能较低的缺陷，同时保留了水性切削液冷却性能和清洗性能较佳的优点，使得切削液同时具备了水性切削液和油性切削液的优点，而作为极压耐磨助剂的硫化油酸以及抗菌防腐剂的进一步配合使用，更是实现了切削液的长效使用，使得切削液性能得到了整体提升，能够充分满足当前的加工需要；

（2）以聚乙二醇辛基苯基醚、脂肪酸锌皂盐以及二异辛基琥珀酸酯磺酸钠作为润湿剂，三者均具有较佳的润湿性能，有助于降低切削液表面张力，使得切削液能够在金属表面形成润滑膜，减小摩擦系数，抑制积屑瘤的产生，进而改善已加工表面的粗糙度，并且提高刀具的耐用度；

（3）使用氯化银包覆的纳米竹炭粉，在新换切削液使用前期对纳米竹炭粉进行保护，随切削液使用，氯化银包覆层逐渐磨损，纳米竹炭粉陆续暴露后再进行吸附除臭，不仅达到了纳米竹炭粉延迟作用的效果，还有助于延长纳米竹炭粉的有效作用时长，进而使得切削液的使用寿命进一步延长，并且氯化银释放的银离子也能发挥一定的抗菌效果，进一步提升了切削液的抑菌性能。

配方 228 汽车零部件用抗腐蚀切削液

原料配比

原料		配比（质量份）
基础油		5～10
十二烯基丁二酸		6～9
二乙醇胺		10～25
聚乙烯醇		6～10
苯甲酸钠		2～7
金属缓蚀剂		3～9
抗腐蚀剂		3～5
助剂	稀土功能助剂	2～3
去离子水		18～26
基础油	聚酯	1
	偏苯三酸酯	1
	600N 基础油	3
	100N 基础油	1.5
金属缓蚀剂	碳化硅	3～5
	石墨粉末	5～6
	当归油	1～2
	丙烯酸树脂乳液	3～5
	双氧水	2～4
	聚乙烯蜡	4～5
	2,2-二羟甲基丙酸	2～6
	水	加至 100

制备方法

(1) 将基础油、十二烯基丁二酸、二乙醇胺、聚乙烯醇、苯甲酸钠混合均匀，在 50～55℃下保温搅拌 15～20min，得到混合物；

(2) 将去离子水加热到 70～85℃，然后将上述混合物边搅拌边缓慢加入去离子水中，于 800～900r/min 下搅拌反应 40～60min，获得混合溶液；

(3) 将金属缓蚀剂、抗腐蚀剂和助剂依次加入混合溶液中，于 800～900r/min 下搅拌反应 40～60min，保温 1～1.5h，冷却至室温，即获得产品。

原料介绍

所述金属缓蚀剂按如下工艺进行制备：

(1) 首先将碳化硅、石墨粉末加入水中，研磨 1～2h，搅拌 30～40min；

(2) 然后加入丙烯酸树脂乳液、2,2-二羟甲基丙酸混合均匀，之后缓慢加热至 70～80℃，在 300～500r/min 条件下搅拌反应 30～50min；

(3) 加入双氧水混合均匀，静置后过滤，收集滤液，然后加入当归油和聚乙烯蜡，在 60～65℃下保温于 4500～5500r/min 转速搅拌 10～20min，冷却至室温即得。

产品特性 本品具有清洗冷却性和防锈抗腐蚀性，可以避免切削瘤的产生，有效地保护了刀具，提高了加工质量。

配方 229 强缓蚀微乳化切削液

原料配比

原料		配比（质量份）					
		1#	2#	3#	4#	5#	6#
酰胺	油酸	10	—	—	—	—	10
	植酸	—	15	20	20	15	
	芥酸	1	2	3	3	2	1
	甲基二乙醇胺	20	35	60	50	35	20
	聚乙二醇	5	10	15	15	10	5
	水	64	38	12	12	38	64
有机酸	十二碳一元酸	2	—	—	—	5	—
	二聚酸	—	2	—	3	—	5
	芥酸	—	—	8	—	—	—
	妥尔油酸	3	—	—	3.5	5	—
	蓖麻油酸	—	2	—	3	—	6
	油酸	—	2.5	—	—	—	—
润滑剂	四聚蓖麻油	—	—	8	8	—	—
	季戊四醇双油酸酯	13	—	8	—	6	10
	硬脂酸异辛酯	—	7	—	—	6	10
	三羟甲基丙烷脂肪酸酯	—	8	—	9	7	—
醇胺	三乙醇胺	3	—	—	—	—	4
	二甘醇胺	—	—	4	10	—	4
	伯氨基醇	3	—	4.5	—	—	4
	甲基二乙醇胺	—	7.5	—	—	11	—
表面活性剂	脂肪醇聚氧乙烯醚	5	—	4	9	5	—
	脂肪醇烷氧基化物	—	6.5	4	—	5.5	12
苯并三氮唑		1	1.25	1.5	1.75	1.9	2
有机硅氧烷酮		0.2	0.25	0.3	0.35	0.4	0.5
杀菌剂	苯丙异噻唑啉酮	1	0.8	0.9	—	2.6	1
	甲基异噻唑啉酮	—	—	0.9	2.2	—	1
	5-甲基噁唑啉	—	0.7	—	—	—	1
消泡剂	乳化硅油	0.05	—	0.09	0.08	—	—
	二甲基硅油	—	0.14	—	0.07	0.13	—
	甲基硅油	0.05	—	0.09	0.08	0.13	0.3
酰胺		2	2.5	3	3.5	4	5
基础油	环烷油	66.7	58.86	52.72	23.23	40.34	—
	石蜡基油	—	—	—	23.24	—	34.2

制备方法

（1）制备酰胺：依次称量油酸、植酸、芥酸、甲基二乙醇胺、聚乙二醇和水；将称量好的聚乙二醇与水混合，通过磁力搅拌器搅拌 5min，得到稳定水溶液；再加入称量好的甲基二乙醇胺、油酸、植酸和芥酸，不断搅拌且将溶液的温度加热至 120℃，恒温反应 2h，冷却至常温。

（2）将称量好的基础油、润滑剂、有机酸加入反应槽中，通过电磁搅拌器搅拌 10min，再加入醇胺、表面活性剂、苯并三氮唑、有机硅氧烷酮、杀菌剂、消泡剂和步骤（1）制得的酰胺，再搅拌反应 30min，制得成品。

原料介绍

所述有机酸为十二碳一元酸、妥尔油酸、二聚酸、蓖麻油酸、油酸和芥酸中的一种或几种。

所述润滑剂为四聚蓖麻油、季戊四醇双油酸酯、硬脂酸异辛酯和三羟甲基丙烷脂肪酸酯中的一种或几种。

所述醇胺为三乙醇胺、伯氨基醇、二甘醇胺和甲基二乙醇胺中的一种或几种。

所述表面活性剂为脂肪醇聚氧乙烯醚和脂肪醇烷氧基化物中的一种或两种。

所述杀菌剂为5-甲基噁唑啉、苯丙异噻唑啉酮和甲基异噻唑啉酮中的一种或几种。

所述消泡剂为乳化硅油、甲基硅油和二甲基硅油中的一种或几种。

所述基础油为环烷油和石蜡基油中的一种或两种。

[产品特性]

(1) 本产品具有优异的防护能力，稳定剂采用苯并三氮唑和有机硅氧烷酮的复合物，在铝合金表面形成一层保护膜，阻止铝合金在空气水分中的电化学反应，从而获得良好的防护性能。

(2) 本产品具有稳定的相态，存储时间长，在使用过程中性能稳定，且在使用的过程中形成了水包油（O/W）型半透明稳定分散体系。

(3) 本产品环保且易生物降解。本产品在使用过程中，按5%～8%稀释液添加，使用寿命可达2年，且使用过程中不损害人体健康，符合卫生要求，对环境无污染，具有生物降解性且降解后无毒。

(4) 具有持续有效的润滑性能，能够明显减少金属加工过程中的摩擦磨损，防止刀具与金属之间发生烧结，提高模具的使用寿命，可获得高质量的加工产品。

(5) 采用的是低泡沫表面活性剂，对泡沫有一定的抑制性能。

(6) 本产品对钢、铜和铝材质的工件具有良好的防腐蚀性能。

配方 230 切削刀具用抗菌无毒切削液

[原料配比]

原料	配比（质量份）				
	1#	2#	3#	4#	5#
环己六醇六磷酸酯	30	31	32	33	34
聚乙二醇	4	5	6	7	8
动植物油	6	7	12	9	10
铬酸叔丁酯	1	2	3	4	5
乙基香草醛	15	16	17	18	19
二丁基二硫代氨基甲酸钼	16	17	18	19	20
杀菌剂	9	10	11	12	15
羊毛脂皂化物	21	22	23	24	25
水	50	51	52	53	54

[制备方法] 将各组分原料混合均匀即可。

[产品特性] 本品配方合理，且具有很强的抗菌能力，在很长时间内不会发臭。

配方 231 切削液（1）

[原料配比]

原料	配比（质量份）
2-氨乙基十七烯基咪唑啉	2～3
环烷酸锌	1～2
甘油	4～5
丙烯腈	1～2

续表

原料		配比（质量份）
聚乙二醇		3～4
太古油		3～4
丙烯酸乙酯		2～3
二苯乙基联苯酚聚氧乙烯醚		1～2
聚甘油脂肪酸酯		3～4
膜助剂		5～6
水		240
膜助剂	蓖麻油酸	3～4
	氮化铝粉	1～2
	2-氨基-2-甲基-1-丙醇	2～3
	硅烷偶联剂 KH-550	1～2
	醋酸乙烯酯	2～3
	脂肪醇聚氧乙烯醚	1～2
	叔丁基过氧化氢	0.2～0.3
	吗啉	1～2
	乙二醇	4～5
	柠檬酸三丁酯	2～3

[制备方法]

（1）膜助剂的制备：将醋酸乙烯酯、脂肪醇聚氧乙烯醚、乙二醇、柠檬酸三丁酯、蓖麻油酸、氮化铝粉、2-氨基-2-甲基-1-丙醇混合，加入叔丁基过氧化氢，搅拌反应 2～3h，加热至 130～140℃，再加入硅烷偶联剂 KH-550 及吗啉，继续搅拌反应 1～2h 即得。

（2）切削液的制备：将甘油、丙烯腈、聚乙二醇、太古油、丙烯酸乙酯混合，加热至 90～105℃，搅拌 80～105min，然后，加入二苯乙基联苯酚聚氧乙烯醚、聚甘油脂肪酸酯、2-氨乙基十七烯基咪唑啉、环烷酸锌继续搅拌 30～40min，最后，加入膜助剂及水搅拌 40～60min 即得。

[产品特性]

（1）本品生产工艺简单，润滑性、冷却性、清洗性以及防锈性能较好，使用寿命长。

（2）本产品具有使用寿命长、环保和成本低廉的优点；能在金属表面形成保护膜，可存放 1 年以上；润滑性、冷却性、清洗性以及防锈性能好，而且具有除锈功能，保护刀具，延长刀具的使用寿命，加工工件 5 天内不会生锈，有利于工件进入下道程序；操作过程中不会对人体及工件环境等造成任何不良的影响。

配方 232 切削液（2）

[原料配比]

原料		配比（质量份）		
		1#	2#	3#
十二碳二元酸		2.5	2	3
CP-50 三元酸		4.4	4	5
硼酸		3	4	2
杀菌剂	BIT-20	2	1.5	—
	吗啉	—	—	1
	吡啶	—	—	0.5
有机硅油		0.6	1	0.3
二乙醇胺		17	20	15
三羟甲基丙烷油酸酯		8	5	10

续表

原料	配比（质量份）		
	1#	2#	3#
二壬基萘磺酸钠	8	10	5
妥尔油	4	3	5
脂肪醇聚氧乙烯醚	2.7	1	5
纯水	加至100	加至100	加至100

制备方法

（1）将配方量的纯水加入清洗干净的反应釜中，启动搅拌器，然后依次加入配方量的二乙醇胺、十二碳二元酸、CP-50三元酸、硼酸、杀菌剂和有机硅油，搅拌0.5～1.5h得到混合料A；

（2）启动搅拌器，然后依次加入配方量的妥尔油、三羟甲基丙烷油酸酯、二壬基萘磺酸钠和脂肪醇聚氧乙烯醚，搅拌0.5～1.5h得到混合料B；

（3）将混合料A慢慢加入混合料B中，搅拌0.5～1h即得；

（4）取样分析合格后放料包装。

原料介绍

三羟甲基丙烷油酸酯具有优异的润滑性能、黏度指数高、抗燃性好、水解稳定性好、闪点高、发低挥、低温特性好，且环保无污染。

CP-50三元酸等防锈添加剂具有良好的工序间防锈效果。

二乙醇胺等乳化剂具备良好的乳化性和低泡性，不论在硬水还是软水中都能表现出良好的性能。

杀菌剂可采用价格较高低毒环保的BIT-20或者价格较低的吗啉和吡啶，能有效对抗细菌和霉菌，使得切削液使用寿命长，可最大限度减少排放。

产品应用 本品主要用于铸铁、合金钢、模具钢、铜、钛合金等多种材质的加工，并且可用于车、铣、钻、铰、锯、磨等多种加工工艺，广泛应用于数控机床、组合机床等加工设备。

产品特性

（1）本品配方科学合理，含有较少量的油脂，且采用的是妥尔油和三羟甲基丙烷油酸酯这类可降解油脂，相对现有切削液更为环保；

（2）本品润滑性能卓越，令工件获得极佳的表面光洁度并可有效延长刀具的使用寿命，非常适合于高精度及高速切削和磨削加工；

（3）防锈性好，采用CP-50三元酸等防锈添加剂，达到良好的工序间防锈效果；

（4）清洗性能优异，水基切削液在切削和磨削加工过程中，可有效清洗加工过程产生的碎屑，保证机台与产品表面清洁无黏附；

（5）抗硬水性好，加入二乙醇胺等乳化剂具备良好的乳化性和低泡性，不论在硬水还是软水中都能表现出良好的性能；

（6）生物稳定性好，加入专门的杀菌剂，可有效对抗细菌和霉菌，延长使用寿命，最大限度减少排放；

（7）本品的制备方法先将亲水性的原料进行混合，然后将亲油性的原料进行混合，最后将两者混合，混合出来的切削液透明度高、品相好。

配方233 切削液（3）

原料配比

原料	配比（质量份）				
	1#	2#	3#	4#	5#
三乙醇胺硼酸酯	15	25	20	16	18

续表

原料			配比（质量份）				
			1#	2#	3#	4#	5#
癸二酸			3	2	2.5	2.1	2.8
三元羧酸防锈剂			3.5	4.5	4	3	5
有色金属缓蚀剂	磷酸酯铝缓蚀剂		1.2	1.8	1.5	2	1
合成酯			6	8	9	10	7
水性极压润滑剂			5	3.5	4	3	4.5
阳离子表面活性剂	十八烷基三甲基氯化铵		8	5	7	9	10
耦合剂	异己二醇		4.5	5	4	3.5	3
脂肪酸酰胺			5	6	7	7.5	8
合成磺酸钠			5	4.5	4	3.5	3
松香妥尔油酸			9.5	8	9	8.5	10
杀菌剂	吗啉衍生物杀菌剂 MBM		4.5	5	4	3.5	3
消泡剂	矿物油类消泡剂		0.2	0.4	0.3	0.5	0.2
防霉剂			2.8	2.4	2.5	3	2
水性极压润滑剂	三乙醇胺		25	25	25	25	25
	二聚酸		8	8	8	8	8
	蓖麻油酸聚酯		10	10	10	10	10
	辛癸酸		8	8	8	8	8
	蒸馏水		50	50	50	50	50
防霉剂	有机蒙脱土	季铵化魔芋葡甘聚糖	1	1	1	1	1
		钠基蒙脱土	1	1	1	1	1
		pH 值为 4.5 的醋酸钠-醋酸溶液	20	20	20	20	20
	菠萝皮提取物		3	3	3	3	3
	有机蒙脱土		4	4	4	4	4
	去离子水		10	10	10	10	10
基础油	环烷油		加至 100	加至 100	加至 100	加至 100	加至 100

制备方法 按配方称取各组分，将基础油加热至50℃后加入除阳离子表面活性剂之外的其余组分，50℃、120r/min 搅拌速度下搅拌15min，加入阳离子表面活性剂后继续搅拌1h，自然冷却至室温后得到切削液。

原料介绍

所述防霉剂的制备步骤为：

（1）将菠萝皮烘干，粉碎过100目筛得到菠萝皮粉末，将菠萝皮粉末加入45倍质量的70%体积分数的乙醇水溶液中，500W 微波功率下微波提取40s，抽滤得到滤液，滤液静置分层，将上清液烘干后得到菠萝皮提取物；

（2）按1∶1∶20的质量比将季铵化魔芋葡甘聚糖、钠基蒙脱土、pH 值为4.5的醋酸钠-醋酸溶液混合，加热至65℃搅拌20h得到反应液，将反应液抽滤得到沉淀物，用去离子水将沉淀物水洗至中性，干燥后研磨得到有机蒙脱土；

（3）按3∶4∶10的质量比将菠萝皮提取物、有机蒙脱土、去离子水混合，放入超声波振荡器中，180W 超声功率下超声振荡25min得到混合液，将混合液抽滤得到沉淀物，将沉淀物干燥后研磨得到防霉剂。

产品特性 本品除了能满足切削液的一般要求外，还具有较好的杀菌、防霉和抗氧化性能。菠萝皮是常见水果菠萝的表皮部分，通常作为食品垃圾丢弃，本品将菠萝皮收集后以乙醇水溶液为提取溶剂采用微波辅助提取法提取得到菠萝皮提取物，其具有较强的抑菌防霉活性，不过其热稳定性较差，在温度高一点的工作环境中会发生热分解，因而本品利用季铵化魔芋葡甘聚糖对钠基蒙脱土进行改性得到有机蒙脱土，然后将其与菠萝皮提取物进行超声混合得到防霉剂，其中菠萝皮提取物被吸附进入有机蒙脱土的片层之间，蒙脱土的热稳定性较好，对菠萝皮提取物能起到很好的热屏蔽作用，克服了其热稳定性较差的问题。该防霉剂在耦合剂异己二醇的帮助下能均匀分散于切削液内，从而改善切削液的杀菌、防霉和抗氧化性能。

配方 234 切削液（4）

原料配比

原料		配比（质量份）
硼酸酯	二乙醇胺	45
	硼酸	25
	丁醇	30
钼酸酯	二乙醇胺	45
	钼酸胺	15
	油酸	50
硼酸酯		10
钼酸酯		4
油酸		2
三乙醇胺		5
苯甲酸盐		3
防锈剂		6
消泡剂		1.5
渗透剂		3
乳化剂		15
水		加至100

制备方法

（1）制备水溶性硼酸酯，水溶性钼酸酯：

① 在密闭反应釜中，在90～180℃条件下，二乙醇胺、硼酸、丁醇反应，制得硼酸酯；

② 在密闭反应釜中，在90～180℃条件下，二乙醇胺、钼酸胺、油酸反应，制得钼酸酯；

（2）以硼酸酯、钼酸酯为原料，再加入油酸、三乙醇胺、苯甲酸盐、防锈剂、消泡剂、渗透剂、乳化剂和水经加热聚合成水基切削液。

原料介绍

所述的防锈剂为植酸或高级脂肪酸。

所述的乳化剂为非离子型表面活性剂OP或AEO。

产品应用 本品为主要用于机械零件加工领域的冷却、润滑、清洗和防锈的一种防锈型水基切削液。

产品特性

（1）本品中含有水溶性硼酸酯和水溶性钼酸酯，它们可以为切削液提供很好的润滑性和极压性。水中分散的油酸、三乙醇胺、苯甲酸盐、渗透剂、防锈剂、消泡剂等经过高温反应一部分转化为水溶性酯，另一部分在乳化剂的作用下以胶体颗粒状态均匀地分散在水中，可以保证切削液具有良好的渗透性、防腐性和防锈性。本品在常温下不变质，可长期使用。

（2）将上述切削液配制成5%的水溶液，用于永磁材料切片机，无毒、无害、无刺激性气味，使用过程中切削液不变质、无排放，只需定时补充切削液即可满足机械加工精度的需要。与油基切削液相比成本低，是一种理想的切削油替代产品。

配方 235 切削液（5）

［原料配比］

原料		配比（质量份）
矿物油		40
石油磺酸钠		7
润滑剂		4.5
烷氧基聚醚		3
二乙醇胺		2
金属缓蚀剂		2
消泡剂		1
叔丁基苯甲酸		0.6
水		加至 100
金属缓蚀剂	铜缓蚀剂苯并三氮唑	30～40
	铝缓蚀剂硅酸盐	30～40
乳化剂	烷基醇胺磷酸酯 6503	加至 100

［制备方法］ 将各组分原料混合均匀即可。

［产品特性］ 本品具有优良的防锈性能，而且其不含氯、亚硝酸钠等有害成分，使用更加环保可靠；抗菌性能好，不易变质发臭，而且低泡沫，有利于大大提高适用范围；不但具有较好的润滑性能，同时也大大降低了成本，有利于产品表面的加工精度，适用性强且实用性好。

配方 236 切削液（6）

［原料配比］

原料	配比（质量份）	
	1#	2#
二乙醇胺	20	25
单乙醇胺	20	20
丁二酸	20	20
甘油	10	10
硼酸酯	15	10
乳化剂	5	5
防锈剂	5	5
氯化石蜡	3	2
润滑油	2	5

［制备方法］

（1）对二乙醇胺、单乙醇胺和丁二酸通过三辊研磨机进行研磨粉碎，研磨时间为 30～50min，研磨后使用 200～400 目的筛网进行筛分。

（2）在筛分后，将二乙醇胺、单乙醇胺、丁二酸、甘油和硼酸酯混合搅拌，在搅拌后将混合溶剂投放进研磨筛滤装置中。

（3）混合溶剂在研磨筛滤装置中进行研磨筛滤后，向混合溶剂中分批次添加乳化剂、防锈剂、氯化石蜡和润滑油；润滑油在使用前需要加热、过滤清理，降低含水量，避免乳化。

（4）混合搅拌 20～30min 后，使用 500～600 目的筛网进行过滤，在过滤后及时密封储存。搅拌速度为 500r/min。

［产品特性］ 本品具备良好的冷却、润滑、防锈、除油清洗、防腐性能及易稀释的特点，使用效

果好、使用量少。通过改变混合液内硼酸酯的含量，能够大大提高切削液的沸点，能够有效地保护切削装置和切削件。

配方 237 切削液（7）

原料配比

原料		配比（质量份）	
		1#	2#
水		50	52.3
pH 调节剂	二甘醇胺	14	15
防锈剂	十二碳二元酸	15	17
AP 型破乳剂	聚氧乙烯聚氧丙烯醚	8	10
丙三醇		4	5
硬度调节剂	氯化钙	0.5	0.7

制备方法

（1）将水、所述 pH 调节剂、防锈剂依次混合得到混合液。混合的温度为 75～90℃。

（2）将所述 AP 型破乳剂、丙三醇、所述硬度调节剂加入步骤（1）中所述混合液中即得。

原料介绍

AP 型破乳剂为聚氧乙烯聚氧丙烯醚，在保证正常的润滑、冷却、清洗性能的同时，通过提升切削液的抗杂油能力来延长切削液的使用寿命。AP 型破乳剂用于石蜡基原油乳状液的破乳，适合于切削液在使用过程中因设备油的混入而乳化的液破乳，并能在低温条件下达到快速破乳的效果。AP 型破乳剂只需在切削液正常工作条件下 1.5h 内沉降破乳。AP 型破乳剂的引发剂多乙烯多胺决定了分子的结构形式：分子链长且支链多，亲水能力强。多支链的特点决定了 AP 型破乳剂具有较好的润湿性能和渗透性能，当乳状液破乳时，AP 型破乳剂的分子能迅速地渗透到油水界面膜上，比 SP 型破乳剂分子的直立式单分子膜排列占有更多的表面积，因而用量少，破乳效果明显。利用其破乳性能有效地把混入到切削液里的设备油及时分离，从而切断细菌的营养源，保证切削液的正常性能长期稳定。

所述 pH 调节剂选自二甘醇胺和异丙醇胺中的至少一种。二甘醇胺具有较高的碱值储备能力和 pH 缓冲性能，可以有效地保证切削液的 pH 值长期稳定；硬水适应性好，结合硬度调节剂可以有效提升切削液的抗杂油性能。利用其以上优点可以有效防止切削液发臭，同时提供辅助防锈的性能，间接提高切削液的寿命。

硬度调节剂选自氯化钙、硝酸钙和氯化镁中的至少一种，其中的 Ca^{2+}、Mg^{2+} 与混入到切削液中的乳化剂结合形成皂化物析出，降低切削液对设备油（杂质）的乳化能力，使设备油浮于切削液上层易于分离清理，延长切削液的使用寿命。

所述防锈剂选自硼酸、癸二酸和十二碳二元酸中的至少一种。

产品特性

（1）本品具有优秀的抗杂油能力和抗菌性能，使用寿命长。

（2）本品 pH 值长期稳定，硬水适应性好。

配方 238 切削液（8）

原料配比

原料	配比（质量份）		
	1#	2#	3#
2,2′-二氨基-1,3′-二丙醇胺	25	35	30

续表

原料		配比（质量份）		
		1#	2#	3#
聚氧乙烯苯基磷酸酯		5	8	7
二硫化钼		10	18	15
油酸		1～1.5	1.5	1.2
石油磺酸钠		5	8	7
硫化脂肪酸酯		3.5	5	4
苯并三氮唑		1	1.5	1.2
油性剂	豆油	20	—	—
	机油	—	25	—
	豆油和机油	—	—	23
表面活性剂	烷基酚聚氧乙烯醚	5	8	6
去离子水		24	27	30

[制备方法]

(1) 将部分去离子水、2,2′-二氨基-1,3′-二丙醇胺和油酸混合得到溶液 A；混合的温度为40～60℃，混合的方法为搅拌，搅拌的速度为 150～200r/min。

(2) 将剩余的去离子水、聚氧乙烯苯基磷酸酯、二硫化钼、石油磺酸钠、硫化脂肪酸酯、苯并三氮唑、烷基酚聚氧乙烯醚和油性剂混合得到溶液 B；混合的温度为 60～80℃，搅拌的速度为300～600r/min。

(3) 将步骤 (1) 所得溶液 A 和步骤 (2) 所得溶液 B 混合。混合的温度为 60～80℃。

(4) 将步骤 (3) 制备的溶液进行缓慢降温，降温的速率为 3～5℃/min。降到 30℃，继续搅拌 1h，降温后的搅拌速度为 100～150r/min。

[原料介绍]

2,2′-二氨基-1,3′-二丙醇胺中氨基含量高，具有抑制钴浸出的作用。

二硫化钼在 1300℃左右时还有较好的润滑性，使刀具在切削过程中受到的热磨损较小。

石油磺酸钠金属防锈性较好，还能起到主乳化剂的作用，能够满足高温下切削刀具的加工要求。

聚氧乙烯苯基磷酸酯起到润滑和缓蚀作用。

硫化脂肪酸酯提供极压润滑性能。

苯并三氮唑起到缓蚀和辅助防锈的作用。

[产品特性]

(1) 本品绿色环保，制备工艺简单，且成本低，使用寿命长。

(2) 本品解决了切削液对钴具有浸出作用，且无法在高温下进行切削加工等问题。

配方 239 切削液（9）

[原料配比]

原料	配比（质量份）				
	1#	2#	3#	4#	5#
茶树叶提取液	20	25	25	25	30
硅酸钠	6	7	8	9	10
橄榄石	1	1.5	1.5	1.5	2
白油	50	53	55	55	60
椰子油	8	9	10	11	12
棉籽油	1	1.5	1.5	1.5	2

续表

原料	配比（质量份）				
	1#	2#	3#	4#	5#
聚阴离子纤维素	4	5	6	7	8
改性大豆磷脂	5	6	7.5	9	10
月桂酸单甘油酯	5	7	7.5	9	10
无水乙醇	5	7	7.5	9	10
乙酸乙酯	1	1.5	2	2.5	3
月桂醇醚磷酸酯钾	2	3	3.5	4	5
硼酸	2	3	3	3	4
铵盐	1	1.5	1.5	1.5	2
磺化蓖麻油	1	2	2	2	3
香蕉皮提取液	5	6	7.5	9	10
四硼酸钠	1	2	2	2	3

制备方法

（1）将橄榄石、聚阴离子纤维素和乙酸乙酯混合研磨10～12h，过400目筛，去除大颗粒；

（2）加入茶树叶提取液、硅酸钠、白油、椰子油、棉籽油、月桂酸单甘油酯、磺化蓖麻油、月桂醇醚磷酸酯钾、硼酸、香蕉皮提取液和四硼酸钠混合，加热至40～50℃；

（3）加入改性大豆磷脂，继续加热至65～75℃，保温2～4h后冷却；

（4）待冷却至30℃后加入无水乙醇和铵盐振荡混合均匀即得。

原料介绍

所述茶树叶提取液的制备方法为：将500份大叶海藻烘干粉碎，加入100份90℃热水浸提2～3h，过滤得茶树叶提取液。

所述香蕉皮提取液的制备方法为：将500份香蕉皮烘干粉碎，加入150份95℃热水浸提0.5～1h，过滤得香蕉皮提取液。

所述铵盐选自氯化铵、硫酸铵、硫酸氢铵、硝酸铵、碳酸铵、碳酸氢铵、氟化铵、碘化铵、溴化铵。

产品特性 本品具有非常高的冷却速率，能够在切削过程中使切削工具和工件快速降温，减少工件和刀具的热变形，保持刀具的硬度，提高加工精度和刀具耐用度，同时本切削液还具有非常好的清洗效果。

配方 240 切削液（10）

原料配比

原料	配比（质量份）
基础油	30～34
复合磷酸酯	40～50
硼酸钾	8～12
防锈剂	3～5
表面活性剂	8～10

制备方法

（1）将基础油加热至45～50℃后，依次加入复合磷酸酯、硼酸钾和防锈剂，然后将温度保持在40～50℃，并搅拌10min，搅拌速度保持在100～120r/min。

（2）最后加入表面活性剂，继续保持100～120r/min搅拌至完全透明后，待自然冷却后包装。

[原料介绍]

所述基础油采用矿物油和植物油中的一种。所述矿物油采用N46矿物油，所述植物油采用菜籽油、棉籽油、椰子油和豆油中的一种。

所述复合磷酸酯采用亚磷酸二正丁酯、磷酸三甲酚酯、异辛基酸性磷酸酯十八胺盐、硫代磷酸三苯酯、硫代磷酸酯、硫代磷酸复合胺盐中的任意两种或多种的混合物。

所述表面活性剂采用阴离子型表面活性剂和非离子型表面活性剂混合而成。所述阴离子型表面活性剂为高级脂肪酸钠、硫酸化脂肪酸酯钠或磺酸琥珀酸二酯钠，所述非离子型表面活性剂为烷基酚环氧乙烷或多元醇脂肪酸酯。

所述防锈剂采用磺酸钠（或磺酸钙）、烷基苯甲酸、山梨糖醇单油酸酯、酰胺中的一种或多种。

[产品特性] 切削液易在刀具与切屑工件之间形成物理吸附膜，在较低负荷下起润滑作用，对于防锈性能的提升起关键性的作用。非离子表面活性剂使得切削液保持较低的表面张力，具有很好的清洗性，同时非离子表面活性剂采用烷基酚环氧乙烷或多元醇脂肪酸酯且用量较大，可以有效提升防锈性。磺酸钠（或磺酸钙）、烷基苯甲酸、山梨糖醇单油酸酯、酰胺等防锈剂与表面活性剂协同作用，有利于进一步地提升防锈性，从而使得加工后的工件可以存放1至2个月，解决了现有切削液防锈效果差、无法避免工件与环境介质及切削液组分分解或氧化变质而产生的油泥等腐蚀性介质接触而腐蚀的问题。

配方 241 切削液（11）

[原料配比]

原料	配比（质量份）								
	1#	2#	3#	4#	5#	6#	7#	8#	9#
聚乙二醇双油脂酸酯（PEGDO）	7	13	7	13	10	7	13	7	13
聚乙二醇单硬脂酸酯（PEGMS）	2	4	4	2	3	2	4	4	2
油酰三乙醇胺（TO）	4	2	4	2	3	4	4	2	2
丁醇无规聚醚（BPE）	5	7	7	5	6	7	5	5	7
聚氧乙烯失水山梨醇脂肪酸酯（吐温-80）	3	5	5	3	4	3	3	5	5
脂肪胺聚氧乙烯醚（AC）	3	5	3	5	4	5	3	5	3
单辛酸甘油酯（CMG）	1	2	1	2	1	1	2	1	2
去离子水	6.25	9.5	7.75	8	7.75	7.25	8.5	7.25	8.5

[制备方法]

（1）将配方量的聚乙二醇双油脂酸酯（PEGDO）、聚乙二醇单硬脂酸酯（PEGMS）分散于配方量去离子水中得到溶液A。

（2）将油酰三乙醇胺（TO）、丁醇无规聚醚（BPE）、聚氧乙烯失水山梨醇脂肪酸酯（吐温-80）、脂肪胺聚氧乙烯醚（AC）、单辛酸甘油酯（CMG）混合得混合液。

（3）将溶液A在搅拌状态下加入步骤（2）的混合液中，持续搅拌成均一透明液体。

[原料介绍]

所述聚乙二醇双油酸酯为聚乙二醇600双油脂酸酯（PEG-600DO）。

所述聚乙二醇单硬脂酸酯为聚乙二醇400单硬脂酸酯（PEG-400MS）。

所述脂肪胺聚氧乙烯醚为十二胺聚氧乙烯醚（AC1210）。

所述丁醇无规聚醚的规格为BPE-1000。

[产品特性]

（1）本品在用于金属加工润滑冷却时性能显著提高，并且可以避免三乙醇胺硼酸酯等含硼原料的使用，从而可以减少原液的使用，降低成本，减少污染。

(2) 本品在稀释至含水量95%或99%时均表现出较好的润滑减摩性能和极压性能。

配方 242 切削液(12)

原料配比

原料		配比(质量份)							
		1#	2#	3#	4#	5#	6#	7#	8#
乳化剂	OP-10	22	18	—	—	30	30	25	15
表面活性剂	DOWFAX 2A1	7	11	30	30	—	—	5	15
散热剂	乙二醇苯醚	10	9	8	5	15	10	9	10
缓蚀剂	乌洛托品	3	4	2	5	3	1	3	4
酸度调节剂	柠檬酸	2	2	2	3	2	1	2	3
氯化苄		2	2	1	1	2	1	—	—
去离子水		加至100	加至100	加至100	加至100	加至100	加至100	加至100	加至100

制备方法

(1) 将缓蚀剂、乳化剂、表面活性剂和氯化苄加入散热剂中，搅拌均匀；

(2) 在搅拌过程中加入酸度调节剂调节pH值为4.5～5.3；

(3) 在缓慢搅拌过程中加入去离子水进行稀释。

原料介绍

乌洛托品又被称为六亚甲基四胺，是一种以抑制金属阳极溶解为主的阳极缓蚀剂，进而提高金属工件的耐腐蚀性。同时，乌洛托品在酸度调节剂的酸性作用下，一部分被分解为氨气和甲醛溶于水中，而氨气和甲醛具有较强的还原作用，以避免工件在切削过程中因高温而快速发生氧化与锈化。再者，在氨气和甲醛的还原作用下，切削液中难以滋生细菌，具有良好的杀菌性能，从而不会发臭。

乳化剂OP-10为烷基酚聚氧乙烯醚，属于非离子表面活性剂，具有优良的匀染、乳化、润湿和扩散性，同时乳化剂OP-10还具有良好的去油污能力，能够有效去除金属工件表面残留的油污，进而保证加工过程中金属表面的加工性能。

乙二醇苯醚是一种低分子、带羟基、易溶于水的化合物，它具有和水以及醚键形成氢键的能力，因此其能够降低OP-10的HLB值。在乳化前预先加入适量的乙二醇苯醚能够增加乳化剂OP-10在水中的分散能力，得到稳定的乳化液。即在乙二醇苯醚分子中—OH的作用下，使得乳化剂OP-10中亲水基把疏水基包在里面而形成曲折的空间构型，乙二醇苯醚中的—OH与醚键以氢键的形式结合，而乙二醇苯醚分子又以氢键的形式与水分结合，使得OP-10周围形成一个较大的亲水基团，使其亲水能力大大提高，从而降低了HLB值。乙二醇苯醚是一种典型的高沸点有机溶剂，能够有效对切削中的工件进行冷却，吸热后依旧能够保持体系的稳定。乙二醇苯醚作为毛细管切削液的溶剂，具有极好的溶解性，能够有效改善切削液在毛细管内流动的流畅性，整个切削液体系具有更良好的稳定性，并避免堵塞。

表面活性剂DOWFAX 2A1是一种高性能阴离子表面活性剂，具有吸附能力强、分散力大、连接力强等特点，在较强的剪切条件下，依旧能表现出极佳的稳定性。此外，DOWFAX 2A1和OP-10具有协同作用，可进一步提高体系的稳定性与分散性。

柠檬酸与氨水反应生成柠檬酸单铵，而柠檬酸单铵水解产生的氢离子能够对铁锈进行溶解，柠檬酸单铵与铁的氧化物络合生成柠檬酸亚铁铵和柠檬酸铁铵等易溶物质而把锈垢溶解，保证了工件加工过程中其表面的加工性能。

氯化苄作为一种有机溶剂，能够有效溶解金属工件表面上的油污，具有良好的清洁效果。同时，氯化苄和一部分乌洛托品反应形成带正电荷的季铵盐离子，而季铵盐离子将会与体系中形成的柠檬酸单铵水解产生的氢离子发生竞争吸附，由于整体质量较大，吸引力较强，所以优先于氢离子被金属表面所带负电荷部分所吸附，从而形成致密的吸附层，抑制了腐蚀反应的阴极析氢反应过程，配合乌洛托品的抑制金属阳极溶解，有效提高了其缓蚀作用。而柠檬酸单铵的水解受到抑制，则不会对铁表面发生腐蚀，并更有利于对铁锈进行溶解，提高防锈性能。此外，产生的季铵盐还能够与乙二醇苯醚结合，产生杀菌效果，进一步提高切削液的稳定性与保质期，以避免其发臭。

[产品应用] 本品是一种毛细管用切削液。

[产品特性] 在乳化剂、表面活性剂、散热剂和乌洛托品的配合作用下，使得切削液具有优异的防锈、润滑、冷却、清洗性能和杀菌性能。且该配方的组分精简，便于提高其制备生产效率。在pH值为4.5～5.3的体系中，更有利于乌洛托品发生分解产生氨气和甲醛，以进一步提高切削液的防锈性能。

配方 243 切削液（13）

[原料配比]

原料	配比（质量份）		
	1#	2#	3#
二乙醇胺	8	15	9
单乙醇胺	7	18	10
丁二酸	3	8	5
硼酸盐	2	4	3
甘油	3	8	5
渗透剂	8	20	10
乳化剂	4	12	7
防锈剂	3	8	6
水	加至100	加至100	加至100

[制备方法] 将各组分原料混合均匀即可。

[产品应用] 本品是一种金属切削加工液。

[产品特性] 本品切削液使用寿命长、生产成本低、环保。

配方 244 切削液（14）

[原料配比]

原料		配比（质量份）
基础油		40
叔丁基苯甲酸		7
润滑剂		4.5
石油磺酸钠		3
稳定剂		2
金属缓蚀剂		2
甘油		1
杀菌剂		0.6
水		加至100
金属缓蚀剂	铜缓蚀剂苯并三氮唑	30～40
	铝缓蚀剂硅酸盐	30～40
乳化剂	烷基醇胺磷酸酯6503	加至100

[制备方法] 将各组分原料混合均匀即可。

[产品特性] 本品具有优良的防锈性能，而且其不含氯、亚硝酸钠等有害成分，使用更加环保可靠；抗菌性能好，不易变质发臭，而且低泡沫，有利于大大提高适用范围；不但具有较好的润滑性能，同时也大大降低了成本，有利于产品表面的加工精度，适用性强且实用性好。

配方 245 切削液（15）

[原料配比]

原料	配比（质量份）		
	1#	2#	3#
150N 基础油	50	60	70
T702 石油磺酸钠	15	12	8
脂肪醇醚乳化剂	10	8	5
合成酯	15	10	8
S80 乳化剂	5	5	4
油酸	5	5	5

[制备方法] 取所述 150N 基础油边搅拌边加热至 40～60℃后，依次加入所述 T702 石油磺酸钠、脂肪醇醚乳化剂、合成酯和 S80 乳化剂，搅拌混合 30～50min 后得复合剂，向所述复合剂中缓慢加入所述油酸至所述复合剂达到清澈状态，得切削液。搅拌过程均在不锈钢搅拌桶中进行。

[产品特性]

（1）由于切削液中含有乳化剂呈乳化状态，乳化的切削液能把润滑性和防锈性与水的冷却性很好的结合起来，对于加工时产生的大量热很有效，起到冷却降温的作用，与油基切液油相比，乳化的切削液的优点在于有较好的散热性、清洁性、经济性等。

（2）乳化的切削液在使用过程中被工件带走，持续消耗，无需更换，每天使用消耗后只需补充新液即可，大大减少排放甚至无排放，省时省力。

（3）本品散热性好，清洁效果优异，能够长效、稳定、安全地使用。

配方 246 切削液（16）

[原料配比]

原料		配比（质量份）		
		1#	2#	3#
基础油	30#环烷油	39.8	—	—
	15#环烷油	—	39.5	—
	26#环烷油	—	—	40.3
防锈剂	癸二酸	0.7	0.7	0.7
有机胺	三乙醇胺	7.1	7	7.2
	二异丙醇胺	3.5	—	4.5
	三异丙醇胺	—	4.4	—
无机碱	氢氧化钾	2.8	2.2	2.7
缓蚀剂	苯并三氮唑	0.9	0.9	0.9
	磷酸异三癸基酯（米奇磷酸酯 468）	2.7	2.6	2.2
阴离子表面活性剂	二甲苯磺酸钠	1.8	1.8	1.8
	米奇二聚酸酯 1839	15	14.9	13.4
	石油磺酸钠 164911	2.7	2.6	1.8

续表

原料		配比（质量份）		
		1#	2#	3#
杀菌剂	MBM	2.7	2.6	2.7
	IPBC-30	0.3	0.3	0.3
抗硬水剂	米奇醇醚羧酸 HW09	2.7	2.2	—
	醇醚羧酸 VG90	—	—	2.7
耦合剂	格尔伯特醇 G-16	1.8	—	1.8
	异构十三醇	—	1.8	—
非离子表面活性剂	脂肪醇聚氧乙烯聚氧丙烯醚（米奇非离子表面活性剂 POLYEM 350）	2.7	3.5	3.1
	脂肪酸二异丙醇酰胺（米奇酰胺 321）	1.8	1.8	2.7
润湿剂	米奇 FUNTAO DF920	0.4	0.4	0.4
消泡剂	米奇 FUNTAG DF902	0.1	0.1	0.1
水		10.7	10.7	10.7

［制备方法］ 将各组分原料混合均匀即可。

［产品特性］ 本品 pH 值比现有产品要高，pH 值越高镁片的抗腐蚀效果更佳，因为较高的 pH 值使得镁片表面发生化学钝化形成一层化学保护薄膜，对进一步的腐蚀起抑制作用，配合米奇磷酸酯抗腐蚀效果达到最佳；高 pH 值下耐菌性更强，更长时间地保持切削液不发臭，稳定性更好。本品切削液耐硬水程度更高，并且能够长时间地保持稳定，使用时间较长而不用担心出现析油析皂分层等问题，使得加工过后的镁合金工件曝露在空气中在 48h 内依然能保持光亮无腐蚀。

配方 247 切削液（17）

［原料配比］

原料		配比（质量份）	
		1#	2#
基础油	矿物油和植物油	20	—
	合成酯和动物油	—	35
植物油复合表面活性剂	三乙醇胺、聚异丁烯丁二酸和低泡表面活性剂（脂肪醇聚氧乙烯醚）	5	—
	三乙醇胺、聚异丁烯丁二酸和低泡表面活性剂（聚氧丙烯醚）	—	15
阴离子表面活性剂	石油磺酸钠	3	—
	琥珀酸酐盐	—	5
聚合物-纳米材料复合凝胶粉末	聚丙烯酸酯类聚合物与钛酸锌纳米粉	10	15
金属缓蚀剂	2-巯基苯并噻唑和苯并三氮唑	1	—
	甲基苯并三氮唑和 5-苯基四氮唑	—	2
杀菌剂		0.5	2
消泡剂	GP 型甘油聚醚	0.5	1
镁络合剂		0.5	2
无菌水		20	40

［制备方法］

（1）将聚合物-纳米材料复合凝胶、基础油和植物油复合表面活性剂混合反应得到混合物；

（2）将步骤（1）所得混合物和阴离子表面活性剂、金属缓蚀剂、杀菌剂、消泡剂和镁络合剂、无菌水混合反应得到产品。

【原料介绍】

聚合物-纳米材料复合凝胶粉末在切削液的制备过程中起到助溶、提高其亲水性能的作用，同时具有立体网状结构，可有效吸附水中的钙、镁离子。所述聚合物-纳米材料复合凝胶粉末的制备方法包括：将钛酸锌纳米粉溶于6倍体积的无水乙醇的酸性溶液中，低温等离子反应器中反应40min后加入聚丙烯酸酯类聚合物继续反应45min，反应完毕后取出充分超声搅拌至液相分散均匀，再置于低温等离子体反应器内－10℃静置12h以上，形成均一溶胶，再取出蒸发干燥转变为凝胶，研磨成粉末，制得聚合物-纳米材料复合凝胶粉末。所述聚丙烯酸酯类聚合物包括丙烯酸酯、聚甲基丙烯酸酯、聚丙烯酸、聚甲基丙烯酸、聚甲基丙烯酰胺和聚丙烯酰胺中的至少一种。

所述植物油复合表面活性剂的制备方法包括：将所述三乙醇胺和所述聚异丁烯丁二酸混合反应后再和所述低泡表面活性剂混合反应；混合反应的温度为50～60℃，混合反应的时间为25～35min。所述低泡表面活性剂包括直链脂肪醇聚氧乙烯醚、直链聚氧丙烯醚、支链脂肪醇聚氧乙烯醚、支链聚氧丙烯醚、芳香族脂肪醇聚氧乙烯醚和芳香族聚氧丙烯醚中的至少一种。

所述镁络合剂为羧酸类螯合剂乙二胺四乙酸。

所述杀菌剂为三嗪衍生物和吗啉衍生物中的至少一种。

所述消泡剂为有机硅类消泡剂、聚醚类消泡剂和丙烯酸酯消泡剂中的至少一种。

【产品应用】 所述切削液与水为1∶(10～15)倍稀释用于镁合金切割加工。

【产品特性】 本品具有很强的耐硬水性能，不易破乳，防腐性能、润滑性能以及防锈性能优异。纳米钛酸锌与聚丙烯酸酯类聚合物共同制备成聚合物-纳米材料复合凝胶粉末有效吸附水中的钙、镁离子，提高了本品抗硬水性能，同时提高了亲水性，所以更容易被清洗。

配方 248 切削液（18）

【原料配比】

原料	配比（质量份）		
	1#	2#	3#
二乙醇胺	9	11	13
单乙醇胺	10	13	15
丁二酸	4	6	7
聚氧乙烯聚氧丙醇胺醚	15	16	18
烷基酚聚氧乙烯醚	11	12	13
丙烯酰胺	6	6.6	7
十二烷基苯磺酸钠	7	8	9
苯并三氮唑	6	7	8
水	35	37	39

【制备方法】 将各组分原料混合均匀即可。

【产品特性】 本品润滑性能好、防锈性强、冷却能力好、清洗效果显著。

配方 249 切削液（19）

【原料配比】

原料	配比（质量份）		
	1#	2#	3#
二乙醇胺	3	1	6
苯甲酸	3	6	1

续表

原料		配比（质量份）		
		1#	2#	3#
甘油		4	1	7
杀菌剂	厌氧菌	2	4	0.5
乳化剂	司盘-80	3.5	1	6
水		5	8	2
矿物油	油酸三乙醇胺	3.5	1	6
表面活性剂	十二烷基硫酸钠 K12	2	3	1
耐热高分子	氧化锆	3	2	4

制备方法

（1）按配比称取原料，将二乙醇胺、苯甲酸、甘油、矿物油和表面活性剂进行加热，至混合均匀形成混合溶液；加热的温度为70～80℃，加热的时间为50～60min。

（2）向步骤（1）得到的所述混合溶液降温至30～40℃，然后向所述混合溶液中添加水、乳化剂、杀菌剂和耐热高分子，室温下进行乳化，冷却，包装，即得所述切削液。

原料介绍

矿物油选用油酸三乙醇胺，油酸三乙醇胺是一种非离子表面活性剂，具有优异的乳化和分散性能，发泡能力强，泡沫细腻，在酸性和碱性介质中稳定性强，有良好的洗涤及防锈能力。

表面活性剂K12具有去污、乳化和优异的发泡性能，是一种对人体具有微毒性的阴离子表面活性剂，其生物降解度＞90％，具有良好的乳化性、起泡性、水溶性，可生物降解、耐碱、耐硬水，并且在较宽pH值的水溶液中具有稳定性，易于合成、价格低廉。

所述切削液pH值为8.5～8.7。所述切削液耐高温600℃以上。

产品应用

切削液的使用方法：所述切削液的添加量为每100kg水添加0.5～3kg切削液。

在金属加工过程中，任何金属（生铁、铸铁、有色金属等）在钻孔、切、削等金属加工过程，所述切削液的添加量为每100kg水添加3kg切削液；在磨制过程中，所述切削液的添加量为每100kg水添加1kg切削液，效果更好。

产品特性

（1）本品具有良好的耐水、耐高温性，耐酸碱性，耐污性；具有更好的防锈功能。

（2）本品通过电磁水波处理器处理后可以循环使用，避免了大量危废物的产生。

（3）本品是高浓缩产品，使用量小，对环境友好，不伤皮肤，是弱碱性产品，可以达到国家二级以上污水排放标准。

配方 250 切削液（20）

原料配比

原料	配比（质量份）		
	1#	2#	3#
水	55	42	60
2-氨基-2-甲基-丙醇	7	10	10
硼酸	13	15	13
苯并三氮唑	4	5	3
硼酸钾	4	5	3
阿拉伯树胶	8	10	5
烷醇酰胺	7	10	5
消泡剂	2	3	1

[制备方法]

（1）将水、2-氨基-2-甲基-丙醇、硼酸、苯并三氮唑和硼酸钾混合。混合的温度为75～90℃，混合的时间为40～50min。

（2）将阿拉伯树胶、烷醇酰胺、消泡剂加入步骤（1）得到的混合液中混合均匀得到产品。

[原料介绍]

阿拉伯树胶结构上带有部分蛋白物质及鼠李糖，使得其有非常良好的亲水亲油性，是非常好的天然水包油型乳化稳定剂，可以有效地防止油污二次吸附在金属工件表面。

2-氨基-2-甲基-丙醇不仅作为pH稳定剂，同时也可以提供良好的乳化性和防锈性，利用其乳化性能辅助提升体系的清洗能力。

烷醇酰胺作为非离子活性剂，具有良好的渗透、湿润和增溶作用，与2-氨基-2-甲基-丙醇和阿拉伯树胶复配后表面张力降低、接触角减小、湿润力及乳化性能明显优于单体，具有优异的清洗效果。

[产品应用] 本品可以作为一种铸铁机加工免清洗型全合成切削液。

[产品特性] 本品在保证正常的润滑、防锈、冷却性能的同时，还增加了清洗性能，使其能够保证正常的加工，同时也能保证工件表面的洁净度，提高产品良品率，减少返工同时简化加工工艺，省去清洗工艺，减少废液的产生量，降低工艺成本。

配方 251 切削液（21）

[原料配比]

原料	配比（质量份）
水	50.5
Na_2CO_3	0.25
$NaNO_3$	0.25
癸二酸	10
聚乙二醇	9
苯并三氮唑	2
三乙醇胺	16
改性有机硅	12

[制备方法]

（1）用一个容器将Na_2CO_3、$NaNO_3$溶于水，充分搅拌，静置待用。

（2）将癸二酸、聚乙二醇、苯并三氮唑、三乙醇胺、改性有机硅装入另一容器，充分搅拌，静置待用。

（3）5～10min后，将两个容器内的混合物混合在一起，充分搅拌。

（4）如果是作为切削液，直接分装就可以使用了；如果是作为磨削液，可再加入同样质量的水稀释后分装使用。

[产品特性]

（1）黏度稳定；

（2）冷却工件，促进工件加工精度的提高；

（3）提供磨具与工件的缓蚀作用；

（4）经加工后的工件能防腐、防锈；

（5）起到润滑作用；

（6）做为磨削液时，磨削掉的屑末与本品混合后，不影响下次使用，可以循环使用；

配方 252 切削液（22）

原料配比

原料		配比（质量份）		
		1#	2#	3#
缓蚀剂	顺酐辛胺	8	8	8
石墨乳液		15	13	10
沥青乳液		10	12	15
耦合剂	二丙二醇单丁醚	7	7	7
消泡剂	有机硅消泡剂 THIX-278	3	3	—
	聚醚型消泡剂 GP 型甘油聚醚 303	—	—	3
纯水		57	57	57

制备方法

（1）将缓蚀剂、石墨乳液、沥青乳液、纯水混合加热。混合的温度为 40～50℃，混合的方式为搅拌，搅拌速度为 800～1000r/min，搅拌时间为 30～40min。

（2）向步骤（1）得到的混合物中加入耦合剂和消泡剂混合。混合的温度为 25～35℃，中，搅拌速度为 100～200r/min，搅拌的时间为 30～40min。

原料介绍

石墨乳液利用石墨的润滑特性，可减少被加工金属和刀具接触面之间的摩擦和磨损；其具体机理是，石墨可在上述接触面之间均匀成膜，之后利用石墨层状结构产生的润滑性能，提升被加工金属质量和表面光洁度、降低加工难度及成型条件、提高加工成品率。

石墨乳液具有一定的高温稳定性，金属加工产生的热量不足以使其分解、燃烧，因此在工作温度下，持久的保持极压润滑性能。石墨乳液和沥青乳液组成的混合物可以避免高温条件下分解导致切削液的润滑性能下降，因此保证了切削液长期的润滑性能和高温下的工作性能。

石墨乳液具有良好的化学稳定性和悬浮性，长时间放置不分解，对工件和模具无腐蚀作用。

石墨乳液中的石墨，具有优异的导热性能，对刀具及模具有良好的降温作用，促使刀具、模具表面不断硬化，提高刀具及模具耐热、抗压性能，最终能提高刀具及模具使用寿命 1～3 倍。

所述石墨乳液的粒径＜0.2μm。

沥青对金属有吸附作用，弥补了切削液体系的边界润滑性能，配合石墨乳液的极压润滑性能可以极大地提升切削液体系的整体润滑性。所述沥青乳液中不含硫。

产品应用

将所述切削液与水按 1∶(5～20) 倍稀释使用。

产品特性

（1）本品中利用石墨的润滑特性，以减少接触面之间的摩擦和磨损。在不锈钢的加工过程中，石墨乳液在高温下不分解、不燃烧，制剂本身是无毒的，在工作过程中不产生有毒物质或有害气体，不会污染环境。石墨乳液在高温状态下，极压润滑性能相当好，改善了金属的加工难度及成型条件，故可提高金属质量和表面光洁度，提高加工成品率。

（2）石墨乳液在加工温度范围内，具有良好的极压润滑性，沥青乳液对金属的吸附作用，弥补切削液体系的边界润滑性能，配合石墨乳液的极压润滑性能可以极大地提升切削液体系的整体润滑性，避免了使用氯剂、硫剂、磷剂极压润滑剂的同时又能保证不锈钢加工过程中长期的极压润滑性。

配方 253 切削液（23）

原料配比

原料		配比（质量份）			
		1#	2#	3#	4#
基础油	150SN	74	58	41	42
润滑剂	芥酸酰胺	4	7	10	10
精制妥尔油		2	4	6	4
三异丙醇胺		4	6	8	9
乳化剂	脂肪醇聚氧乙烯醚	3	5	7	7
极压剂	硫化脂肪酸酯	2	3	4	4
高碱值合成磺酸钙		2	4	6	6
多元酸三乙醇胺酯	四元酸三乙醇胺酯	4	5	7	7
杀菌剂		1	2	3	3
水		4	6	8	8

制备方法

(1) 将基础油加热至 75～85℃，在搅拌下向所述基础油中加入润滑剂，然后搅拌 20～30min，得到第一混合物料；

(2) 将第一混合物料的温度控制在 60～75℃，在搅拌下向第一混合物料中依次加入精制妥尔油和三异丙醇胺，然后搅拌 20～30min，得到第二混合物料；

(3) 将第二混合物料的温度控制在 50～65℃，在搅拌下向第二混合物料中依次加入乳化剂、极压剂和高碱值合成磺酸钙，然后搅拌 20～30min，得到第三混合物料；

(4) 将第三混合物料的温度控制在 40～50℃，在搅拌下向第三混合物料中加入多元酸三乙醇胺酯，然后搅拌 20～30min，得到第四混合物料；

(5) 将第四混合物料的温度控制在 30～40℃，在搅拌下向第四混合物料中依次加入杀菌剂和水，然后搅拌 20～30min；

(6) 停止加热后搅拌 1.5～2h，冷却后过滤，收集滤液。

原料介绍

高碱值合成磺酸钙可以起到提高碱性的作用，同时高碱值合成磺酸钙与极压剂、多元酸三乙醇胺酯之间的协同作用，还可以提高切削液的极压性能。采用多元酸三乙醇胺酯，还可以降低添加剂的用量，从而降低切削液的生产成本。所述多元酸三乙醇胺酯由多元酸与三乙醇胺通过化学反应制备得到；所述多元酸与所述三乙醇胺的摩尔比为 1∶(1.8～2.2)，所述化学反应的温度为 70～75℃，反应时间为 0.9～1.1h。

所述杀菌剂为储备碱度为 350～450mL 的杀菌剂。高碱值的杀菌剂，不仅可以起到杀菌防霉的作用，还可以进一步提高该切削液的碱性，进而延长切削液的使用寿命。

所述极压剂为硫化脂肪酸酯和磷酸酯中的一种或两种。极压剂在切削液中起到极压润滑的作用。

所述润滑剂为芥酸酰胺和石油磺酸钠中的一种或两种。润滑剂可以起到润滑作用，并且可以起到一定的防锈和乳化作用。

基础油可以起到润滑减摩作用。

所述乳化剂为脂肪醇聚氧乙烯醚和烷基酚聚氧乙烯醚中的一种或两种。

产品应用 本品是一种高稳定性高碱性乳化型切削液。

产品特性 本品表观状态稳定，有效物质分散均匀，静置后不会出现浑浊、分层和沉淀现象，其贮存安定性能够满足产品使用需求。该切削液的碱性较高，配制成稀释液后具有较长的使用寿命。该切削液中不含有硼酸盐、亚硝酸盐等有毒有害、污染环境、刺激性的组分，安全环保。

配方 254　切削液组合物（1）

[原料配比]

原料		配比（质量份）		
		1#	2#	3#
基础油		42	44	46
防锈剂	硼酸酯	3	5	—
	硼酸	—	—	3.5
	二元羧酸	4.5	—	—
	三元羧酸	—	4	5
磺酸盐	石油磺酸钠	6	—	6.5
	石油磺酸钡	—	7	—
乳化剂	烷氧基化脂肪醇	3.5	—	—
	C_{12}～C_{20}脂肪醇聚氧乙烯醚	—	4.2	—
	烷基酚聚氧乙烯醚	—	—	4
醇胺	单乙醇胺	2.5	—	2.2
	三乙醇胺	—	2	—
油性剂	妥尔油	6	—	7
	油酸	—	6.5	—
缓蚀剂	磷酸酯	1	—	1.2
	膦酸酯	—	1.5	—
	苯并三氮唑	0.5	0.2	0.3
杀菌剂	吗啉	1	—	—
	三嗪	—	2	—
	苯氧乙醇	—	—	3
耦合剂	C_{14}～C_{15}醇	0.2	0.3	0.2
消泡剂		0.05	0.1	0.12
水		加至100	加至100	加至100

[制备方法]　将水、防锈剂加入反应釜中，在40～45℃条件下充分搅拌1h至溶液稳定均一且整体透明后，依次加入基础油、油性剂、磺酸盐、乳化剂、醇胺、消泡剂、缓蚀剂，于40～45℃下充分搅拌1～2h，之后降温至40℃以下，加入杀菌剂，搅拌30min至全部溶解，最后加入耦合剂即可得该切削液组合物。

[原料介绍]　所述消泡剂为有机硅氧烷。

[产品应用]　本品主要用于铝合金加工。

[产品特性]　本品具有良好润滑性，对在硬水环境中的铝合金具有良好的防腐蚀性。

配方 255　切削液组合物（2）

[原料配比]

原料	配比（质量份）		
	1#	2#	3#
基础油	10	25	18
硼酸酯	6	11.5	8.5
防腐防锈剂	3.5	8	5.5
二乙二醇	1.5	4.5	3

续表

原料	配比（质量份）		
	1#	2#	3#
三乙醇胺硼酸酯	8.5	14	11
非离子表面活性剂	10	16	13
氟碳表面活性剂	12	25	18
水	16	28	22

[制备方法] 将各组分原料混合均匀即可。

[产品特性] 本品能够对人体和设备有很好的保护作用，对环境无污染，且具有良好润滑性。

配方 256 全合成多功能不锈钢切削液

[原料配比]

原料		配比（质量份）					
		1#	2#	3#	4#	5#	6#
混合醇胺	单乙醇胺、三乙醇胺	20	—	—	—	—	—
	单乙醇胺、一异丙醇胺	—	22	—	—	—	—
	一异丙醇胺、二乙醇单异丙醇胺	—	—	25	—	32	
	单乙醇胺、三乙醇胺、一异丙醇胺	—	—	—	30	—	—
	单乙醇胺、三乙醇胺、一异丙醇胺、二乙醇单异丙醇胺	—	—	—	—	—	35
防锈剂	单羧酸对甲苯磺酰氨基已酸	6.5	—	7.5	8	—	—
	二元酸十碳二元酸	—	7	—	—	—	—
	单羧酸对甲苯磺酰氨基己酸、三元酸三嗪三氨基己酸	—	—	—	—	9	—
	单羧酸甲苯磺酰氨基己酸、二元酸十碳二元酸、十一碳二元酸与十二碳二元酸和三元酸三嗪三氨基己酸	—	—	—	—	—	9.5
特殊胺	2-氨基-2-甲基-1-丙醇与二甘醇胺	4.5	—	—	—	—	—
	3-氨基-4-辛醇与二甘醇胺	—	4.8	—	—	—	—
	2-氨基-2-甲基-1-丙醇与二甘醇胺、聚醚胺	—	—	5	5	—	—
	2-氨基-1-丁醇、二甘醇胺、聚醚胺和环氧乙烷环已胺	—	—	—	—	5.5	—
	3-氨基-4-辛醇与二甘醇胺、环氧乙烷环已胺、2-氨基-1-丁醇	—	—	—	—	—	6
润滑剂	二聚酸	6.5	—	—	—	—	—
	三聚酸	—	7	—	—	—	—
	二聚酸、三聚酸、蓖麻油酸聚酯、聚合酯	—	—	7.5	—	—	10
	二聚酸、三聚酸、蓖麻油酸聚酯	—	—	—	8.5	—	—
	二蓖麻油酸聚酯、α-烯烃与不饱和二元羧酸酯形成的共聚聚合酯（聚合酯）	—	—	—	—	9	—
极压剂		10	12	15	17	18	20
助溶剂	正辛酸	6	—	—	—	—	—
	异辛酸	—	7	—	—	—	—
	正辛酸、异辛酸、正壬酸	—	—	8	8	—	—
	正壬酸、异壬酸和新癸酸	—	—	—	—	8	—
	正辛酸、异辛酸、正壬酸、新癸酸	—	—	—	—	—	10
抗硬水剂		1	1.2	1.5	1.5	1.8	2

续表

原料		配比（质量份）					
		1#	2#	3#	4#	5#	6#
缓蚀剂	苯并三氮唑、苯并三氮唑衍生物	1	—	—	—	—	—
	苯并三氮唑、甲基苯并三氮唑衍生物	—	1.2	—	—	—	—
	苯并三氮唑衍生物、甲基苯并三氮唑衍生物	—	—	1.5	—	—	—
	甲基苯并三氮唑衍生物、乙氧基磷酸酯	—	—	—	2	—	—
	苯并三氮唑衍生物、甲基苯并三氮唑衍生物、脂肪醇改性磷酸酯	—	—	—	—	2.8	—
	甲基苯并三氮唑衍生物、乙氧基磷酸酯、脂肪醇改性磷酸酯、膦酸酯	—	—	—	—	—	3
水		加至100	加至100	加至100	加至100	加至100	加至100

制备方法 将混合醇胺与润滑剂加入反应釜中，常温搅拌30～50min至均匀透明状态；加入防锈剂、抗硬水剂、缓蚀剂和水，继续常温搅拌90～100min至均匀透明状态，最后依次加入特殊胺、极压剂和助溶剂，常温搅拌60～90min至均匀透明状态，得到全合成多功能不锈钢切削液。搅拌速度为60～100r/min。

原料介绍

所述防锈剂为单羧酸、二元酸和三元酸中的任意一种或两种以上的组合；所述单羧酸为对甲苯磺酰氨基己酸；所述二元酸为十碳二元酸、十一碳二元酸和十二碳二元酸中的任意一种或两种以上的组合；所述三元酸为三嗪三氨基己酸。防锈剂在切削液中的防锈原理是在金属表面形成一层或多层保护层，阻止腐蚀介质与金属表面接触。本品防锈剂的选择多为极性较强的物质，能吸附于金属表面，防止水分侵蚀不锈钢表面，起到防锈作用。

所述混合醇胺为单乙醇胺、三乙醇胺、一异丙醇胺、二乙醇单异丙醇胺中的任意两种或两种以上的组合。

所述特殊胺为氨基醇与二甘醇胺、聚醚胺和环氧乙烷环己胺中的任意一种或两种以上的组合。所述氨基醇为2-氨基-2-甲基-1-丙醇、3-氨基-4-辛醇、2-氨基-1-丁醇中的任意一种。

所述润滑剂为二聚酸、三聚酸、蓖麻油酸聚酯、聚合酯中的任意一种或两种以上的组合，这类物质作为切削液润滑剂具有优异的润滑性能，同时具有良好的减摩抗磨性、抗氧化安定性。

所述聚合酯为α-烯烃与不饱和二元羧酸酯形成的共聚聚合酯或二元醇/多元醇与二元羧酸/二元酸酐缩聚后与脂肪醇/脂肪酸封端形成的低分子量聚合酯。

所述极压剂为平均分子量为1000～3800、黏度为140～500mm^2/s的聚醚。

所述助溶剂为正辛酸、异辛酸、正壬酸、异壬酸和新癸酸中的任意一种或两种以上的组合。

所述缓蚀剂为苯并三氮唑、苯并三氮唑衍生物、甲基苯并三氮唑衍生物、乙氧基磷酸酯、脂肪醇改性磷酸酯、膦酸酯中的任意两种或两种以上的组合。

产品特性

（1）本品具有优异的润滑极压性能，能够满足不锈钢材的铰孔、钻孔、攻牙、攻丝、拉削及螺纹加工等重负荷加工；同时全合成多功能不锈钢切削液不含硫、磷、亚硝酸盐、氯、苯酚、甲醛、重金属等有害物质，无毒无害绿色环保。

（2）本品具有优异的冷却性能、抗腐蚀性能、清洗性能、防锈性、生物稳定性和加工性能，能提高加工件表面质量，延长刀具使用寿命及降低废品率，减少设备损耗，提高生产效率，降低生产成本，节约能源。

配方 257 全合成金属切削液

［原料配比］

原料	配比（质量份）				
	1#	2#	3#	4#	5#
三乙醇胺	24～50	30	30	30	30
十八烯酸	12	12	12	12	12
平平加	6	6	6	6	6
极压剂 RN652	6	4～8	6	6	6
乳化剂 OP-10	6	6	6	6	6
硅油	8	8	8	8	4～12
苯甲酸钠	8	8	2～10	8	8
纯碱	8	8	8	8	8
膦羟基乙酸	6	6	6	3～7	6
水	110	110	110	110	110

［制备方法］

（1）将三乙醇胺和十八烯酸放置在混合罐中混合加热至50℃，得到混合物；

（2）向上述混合物中加入平平加使其融合，反应至形成棕色黏稠液体，再加入极压剂、乳化剂和硅油，得到混合物；

（3）在另一混合罐中加入水，并依次加入苯甲酸钠、纯碱、膦羟基乙酸，充分搅拌，使其完全溶解，将其倒入步骤（2）的混合物中，搅拌均匀，调节pH值为7，即得全合成金属切削液。

［产品特性］ 该切削液贮存稳定性良好，性能稳定，长期使用无异味，防锈性和腐蚀性均达A级，极压性PB值为80kg，同时具有良好的冷却性、清洗性、防锈性、润滑性，且完全不含矿物油和动物油，不含对人体有害的亚硝酸盐和污染环境的磷酸盐等物质，环境指标良好，是一种环保绿色切削液。

配方 258 全合成冷却切削液

［原料配比］

原料		配比（质量份）
一乙醇胺		15
硼酸		2.5
苯并三氮唑		0.5
皮脂酸		2.5
十二烷二元酸		1.5
双组分反式聚醚		20
E92 合成酯		10
叔癸酸		6
纯水		50
E92 合成酯	纯水	25
	氢氧化钠	15
	蓖麻油酸	25
	二聚酸	15
	三聚酸	10
	油酸	3.5
	脂肪酸	6.5

[制备方法]

（1）在反应釜中先放入纯水 20 份，加入一乙醇胺、硼酸；

（2）搅拌均匀并加温到 45～55℃，然后恒温搅拌 15～30min；

（3）依次加入苯并三氮唑、皮脂酸、十二烷二元酸、双组分反式聚醚、E92 合成酯、叔癸酸，并加入纯水至纯水总量为 50 份；

（4）匀速搅拌并加温到 70～90℃后，恒温搅拌 50～70min，即得。

[原料介绍]

所述双组分反式聚醚为聚醚多元醇。

所述 E92 合成酯由如下方法制得：

（1）在高温高压的反应釜加入纯水、氢氧化钠，搅拌充分溶解；

（2）依次加入蓖麻油酸、二聚酸、三聚酸、油酸、脂肪酸；

（3）搅拌 15～20min 后，密盖好反应釜，并加温到 110～130℃，然后恒温反应 50～70min，制得。

[产品特性]

（1）本品不含矿物油，所以使用该全合成冷却切削液的机床相对比较干净，并且易于清洗保养。

（2）本品各项性能都能够达到行业标准，并且本品的排放量小，排放废物能够生物处理分解，污染小，更加清洁环保。

配方 259　全合成铝合金专用切削液

[原料配比]

原料		配比（质量份）				
		1#	2#	3#	4#	5#
醇胺类化合物	三乙醇胺	5	15	8	12	10
防锈剂	石油磺酸钠	2	6	3	5	4
油酸		0.1	3	0.5	2	1
磷酸酯		0.5	2	1	1.5	1.2
耦合剂	山梨糖醇酐单油酸酯	0.1	5	0.5	2	1
杀菌剂	BK	2	3	1	2	1.5
消泡剂	MWF-07	0.01	0.05	0.01	0.03	0.02
聚醚酯		5	10	6	8	7
水		40	70	45	65	60
磷酸酯	亚磷酸二正丁酯	1	1	1	1	1
	磷酸三甲酚酯	1	1	1	1	1
聚醚酯	磷酸改性聚醚酯	2	2	2	2	2
	环硅氮烷改性聚醚酯	2	4	3	3	3

[制备方法]

（1）称取磷酸酯、聚醚酯溶于醇胺类化合物中搅拌均匀；

（2）将防锈剂、油酸边搅拌边加入步骤（1）的混合物中；

（3）在步骤（2）形成的混合物中依次加入耦合剂、杀菌剂、消泡剂、水搅拌均匀，取样观察完全透明后，自然冷却后包装即得所述的全合成铝合金专用切削液。

[原料介绍]

所述醇胺类化合物选自甲醇胺、一乙醇胺、二乙醇胺、三乙醇胺、丙醇胺、1,2-二丙醇胺中的一种或多种。

所述防锈剂选自磺酸盐类化合物、烯基丁二酸类防锈剂、高级脂肪酸、高级脂肪酸盐、噻二唑型防锈剂、苯并三唑类防锈剂中的一种或多种。

所述油酸是一种不饱和脂肪酸，存在于动植物体内。油酸可以是市面上可购买得到的任一种油酸，可以从棉籽油、豆油、菜籽油、米糠油等制备得到。

所述磷酸酯又称正磷酸酯，是磷酸的酯衍生物，属于磷酸衍生物的一类，选自亚磷酸二正丁酯、磷酸三甲酚酯、异辛基酸性磷酸酯十八胺盐、硫代磷酸三苯酯、硫代磷酸酯、硫代磷酸复合胺盐中的一种或多种。

所述耦合剂为表面活性剂。所述表面活性剂为植物型表面活性剂。所述植物型表面活性剂选自山梨糖醇酐脂肪酸酯、蔗糖脂肪酸酯、烷基多苷、烷基葡萄糖苷、多糖类、多聚葡萄糖苷、多肽类、脂肪醇类、脂肪酸类、大豆卵磷脂、羟基化大豆磷脂、蔗糖脂肪酸单酯、甘油单癸酸酯、酪蛋白酸钠、海藻酸钠、椰子油酸钠、椰油酰基甲基牛磺酸钠中的一种或多种。

所述杀菌剂又称杀生剂、杀菌灭藻剂、杀微生物剂等，通常是指能有效地控制或杀死水系统中的微生物——细菌、真菌和藻类的化学制剂。

所述消泡剂多为液体复配产品，主要分为三类：矿物油类、有机硅类、聚醚类。矿物油类消泡剂通常由载体、活性剂等组成，常用载体为水、脂肪醇等；活性剂常用的有蜡、脂肪族酰胺、脂肪等。有机硅类消泡剂一般包括聚二甲基硅氧烷等。聚醚类消泡剂包括聚氧丙烯氧化乙烯甘油醚等。

所述聚醚酯包括磷酸改性聚醚酯、有机硅改性聚醚酯。所述有机硅改性聚醚酯为环硅氮烷改性聚醚酯。所述磷酸改性聚醚酯的制备步骤包括：于室温下，将乙二醇、亚甲基二磷酸、双金属氰化物络合催化剂置于装有转子的小钢瓶内，于 60℃真空干燥 2h；之后冷却小钢瓶，充入氮气置换釜内空气 3 次后充入环氧丙烷；将小钢瓶置于 135℃的油浴锅中，搅拌反应 20min，反应结束后，60℃真空脱除未反应的单体，得到所述磷酸改性聚醚酯。其中所述乙二醇、亚甲基二磷酸、环氧丙烷的摩尔比为 1∶1∶2.1。所述环硅氮烷改性聚醚酯的制备步骤包括：在带有电动搅拌器、回流冷凝器、温度计以及氢气导出装置的反应器中加入含氢硅油、聚醚酯、溶剂、三氟乙酸，开动搅拌器，在氮气氛下缓慢加热至 100℃，反应 9h 后降温，加入碳酸氢钠中和，经抽滤及减压蒸馏除去残余的催化剂、汽油溶剂及低沸点物质，即得所述环硅氮烷改性聚醚酯。其中，所述三氟乙酸的用量为总原料质量的 0.35%；所述聚醚酯和含氢硅油的摩尔比为 1∶1.1。所述含氢硅油通过以下方法制备得到：将环硅氮烷、高含氢硅油、六甲基二硅氧烷加入带电动搅拌器、温度计的 250mL 四口烧瓶，再投加总质量 2.0%的浓硫酸作催化剂，在 60～65℃下搅拌反应 4h。降至室温，缓慢加入碳酸氢钠粉末中和，充分搅拌，抽滤，110℃下真空蒸馏脱去低沸物，得到所述含氢硅油。所述环硅氮烷、高含氢硅油、六甲基二氧烷的摩尔比为 1∶2∶1。

产品特性 本品具有优良的清洗性能、沉降性能，润滑性能、抗腐蚀性能，能有效避免铝合金在加工、存放过程中铝材表面腐蚀的现象产生，并且对有色金属和黑色金属有非常好的保护作用；工作液无异味，对皮肤无毒害、无刺激，能有效保障操作人员的健康和安全；同时工作液不会酸败变质，可以循环添加使用，无废液排放，不会污染环境，环保安全。

配方 260 全合成镁合金切削液

原料配比

原料	配比（质量份）
醇胺	10～20
特殊胺	2～8
三元酸	2～5
二元酸	5～10
聚醚酯	5～10

续表

原料		配比（质量份）
聚醚		5～15
铜片腐蚀抑制剂		0.5～1
金属缓蚀剂		1～3
成膜剂		1～3
抗硬水剂		1～5
去离子水		20～40
成膜剂	异己二醇	25～35
	二聚酸	32～43
	三聚酸	10～15
	四聚酸	5～8
抗硬水剂	EDTA-2Na	15～25
	醚羧酸	50～75
	甘油	2～5
	水	5～15

[制备方法]

（1）原料准备：准备上述质量份的各原料组分，并进行密封保存，备用。

（2）反应：首先将反应釜温度设置到60～66℃，随后向反应釜中依次加入上述质量份的铜片腐蚀抑制剂和金属缓蚀剂，搅拌20～30min，随后再加入上述质量份数的成膜剂、抗硬水剂和去离子水，然后恒温搅拌2～3h，得到混合液A；所述反应釜的内部压力为10～13MPa。

（3）二次反应：然后再按质量份将聚醚酯和聚醚混合搅拌并加热至65～75℃，随后保温1～2h以上后，再降温至50℃以下，静置10～12min，得到混合液B。

（4）三次反应：然后按质量份再往反应釜内加入特殊胺和三元酸与二元酸搅拌30～40min，直到搅拌至均匀透明状，然后再置于低温等离子体反应器内，在2～5℃静置7～9h，得到混合液C；所述反应釜的内部压力为5～8MPa。

（5）常温处理：在常温下将混合液A、混合液B和混合液C混合在一起，随后搅拌50～60min，然后加热到80～85℃，保温1h后降温至常温，随后加入醇胺，再次搅拌20～30min，得到全合成镁合金切削液。

（6）改性处理：最后将（5）步骤中得到的全合成镁合金切削液置于微波辐射装置中改性处理3～4min，得到成品全合成镁合金切削液。

[原料介绍]

所述特殊胺为2-氨基-2-甲基-1-丙醇、二甘醇胺、Genamin CH 020J和一异丙醇胺中的任意一种或多种。

所述铜片腐蚀抑制剂为苯并三氮唑、甲基苯并三氮唑、苯并三氮唑衍生物和二巯基苯并噻唑衍生物中的一种或多种。

所述金属缓蚀剂为磷酸酯、巯基苯并噻唑、聚天冬氨酸和聚磷酸盐中的至少两种。

[产品特性] 本品通过普通醇胺复配特殊胺可以提供充足的碱储备，将防锈剂如三元酸和二元酸溶解，从而起到防锈作用，同时起到pH缓冲作用，提供稳定碱性环境并保证良好细菌控制效果和防锈性能，而聚醚酯和聚醚则可以提供良好的润滑性能和润湿清洗性，最后通过改性处理可以进一步提高使用效果。本品通过金属缓蚀剂、铜片腐蚀抑制剂来配合成膜剂，从而具有更好的镁保护作用，而抗硬水剂则可以进一步提供抗硬水能力。综上，本品实用性较强，具有突出的创造性。

配方 261 全合成切削液（1）

[原料配比]

原料	配比（质量份）		
	1#	2#	3#
单乙醇胺	35	35	35
三乙醇胺	5	5	5
三元酸	5	5	5
润滑剂	15	15	15
耦合剂	2	2	2
渗透剂	2	3.5	5
消泡剂	0.3	0.3	0.3
极压剂	5	5	5
乳化剂	1	1	1
自来水	29.7	28.2	26.7

[制备方法]

（1）将搅拌机清洗后烘干，依次加入单乙醇胺、三乙醇胺和三元酸，在常温下以 80～100r/min 的速度搅拌 20～30min，待其充分溶解；

（2）继续搅拌，依次加入润滑剂、耦合剂、渗透剂、极压剂及乳化剂，持续搅拌 20～30min；

（3）依次加入自来水和消泡剂，在 50～80r/min 的速度下搅拌 5min 即可。

[原料介绍]

所述单乙醇胺热压灭菌后置于避光的气密容器内，并存放于阴凉、干燥处。

所述三乙醇胺在操作时工作人员需佩戴自吸过滤式防尘口罩，戴化学安全防护眼镜，穿防毒物渗透工作服，戴橡胶手套。

所述三元酸为磷酸和柠檬酸中的一种或两种。

所述润滑剂为硅油、硅酸酯、磷酸酯、氟油、酯类油和合成烃油中的一种或多种。

所述耦合剂为一种硅烷耦合剂。

所述渗透剂为一种环氧树脂渗透剂。

所述消泡剂为乳化硅油、高碳醇脂肪酸酯复合物、聚氧乙烯聚氧丙烯季戊四醇醚、聚氧乙烯聚氧丙醇胺醚、聚氧丙烯甘油醚、聚氧丙烯聚氧乙烯甘油醚和聚二甲基硅氧烷中的一种或多种。

所述极压剂为硫化油酸和硫化棉籽油中的一种或两种。

所述乳化剂为阿拉伯胶和烷基苯磺酸钠中的一种或两种。

[产品特性] 本品采用特别的渗透剂材料，这种原料为树脂行业使用，有很强的水溶性能和清洗拨离性能，用少量耦合成分可达到极佳的水溶性能，减少泡沫的产生，不仅环保性能好，还具有非常优异的润滑性能，适合高润滑工艺加工。

配方 262 全合成切削液（2）

[原料配比]

原料	配比（质量份）				
	1#	2#	3#	4#	5#
三乙醇胺及其衍生物	5	15	8	12	10
防锈剂	3	10	5	8	6

续表

原料		配比（质量份）				
		1#	2#	3#	4#	5#
太古油		1	7	3	6	4
甘油		2	8	3	6	4
油酸		1	6	2	5	3
抗菌剂		0.5	3	1	2	1.5
水		40	70	45	60	50
三乙醇胺及其衍生物	三乙醇胺	2.5	3.5	3	3	3
	三乙醇胺硼酸酯	1	1	1	1	1
防锈剂	异辛酸	4	6	5	5.5	5
	癸二酸	1	3	1	2	2
	三元聚羧酸	1	3	1.5	3	2
	磺酸盐	1	1	1	1	1
磺酸盐	十二烷基苯磺酸铵	6.5	8	7	7.5	7
	哌嗪-1,4-二乙磺酸	1	1	1	1	1
抗菌剂	1，2-苯丙异噻唑啉-3-酮（BIT-20）	5	9	6	8	7
	改性纳米二氧化硅	1	1	1	1	1
改性纳米二氧化硅	1-甲基咪唑	1	1	1	1	1
	3-氯丙基-3-甲氧基硅烷	1.2	1.2	1.2	1.2	1.2
	纳米 SiO_2 粉末	1	1	1	1	1
	氯化 1-甲基-3-(3-三甲氧基硅烷丙基)咪唑	1.8	1.8	1.8	1.8	1.8

制备方法

（1）称取三乙醇胺及其衍生物加入水中，加热搅拌至均匀；加热温度为 35～50℃。

（2）将防锈剂、油酸边搅拌边加入步骤（1）所得混合物中，之后加入太古油、甘油。

（3）在步骤（2）所得混合物中加入抗菌剂搅拌均匀，冷却至室温后，即可出料。

原料介绍

所述三乙醇胺及其衍生物选自甲醇胺、一乙醇胺、二乙醇胺、三乙醇胺、丙醇胺、1，2-二丙醇胺、一乙醇胺硼酸酯、二乙醇胺硼酸单酯、三乙醇胺硼酸酯、妥尔油酸二乙酰胺硼酸酯中的一种或多种。

所述防锈剂包括一元酸、二元酸、三元酸、磺酸盐。所述一元酸选自乙醇酸、乳酸、甘油酸、葡糖酸、水杨酸、2-羟基异丁酸、3-羟基丁酸、4-羟基丁酸、2-羟基正丁酸、2-羟基己酸、3-羟基己酸、4-羟基己酸、5-羟基己酸、6-羟基己酸、2-羟基戊酸、3-羟基戊酸、油酸、异辛酸、4-羟基戊酸、羟基丙基磺酸中的一种或多种。所述二元酸选自丙二酸、丁二酸、戊二酸、己二酸、庚二酸、辛二酸、壬二酸、癸二酸、2，3-二甲基戊二酸、二甘醇酸、2,5-降莰烷二羧酸中的一种或多种。所述三元酸为三元聚羧酸。所述磺酸盐选自烷基磺酸盐、氨基磺酸盐、芳基磺酸盐中的一种或多种。

所述三乙醇胺及其衍生物和防锈剂的质量比为（1.5～1.7）：1。

所述太古油又称为土耳其红油、茜草油、红油，主要成分的化学名称为蓖麻酸硫酸酯钠盐，是由蓖麻油和浓硫酸在较低的温度下反应，再经过氢氧化钠中和而成。所述太古油中含油量≥70%，磺化基含量≥1.8%。

所述抗菌剂为季铵盐、异噻唑啉酮、戊二醛、二硫氰基甲烷中的一种或多种与改性纳米二氧化硅的组合物。

所述改性纳米二氧化硅为咪唑氯盐改性纳米二氧化硅，制备步骤如下：

（1）将 1-甲基咪唑与 3-氯丙基-3-甲氧基硅烷分别投料于圆底烧瓶中，80℃下磁力搅拌回流 3

天，所得的粗产物用乙醚重复洗涤3次，然后40℃真空干燥12h去除乙醚，得到淡黄色黏稠液体氯化1-甲基-3-(3-三甲氧基硅烷丙基)咪唑产物；所述1-甲基咪唑与3-氯丙基-3-甲氧基硅烷的摩尔比为1∶1.2。

(2) 将纳米SiO_2粉末、氯化1-甲基-3-(3-三甲氧基硅烷丙基)咪唑分别投料于三口圆底烧瓶并磁力搅拌，100℃恒温回流8h，投料过程中，SiO_2粉末先溶于二甲基乙酰胺中，90℃磁力搅拌均匀后，用恒压滴液漏斗缓慢加入溶有氯化1-甲基-3-(3-三甲氧基硅烷丙基)咪唑的二甲基乙酰胺溶液，滴速控制在4～5滴/s，得到改性纳米二氧化硅。纳米SiO_2粉末与氯化1-甲基-3-(3-三甲氧基硅烷丙基)咪唑的摩尔比为1∶1.8。

[产品特性] 本品防锈性能、润滑性能、清洁性能较好，不易腐败变质，且使用过程中能保持澄清透明，稳定性好，高温下不易分解，室内贮存期长。此外，本品可以广泛用于钢铁材料、铸铁、机械零部件、合金钢制品组件及材料的工序间防锈，防锈期长，且不含氯化物、酚等有害物质，不会对皮肤造成灼伤，符合环保要求。

配方 263 全合成切削液(3)

[原料配比]

原料		配比（质量份）				
		1#	2#	3#	4#	5#
三乙醇胺		10	15	20	18	12
自来水		57.3	56.5	52.3	51.1	61.7
硼酸		3	2	1	2	3
缓蚀剂	苯并三氮唑	0.5	0.3	0.2	0.4	0.2
聚醚	高HLB聚醚	16	12	10	14	12
	低HLB聚醚	8	6	5	7	6
磷酸酯	辛基磷酸酯	1	0.7	0.5	0.8	0.8
一元酸	新癸酸	4	7	10	6	4
炔醇醚		0.3	0.5	1	0.7	0.3

[制备方法] 将上述原料按质量份混合并搅拌均匀即可。所述搅拌的温度为室温，所述搅拌的速率为100～300r/min、时间为30～60min。

[原料介绍]

所述聚醚至少包括第一反式嵌段聚醚和第二反式嵌段聚醚，所述第一反式嵌段聚醚和第二反式嵌段聚醚为两种不同的反式嵌段聚醚。所述第一反式嵌段聚醚的HLB值小于所述第二反式嵌段聚醚的HLB值。所述第一反式嵌段聚醚的HLB值为1～6；所述第二反式嵌段聚醚的HLB值为8～15。所述第一反式嵌段聚醚和第二反式嵌段聚醚的质量比为1∶(1～3)。所述第一反式嵌段聚醚的数均分子量为1000～10000；所述第二反式嵌段聚醚的数均分子量为1000～10000。

所述炔醇醚为炔基封端的炔醇醚，为己炔醇醚、辛炔醇醚、壬炔醇醚、癸炔醇醚中的至少一种，数均分子量为100～500。

所述缓蚀剂为苯并三氮唑、甲基苯并三氮唑和巯基苯并噻唑中的一种或几种的组合。

所述磷酸酯为辛基磷酸酯、己基磷酸酯和丁基磷酸酯中的一种或几种的组合。

所述一元酸为新癸酸、异壬酸和异辛酸中的一种或几种的组合。

[产品特性]

(1) 本品以两种反式嵌段聚醚为润滑剂，利用高HLB值反式聚醚本身的自消泡性，以及低HLB值反式聚醚优异的消泡抑泡性能，与其他组分以特定比例混合，勿需额外添加有机硅消泡剂，就能达到较低的泡沫，同时具有自消泡功能，并且具备澄清外观。

(2) 本品引入炔醇醚，使用末端为炔键的单醇醚，在利用其低表面张力和消泡作用的同时，由于炔键直接裸露，因此可以与金属发挥极强的取向性，而避免空间位阻的影响，增强对金属基材的吸附力，从而发挥优异的润滑、冷却、防锈性能，大大拓宽了使用范围。

(3) 本品制备方法简单节能，只需在室温下搅拌均匀即可，各组分按一定比例可逐-加入搅拌，也可全部加入后搅拌，便于大规模使用，节约成本和人力。

(4) 本品可满足各类金属基材和多种加工工序。

配方 264 全合成切削液（4）

原料配比

原料		配比（质量份）			
		1#	2#	3#	4#
单乙醇胺		4	3	6	7
三乙醇胺		5	7	3	4
二元酸	十二碳二元酸	3	4	6	4
润滑剂	二聚脂肪酸	5	4	7	5
	聚醚	3	4	5	4
	聚乙二醇	4	4	6	5
络合剂	乙二胺四乙酸钠盐	3	—	—	4
	EDTA	—	4	—	—
	N-羟乙基乙二胺三乙酸	—	—	5	—
乳化剂	TX-10	0.6	0.7	1	0.5
消泡剂	乳化硅油	—	—	0.5	
	聚醚接枝改性的有机硅	—	—	—	0.2
去离子水		加至 100	加至 100	加至 100	加至 100

制备方法 将各组分原料混合均匀即可。

原料介绍

单乙醇胺、三乙醇胺及二元酸作为本品全合成切削液的防锈剂，二聚脂肪酸、聚醚、聚乙二醇起润滑抗磨作用。

所述络合剂选自 EDTA、乙二胺四乙酸钠盐、次氮基三乙酸钠、酒石酸钠、柠檬酸钠、葡萄糖酸钠与 *N*-羟乙基乙二胺三乙酸中的一种或者多种。

所述消泡剂选自乳化硅油、聚醚接枝改性的有机硅与合成型聚醚消泡剂中的一种或者多种。

产品特性

(1) 本品以单乙醇胺、三乙醇胺及二元酸作为防锈剂，与其他成分配合，防锈性能达到 50 天，远长于半合成切削液的 20 天。

(2) 本品不含亚硝酸钠、硫、氯、酚、对叔丁基苯甲酸盐等对人体有毒害物质及对环境有害物质，抗微生物能力强，不容易腐败变质，使用寿命长，废水排放减少，有利于环保和清洁生产，提高工作效率，降低加工成本；良好的排污油能力，能将漏入其中的导轨油、液压油快速分离出去；良好的铁屑沉降性，避免因过细磨屑（特别是铸铁和球墨铸铁）难于沉降分离，而影响砂轮耐用度和加工精度。

(3) 本品清澈透明，便于观察加工工件，有利于保持加工环境的清洁；储存稳定性好，能适应春夏秋冬不同季节温度的变化；具有优良的润滑性、防锈性、冷却性、清洗性、杀菌性；不破坏油漆，与通常使用的设备密封材料相适应。

配方 265 全合成切削液（5）

原料配比

原料			配比（质量份）		
			1#	2#	3#
碱保持剂	醇胺	乙醇胺	20	—	—
		异丙醇胺	—	40	—
		二乙醇胺	—	—	20
		三乙醇胺	120	—	90
		三异丙醇胺	—	80	—
	无机碱	氢氧化钾	—	10	—
		氢氧化钠	—	—	10
防锈剂	十二碳二酸		—	—	80
	硼酸		—	—	10
	有机三元羧酸［2,4,6-三（氨基己酸基）-1,2,3-三嗪］		90	60	—
	有机酰基氨基酸		—	40	—
	苯并三氮唑		5	—	—
	次甲基苯并三氮唑		—	2	—
	巯基苯并噻唑		—	—	8
润滑剂	嵌段聚醚（RBL1740）		80	—	—
	无规聚醚（GEP-3000）		—	120	—
	嵌段聚醚（RBL1720）		30	—	—
	丙二醇嵌段聚醚（L63）		—	—	90
	油酸聚氧乙烯酯		20	—	—
胶膜固化剂	聚醚胺（D-230）		—	—	25
	脂肪酸酰胺（AMIDEMA 311）		—	—	10
	己二胺		40	—	—
	三乙基四胺		—	40	—
水			595	608	657

制备方法

（1）将碱保持剂和适量水加热搅拌均匀，得到第一混合物；

（2）将得到的第一混合物中加入防锈剂在 40～65℃加热反应，得到第二混合物；

（3）将得到的第二混合物中依次加入润滑剂、胶膜固化剂和余量水，在 40～60℃加热搅拌混合均匀，即得到全合成切削液。

原料介绍

所述的胶膜固化剂为丁二胺、己二胺，烷基-1,3-丙基二胺、异佛尔酮二胺、二胺二乙基三胺、三乙基四胺、多乙基多胺、聚醚胺、脂肪酸酰胺中的任意一种或两种以上任意比例的混合物。

所述的润滑剂为聚乙二醇、聚氧乙烯-聚氧丙烯共聚物、嵌段聚醚、脂肪酸聚醚酯、无规聚醚中的任意一种或两种以上任意比例的混合物。

所述的防锈剂为有机三元羧酸、癸二酸、十一碳二酸、十二碳二酸、十三碳二酸、二聚酸、新癸酸、异壬酸、有机酰基氨基酸、苯甲酸酸、硼酸、巯基苯并噻唑、苯并三氮唑、次甲基苯并三氮唑中的任意一种或两种以上任意比例的混合物。

所述的碱保持剂为醇胺和无机碱的混合物中的任意一种或两种以上任意比例的混合物，其中醇胺选自乙醇胺、二乙醇胺、三乙醇胺、异丙醇胺、二异丙醇胺、三异丙醇胺、2-氨基-2-甲基-1-丙醇，无机碱选自氢氧化钠、氢氧化钾、碳酸钠。

所述切削液的 pH 值为 8～10。

［产品应用］ 本品是一种主要用于机械加工胶黏剂的全合成切削液。

所述的切削液用 8～30 倍的水稀释，用在虫胶、含松香的虫胶或 502 胶粘接固定的合金或晶体材料的机械加工场合，达到润滑、冷却和防腐蚀作用。

［产品特性］ 本品利用胶膜固化剂牢固吸附在胶黏剂表面，在胶层表面形成疏水层，在机械加工中抑制胶黏剂组分向水中扩散和溶解，从而解决机械加工中用碱性切削液冲洗刀具和工件，胶黏剂发生部分溶解及脱胶，进而工件粘接失效的问题，适用于叠层黏结的工件块的切割、磨削加工；本品使用过程中，循环液泡沫少，机械加工的切割时间缩短，且切削液中胶膜固化剂也均匀地附着于工件表面，加强有机羧酸的缓蚀效果，提高对已经加工工件防锈和缓蚀保护作用。

配方 266 全合成切削液（6）

［原料配比］

原料		配比（质量份）
有机胺	四甲基己二胺（TMHDA）	7
	二甘醇胺（DGA）	3
有机酸	新壬酸	9.6
	十一碳二元酸	4
润滑剂	反式嵌段聚醚 RPE 1720	10
	自乳化酯 Priolube 3955	15
缓蚀剂	苯并三氮唑（BTA）	0.5
	甲基苯并三氮唑（TTA）	0.5
表面活性剂	聚塞氯铵（WSCP）	1.2
杀菌剂	苯并异噻唑啉-3-酮（BIT）	1
醚	二乙二醇单丁醚	3
消泡剂	乳化硅油	0.2
水	纯净水	45

［制备方法］

（1）先将有机胺、有机酸、适量的水在 40～70℃的条件下反应完全至透明，其中水的用量为有机胺和有机酸总量的 10%～50%；

（2）然后加入其余的水，搅拌均匀后，依次加入缓蚀剂、润滑剂、表面活性剂、醚，搅拌均匀，并在温度低于 40℃的条件下加入杀菌剂和消泡剂，持续搅拌 20～40min 而成。

［原料介绍］

所述有机胺选自四甲基己二胺（TMHDA）、二甲基苄胺（BDMA）、二甘醇胺（DGA）、六亚甲基二胺（HMDA）中的一种或几种。

所述有机酸选自辛酸、异辛酸、壬酸、异壬酸、新壬酸、癸酸、新癸酸、癸二酸、十一碳二元酸、十二碳二元酸中的一种或几种。

所述缓蚀剂选自苯并三氮唑（BTA）、甲基苯并三氮唑（TTA）、巯基苯并噻唑（MBT）、萘并三唑（NTA）、二巯基噻二唑（DMTDA）、8-羟基喹啉中的一种或几种。

所述润滑剂选自反式嵌段聚醚、顺式嵌段聚醚、自乳化酯、聚乙二醇中的一种或几种。所述反式嵌段聚醚，其 EO 与 PO 的比例为（15～85）∶（85～15），分子量为 1000～5000。所述顺式嵌段聚醚，其 PO 与 EO 的比例为（80～60）∶（20～40），分子量为 2000～5000。所述自乳化酯的商品牌号为 Priolube 3955（Croda 公司产品）。所述聚乙二醇的分子量为 200～1000。

所述表面活性剂选自苯扎氯铵（ADBAC）、十二烷基三甲基氯化铵（DTAC）、西吡氯铵（CPC）、聚塞氯铵（WSCP）、季铵盐-15 中的一种或几种。

所述杀菌剂选自六氢-1,3,5-三（羟乙基）均三嗪（BK）、六氢-1,3,5-三（2-羟基丙基）均三嗪（HPT）、六氢-1,3,5-三乙基均三嗪（HTT）、三甲基均三嗪（TMT）、*N*,*N*-亚甲基双吗啉（MBM）、苯并异噻唑啉-3-酮（BIT）、四硼酸钠中的一种或几种。

所述醚选自乙二醇单丁醚、二乙二醇单丁醚、2-甲基-2,4-戊二醇、二丙二醇丁醚、乙二醇苯醚中的一种或几种。

所述消泡剂选自乳化硅油、乳化硅氧烷类市售商品中的一种或几种。

产品应用 本品是一种用于铜、铜合金机加工的全合成切削液。

产品特性

（1）本品对铜离子化倾向具有显著的抑制作用。

（2）本品具有卓越的铜材保护、润滑、防锈及生物稳定等性能。

配方 267 全合成切削液（7）

原料配比

原料	配比（质量份）
有机醇胺	25
极压润滑剂	15
N,*N*-二甲基甲酰胺	5
二异氰酸酯	6
三聚氰胺	3
聚丙烯	20
软水剂	2
铝缓蚀剂	2
铜缓蚀剂	2
二烷基二硫代磷酸锌	2
乙烯-α-烯烃共聚物	2
金属钝化剂	3
植物油	加至100

制备方法 将各组分原料混合均匀即可。

原料介绍

所述有机醇胺为单乙醇胺、二乙醇胺、三乙醇胺、异丙醇胺和二甘醇胺中的一种。

所述极压润滑剂为反式聚醚、自乳化酯和甘油中的一种。

产品应用 本品是一种不含油且可用于多种材质加工的全合成切削液。将本品稀释成3%～5%的切削液，能够用于磨削、铣削和车削加工；稀释成5%～10%的切削液，能够用于攻丝和钻孔加工。

产品特性 本品能够满足黑色金属、铝合金、铜合金和硬质合金等多种材质工件的加工需求，并且通过添加剂的合理选配，还能实现对特定材质工件或特殊工艺进行量身定做；同时本品全合成切削液还具有良好的润滑性能，可用于多种类型的加工，如磨削、铣削、车削以及轻中载荷的攻丝和钻孔加工等；防锈防腐性能好，满足工序间的存放要求，且配方中所有组分绿色环保，对人体无刺激，气味低。

配方 268 全合成切削液（8）

原料配比

原料		配比（质量份）				
		1#	2#	3#	4#	5#
三乙醇胺及其衍生物		5	15	8	12	10
防锈剂		3	10	5	8	6
太古油		1	7	3	6	4
甘油		2	8	3	6	4
油酸		1	6	2	5	3
抗菌剂		0.5	3	1	2	1.5
水		40	70	45	60	50
三乙醇胺及其衍生物	三乙醇胺	2.5	3.5	3	3	3
	三乙醇胺硼酸酯	1	1	1	1	1
防锈剂	异辛酸	4	6	5	5.5	5
	癸二酸	1	3	1	2	2
	三元聚羧酸	1	3	1.5	3	2
	磺酸盐	1	1	1	1	1
磺酸盐	十二烷基苯磺酸胺	6.5	8	7	7.5	7
	哌嗪-1,4-二乙磺酸	1	1	1	1	1
抗菌剂	1,2-苯丙异噻唑啉-3-酮(BIT-20)	5	9	6	8	7
	改性纳米二氧化硅	1	1	1	1	1
改性纳米二氧化硅	1-甲基咪唑	1	1	1	1	1
	3-氯丙基-3-甲氧基硅烷	1.2	1.2	1.2	1.2	1.2
	纳米 SiO_2 粉末	1	1	1	1	1
	氯化 1-甲基-3-(3-三甲氧基硅烷丙基)咪唑	1.8	1.8	1.8	1.8	1.8

制备方法

（1）称取三乙醇胺及其衍生物加入水中，搅拌至均匀，加热至 35～50℃；

（2）将防锈剂、油酸边搅拌边加入步骤（1）所得混合物中，之后加入太古油、甘油；

（3）在步骤（2）所得混合物中加入抗菌剂搅拌均匀，冷却至室温后，即可出料。

原料介绍

所述太古油又称为土耳其红油、茜草油、红油，主要成分的化学名称为蓖麻酸硫酸酯钠盐，是由蓖麻油和浓硫酸在较低的温度下反应，再经过氢氧化钠中和而成。所述太古油中含油量≥70%，磺化基含量≥1.8%。

所述抗菌剂为季铵盐、异噻唑啉酮、戊二醛、二硫氰基甲烷中的一种或多种与 BIT-20 混合而成。

所述改性纳米二氧化硅为咪唑氯盐改性纳米二氧化硅，制备步骤如下：

（1）将 1-甲基咪唑与 3-氯丙基-3-甲氧基硅烷分别投料于圆底烧瓶中，80℃下磁力搅拌回流 3 天，所得的粗产物用乙醚重复洗涤 3 次，然后 40℃真空干燥 12h 去除乙醚，得到淡黄色黏稠液体氯化 1-甲基-3-(3-三甲氧基硅烷丙基)咪唑产物；

（2）将纳米 SiO_2 粉末、氯化 1-甲基-3-(3-三甲氧基硅烷丙基)咪唑分别投料于三口圆底烧瓶并磁力搅拌，100℃恒温回流 8h，投料过程中，SiO_2 粉末先溶于二甲基乙酰胺中，90℃磁力搅拌均匀后，用恒压滴液漏斗缓慢加入溶有氯化 1-甲基-3-(3-三甲氧基硅烷丙基)咪唑的二甲基乙酰胺溶液，滴速控制在 4～5 滴/s，得到改性纳米二氧化硅。

［产品应用］ 本品主要用于钢铁材料、铸铁、机械零部件、合金钢制品组件及材料的工序间防锈。

［产品特性］

（1）本品在使用时防锈性能、润滑性能、清洁性能较好，不易腐败变质，且使用过程中能保持澄清透明，稳定性好，高温下不易分解，室内贮存期长。此外，本产品可以泛用于钢铁材料、铸铁、机械零部件、合金钢制品组件及材料的工序间防锈使用，防锈期长，且不含氯化物、酚等有害物质，不会对皮肤造成灼伤，符合环保要求。

（2）本品所述三乙醇胺为含有 N 原子的杂环化合物和脂肪族化合物，其能够在基体表面吸附形成憎水性膜达到对金属腐蚀的缓释作用。

（3）本品所述防锈剂是一种超级高效的合成渗透剂，它能强力渗入铁锈、腐蚀物、油污内从而轻松地清除掉螺钉、螺栓上的锈迹和腐蚀物，具有渗透除锈、松动润滑、抵制腐蚀、保护金属等性能。

（4）本品采用具有一定的润滑性能的有机酸作为防锈剂，因为其具有很好的水溶性，且冷却性较为优异，但单独使用有机酸作为防锈剂时，容易受到微生物的破坏导致其使用周期缩短，且在高速磨切中容易造成断刀，因此加入一定量的磺酸盐，当所述三乙醇胺及其衍生物和防锈剂的质量比为（1.5～1.7）∶1 时，产品不仅具有较好的防锈性能，且稳定性提高，并且还具有一定的润滑性。

（5）采用太古油、甘油和油酸作为润滑剂，其能较好地融入体系之中，通过调节各组分比例至适宜的范围之中，使得产品保持澄清以更好地工作。

（6）在抗菌剂中添加纳米二氧化硅对抗菌性有增强的效果，能使产品存放周期延长，但纳米粉末在体系中分散性不好，因此，采用改性纳米二氧化硅不仅能改善分散性，提高抗菌性能，还能进一步提高防锈性能。纳米粒子与金属摩擦滚动，相互契合形成保护膜，且改性后的纳米粒子和带正电荷的物质反应，在磨损过程中与金属原子络合，或与金属表面电子外逸后剩下的正电荷位结合，进一步形成性能比较稳定的表面膜，与其余组分在极压条件下发生竞争，减弱因安定性引起的磨损，弥补了其余组分在高温下成膜效果差的不足。

配方 269 全合成切削液（9）

［原料配比］

原料		配比（质量份）				
		1#	2#	3#	4#	5#
水溶性极压添加剂	硫脲	5	—	—	—	9
	蓖麻油酸、四聚蓖麻油酸的混合物	—	8	—	—	—
	蓖麻油酸	—	—	10	—	—
	四聚蓖麻油酸	—	—	—	7	—
表面活性剂	反式嵌段聚醚 RPE1720 和反式嵌段聚醚 RPE1740 的混合物	5	—	—	—	3
	反式嵌段聚醚 RPE1720	—	4	—	5	—
	反式嵌段聚醚 RPE1740	—	—	3	—	—
防锈剂	硼酸、二乙醇胺、脂肪酸高温合成的复合防锈剂	15	10	5	7	7
润滑剂	聚乙二醇	4	—	—	—	5
	聚乙二醇、丙三醇、水性聚醚的混合物	—	6	8	5	—
助溶剂	异壬酸	20	5	10	15	15
三氮唑类缓蚀剂		5	10	7	8	8

续表

原料		配比（质量份）				
		1#	2#	3#	4#	5#
杀菌剂	BK、MBM的混合物	1	—	—	—	0.7
	IPBC、Busan77、CIT/MIT的混合物	—	0.2	—	0.7	—
	BK	—	—	0.5	—	—
消泡剂	有机硅消泡剂	0.1	—	0.5	—	—
	道康宁消泡剂	—	1	—	0.7	—
	聚醚类消泡剂、道康宁消泡剂的混合物	—	—	—	—	0.7
合成添加剂		2	1	1.5	1.8	1.3
去离子水		加至100	加至100	加至100	加至100	加至100
合成添加剂	油酸	1.8	1.9	2	1.9	1.8
	三乙醇胺	1	1	1	1	1

制备方法 将各组分原料混合均匀即可。

原料介绍

所述合成添加剂是由油酸和三乙醇胺按质量比（1.8～2.0）∶1，在60～80℃恒温条件下合成3～6h制备合成的添加剂。

油酸是一种良好的可降解油性剂，能够在200℃以下起到很好的润滑性，保证了产品的低温润滑性。三乙醇胺兼具分散性、pH缓冲和防锈性，能够提高切削液硬水适应性和理化稳定性。三乙醇胺油酸酯具有良好的极压性，同时能够抑制硬质铝合金刀具中钴的析出。

产品特性

（1）本品合成的添加剂组分兼具分散性、pH缓冲能力、防锈性和极压性，并且通过添加剂合成时间的调控可以实现各种性能的调整，延长合成时间能够明显提高其极压性。

（2）本品中所采用的杀菌剂适用于各种pH范围，完全溶于水、使用方便、无泡沫、不挥发、对悬浮物起到絮凝作用，尤其可以帮助更有效地去除金属颗粒、附浮油、悬浮固体，不仅能改善微生物问题，更能确保切削液在加工过程中保持清洁并延长储存寿命。

（3）本品中所采用的防锈剂，是一种经过高温合成的含硼、醇胺、脂肪酸类复合防锈剂，具有很强的防锈能力，能很好地防止工件氧化锈蚀；根据不同储存条件，可提供最大三个月（室内）的短期防锈，同时具有较强的硬水适应性和理化稳定性。

配方 270 全合成切削液（10）

原料配比

原料	配比（质量份）		
	1#	2#	3#
AMP-95特胺	5	10	8
三乙醇胺	10	20	12
十二烷二酸	1	5	4
硼酸	1	3	2
癸二酸	1	3	2
聚醚1740	3	5	4
元明粉	1	3	2
AC 3412V	5	10	7
水	50	70	60
苯并三氮唑	0.3	0.3	0.3
杀菌剂	0.7	0.7	0.7

[制备方法] 将AMP-95特胺、三乙醇胺、十二烷二酸、硼酸、癸二酸、聚醚1740、元明粉、AC 3412V、水、苯并三氮唑、杀菌剂放入搅拌机，在常温下搅拌均匀即形成切削液。

[产品应用] 本品主要用于切削、磨削、珩磨。

[产品特性] 本品适用于对表面加工要求高的所有黑色金属，具有优异的防锈、沉降、抗杂油、耐水性；使用周期长，为1～3年；适用范围广，适用于切削、磨削、珩磨；能使切屑、磨屑迅速沉降，保持工作区域清洁；可有效对抗细菌真菌；对环境影响最低，可用常规的技术和设备对切削液进行再生和废液排放；不含有甲醛、亚硝酸盐、苯酚、染料有毒有害物质，使用健康安全。

配方 271 全合成水基切削液

[原料配比]

原料		配比（质量份）								
		1#	2#	3#	4#	5#	6#	7#	8#	9#
聚丙二醇（PPG）	聚丙二醇1000（PPG-1000）	80	50	60	50	80	70	—	—	—
	聚丙二醇1500（PPG-1500）	—	—	—	—	—	—	70	—	—
	聚丙二醇2000（PPG-2000）	—	—	—	—	—	—	—	70	—
	聚丙二醇600（PPG-600）	—	—	—	—	—	—	—	—	70
三乙醇胺硼酸酯（BN）		15	25	20	15	25	20	20	20	20
油酰三乙醇胺（TO）		10	10	10	10	10	10	10	10	10
羟乙基十二烷基咪唑啉（DC）		15	10	10	15	10	10	10	10	10
丙二醇无规聚醚（PPE）		40	60	50	40	60	50	50	50	50
丁醇无规聚醚（BPE）		20	30	25	30	20	25	25	25	25
丙二醇嵌段聚醚	丙二醇嵌段聚醚（BP）L43	30	—	—	50	30	40	40	40	40
	丙二醇嵌段聚醚（BP）L42	—	50	40	—	—	—	—	—	—
脂肪胺聚氧乙烯醚（AC）	脂肪胺聚氧乙烯醚AC1210	30	—	40	—	50	—	—	40	—
	脂肪胺聚氧乙烯醚AC1215	—	50	—	30	—	40	40	—	40
去离子水		960	1140	1020	960	1140	1060	1060	1060	1060

[制备方法]

（1）将聚丙二醇（PPG）、三乙醇胺硼酸酯（BN）、羟乙基十二烷基咪唑啉（DC）、脂肪胺聚氧乙烯醚（AC）溶于水得到溶液（1）。

（2）将油酰三乙醇胺（TO）、丙二醇无规聚醚（PPE）、丁醇无规聚醚（BPE）和丙二醇嵌段聚醚（BP）混合。

（3）将溶液（1）在搅拌状态下加入步骤（2）的混合液中，持续搅拌成为均一透明液体。

[产品特性]

（1）本品具有良好的防锈性能。切削液原液具有良好的存储稳定性，在稀释后的切削液能够保持较高的澄明度。

（2）本品具有较好的润滑性能。

配方 272 全合成铜及铜合金切削液

[原料配比]

原料	配比（质量份）
有机醇胺	8～12.5
防锈剂	3.5～6
表面活性剂	5～11
耦合剂	3～5
润滑极压剂	15～25
缓蚀剂	2.0～3.5
消泡剂	0.05～0.15
去离子水	加至 100

[制备方法] 将各组分原料混合均匀即可。

[原料介绍]

所述的润滑极压剂为四聚蓖麻油酸酯、聚乙二醇 400 单油酸酯、聚乙二醇 400 双油酸酯、聚乙二醇 600 单油酸酯、聚乙二醇 400 双油酸酯、合肥诺泰聚醚酯 S264、上海宏泽聚醚酯 LB608、广州米奇自乳化酯 VEGIMIR185B 中的三种或三种以上的复合物。

所述的缓蚀剂为苯并三氮唑、甲基苯并三氮唑、合肥诺泰 NEUF817 中的一种或两种组合。

[产品特性]

（1）采用的润滑极压剂，可以满足铜及铜合金各种加工工艺对润滑极压性能的要求，同时形成的废液易降解、处理简单，成本低。

（2）本品在保证铜及铜合金各种工艺条件对润滑极压、清洗性能等正常需求外，在工件完成加工后，于工件表面形成强效吸附膜，吸附膜与缓蚀剂协同作用，一方面保证加工后的工件正常储存情况下一个月不氧化变色，另一方面可有效解决工作液使用过程中发蓝的问题。

配方 273 全合成型切削液

[原料配比]

原料		配比（质量份）		
		1#	2#	3#
硼酸三乙醇胺	硼酸	17	21	25
	三乙醇胺	12	14	16
环烷酸稀土混合物	氯化钐	23	25	26
	氯化镧	30	33	35
	水	110	130	150
	环烷酸	55	58	60
硼酸三乙醇胺		44	46	50
环烷酸稀土混合物		11	13	13
低亚硫酸钠		2	3	4
聚甘油单硬脂酸酯		7	9	10
聚氧乙烯山梨醇酐单月桂酸酯		1	3	4
硬脂酰乳酸钙		5	6	7
去离子水		150	180	200

[制备方法]

（1）按质量份计，将硼酸和三乙醇胺混合后，加热至 140～150℃保温处理 4～5h 后，制得硼酸三乙醇胺。

（2）按质量份计，将氯化钐、氯化镧加入水中，然后向其中加入环烷酸，混合搅拌均匀后，将混合物的温度升至88～92℃保温处理3～4h，制得环烷酸稀土混合物。

（3）按质量份计，将硼酸三乙醇胺、环烷酸稀土混合物、低亚硫酸钠、聚甘油单硬脂酸酯、聚氧乙烯山梨醇酐单月桂酸酯、硬脂酰乳酸钙、去离子水混合均匀后，超声处理20～30min，制得全合成型切削液。超声处理时，超声波的频率为28～33kHz。

[产品特性] 本品绿色环保，成本低，具有优异的极压润滑性能和防锈性能，并且能有效地避免有色金属变色现象的发生。

配方 274 乳化切削液（1）

[原料配比]

原料	配比（质量份）		
	1#	2#	3#
pH值调节剂	10	16	13
非离子表面活性剂	4	2	2
阴离子表面活性剂	10	18	13
缓蚀剂	2	2	2
极压剂	10	12	10
基础油	40	45	40
水	10	15	20

[制备方法] 在常温下，首先向反应釜中加入适量的水，然后依次投料，顺序如下：pH值调整剂、缓蚀剂、极压剂、阴离子表面活性剂、非离子表面活性剂和基础油，混合搅拌至透明即生产完成。投料间隔为8min，搅拌速度为60r/min。

[原料介绍]

所述非离子表面活性剂为下述物质中的至少一种：脂肪醇聚氧乙烯醚、烷基酚聚氧乙烯醚、脂肪胺聚氧乙烯醚、聚氧乙烯山梨糖醇酐脂肪酸酯。

所述阴离子表面活性剂为油酸、妥尔油酸、蓖麻油酸、脂肪醇硫酸酯盐、脂肪醇聚氧乙烯醚硫酸钠、脂肪酸磺烷基酰胺、琥珀酸酯磺酸盐、脂肪醇硫酸盐中的一种或几种的混合物。

所述pH值调节剂为单乙醇胺、二乙醇胺、三乙醇胺、二环己胺、环己胺、烷醇酰胺、脂肪醇酰胺、异丙醇胺、特殊胺中的一种或者几种的混合物。

所述缓蚀剂为铝合金缓蚀剂。所述铝合金缓蚀剂具体为硅酸盐、钼酸盐、聚磷酸盐、膦酸盐、膦羧酸、巯基苯并噻唑、磺化木质素、磷酸酯、改性磷酸酯中的一种或几种的混合物。

所述极压剂为下述物质中的至少一种：氯化石蜡、氯化脂肪酸、硫化烯烃、硫化猪油、磷酸三甲酚酯、磷酸三苯酯、磷酸三乙酯、磷酸三丁酯、亚磷酸二正丁酯、二烷基二硫代氨基甲酸盐、二烷基二硫代磷酸盐。

所述基础油为下述物质中的至少一种：矿物油、聚α-烯烃、植物油、改性植物油（或植物系油酸酯）、饱和脂肪酸酯、不饱和脂肪酸酯。

[产品特性]

（1）通过pH值调节剂将乳化切削液的pH值调节为9.0～9.2，使乳化切削液的pH值稳定在最佳值，这样不仅能有效抑制细菌的滋生繁殖避免切削液发臭的问题，同时能有效保护加工工件避免其被腐蚀。

（2）本品中的缓蚀剂具有一定的络合能力，能络合水中金属杂质避免其干扰，同时与表面活性剂的复配提高了其乳化能力，形成了颗粒极小的乳液；通过协同效应，能够全面提升抗硬水能力，避免了在硬水和软水中会出现分层现象、难以溶解与稀释的问题；同时增加极压剂，可大幅度提高润滑性、减少摩擦磨损、防止烧结、提高加工精度及光洁度、有效地保护刀具模具。

（3）本品不含有对人体或环境产生不利影响的亚硝酸盐、有机酚等有毒化学品，是一种环保型的高效乳化切削液。

配方 275 乳化切削液（2）

[原料配比]

原料		配比（质量份）
水基	去离子水	47.5
基础油	精制矿物油	10
活性剂		28
pH 值调整剂		10
耦合剂		0.9
生物稳定剂	Grotan Forte	3.5
消泡剂		0.1
活化剂	阴离子表面活化剂	12.5
	非离子表面活化剂	15.5
非离子表面活化剂	RA-40	6.5
	X-100	5.5
	Ethosord O	3.5
pH 值调整剂	AMP-95	6
	DGA	4

[制备方法] 将各组分在 70～80℃条件下经过调和、静置、检测和灌装，形成成品。

[产品特性]

（1）本品采用 AMP-95 和 DGA 作为 pH 值调节剂，在长时间的切割操作中实时调整 pH 值，从而防锈蚀作用会显著提升，减小切割时摩擦，降低了切割难度，同时，金属表层的锈蚀减轻，不会影响金属美观。

（2）本品原料无毒，对操作工人身体刺激性小，而且，其中添加的硼酸胺和低毒酚低毒或无毒，可有效抑制真菌和细菌的滋生，防止变质。

（3）本品的消泡抑泡效果好，解决了现有技术中切削液在切割过程中泡沫多的问题，无需额外添加消泡剂。

配方 276 乳化型金属切削液

[原料配比]

原料		配比（质量份）			
		1#	2#	3#	4#
基础油		40	41	42	43
油性剂	油酸	2.5	2	1.5	1.5
乳化剂	司盘-80	18.5	18	17	17
	辛基酚聚氧乙烯醚	6	6	8	8
	石油磺酸钠	3	3	3	2
碱储备剂		9	8.5	8	8
极压缓蚀剂	硼酸	1.5	2	2	1.8
	苯并三氮唑	0.35	0.4	0.4	0.5

续表

原料		配比（质量份）			
		1#	2#	3#	4#
清洗剂	十二烷基苯磺酸钠	2	2	2	2.5
	辛癸基葡萄糖苷	2	2	2	1.5
	脂肪醇聚氧乙烯醚硫酸钠	4	4	4	3
复合防锈剂		8	8.5	9	8
杀菌剂		0.2	0.2	0.2	0.2
消泡剂		0.1	0.1	0.1	0.1
去离子水		加至100	加至100	加至100	加至100

制备方法

(1) 将基础油置于40～60℃的水浴中，依次加入石油磺酸钠、油性剂油酸、司盘-80，充分搅拌30～50min后作为油相备用；

(2) 在40～50℃水浴条件下，加入去离子水和碱储备剂搅拌5min，制备出良好的碱性溶液作为水相；

(3) 将极压缓蚀剂硼酸和苯并三氮唑加入上述水相中，搅拌5min；

(4) 将清洗剂十二烷基苯磺酸钠、辛癸基葡萄糖苷和脂肪醇聚氧乙烯醚硫酸钠加入上述水相，搅拌5min；

(5) 将乳化剂辛基酚聚氧乙烯醚加入上述水相，搅拌10min；

(6) 将复合防锈剂加入上述水相，充分搅拌10min；

(7) 将杀菌剂、消泡剂依次加入上述水相中，充分搅拌5min；

(8) 将油相均匀缓慢地加入水相中，继续搅拌30～50min，待溶液呈澄清红棕色透明时即可得到所述乳化型金属切削液。

原料介绍

所述基础油为经高温蒸发法和吸附过滤法处理后所得的澄清基础油或工业白油中的至少一种。废机油处理方法如下：将废机油加热至80～120℃，将水分或一些低馏分的有机杂质蒸出，再将吸附剂与剩余的废机油充分混合晃动后静置，待稳定后过滤，重复3～5次可作为基础油。

所述碱储备剂为三乙醇胺或二乙醇胺。

所述复合防锈剂为三乙醇胺硼酸酯、癸二酸三乙醇胺盐以及苯甲酸钠中的至少一种或多种的复配。

所述油性剂为妥尔油酸和油酸中的至少一种。

所述杀菌剂为异噻唑啉酮和吗啉衍生物中的至少一种。

所述消泡剂为聚醚有机硅类和自制消泡剂中的至少一种。

产品应用 本品为一种主要用于普通磨床、机床等加工方式的以废机油作为基础油的乳化型金属切削液。

乳化型金属切削液的使用方法：

使用前，可将乳化型金属切削液稀释到浓度为5%，效果最佳。

使用前，可将稀释后的乳化型金属切削液作为清洗剂，将储液槽或加工位置的残留金属残渣、金属加工液彻底冲洗干净。

产品特性

(1) 该产品以处理好的澄清废机油作为基础油，解决了废机油难处理的问题，同时做到了资源回收，保护生态环境，节省了生产成本。

(2) 该产品因加入了清洁剂，具有非常优异的清洁性能。

(3) 该产品未加入含磷、硫等常见的添加剂，对操作人员和环境危害极小。

(4) 本品制备工艺简单，成本低廉，具备优良的防锈性能和润滑性能，同时清洗性能出色，具有长时稳定性，适用于大规模工业生产。

（5）本品不但具有优良的润滑性、防锈性、清洗性和冷却性，而且稳定性较好，不易变质。

配方 277 乳化型切削液（1）

[原料配比]

原料		配比（质量份）	
		1#	2#
矿物油	环烷基矿物油 T22	37.8	20
有机胺	四甲基己二胺（TMHDA）	5	—
	二甲基苄胺（BDMA）	—	3
	三异丙醇胺（TIPA）	4	6
	二甘醇胺（DGA）	3	3
有机酸	妥儿油脂肪酸	7.5	4.5
	十二碳二元酸	4	4
润滑剂	三羟甲基丙烷油酸酯	5	—
	十六醇	3	3
缓蚀剂	苯并三氮唑（BTA）	0.5	0.5
	巯基苯并噻唑（MBT）	1	—
	甲基苯并三氮唑（TTA）	—	1
表面活性剂	司盘（SPAN)-80	6	5
	油醇聚氧乙烯醚	3.5	—
	异构十三醇聚氧乙烯醚	—	2
	石油磺酸钠	5	4.4
杀菌剂	苯并异噻唑啉-3-酮（BIT）	3	2.5
	正丁基-1,2-苯异噻唑啉-3-酮（BBIT）	0.5	0.5
醚	二乙二醇单丁醚	0.5	—
	二丙二醇丁醚	—	3
消泡剂	乳化硅油	0.2	0.2
水	纯净水	10.5	37.4

[制备方法]

（1）先将有机胺、有机酸、适量的水在40～70℃的条件下反应完全至透明，其中水的用量为有机胺和有机酸总量的10%～50%；

（2）然后加入其余的水，搅拌均匀后，依次加入矿物油、缓蚀剂、润滑剂、表面活性剂、醚，搅拌均匀，并在温度低于40℃的条件下加入杀菌剂和消泡剂，持续搅拌20～40min而成。

[原料介绍] 所述矿物油为环烷基矿物油，其40℃运动黏度为4.5～75mm²/s。

[产品应用] 本品是一种用于铜、铜合金机加工的乳化型切削液。

[产品特性] 本品具有卓越的铜材保护、润滑、防锈及生物稳定等性能。

配方 278 乳化型切削液（2）

[原料配比]

原料		配比（质量份）				
		1#	2#	3#	4#	5#
基础油	环烷基基础油	35	—	—	—	—
	中间基基础油	—	55	—	22.5	—
	石蜡基基础油	—	—	—	22.5	45
	10#白油	—	—	22.5	—	—
	15#白油	—	—	22.5	—	—

续表

原料		配比（质量份）				
		1#	2#	3#	4#	5#
自乳化酯	Priolibe 3952	7	—	—	—	—
	Priolibe 3953	—	15	—	—	—
	Priolibe 3955	—	—	5	5	10
	Priolibe 3961	—	—	5	5	—
低泡乳化剂	Synperonic PE/L25R2	6	—	4.5	—	—
	Synperonic PE/L62	—	12	4.5	—	9
	Synperonic PE/L64	—	—	—	4.5	—
	Synperonic PE/L101	—	—	—	4.5	—
pH 调节剂	单乙醇胺	7	—	—	—	10
	二乙醇胺	—	15	—	—	—
	三异丙醇胺	—	—	10	—	—
	二异丙醇胺	—	—	—	10	—
水		10	25	17	—	17

制备方法 按配比称取所述基础油、自乳化酯、低泡乳化剂、pH 调节剂和水，将所述基础油加热后，依次加入所述水、自乳化酯、低泡乳化剂和 pH 调节剂混匀。所述加热的温度为 70～90℃。

产品特性

（1）本品消泡抑泡效果好，解决了现有技术中线切割液在高转速情况下泡沫多的问题，无需额外添加消泡剂。

（2）本品原料无毒，对操作工人身体刺激性小。

（3）切削液采用镶嵌式聚醚和自乳化酯复配，润滑效果好。

（4）采用本品进行加工过程中排屑顺畅，长时间使用不会有絮状物析出，加工后工件表面光洁度高，无需额外清洗。

配方 279 乳化型切削液（3）

原料配比

原料		配比（质量份）		
		1#	2#	3#
基础油	KR2832	40	—	—
	25#变压器油	—	50	—
	MVI150	14	—	—
	10#变压器油	—	—	62
表面活性剂	聚异丁烯丁二酸酰胺	6.7	—	—
	脂肪酸聚氧乙烯酯	2.5	—	—
	失水山梨醇油酸酯	6	16	—
	石油磺酸钠	—	6.5	9.5
	异构十三醇聚氧乙烯醚	—	2	—
	辛基苯酚聚氧乙烯醚	—	—	3.5
	琥珀酸衍生物	—	—	3.4
防锈剂	亚硝酸钠	1.5	—	—
	十一碳二元酸	0.9	—	—
	苯甲酸钠	0.7	—	—
	钼酸钠	—	0.5	0.5
	十二烯基丁二酸	—	1	—
	十二碳格尔伯特酸	—	—	0.7

续表

原料		配比（质量份）		
		1#	2#	3#
防腐剂	苯并三氮唑	0.3	—	—
	甲基苯并三氮唑衍生物	—	0.2	0.3
	磷酸酯	—	—	0.5
复合润滑剂	妥尔油脂肪酸	2.2	2	—
	聚合酯	1.8	—	—
	二烷基硫化物	—	1	—
	蓖麻油酸酯	—	—	3
	硫化脂肪酸酯	—	—	4
有机醇胺	三乙醇胺	9	7	2.5
	单乙醇胺	0.5	—	—
	二甘醇胺	—	1.5	—
杀菌剂	吗啉	1.5	2	2
	异噻唑啉酮类化合物	0.8	—	—
抗硬水剂	长链醇醚羧酸	2.0	—	2
	短链醇醚羧酸	1.3	—	
	混合型醇醚羧酸	—	3.5	—
抗泡剂	硅氧烷消泡剂	0.1	0.1	0.1
软化水		8.2	6.7	6

[制备方法] 在10～35℃下，在软化中先添加防锈剂、防腐剂，接着依次加入有机醇胺、基础油、表面活性剂、复合润滑剂、杀菌剂、抗硬水剂，最后添加抗泡剂，搅拌至体系均一透亮即得到所述的乳化型切削液。

[产品应用] 本品主要用于加工铸铁、钢、不锈钢、铜及铜合金、镁合金等材料。

[产品特性]

(1) 通过无机盐与有机酸复配作为防锈剂组分，有效地提高了油品在高硬度、高氯离子含量下的防锈性能。同时解决了无机盐的引入对体系稳定性造成的破坏问题，提高了配方的经济性。无机物和有机物复配作防锈剂，既能解决在高硬度水质和高氯离子含量下的防锈性能，同时也能使得体系的稳定性达到指标要求。

(2) 醇醚羧酸引入后通过对主乳化剂的有效调整，使得抗硬水性和稳定性达到最佳状态。醇醚羧酸不仅可作为抗硬水剂，还可以作为阴离子型的助乳化剂，增强体系的稳定性。但其对体系的HLB值影响较大，引入后需要对体系的主乳化剂做出较大的调整。若调整不适当，稀释液在常温下也有可能发生析油析皂现象。通过对主乳化剂和醇醚羧酸种类加量的有效调整，使得研制的乳化油浓缩液与750mg/L硬度的硬水配制的稀释液，可在高温50～70℃放置7～10天，无析油情况，100mL乳液的析皂量最大不超过0.1mL。

(3) 本品具有良好的润滑性能和冷却性能，可满足一般切削加工的需求。该乳化型切削液无需添加任何中间体，原材料常见、生产制备工艺简单，且性价比较高。

(4) 本品具有良好的分散性、润滑性以及消泡性，适宜的pH值，优异的防锈防腐性和硬水稳定性。

配方 280 杀菌型切削液

[原料配比]

原料	配比（质量份）
石蜡基矿物油（基础油）	45

续表

原料		配比（质量份）
抗磨剂	硼酸酯	9
硼砂		1
防锈剂	癸二酸三乙醇酰胺	1
极压抗磨剂	油酸三乙醇胺	10
脂肪酸	十二烯基丁二酸	6
乳化剂	吐温-80	3
抗氧剂	苯甲酸钠	1
缓蚀剂	苯并三氮唑	0.5
消泡剂	HP732	0.1
水		34.4

[制备方法]

(1) 在基础油中加入极压抗磨剂、抗磨剂、防锈剂、抗氧剂、缓蚀剂、硼砂、脂肪酸、消泡剂，(65±5)℃条件下恒温搅拌30min。

(2) 降温至室温后，加入乳化剂和水，搅拌10～20min。

[原料介绍]

所述防锈剂选用醇胺羧酸盐、醇胺羧酸酯、酰胺中的至少一种。

所述极压抗磨剂选用油酸三乙醇胺、硼酸酯、癸酸三乙醇酰胺中的至少一种。

[产品特性] 本品稳定性好，无甲醛释放，乳化效果好，抗菌能力优异。

配方 281 生物稳定型金属加工用切削液

[原料配比]

原料		配比（质量份）			
		1#	2#	3#	4#
基础油	石蜡基矿物油	15.5	—	28	—
	环烷基矿物油	—	39	—	20
合成酯	异辛醇油酸酯和聚蓖麻油酸酯	28	—	20	—
	三羟甲基丙烷油酸酯和多元醇酯	—	12.5	—	—
	异辛醇油酸酯和多元醇酯	—	—	—	24
乳化剂	脂肪醇聚氧乙烯醚	4.5	13	9	—
	脂肪醇聚氧乙烯聚氧丙烯醚	—	—	—	11
防锈剂	二异丙醇胺和苯甲酸钠	8	—	—	—
	二异丙醇胺和苯甲酸单乙醇胺	—	3.5	—	—
	苯甲酸钠和三乙醇胺	—	—	12.8	10
极压剂	水溶性硼酸酯	9	—	15.5	—
	脂肪醇聚氧乙烯磷酸酯	—	2.5	—	—
	水溶性硼酸酯和脂肪醇聚氧乙烯磷酸酯	—	—	—	13
负载金属铜的纳米FAU-EMT混晶分子筛杀菌剂		1.2	0.25	2.3	2
去离子水		加至100	加至100	加至100	加至100

[制备方法]

(1) 油基混合液的制备：将基础油加热到30～80℃，加入合成酯和乳化剂，搅拌均匀后备用；

(2) 水基混合液的制备：用去离子水溶解防锈剂、极压剂形成混合溶液，再向其加入负载金属铜的纳米FAU-EMT混晶分子筛杀菌剂，搅拌均匀后备用；

（3）金属加工用切削液的合成：将得到的油基混合液和水基混合液混合，高速搅拌形成均匀透明溶液，即得到生物稳定型的金属加工用切削液。

［原料介绍］

所述的杀菌剂为负载金属铜的纳米 FAU-EMT 混晶分子筛；所述的纳米 FAU-EMT 混晶分子筛中 FAU 所占质量分数为 5%～95%，其余为 EMT；所述的纳米 FAU-EMT 混晶分子筛的晶体尺寸为 5～95nm。

纳米 FAU-EMT 混晶分子筛的制备：20～90℃温度下，将偏铝酸钠和氢氧化钠溶解于盛有去离子水的聚四氟乙烯烧杯中，搅拌 0.5～12h 形成悬浮液 A；将硅酸钠和氢氧化钠溶解于盛有去离子水的聚四氟乙烯烧杯中，搅拌 0.5～12h 形成悬浮液 B；将悬浮液 A 和悬浮液 B 置于冰水混合溶液中冷却 30min，然后将悬浮液 A 缓慢地滴加到不停搅拌的悬浮液 B 中，充分搅拌 30min 得到溶胶-凝胶液；根据所需的纳米 FAU-EMT 混晶分子筛中 EMT 和 FAU 的质量，通过加入去离子水的量调整凝胶液的摩尔化学组成为 Al_2O_3：SiO_2：Na_2O：H_2O＝15：1：14：(60～300)，再搅拌 1h，然后在 20～90℃温度下晶化 24～96h，经减压抽滤、蒸馏水洗涤至 pH 值为 7.5，在 5～95℃温度下冷冻干燥 1～48h，即可得到纳米 FAU-EMT 混晶分子筛。

负载金属铜的纳米 FAU-EMT 混晶分子筛的制备：将纳米 FAU-EMT 混晶分子筛加入去离子水中搅拌形成胶体溶液；用去离子水溶解金属铜前驱体得到混合溶液；将混合溶液逐渐滴加到胶体溶液中，控制金属元素与纳米 FAU-EMT 混晶分子筛的质量比为（0.001～0.05）：1，在 5～95℃温度下搅拌反应 0.5～48h，使溶液中的金属铜前驱体与纳米 FAU-EMT 混晶分子筛中的阳离子发生彻底的交换，经过滤、洗涤后将负载金属铜前驱体的纳米 FAU-EMT 混晶分子筛再次分散到水溶液中，加入一定质量的还原剂，控制还原剂与金属铜的摩尔比为（0.5～2）：1，然后在 5～40℃温度下，经紫外光辐照 2～48h，将金属铜前驱体一步经紫外光辐照还原为金属，得到负载金属铜的纳米 FAU-EMT 混晶分子筛。所述的金属铜前驱体为硫酸铜、氯化铜、硝酸铜、醋酸铜、草酸铜中的一种或两种的组合。所述的还原剂为亚硫酸钠、碘化钾、硝酸亚铁、连二亚硫酸钠中的一种或两种的组合。所述紫外光的波长为 100～200nm。

［产品特性］ 本品具有良好的杀菌效果和生物稳定性，能够满足现场加工时所要求的润滑、冷却、乳液稳定性、抗腐蚀性等要求，同时具有安全环保的特点，符合绿色化学的理念，具有广阔的市场前景。

配方 282 石墨烯切削液

［原料配比］

原料		配比（质量份）				
		1#	2#	3#	4#	5#
聚醚	正式嵌段聚醚	25	—	14	—	—
	反式嵌段聚醚	—	12	—	22	—
	EO/PO 嵌段聚合物	—	—	—	—	20
硼酸酯		18	10	16	12	15
胺类化合物	单异丙醇胺	8	—	—	—	—
	二异丙醇胺	—	2	—	—	—
	二乙醇胺	—	—	8	3	5
抗氧化剂		3	3	3	3	5
油酸		5	1	3	3	10
多元酸防锈剂		12	5	8	8	12
沉降剂	聚丙烯酸酰胺	2	—	—	0.5	1
	聚胺	—	2	—	—	—
	丙烯酸钠	—	—	0.5	—	—

续表

原料		配比（质量份）				
		1#	2#	3#	4#	5#
石墨烯稀释液	质量分数为8%	8	—	—	—	—
	质量分数为3%	—	0.2	—	—	—
	质量分数为5%	—	—	8	—	5
	质量分数为4.5%	—	—	—	2	—
水		19	64.8	34.5	49.5	27
多元酸防锈剂	顺式1,3,5-三甲基环己胺-1,3,5-三羧基酸	—	5	1	—	1
	一元酸防锈剂	—	—	—	1	—
	植酸防锈剂	—	—	1	2	1
	二元酸防锈剂	12	—	—	—	—
抗氧剂	β-(3,5-二叔丁基-4-羟基苯基)丙酸正十八碳醇酯	—	3	8	1	1
	2,6-二叔丁基对甲酚	3	—	—	1	2

制备方法

(1) 先后将石墨烯稀释液、油酸、胺类化合物、多元酸防锈剂、硼酸酯、聚醚按比例加入水中，在温度50～60℃、转速2500r/min下搅拌10～15min；

(2) 缓慢加入沉降剂到上述原料中，搅拌3～5min，直到混合均匀；

(3) 最后加入抗氧化剂，继续搅拌10min，检测是否混合均匀，若检测合格，即可装桶。

原料介绍 所述石墨烯稀释液为石墨烯水稀释液，质量分数为3%～8%。

产品特性

(1) 本品具有很高的性价比，水处理简单，还具有很好的润滑性能，可以直接替代油性切削油，节约石油资源。

(2) 本品具有优良的清洗性能和沉降性能，采用了石墨烯溶液作为润滑剂，润滑性能优异，其润滑性能、抗腐蚀性能和清洗性能能够长期匹配，能有效减少加工过程中刀具磨损，并且对机床有非常好的防锈保护作用；工作液无异味，对皮肤无毒害、无刺激，能有效保障操作人员的健康和安全；同时工作液不会酸败变质，可以循环添加使用，无废液排放，不会污染环境。

配方 283 使用寿命长的环保水基金属切削液

原料配比

原料		配比（质量份）				
		1#	2#	3#	4#	5#
三乙醇胺硼酸酯		10	30	15	25	20
硅酸钠		10	2	8	3	5
油酸三乙醇胺		3	12	5	10	8
十二烯基丁二酸		20	10	16	13	14
硼砂		3	10	4	8	6
环氧乙烷环己胺		3	1	2	1	2
聚乙二醇		9	20	12	17	14
复合杀菌剂		20	10	17	13	15
消泡剂		0.1	0.5	0.2	0.4	0.3
去离子水		50	20	40	25	35
复合杀菌剂	硼酸铵	2	7	3	5	4
	低毒酚	1	1	1	1	1

[制备方法] 将各组分原料混合均匀即可。

[原料介绍]

所述消泡剂为乳化硅油、聚氧丙烯甘油醚、聚氧丙烯聚氧乙烯甘油醚中的至少一种。

本品将三乙醇胺硼酸酯、硅酸钠、油酸三乙醇胺、十二烯基丁二酸复配作为防锈添加剂，绿色环保、成本低廉，能显著提高防锈性能，增强工具的使用寿命。

将三乙醇胺硼酸酯、油酸三乙醇胺和硼砂复配作为润滑添加剂，三乙醇胺硼酸酯具有油膜强度高、摩擦系数低等特点，其单独作为润滑剂使用时，润滑效果有限，而油酸三乙醇胺本身也是一种很好的水溶性润滑剂，且和硼砂、三乙醇胺硼酸酯复合使用时，有协同作用，满足了切削加工对润滑、减摩、承载能力的要求。

将油酸三乙醇胺、聚乙二醇作为表面活性剂，不仅不腐蚀工件，而且非离子型油酸三乙醇胺和阴离子型聚乙二醇复配可以起到协同作用，使本品具有低的表面张力，具有良好的润湿性能，从而提高本品润滑、冷却以及清洗性能。

本品以硼酸铵和低毒酚复合，可以在较长时间内抑制细菌和真菌的生长，明显延长了切削液的使用寿命。

以硼砂和环氧乙烷环己胺作为pH值调节剂，它们不但具有优异的pH值调节能力和pH值稳定能力，而且可以增强切削液的防锈、防腐蚀性能，还具有抗微生物降解功能，能一定程度上延长切削液的使用寿命。

本品中三乙醇胺硼酸酯兼具防锈、润滑性能，油酸三乙醇胺兼具防锈、润滑和表面活性剂功能，硼砂兼具润滑和pH值调节剂功能，都起到了一剂多用的效果。

[产品特性] 本品防锈性、润滑性、抗菌性好，并且使用寿命长，绿色环保。本产品经长时间的测试使用得出其使用寿命可达到3年。

配方 284 使用稳定性好的切削液

[原料配比]

原料		配比（质量份）			
		1#	2#	3#	4#
有机亚磷酸酯		10	10.8	11.8	12.3
乙二胺四乙酸二钠		1.8	2.2	2.9	3.1
聚乙二醇		15	15.9	17.7	18.8
油酸酰胺		7.8	8.2	9.3	9.6
矿物油	工业级矿物油	21.5	—	23.6	—
	医用级矿物油	—	22.4	—	24.7
钙基膨润土	粒径为1.68mm	5.6	5.9	—	—
	粒径为2.92mm	—	—	6.3	6.5
鼠李糖		1.8	2.1	2.5	2.6
丁香酚		2.7	3	3.4	3.8
苯丙乳液		8.8	9.4	10.2	10.5

[制备方法]

(1) 将油酸酰胺加热至45～50℃，边搅拌边向其中加入鼠李糖、有机亚磷酸酯和乙二胺四乙酸二钠后搅拌均匀，升温至105～125℃并且保温80～110min，然后电场处理3～5min，得到第一混合物；电场强度为14～19V/m，电压为50～70V。

(2) 将钙基膨润土和丁香酚加入聚乙二醇中并且超声波分散均匀，得到第二混合物；超声波分散的功率为45～60W，超声波分散的频率为18～23kHz，超声波分散的温度为36～50℃。

(3) 将第一混合物降温至50～58℃，向其中加入苯丙乳液，然后升温至100～110℃，在搅拌的条件下向其中加入第二混合物并且保温 3～5h，自然冷却至室温，得到半成品。

(4) 将半成品与矿物油混合并且沿同一搅拌方向将其搅拌均匀，即得到成品。搅拌温度为 45～58℃，搅拌速度为 60～105r/min。

产品特性 本品原料来源广泛，通过将不同的原料进行反应，然后采用电场处理、超声波分散等工艺进行改性，再将不同的产物配合使用，在各种产物的协同作用下，切削加工时的稳定性、防锈性、防腐蚀性和切割成品率均优于现有切削液，具有良好的使用前景。

配方 285 适用于铝合金加工的全合成切削液

原料配比

<table>
<tr><th colspan="3" rowspan="2">原料</th><th colspan="3">配比（质量份）</th></tr>
<tr><th>1#</th><th>2#</th><th>3#</th></tr>
<tr><td colspan="3">有机酸铵盐复合防锈剂</td><td>32</td><td>38</td><td>44</td></tr>
<tr><td colspan="3">苯并三氮唑</td><td>0.2</td><td>0.8</td><td>1</td></tr>
<tr><td colspan="3">水</td><td>20</td><td>30</td><td>50</td></tr>
<tr><td colspan="3">高润滑性聚醚酯</td><td>18</td><td>24</td><td>35</td></tr>
<tr><td colspan="3">磷酸酯</td><td>0.5～1.8</td><td>1.2</td><td>1.8</td></tr>
<tr><td colspan="3">脂肪醇</td><td>0.8</td><td>12</td><td>2.2</td></tr>
<tr><td colspan="3">微生物抑制剂</td><td>1.2</td><td>1.8</td><td>2.8</td></tr>
<tr><td rowspan="2">有机酸铵盐复合防锈剂</td><td colspan="2">组分 A</td><td>22</td><td>26</td><td>23</td></tr>
<tr><td colspan="2">组分 B</td><td>62</td><td>70</td><td>80</td></tr>
<tr><td rowspan="2">组分 A</td><td colspan="2">一元酸</td><td>1（mol）</td><td>1（mol）</td><td>1（mol）</td></tr>
<tr><td colspan="2">多元有机酸</td><td>1.2（mol）</td><td>1.4（mol）</td><td>1.6（mol）</td></tr>
<tr><td rowspan="2">组分 B</td><td colspan="2">单乙醇胺</td><td>1（mol）</td><td>1（mol）</td><td>1（mol）</td></tr>
<tr><td colspan="2">三乙醇胺</td><td>1.5（mol）</td><td>1.8（mol）</td><td>2（mol）</td></tr>
<tr><td rowspan="2">高润滑性聚醚酯</td><td>组分 C</td><td>植物油改性聚醚酯</td><td>64</td><td>70</td><td>64～78</td></tr>
<tr><td>组分 D</td><td>多元醇聚醚酯</td><td>20</td><td>30</td><td>20～39</td></tr>
<tr><td rowspan="4">组分 C</td><td rowspan="2">植物油基环氧乙烷嵌段化合物</td><td>植物油</td><td>1（mol）</td><td>1（mol）</td><td>1（mol）</td></tr>
<tr><td>环氧乙烷</td><td>5（mol）</td><td>6（mol）</td><td>7（mol）</td></tr>
<tr><td colspan="2">植物油基环氧乙烷嵌段化合物</td><td>1（mol）</td><td>1（mol）</td><td>1（mol）</td></tr>
<tr><td colspan="2">短链醇</td><td>0.8（mol）</td><td>1（mol）</td><td>1.2（mol）</td></tr>
<tr><td rowspan="5">组分 D</td><td rowspan="3">环氧乙烷环氧丙烷嵌段化合物</td><td>多元醇</td><td>1（mol）</td><td>1（mol）</td><td>1（mol）</td></tr>
<tr><td>环氧乙烷</td><td>4（mol）</td><td>5（mol）</td><td>6（mol）</td></tr>
<tr><td>环氧丙烷</td><td>2（mol）</td><td>3（mol）</td><td>4（mol）</td></tr>
<tr><td colspan="2">环氧乙烷环氧丙烷嵌段化合物</td><td>1（mol）</td><td>1（mol）</td><td>1（mol）</td></tr>
<tr><td colspan="2">短链有机酸</td><td>0.8（mol）</td><td>1（mol）</td><td>1.2（mol）</td></tr>
</table>

制备方法

(1) 向上述质量份的有机酸铵盐复合防锈剂中加入上述质量份的苯并三氮唑和水，在 50℃ 持续搅拌 30min，停止加热。

(2) 预处理：取上述质量份的高润滑性聚醚酯、磷酸酯和脂肪醇置于反应釜中，然后向反应釜内通入纯氮气，控制反应釜内的压力为 5MPa，然后升温至 120℃，静置 12h；并且，该预处理过程在超声波环境下进行，包括以下过程：第一过程，频率为 25kHz 保持 2h；第二过程，频率为 40kHz 保持 4h；第三过程，频率为 35kHz 保持 1h 以及频率为 30kHz 保持 1h，两者交替进行，循环次数为 3 次。

(3) 向步骤 (1) 所得混合物中依次加入上述质量份的高润滑性聚醚酯、磷酸酯和脂肪醇，持续搅拌至少 1h。

(4) 冷却，当步骤 (3) 得到的液体混合物温度降至低于 40℃时，加入上述质量份的微生物抑制剂，搅拌 30min，即得所述适用于铝合金加工的全合成切削液。

[原料介绍]

所述有机酸铵盐复合防锈剂由以下步骤制得：将质量分数22%～35%的组分A和质量分数62%～80%的组分B混合，搅拌加热至45～55℃，持续搅拌20～40min。

所述组分A包括摩尔比1∶(1.2～1.6)的一元酸和多元有机酸。

所述组分B包括摩尔比1∶(1.5～2)的单乙醇胺和三乙醇胺。

所述高润滑性聚醚酯由质量分数为64%～78%的组分C和质量分数为20%～39%的组分D混合而成。所述组分C为植物油改性聚醚酯。所述组分D为多元醇聚醚酯。

所述组分C由以下步骤制得：首先，植物油与环氧乙烷按摩尔比1∶(5～7)通过聚合反应生成植物油基环氧乙烷嵌段化合物，再将该植物油基环氧乙烷嵌段化合物经过羧基化处理，与短链醇按摩尔比1∶(0.8～1.2)依次进行羧化和酯化反应，即得组分C，即植物油改性聚醚酯。

所述述组分D由以下步骤制得：首先，多元醇与环氧乙烷、环氧丙烷按摩尔比1∶(4～6)∶(2～4)聚合生成环氧乙烷环氧丙烷嵌段化合物，再将该嵌段化合物羧基化后与短链有机酸按摩尔比1∶(0.8～1.2)进行酯化反应得组分D，即多元醇聚醚酯。

[产品特性]

(1) 本品具有较高的润滑性能。

(2) 防锈性能和铝缓蚀性能保持较高水平。此外，本品具有较强的抗铝变色能力，用高润滑性聚醚酯与磷酸酯复配作为铝缓蚀剂，整体可以表现出较强的铝缓蚀效果。

(3) 本品具有所有全合成的金属切削液的共性——优异的冷却性和清洗性。由于全合成切削液不含基础油，且含水量极高，在金属加工过程中，尤其是铝合金加工过程中，对于工件和刀具的冷却降温效果和加工屑的冲洗效果显著。相对于本身具有较强冷却和清洗性能的常规的铝合金加工用的半合成产品来说，本品在冷却和清洗性能上有显著提高。

(4) 本品整个配方体系不含硼酸酯和硼酸铵盐等含硼化合物，且不含甲醛释放性杀菌剂，属于绿色环保的高效全合成切削液产品。

(5) 本品具有全合成体系不含油的特性，细菌不易滋生。通过加入适量杀真菌剂以防止真菌和霉菌的繁殖。相对于油含量较高的铝合金用半合成切削液来说，微生物稳定性大幅提升。

(6) 本品使用时根据需要将浓缩液用水稀释后，COD值相对普通半合成切削液大大降低，微生物稳定性和储存稳定性相对半合成切削液要好得多，常规半合成切削液保质期仅为6个月，而本品保质期可达12个月，使用周期也因此大幅延长。

(7) 本品不仅可以作为高润滑性的铝合金用全合成切削液直接进行配液使用，由于其具有优异的润滑和防腐蚀性能，还能作为“润滑防锈包”按照适当的比例添加到常规半合成切削液中，加强半合成切削液的润滑性能及防锈性能。

配方 286 适用于重负荷金属加工的微乳切削液

[原料配比]

原料		配比（质量份）
矿物基础油	22＃环烷基油	49.2
合成酯	油酸异辛酯	20
极压抗磨剂		15
乳化剂		15.8
乳化剂	脂肪酸甲酯乙氧基化物（5%）	1
	烷基酚聚氧乙烯醚（3%）	0.6
	新戊二醇油酸酯（4%）	0.8
	油醇醚（3%）	0.6
	芥酸（0.8%）	0.16

续表

原料		配比（质量份）
极压抗磨剂	烯烃	2
	动植物油	6
	磷系极压抗磨剂	2
	合成磺酸钠	5

制备方法

(1) 向矿物基础油中加入合成酯，搅拌，保持温度 20～40℃；

(2) 再依次加入乳化剂和极压抗磨剂，搅拌，然后降温至 40℃以下，停止搅拌。

原料介绍

所述合成酯为油酸异辛酯、新戊基多元醇酯、三羟甲基丙烷油酸酯、偏苯三酸酯、双季戊四醇酯中的一种或多种。

所述矿物基础油为 5＃白油、15＃环烷基油、22＃环烷基油、32＃环烷基油、32＃石蜡基油中的一种或多种。

所述乳化剂为脂肪酸甲酯乙氧基化物、烷基酚聚氧乙烯醚、新戊二醇油酸酯、油醇醚和芥酸中的两种或两种以上。

所述极压抗磨剂为烯烃、动植物油、磷系极压抗磨剂和合成磺酸钠中的一种或多种。

产品特性

(1) 本品不含甲醛、氯、硫，具有清洁、润滑、冷却和防腐作用，适用于重负荷下金属铸铝件、铸铁件、铸钢件（含镍合金件）的加工，是一种微乳液，在高速运转的工件周围形成紧密而稳定的保护层，起到非常好的润滑作用，同时抗杂油。

(2) 本品不含亚硝酸钠、甲醛及各类有毒有害物质，为环保型产品；独特的合成酯配方，对黑色材质重负荷下的金属加工起到很好的润滑作用，对铸铝件亦有非常好的润滑作用，可有效提高刀具使用寿命；采用特殊的乳化技术，保证乳化液持续的低泡性，使用寿命长；易冲洗干净，无残留；在硬水中，几乎没有泡沫；具有抑菌作用；用于含高硅（＞5%）的铸铝合金无变色；用于铸铁、铸钢件有良好的防腐作用。

配方 287 适于铝合金加工的车削机用无毒水基切削液

原料配比

原料		配比（质量份）		
		1＃	2＃	3＃
不饱和脂肪酸环氧化物	油酸	5	—	—
	香茅酸	—	9	—
	亚油酸	—	—	12
钼酸钠		1	1	1
磷酸钠		0.5	0.5	0.5
糖醇化合物	乳糖醇	2	—	—
	山梨糖醇	—	3	—
	木糖醇	—	—	4
酵母活菌	酵母干粉	1	1.5	2
硅酸钠		1	2	3
亚磷酸二正丁酯		1	1.5	2
二壬基酚聚氧乙烯醚磷酸铈		1	2	3
甘油		4	5	7
乳化剂	卡波姆 940	0.1	0.25	0.5

续表

原料		配比（质量份）		
		1#	2#	3#
螯合剂	葡萄糖酸钠	0.5	0.75	1
去离子水		加至100	加至100	加至100

制备方法

（1）将配方量的不饱和脂肪酸环氧化物、钼酸钠、磷酸钠、糖醇化合物、硅酸钠、二壬基酚聚氧乙烯醚磷酸铈、螯合剂、去离子水加入容器中60℃加热搅拌10min；

（2）静置待上述液体冷却到常温；

（3）加入配方量的酵母活菌、亚磷酸二正丁酯、甘油、乳化剂，继续常温搅拌20min，抽真空装罐。

原料介绍

不饱和脂肪酸环氧化物作为防锈剂、润滑剂起作用，钼酸钠作为防锈剂主要通过重金属吸附起作用，磷酸钠作为防锈剂主要通过成膜机制起作用。

糖醇化合物主要起防臭和润滑作用。

酵母活菌通过生物抑菌防止切削液中的严格厌氧菌或者兼性厌氧菌发酵产生臭味。

硅酸钠与亚磷酸二正丁酯的配合使用，使得切削液的抗磨减摩性能最佳。

二壬基酚聚氧乙烯醚磷酸铈能够大幅增加切削液的极压性能。

螯合剂的加入配合防锈剂，能够抵抗硬水，稳定切削液。

乳化剂使得上述组分更好地分散，不容易析出。

不饱和脂肪酸环氧化物比较常见且成本低，具有防锈润滑的作用，其中香茅酸还有香味，在实际使用中，还可以改善工厂的工作环境。

酵母干粉，易于保存和运输，适合工业化应用。

所述乳化剂卡波姆940无毒，乳化性能好，成本低。

螯合剂葡萄糖酸钠对钙、镁、铁盐具有很强的络合能力，所以阻垢能力很强，能抵抗硬水中金属离子对切削液的不良影响。

产品特性

（1）本品制备方法条件温和，成本低廉，可以大规模工业化应用。

（2）本品不含有传统水基切削液中亚硝酸盐、苯等有毒有害物质，环保并且对人体不产生毒害。

（3）本品中使用糖醇化合物起到防臭、润滑作用，其本身是一种环保健康的天然生物质材料，避免了使用化学防臭剂带来的环保风险。

（4）本品使用酵母这种无污染的生物抑菌剂，来防止严格厌氧菌或者兼性厌氧菌发酵产生臭味，无毒、绿色、环保。

（5）本品具有优异的润滑效果、冷却效果和防锈性能。

配方 288 数控机床金属加工用防锈切削液

原料配比

原料	配比（质量份）		
	1#	2#	3#
水	20	25	30
乳化液	10	14	18
切削油	10	12	15
润滑剂	7	13	19

续表

原料		配比（质量份）		
		1#	2#	3#
防锈剂		8	12	15
极压添加剂		5	7	8
消泡剂		3	5	7
灭菌剂		1	2	3
表面活性剂		3	4	5
渗透剂		3	5	7
稳定剂		2	3	4
防冻液		3	4	5
乳化液	水	5	8	10
	基础油	3	4	5
	石油磺酸钠	5	7	8
	摩擦改进剂	5	6	7
	抗氧化剂	3	5	8
切削油	聚氧矿物油	3	5	8
	乙烯烷基酚醚	10	13	16
	氯化石蜡	5	7	9
	水	10	15	20
	环烷酸铅	5	10	15
	石油酸钠盐	2	4	5
	合成脂肪酸	3	4	5
	聚乙二醇	3	5	6
防锈剂	水	5	10	15
	环烷酸锌	3	11	20
	石油磺酸钡	8	12	15
	苯并三唑	3	6	9
	山梨糖醇单油酸酯	1	3	5
	硬脂酸铝	6	10	15
润滑剂	氨基甲酸乙酯	6	12	18
	水	3	9	15
	羟丙甲基纤维素	5	7	9
消泡剂	乳化硅油	3	8	12
	聚二甲基硅氧烷	1	3	5
	聚氧丙烯聚氧乙烯甘油醚	2	4	5
灭菌剂	水	3	4	5
	过氧乙烷	2	3	4
	乙醇	1	2	3
极压添加剂	氯化石蜡	3	5	7
	磷酸酯	2	4	5
	磷酸盐	4	6	8
	水	10	17	28
表面活性剂	环烃类脂肪酸钠盐	3	4	5
	十二烷基苯磺酸钙	3	4	5
	聚氧乙基烷基苯基醚	3	4	5
	环氧乙烷	3	5	6
	水	3	4	6
摩擦改进剂	油性添加剂	6	8	10
	减摩剂	5	7	8
	水	10	11	12

续表

原料		配比（质量份）		
		1#	2#	3#
渗透剂	脂肪醇聚氧乙烯醚	3	10	18
	水	3	10	18
矿物油	环戊烷	3	6	8
	丙烯	6	8	10
	丙炔	3	4	5
防冻剂	甲醇	1	2	3
	乙醇	2	4	5
	乙二醇	2	3	4
	丙三醇	3	4	5
	水	8	11	14
稳定剂	低碳醇	3	4	5
	水	2	4	6

［制备方法］

（1）将水、乳化液、切削油、润滑剂、防锈剂放置到混合搅拌机内高速搅拌，搅拌速度为100～140r/min，室温搅拌0.6～1h；

（2）向搅拌机中加入极压添加剂、表面活性剂、渗透剂、稳定剂和防冻液，继续搅拌，搅拌速度为20～30r/min，加热搅拌0.1～0.3h，加热温度为60～70℃；

（3）向（2）混合溶液中加入消泡剂、灭菌剂继续搅拌，搅拌速度为60～80r/min，室温搅拌0.3～0.5h，即可得到切削液；

（4）静置0.1～0.3h，取样观察并记录。

［产品特性］

（1）通过在金属切削液中添加环烷酸锌、石油磺酸钡、山梨糖醇单油酸酯等几种防锈剂成分，增加了金属切削液的防锈效果；利用润滑液和乳化剂使得金属切削液的润滑性和流动性增加，进而解决了金属切削液的流动性较差、不能将大部分的切削碎屑带走，进而增加人工清扫机床的频率、增加了劳动量的问题。

（2）通过在金属切削液中添加灭菌剂，可以避免金属切削液在机床底部长期储存后容易导致其变质的现象，进而可以通过收集过滤后增加金属切削液的回收利用率。

（3）添加极压添加剂在加工金属时起到渗透和润滑的作用，防止损坏金属工件。添加表面活性剂可以降低金属与切削液接触截面的表面张力，进而保证金属切削液与金属之间连接紧密。添加摩擦改进剂可以增加金属切削液的润滑性，进而减小瞬时摩擦力，降低刀片的温度。添加渗透剂可以辅助金属切削液进入金属与切割刀片之间。添加矿物油可以增加润滑性，保证切削效果。添加防冻剂可以避免冬季时金属切削液流动性差的问题。添加稳定剂可以降低刀具变形损坏的概率，进而降低成本。

配方 289 数控机床金属加工用防锈切削液

［原料配比］

原料	配比（质量份）				
	1#	2#	3#	4#	5#
三乙醇胺	40	45	50	55	60
聚苯胺	15	18	20	22	25
癸二酸	1	1.5	2	2.5	3
乙二胺四乙酸二钠盐	2	2.5	3	3.5	4

续表

原料		配比（质量份）				
		1#	2#	3#	4#	5#
太古油		6	6.5	7	7.5	8
防锈剂	485防锈剂	3	3.5	4	4.5	5
消泡剂	二甲基硅油	0.3	0.35	0.4	0.45	0.5
丙烯腈		1	1.2	1.5	1.8	2
壬基酚聚氧乙烯醚		3	3.5	4	4.5	5
聚氯乙烯胶乳		5	8	10	12	15
四氮唑		4	4.5	5	5.5	6
油酸		3	3.5	4	4.5	5
十二烷基二甲基甜菜碱		1	1.2	1.5	1.8	2
松香		0.5	0.6	0.8	0.9	1
松香酸聚氧乙烯酯		2	2.5	3	3.5	4
月桂酸		1	1.5	2	2.5	3
水杨酸		1	1.5	2	2.5	3
大豆蜡		5	5.5	6	6.5	7
棉籽油		2	2.5	3	3.5	4
丙二醇		6	7	8	9	10
钝化液		6	7	8	9	10
清洁剂		100	105	110	115	120
钝化液	10%亚硝酸钠水溶液	50	50	50	50	50
	0.5%碳酸钠水溶液	50	50	50	50	50
清洁剂	苯甲酸钠	10	10	10	10	10
	二异丙基萘磺酸钠	20	20	20	20	20
	助剂	5	5	5	5	5
	硼酸	5	5	5	5	5
	尼泊金甲酯	10	10	10	10	10
	柚子汁	50	50	50	50	50

制备方法

(1) 将三乙醇胺、聚苯胺、癸二酸、乙二胺四乙酸二钠盐、太古油、防锈剂、松香酸聚氧乙烯酯、月桂酸、水杨酸、大豆蜡、棉籽油加入密闭反应釜中，升温至90～110℃，搅拌20～40min；

(2) 向步骤(1)的体系中依次加入消泡剂、壬基酚聚氧乙烯醚、聚氯乙烯胶乳、油酸、松香、丙二醇、钝化液、清洁剂，1～2h加完，升高温度至120～140℃，保温反应3～5h，降至50～60℃；

(3) 向步骤(2)的体系中加入四氮唑、十二烷基二甲基甜菜碱、丙烯腈，在800～1200r/min的转速条件下，搅拌混合1～2h后降温至室温，即得。

原料介绍 所述的清洁剂为苯甲酸钠10%、二异丙基萘磺酸钠20%、助剂5%份、硼酸5%、尼泊金甲酯10%、柚子汁50%于90℃加热混合制备所得。

产品特性 本品具有无刺激、无腐蚀、杀菌效果和稳定性好的优点，有效地避免了其他有机防腐剂强刺激气味和腐蚀性强的缺点，并且对人体友好无毒害，能有效保障操作人员的健康和安全，不会对周围环境造成污染，润滑性大大提高，使加工件的光洁度提高，最大限度地提高产品生产加工效率，可有效延长刀具和机床的使用寿命，成本低、方法简单、经济环保，适用于多种金属的切削和研磨。

配方 290 数控机床金属加工用高压低泡通用型切削液

原料配比

原料		配比（质量份）				
		1#	2#	3#	4#	5#
环烷基基础油		20	30	25	23	26
金属减活剂		0.5	0.1	0.3	0.35	0.4
复合防锈剂		12	15	8	10	12
复合碱保持剂		5	8	7	6	12
腐蚀抑制剂	膦酸酯	1.5	1	1	0.8	0.8
杀菌剂	亚甲基二吗啉	3	2.5	2.5	2.2	2.6
润滑剂	合成酯	8	3	6	3.5	3～8
耦合剂	异构醇	3	5	4	3.8	3～5
消泡剂	二甲基硅氧烷	0.1	0.3	0.2	0.18	0.1～0.3
去离子水		加至100	加至100	加至100	加至100	加至100
复合防锈剂	妥儿油酸	1	1	1	1	1
	硼酸	2	5	6	4	2～6
	三元羧酸	1	1	4	3	1～4
复合碱保持剂	二甘醇胺	1	1	1	1	1
	三乙醇胺	1	1.5	2	1.8	1～2
金属减活剂	苯并三氮唑衍生物	0.5	1	—	0.35	—
	噻二唑衍生物	—	1	0.3	—	—

制备方法

（1）首先，在调和罐中按顺序依次加入去离子水、复合防锈剂、复合碱保持剂以及金属减活剂，开启加热和搅拌，其中搅拌温度为55～65℃，搅拌时长60～90min，直至澄清透明液体；

（2）其次，按顺序依次加入环烷基基础油、润滑剂、腐蚀抑制剂、耦合剂、杀菌剂，其中搅拌温度为60℃，搅拌时长60～120min，直至澄清透明液体；

（3）最后，再加入消泡剂，其中搅拌温度为60℃，搅拌时长10～20min，即可。

产品特性

（1）本品添加有独特的复合防锈剂，其妥儿油酸、硼酸、三元羧酸之间具有良好的协同作用，可同时适应于有色金属和黑色金属表面的保护，从而阻止或延迟水分、氧气和其它杂质的入侵，大幅提高防锈效果的同时兼具良好的适应性。

（2）本品添加有独特的复合碱保持剂，其二甘醇胺和三乙醇胺之间具有良好的增幅作用，加入后大幅提高产品的稳定性，确保切削液的碱性持水性，增强结着力，使本品具有优异的清洗、高压及润滑效果。

（3）添加异构醇，强化切削液的穿透效果，使得金属制品切割后剖面光滑有光泽，还可减少刀具与金属表面的摩擦，进一步优化润滑特性的同时提高了切削刀具的寿命。

（4）采用独特的腐蚀抑制剂和杀菌剂，强化与金属表面结合强度，优化防腐蚀效果及缓释杀菌效果，具有无毒、无害、无污染，对人体无伤害且长时间使用无异味、不变质的特点，大大地提高了使用寿命。

（5）极少含量的消泡剂，在确保降低成本的同时极大程度地抑制了泡沫在高压、高速加工条件下的产生，使本品切割泡沫小且少。

（6）本品按1∶(20～30）稀释最佳，使用周期长、金属切削表面光洁、抗腐蚀及防锈性能优良。

配方 291 数控机床切削液

原料配比

原料		配比（质量份）		
		1#	2#	3#
脂肪酸钾皂		12	15	14
硼酸二乙醇酰胺		5	8	6
石油磺酸钠		3	5	4
环烷酸锌		5	8	6
石油磺酸钡		5	8	6
蓖麻油酸		2	2	2
三乙醇胺		3	4	3.5
苯并三氮唑		0.01	0.01	0.01
消泡剂		0.02	0.02	0.02
5#机油		64.97	49.97	58.47
脂肪酸钾皂	异构硬脂酸	1（mol）	—	1（mol）
	异构油酸	—	1（mol）	—
	氢氧化钾	1.05（mol）	1.05（mol）	1.05（mol）
	5#机油	适量	适量	适量
硼酸二乙醇酰胺	硼酸	1（mol）	1（mol）	1（mol）
	二乙醇胺	1.12（mol）	1.12（mol）	1.12（mol）
	水	适量	适量	适量

制备方法

（1）制备脂肪酸钾皂：脂肪酸（异构硬脂酸、异构油酸）与氢氧化钾按一定比例加入反应釜，在5#机油作为溶剂的情况下，加热搅拌反应至透明，合成出脂肪酸钾皂；脂肪酸与氢氧化钾的摩尔比为1∶1.05，加热温度为80～100℃，搅拌反应30～40min。

（2）制备硼酸二乙醇酰胺：硼酸与二乙醇胺按一定比例加入反应釜，在水作为溶剂的情况下，加热保温搅拌至透明，合成出硼酸二乙醇酰胺；硼酸与二乙醇胺的摩尔比为1∶1.12，加入水的质量占硼酸与二乙醇胺质量和的50%，加热温度为40～60℃，保温搅拌20～30min。

（3）切削液的复配：将所述（1）步骤制备的脂肪酸钾皂、所述（2）步骤制备的硼酸二乙醇酰胺、石油磺酸钠、环烷酸锌、石油磺酸钡、蓖麻油酸、三乙醇胺、苯并三氮唑、消泡剂和5#机油按切削液的质量占比进行称量。将5#机油、所述（1）步骤制备的脂肪酸钾皂和所述（2）步骤制备的硼酸二乙醇酰胺加入混合釜，升温保温搅拌至透明；升温温度为40～60℃，保温搅拌60～80min。升温，加入石油磺酸钠、环烷酸锌和石油磺酸钡，保温搅拌至透明；升温温度为70～80℃，保温搅拌30～40min。再进行升温，加入蓖麻油酸和三乙醇胺，保温搅拌至透明；升温温度为90～100℃，保温搅拌30～40min。降温，加入苯并三氮唑，保温搅拌至完全溶解；降温温度为50～70℃，保温搅拌1～1.2h。加入消泡剂，搅拌混合均匀，得到数控机床切削液。搅拌时间为20～30min。

原料介绍 所述的脂肪酸为异构硬脂酸或异构油酸。

产品应用 切削液使用时的浓度为2%～5%。

产品特性 本品应用在数控机床上时，产品质量提升，缩短了切割时间，切割时用量更少。该切削液可改善金属加工过程中润滑、清洗、冷却及防锈性能，使剖面更加光滑有色泽，切割时产生的泡沫更少。

配方 292 数控机床用的环保型防锈切削液

[原料配比]

原料		配比（质量份）		
		1#	2#	3#
防锈剂		32	38	35
磷酸三乙醇胺		12	16	14
十二烷基磺酸钠		10	12	11
硼酸氨基三乙酯		6	10	8
月桂亚氨基二丙酸二钠		8	12	10
气相二氧化硅		5	9	7
油酰基-*N*-甲基牛磺酸钠		6	10	8
杀菌剂	羟乙基六氢均三嗪	2	6	4
水性消泡剂		1	3	2
清洁剂		1	3	2
防锈剂	油酸十八烷胺	3	3	3
	二壬基萘磺酸钡	2	2	2
	凹凸棒粉	1	1	1
水性消泡剂	硬脂酸酯	1	1	1
	聚乙烯醚	2	2	2
清洁剂	二异丙基萘磺酸钠	3	3	3
	三乙醇胺	2	2	2
	苯酚	1	1	1

[制备方法]

（1）按要求称量各组分原料。

（2）将防锈剂、磷酸三乙醇胺、十二烷基磺酸钠、硼酸氨基三乙酯、月桂亚氨基二丙酸二钠按顺序依次加入高速搅拌机中搅拌，搅拌转速为1050～1150r/min，搅拌时间为45～55min，得到混合物A，再将混合物A加入反应釜中，在温度为105～115℃下反应1～2h，得到混合物B。

（3）将步骤（2）制得的混合物B、气相二氧化硅、油酰基-*N*-甲基牛磺酸钠、杀菌剂、水性消泡剂、清洁剂加入高速混合机中，充分搅拌使所有原料混合均匀，搅拌速度为1200～1300r/min，搅拌时间为45～55min，再将混合物加入反应釜中，在温度为165～175℃下反应1～2h，制得数控机床用的环保型防锈切削液。

[原料介绍]

本品加入的防锈剂、磷酸三乙醇胺、硼酸氨基三乙酯、月桂亚氨基二丙酸二钠作为主要基料，有效地提高防锈性能。

清洁剂可以吸附在金属表面，降低切削面生锈发生。

加入的十二烷基磺酸钠、水性消泡剂降低表面张力，使本品原料相互融合，同时具有很好的渗透性。

气相二氧化硅、油酰基-*N*-甲基牛磺酸钠相互配合形成致密且具有空隙的薄膜，阻止铁离子向溶液中扩散，大大地增加了本品的防锈蚀性。

[产品特性] 本品无污染、绿色环保、高效，具有良好的抗菌、润滑、抗防锈性能，此外原料成本较低、易得，具有较高的使用价值和良好的应用前景。

配方 293 数控切削液

原料配比

原料		配比（质量份）						
		1#	2#	3#	4#	5#	6#	7#
非离子表面活性剂	十四碳脂肪醇聚氧乙烯醚	4	3	4	—	—	—	—
	十二碳脂肪醇聚氧乙烯醚	—	—	4	—	—	6	4
	十八碳-9-烯醇	5	5	—	—	4	—	—
	脂肪酸甲酯乙氧基化物	—	—	—	10	4	—	—
抗磨剂	硼砂	9	—	—	6	—	8	—
	硼酸镁	—	8	—	5	12	—	6
	硼酸钙	—	—	10	—	—	—	—
乙醇		12	10	12	12	14	11	9
防锈剂	季戊四醇酯	—	—	2	—	—	—	4
	肌醇六磷酸酯	4	3	2	—	4	4	—
	有机羧酸醇胺盐	—	2	—	3	—	—	—
	烷基醇酰胺	—	—	—	2	2	—	—
润滑剂	三聚甘油单油酸酯	—	—	2	1	1	—	—
	油酸二乙醇胺硼酸酯	1	2	—	—	—	—	—
	环氧脂肪酸甲酯	—	—	—	2	—	1	0.5
消泡剂	聚氧丙烯甘油醚	3	3	—	—	—	—	—
	聚氧丙烯聚氧乙烯甘油醚	—	—	1	—	3	—	—
	聚氧乙烯聚氧丙醇胺醚	—	—	—	—	—	3	—
	聚二甲基硅氧烷	—	—	3	—	2	—	6
	乳化硅油	—	—	—	3	—	—	—
极压剂	二烷基二硫代磷酸钼	4	3	2	6	5	2	7
去离子水		30	26	30	40	35	22	50

制备方法

（1）按照以上数控切削液所述的质量份数称取各原料。

（2）将非离子表面活性剂置于去离子水中，搅拌至充分溶解，搅拌时间为20～50min；所述的去离子水温度为40～60℃，所述的搅拌速度为700～1200r/min。

（3）将抗磨剂、防锈剂、润滑剂、极压剂先后加入步骤（2）所制备的溶液中，加入的同时进行搅拌，待混合均匀后进行低速搅拌，搅拌时间为50～70min；所述的低速搅拌速度为200～500r/min。

（4）在步骤（3）所制备的溶液中加入乙醇，保温搅拌至混合均匀，搅拌时间为10～30min；所述的搅拌速度为700～1200r/min。

（5）在步骤（4）所制备的溶液中加入消泡剂，搅拌混合均匀，即得所述数控切削液。所述的搅拌速度为700～1200r/min。

原料介绍

非离子表面活性剂具有良好的乳化、起泡、润湿、增溶、抗静电、防腐蚀、杀菌和保护胶体等多种性能，添加合适剂量的非离子表面活性剂可以有效降低切削液的制备成本，另外，由于其在溶液中不是离子状态，所以稳定性高，不易受强电解质无机盐类存在的影响，也不易受pH值的影响，与其他类型的助剂相容性好，可以很好地混合复配使用，能够有效提升切削液的物理稳定性。

抗磨剂不仅能够有效延长切削液的使用寿命，而且具有较强的抗磨极压效果，另外，硼酸盐抗磨剂一般不会造成金属的腐蚀，其抗磨性对金属材料的选择性不敏感，对各种金属材料都比较适应，扩大了切削液的适用范围。

防锈剂通过与非离子表面活性剂、抗磨剂复配能够协同防锈，使切削液具有优异的冷却、润滑、清洗、极压和防腐性能。

润滑剂可以有效降低摩擦表面的摩擦损伤，而且还能起到冷却、清洗和防止污染的作用，与非离子表面活性剂、抗磨剂产生协同润滑作用，降低了切削液的制备成本，能够有效延长刀具使用寿命、提高加工件表面光洁度，加工后的工件表面清洁，不需再次清洗，较大地降低了使用费用。

消泡剂提高切削液的产品质量，改善制备效果，简化制备过程，提高制备效率，降低制备成本。

极压剂二烷基二硫代磷酸钼具有较强的抗磨性能和抗氧化性能，尤其是高负荷下的抗磨性能，而且能与非离子表面活性剂产生协同抗磨作用，从而提高切削液的使用性能，减少切削阻力，提高切削效率，不仅如此，二烷基二硫代磷酸钼还具有一定的防锈性能，也能提高切削液的储存稳定性，延长切削液的使用寿命。

产品应用 本品适用于各种数控设备，均能够达到很好的切削功能，尤其适用于数控机床的金属加工。

产品特性

（1）本品安全环保、使用周期长、综合性能高、成本低廉。

（2）本品有优良的流动性、清洗性、极压性、抗氧化性和防锈性，不含任何对人体有害物质，适合于任何切削加工设备，具有延长刀具使用寿命、提高加工件表面光洁度等优点。

（3）本品制作工艺简单易操作，生产条件易控制。本品数控切削液的制备方法大大降低了生产成本，有效缩短了生产时间，具有较强的市场推广性。去离子水温度为40～60℃，在保证各种化学成分反应效率高的前提下，提高了溶解速率，缩短了制备时间。

配方 294 水基不锈钢切削液

原料配比

原料		配比（质量份）		
		1#	2#	3#
妥尔油二乙醇酰胺辛烯基琥珀酸单酯		10	5	15
油酸三乙醇胺酯		2	3	1
硼酸三乙醇胺酯		10	15	5
聚醚 L61		5	5	2
Surfynol DF-110D		0.5	0.1	1
三乙醇胺		5	5	2
去离子水		67.5	66.9	74
妥尔油二乙醇酰胺辛烯基琥珀酸单酯	精制妥尔油	3	3	3
	二乙醇胺	1	0.8	1.2
	辛烯基琥珀酸酐	2	2.5	1.5

制备方法

（1）将妥尔油二乙醇酰胺辛烯基琥珀酸单酯、油酸三乙醇胺酯、硼酸三乙醇胺酯、聚醚L61、Surfynol DF-110D、三乙醇胺加入混料罐，充分搅拌得到黄色透明黏稠液；

（2）将去离子水加入步骤（1）中，充分搅拌得到水基不锈钢切削液。

原料介绍

妥尔油二乙醇酰胺辛烯基琥珀酸单酯易溶于水，产品润滑性好，极低浓度就具有很好的润滑效果，同时可以增溶其他非水基润滑剂。5%的水溶液对铝合金、铸铁等金属有很好的缓蚀效果，常温浸泡 168h，所有金属无异常。所述的妥尔油二乙醇酰胺辛烯基琥珀酸单酯的制备方法如下：精制妥尔油加入反应釜中，然后搅拌升温至 90～110℃，加入二乙醇胺，升温至 120～140℃反应 3～6h，接着降温至 80～100℃，加入辛烯基琥珀酸酐继续反应 1～3h，降至室温放料得到妥尔油二乙醇酰胺辛烯基琥珀酸单酯。

所述的油酸三乙醇胺酯具有优异的润滑效果，但是因其是油溶性物质，导致在水基切削液体系几乎没用应用。本品把油酸三乙醇胺酯加入自制的妥尔油二乙醇酰胺辛烯基琥珀酸单酯中，能够充分乳化使其溶于水而不析油，大大加强了体系的润滑性。同时因油溶性本质具有极低的起泡性，能够部分消除妥尔油二乙醇酰胺辛烯基琥珀酸单酯产生的微泡。

所述的硼酸三乙醇胺酯具有优异的极压抗磨效果，切削后工件或机台表面留有不发黏的保护膜，长时间地防止工件和机台生锈。

所述的聚醚 L61 为丙二醇嵌段聚醚，在切削过程中能形成黏附性强、承载能力大的稳定润滑膜，具有很强的抗剪切能力，在摩擦面上不会因分子被剪断而导致黏度下降，弥补了油酸三乙醇胺酯在切削过程中分子键断裂、润滑效果降低的缺陷。同时在切削过程中能够部分消除妥尔油二乙醇酰胺辛烯基琥珀酸单酯产生的微量泡沫。

Surfynol DF-110D 属于炔二醇类消泡剂。在水基体系中具有消泡性和脱气性，但没有许多传统的泡沫控制剂在切削循环过程中被乳化、被切削工件带走或因体系分层等副作用而导致消泡效果急剧下降的不足，可消除微泡，具有长期的泡沫控制性，能够无缺陷地控制泡沫。该原料在不改变体系润滑性的前提下，能够降低体系的黏度，加快不锈钢切削粉末的沉降，使体系产生的切削粉末快速沉降分离。

产品应用 使用时按以下质量比例配制：去离子水∶本品切削液＝95∶5。将切削液和去离子水混合并使搅拌器在 100r/min 的转速下搅拌 5min，得到悬浮稳定的工作液供切削设备使用。

产品特性

（1）本品在循环过程中不另外添加任何消泡剂的情况下全程低泡。

（2）本品杜绝了切削油不添加杀菌剂变质发臭、添加了杀菌剂使操作人员皮肤过敏的风险。

（3）本品润滑性、冷却性好，可有效提高刀具和磨头的使用寿命，降低了生产成本。

配方 295 水基合成切削液

原料配比

新型杀菌液

原料		配比（质量份）		
		1#	2#	3#
钙基膨润土		2	2.5	3
竹纤维		1	2	3
羟乙基纤维素		2	3	4
蒸馏水		15	20	22.5
丙烯酸树脂乳液		1.5	2	2.5
含磷硼酸酯		1	2	3
蓖麻油		2	2.5	3
硫代磷酸酯	硫代磷酸三甲酯	1	1.5	2
含磷硼酸酯	月桂醇	24.2	24.2	24.2
	硼酸	2	2	2
	五氧化二磷	2.3	2.3	2.3
	浓硫酸	0.1	0.1	0.1

香精

原料		配比（质量份）		
		1#	2#	3#
蒸馏所得物	白千层叶树皮	1	1	1
	茶叶	0.6	0.7	0.9
	桉叶	0.4	0.6	0.7
	蒸馏水	5	6	8
	白千层叶树皮、茶叶和桉叶	1	1	1
蒸馏所得物		1	1	1
异构十六烷		0.3	0.4	0.5

切削液

原料	配比（质量份）		
	1#	2#	3#
乙二醇	1	5	10
三乙醇胺	1	7	15
苯并三氮唑	0.1	0.4	0.8
蒸馏水	100	110	120
酒精	1	1.5	2
香精	0.1	0.3	0.5
消泡剂	0.01	0.03	0.05
硼化物	1	10	20
防锈剂	1	5	10
新型杀菌液	1	2	3
聚丙烯酰胺	4	7	10
2-丙烯酰氨基-2-甲基丙磺酸	3	4	6

制备方法

（1）将硼化物和三乙醇胺混合，加入乙二醇和酒精，在90～110℃下搅拌3～4h，得到混合物1。

（2）将苯并三氮唑、聚丙烯酰胺、香精和防锈剂加入蒸馏水中，在70～90℃下搅拌2～4h，冷却至室温，得到混合物2。

（3）将混合物1加入混合物2中，升温至50～70℃后搅拌1～3h，冷却至室温，得到混合物3；升温时每半小时升温10℃。

（4）将2-丙烯酰氨基-2-甲基丙磺酸、新型杀菌液和消泡剂依次加入混合物3中，升温至30～50℃，搅拌1～2h，冷却至室温，即得水基合成切削液。升温时每半小时升温10℃。

原料介绍

所述新型杀菌液包括以下质量份的组分：1.5～2.5份丙烯酸树脂乳液、2～3份钙基膨润土、1～3份竹纤维、2～4份羟乙基纤维素、1～3份含磷硼酸酯、2～3份蓖麻油、1～2份硫代磷酸酯、30～45份蒸馏水。所述新型杀菌液由以下方法制成：将钙基膨润土、竹纤维和羟乙基纤维素混合后，加入1/2的蒸馏水，研磨至平均粒径<1μm；向剩余的蒸馏水中依次加入丙烯酸树脂乳液、含磷硼酸酯、蓖麻油和硫代磷酸酯，缓慢加热至70～80℃，混合均匀，加入研磨后的钙基膨润土等，在400～500r/min的转速下搅拌30～40min，冷却至室温。所述的含磷硼酸酯由以下方法制成：将月桂醇加热至完全融化后，加入硼酸和五氧化二磷，滴加浓硫酸，加热至180℃，反应5h，即制得含磷硼酸酯。

所述香精由以下方法制成：将质量比为1∶(0.6～0.9)∶(0.4～0.7)的白千层叶树皮、茶叶和桉叶放入蒸馏水中常压蒸馏，向蒸馏所得物中加入与蒸馏所得物质量比为(0.3～0.5)∶1的异构十六烷，混合搅拌均匀。蒸馏水与白千层叶树皮、茶叶和桉叶三者总重的质量比为(5～8)∶1。

所述防锈剂为磺酸钡、磺酸钠、羧酸盐防锈剂中的一种或几种的组合物。

所述消泡剂为切削液用消泡剂 DF-681、切削液专用消泡剂 319 和切削液专用消泡剂 8345 中的一种。

所述硼化物为硼酸和硼砂中的一种或两种的组合物。

所述聚丙烯酰胺为非离子型聚丙烯酰胺。

产品特性

（1）本品中聚丙烯酰胺能够与乙二醇、三乙醇胺相互配合，在金属表面形成定向吸附膜，从而减少工件、切屑、刀具之间的摩擦，降低工件的表面粗糙度，提高工件精度，延长刀具的使用寿命；2-丙烯酰氨基-2-甲基丙磺酸与聚丙烯酰胺二者产生协同作用，能进一步减摩抗磨，提高切削液的耐磨性能、防锈性能和防腐性能；硼化物和三乙醇胺反应得到硼酸盐，在摩擦表面形成硼的间隙化合物，溶解游离态的硼形成固溶体，从而在摩擦表面形成渗透层，且硼酸盐不仅具有良好的减摩抗磨性，还无臭无毒，对金属无腐蚀，对环境无污染，同时三乙醇胺起到稳定作用，可有效防腐、防变质、抗细菌。

（2）使用竹纤维、钙基膨润土和羟乙基纤维素等组分制备新型杀菌液。竹纤维具有较强的耐磨性，可增强切削液的抗磨耐磨性，还具有天然的抗菌、抑菌、防臭功能，内部特殊的超细微孔结构使其具有强劲的吸附力，可吸附切削液的异味，提高切削液的防臭、防变质能力，延长使用寿命。竹纤维在土壤中自然降解，分解后对环境无任何污染，天然、绿色、环保，能够提高切削液的降解率。钙基膨润土润滑性较好，可提高切削液的耐磨性，且钙基膨润土具有较大的有效孔容，因而具有很强的吸附能力和吸附容量，可吸附切削液中的异味，防止切削液发臭变质，延长使用寿命，且钙基膨润土对环境无污染，使得切削液相对于添加表面活性剂和防腐剂的切削液更加容易降解。羟乙基纤维素的润滑性能好，且具有良好的生物降解性和生物安全性，对环境无污染。

（3）含磷硼酸酯在摩擦金属表面发生化学反应生成边界润滑膜起到润滑作用，使本品极压抗磨性、反应活性、防锈性提高。蓖麻油为天然提取物，易降解，其中蓖麻油分子作为载体。含磷硼酸酯与蓖麻油相互协同，可在摩擦金属表面形成一层高强度的吸附膜，使切削液具有明显的减摩、抗磨性能；含磷硼酸酯中的硼原子具有杀菌作用，可使水基切削液中的微生物繁殖能力降低，与硫代磷酸酯相互协同，可明显提高切削液的抗菌性，使切削液不易发臭变质，寿命延长。

（4）本品制备工艺简单，且制备出的切削液较为环保，不含亚硝酸钠、氯、磷、硫等，对人体无毒害、无刺激性气味、不腐蚀机床，防腐性和防锈性能良好，具有优异的润滑性和生物降解性，使用寿命长。

配方 296　水基机床用防锈切削液

原料配比

原料	配比（质量份）						
	1#	2#	3#	4#	5#	6#	7#
水	50	95	72.5	60	80	70	74
三乙醇胺	2	7	4.5	3	6	4.5	4.8
柠檬酸钠	0.5	3	1.75	1	2	1.5	1.4
油酸三乙醇胺酯	0.3	1.9	1.1	0.8	1.4	1.1	1
聚丙烯酸钠	0.1	1.1	0.6	0.4	0.8	0.6	0.6
植物油	2	7	4.5	3	6	4.5	5
椰油酰胺丙基甜菜碱	1	4	2.5	2	3	2.5	2.5
月桂醇聚氧乙烯醚硫酸钠	1	6	3.5	3	4	3.5	3.5
防锈剂	2	8	5	4	7	5.5	6

续表

原料		配比（质量份）						
		1#	2#	3#	4#	5#	6#	7#
防锈剂	聚乙二醇	21	21	21	21	21	21	21
	甲基硅酸钠	6	6	6	6	6	6	6
	苯并三氮唑	1	1	1	1	1	1	1
植物油	棕榈油	2	2	2	2	2	2	2
	蓖麻油	1	1	1	1	1	1	1

制备方法

（1）按照质量份称取水、三乙醇胺、柠檬酸钠和油酸三乙醇胺酯加入至容器内混合均匀，然后送入超声波细胞粉碎机中进行超声处理，得混合料 A；所述超声处理的超声频率为 10～20kHz，所述超声处理的时间为 20～30min。

（2）将步骤（1）得到的混合料 A 送入至反应釜中，按照 0.2℃/min 的升温速率升温至 40℃并进行保温处理，以 200～400r/min 的搅拌速率边搅拌边缓慢加入聚丙烯酸钠和植物油，继续搅拌 20～40min，得混合料 B；

（3）将步骤（2）得到的混合料 B 送入至容器中，以 100～200r/min 的搅拌速率边搅拌边加入椰油酰胺丙基甜菜碱和月桂醇聚氧乙烯醚硫酸钠，然后以 200～500r/min 的搅拌速率机械搅拌 20～40min，得混合料 C；所述机械搅拌期间，每隔 4min 用与容器配套的高速剪切机以 2000～3000r/min 的剪切速度剪切 1min。

（4）将步骤（3）得到的混合料 C 中加入防锈剂，然后送入超声波微波组合反应仪中，在常温下处理 4～12min，静置 80～120min，100 目筛过滤，即得；所述超声波微波组合反应仪的处理条件为超声波频率为 10～30kHz，超声功率为 20～60W，微波频率为 600～1000MHz，微波功率为 20～60W。

产品特性 本品具有优异的防锈性能，能够为机床切削加工提供良好的保护，组分简单，属于环保型水基切削液；同时，通过添加由聚乙二醇、甲基硅酸钠和苯并三氮唑制备的防锈剂和超声波微波组合效应相互配合，起到了协同增效的作用，在不影响切削液使用性能的前提下能够有效提高切削液的防锈性能。

配方 297 水基金属切削液（1）

原料配比

原料			配比（质量份）			
			1#	2#	3#	4#
1号添加剂	改性海泡石	预处理海泡石	1	—	1	1
		水	8	—	8	8
		铝粉	0.4	—	0.4	0.4
	改性海泡石		1	—	1	1
	石蜡	碳原子数为 18～32 的石蜡混合物	8	—	8	8
2号添加剂	质量分数为 30%的硝酸		3	3	—	3
	纳米氧化物		1	1	—	1
	纳米氧化物	纳米二氧化钛	1	1	—	1
		纳米二氧化硅	2	2	—	2
	凡士林		6	6	—	6
3号添加剂	磷脂	卵磷脂	4	4	4	—
	海藻酸钠		1	1	1	—
	壳聚糖		1.6	1.6	1.6	—
	水		20	20	20	—
	分散剂	MF	0.8	0.8	0.8	—

续表

原料	配比（质量份）			
	1#	2#	3#	4#
三乙醇胺	30	30	30	30
苯并三氮唑	5	5	5	5
钼酸钠	8	8	8	8
异丙醇	3	3	3	3
硼酸	3	3	3	3
1号添加剂	12	—	12	12
2号添加剂	18	18	—	18
3号添加剂	22	22	22	—
乳化剂壬基酚聚氧乙烯醚	8	8	8	8
水	55	55	55	55

制备方法

（1）将预处理海泡石与水按质量比（1∶5）～（1∶8）混合于烧杯中，并向烧杯中加入预处理海泡石质量0.2～0.4倍的铝粉，将烧杯移入超声振荡仪，于频率为55～65kHz的条件下超声振荡25～35min后，将烧杯中混合物移入旋蒸浓缩仪，于温度为55～75℃、转速为150～180r/min、压力为550～650kPa的条件下，旋蒸浓缩45～60min后，得改性海泡石；将改性海泡石与石蜡按质量比（1∶5）～（1∶8）混合，于温度为55～75℃、转速为300～360r/min条件下搅拌混合后，得混合料；将混合料冷冻粉碎，得1号添加剂。

（2）将质量分数为20%～30%的硝酸与纳米氧化物按质量比（2∶1）～（3∶1）混合于烧瓶中，并向烧瓶中加入硝酸质量1～2倍的凡士林，于温度为70～80℃、转速为200～280r/min的条件下搅拌混合40～60min后，将烧瓶内物料冷冻粉碎，得2号添加剂。

（3）将磷脂与海藻酸钠按质量比（3∶1）～（4∶1）混合，并依次向磷脂与海藻酸钠的混合物中加入磷脂质量0.3～0.4倍的壳聚糖、磷脂质量3～5倍的水和磷脂质量0.1～0.2倍的分散剂，于温度为45～55℃、转速为250～300r/min的条件下搅拌混合35～55min后，得3号添加剂。

（4）依次称取三乙醇胺、苯并三氮唑、钼酸钠、异丙醇、硼酸、1号添加剂、2号添加剂、3号添加剂、乳化剂和水，先将三乙醇胺、苯并三氮唑、钼酸钠、异丙醇、硼酸和水移入搅拌机中，于温度为65～75℃、转速为240～280r/min的条件下搅拌混合45～70min后，得预处理坯料，将预处理坯料与添加剂混合，并向预处理坯料与添加剂的混合物中加入乳化剂，于温度为45～60℃、转速为300～350r/min的条件下搅拌混合50～70min后，即得水基金属切削液。

原料介绍

1号添加剂改性海泡石中的铝粉可在切削过程中从海泡石中分离并沉积于金属表面，且在高温状态下，铝粉可被氧化，在金属表面形成一层致密的氧化膜，从而使产品的防锈性及防腐蚀性能提高，并且海泡石在浸水后其中丰富的孔隙显露，从而使产品的消泡性提高。

2号添加剂中的硝酸可在切削液使用过程中使金属表面在切削过程中形成的氧化膜被溶解，从而使产品中其他成膜物质可更好地在金属表面成膜，从而使产品的防锈性及防腐蚀性能进一步提高，另外，2号添加剂中的纳米氧化物可在成膜过程中附着于膜的孔隙中，从而使膜的致密度提高，进而使产品的防锈性及防腐蚀性能进一步提高。

3号添加剂中的磷脂可在切削液使用过程中受热分解，产生甘油和不饱和脂肪酸，产生的甘油可在使用过程中起到润滑和乳化作用，从而使产品的消泡性提高，而产生的不饱和脂肪酸和壳聚糖可在海藻酸钠的作用下在金属表面形成一层保护膜，从而使产品的防锈性和防腐蚀性进一步提高。

所述预处理海泡石的制备方法为将海泡石粉碎过80～120目筛，得预处理海泡石。

所述石蜡为碳原子数为18～32的石蜡混合物。

所述纳米氧化物为纳米二氧化钛和纳米二氧化硅按质量比（1∶1）～（1∶2）混合所得。

所述磷脂为卵磷脂、磷脂酰甘油和磷脂酰肌醇中的任意一种。

所述分散剂为分散剂 MF、分散剂 NNO 和分散剂 5040 中的任意一种。

所述乳化剂为壬基酚聚氧乙烯醚、辛基酚聚氧乙烯醚和烷基酚聚氧乙烯醚中的任意一种。

产品特性 本品具有优异的防锈性能、防腐蚀性能及消泡性。

配方 298 水基金属切削液（2）

原料配比

原料	配比（质量份）
二甘醇硼酸酯	10～15
聚乙二醇	5～8
苯甲酸钠	6～8
磷酸三钠	7～8
二甲基硅油	10～12
硫化烷基酚钙	6～8
三乙醇胺	8～10
植物油	8～10
去离子水	10～20
聚硅基酯	5～8
甲基丁炔醇	6～9
分散剂	5～8

制备方法

（1）将二甘醇硼酸酯、聚乙二醇、苯甲酸钠、磷酸三钠、二甲基硅油、硫化烷基酚钙和去离子水按比例放入搅拌机内，升温至 75～85℃，搅拌 8～12min；

（2）先将搅拌机内的温度降温至 45～50℃，然后将三乙醇胺、植物油、聚硅基酯、甲基丁炔醇和分散剂按比例放入搅拌机内，搅拌 30～35min；

（3）将搅拌机内混合物取出放入过滤机内，用 200 目过滤网过滤出料，即为本切削液产品。

产品特性 本金属切削液无毒、无害、无污染，对人体无伤害，对金属表面无腐蚀，长时间使用无异味、不变质，具有极优异的冷却、润滑、清洗、极压、防锈等辅助切削功能，在车、铣、刨、钻、镗、冲压及线切割等设备金属加工中均可使用，尤其适用于高档数控机床。本切削液具有极高的物理稳定性，表面强力小，可有效降低切削温度，减少工件和刀具的热变型，提高了刀具的耐用度，较大程度地提高了工件加工精度和表面光洁度，并能有效清除工件表面污物，使加工后工件的自然防锈时间达到 45 天以上。

配方 299 水基金属切削液（3）

原料配比

原料		配比（质量份）		
		1#	2#	3#
类石墨烯结构二硫化钼	二硫化钼	10	11	12
	胆酸钠	3	3.3	3.6
	去离子水	1000（体积份）	1100（体积份）	1200（体积份）
季戊四醇油酸酯	油酸	10	11	12
	季戊四醇	12	14	16

续表

原料		配比（质量份）		
		1#	2#	3#
二甘醇硼酸酯	硼酸	6	7	9
	二甘醇	36	45	54
二甘醇硼酸酯		40	50	60
季戊四醇油酸酯		20	22	25
聚乙二醇 200		5	7	8
二甲基硅油		1	1.25	1.5
十二烷基二甲基甜菜碱		2	2.2	2.4
类石墨烯结构二硫化钼		1	1	2
去离子水		180	190	200

制备方法

（1）取二硫化钼、胆酸钠，加入去离子水中，在40～50℃恒温水浴下，以300W超声波超声分散5～8h，再转入离心机中以3000～4000r/min的速度离心分离20～30min，取上层液并以10000～12000r/min的速度离心分离30～40min，得沉淀；

（2）将沉淀加入去离子水中超声清洗2～3次，再置于干燥箱中，在60～70℃下干燥6～8h，得类石墨烯结构二硫化钼；

（3）取油酸装入烧瓶中，在70～80℃下以200～300r/min的速度搅拌20～30min，再加入季戊四醇，继续保温搅拌2～3h，冷却至室温后装入旋转蒸发仪中蒸发至原液体积的80%～90%，得季戊四醇油酸酯；

（4）取硼酸、二甘醇装入烧瓶中，以300～400r/min的速度搅拌并油浴加热至120～130℃，保温反应3～5h，冷却至90～100℃后装入旋转蒸发仪中蒸发至含水率为0.1%～1.0%，得二甘醇硼酸酯；

（5）取二甘醇硼酸酯、季戊四醇油酸酯、聚乙二醇200、二甲基硅油、十二烷基二甲基甜菜碱、类石墨烯结构二硫化钼、去离子水，在90～100℃下搅拌30～40min，得所述水基金属切削液。

产品特性

（1）本品以季戊四醇与油酸进行酯化反应制得的季戊四醇油酸酯为油性剂，与硼酸与二甘醇进行酯化反应制得的二甘醇硼酸酯复配，并利用其极性基团吸附在金属表面，改变金属在溶液中的双电层结构，提高金属离子化过程的活化能，同时利用非极性基团远离金属表面作定向排列，形成一层疏水的薄膜，将腐蚀介质与金属表面隔离，阻碍与腐蚀反应有关的电荷或物质转移，使得金属腐蚀速率大大降低，提高防锈性能。

（2）本品利用酯表面连接中氧原子孤电子对趋于与金属表面形成静电键，酯基团越多，酯分子的极性越大，酯与金属的亲和力越高的特点，通过季戊四醇油酸酯与二甘醇硼酸酯表面丰富的酯极性官能团，提高在金属表面的吸附性能，形成物理吸附膜，改善润滑效果，并通过类石墨烯结构二硫化钼在摩擦副表面形成低剪切应力膜，降低摩擦系数，对摩擦表面起到填补和修复作用，改善了摩擦界面接触环境，提高润滑性能。

配方 300 水基金属切削液（4）

原料配比

原料	配比（质量份）
油酸	20～40
聚乙二醇	10～15

续表

原料	配比（质量份）
异戊醇	5～10
三乙醇胺	20～30
硼酸	0.5～1
硫酸	0.5～1
磷酸三钠	5～10
苯甲酸钠	3～5
苯并三氮唑	0.1～0.3

［制备方法］

（1）按比例将油酸、聚乙二醇、异戊醇、硼酸、硫酸依次加入反应装置中，通过反应装置快速调节混合液温度至80～90℃，同时搅拌进行反应；

（2）反应完全后，将三乙醇胺加入反应装置中，将反应装置快速升温至90～100℃；

（3）反应完全后，将反应装置快速降温至80℃，再次加入苯甲酸钠、磷酸三钠、苯并三氮唑；

（4）反应完全后，停止加热，调整pH值为7.5～8，得到水基金属切削液。

［产品特性］ 本品具备良好的润滑、冷却、防锈、除油清洗、防腐等加工性能、理化性能和环卫性能。

配方 301 水基金属切削液（5）

［原料配比］

原料	配比（g/L）	
	1#	2#
部分酸解的干性油聚乙二醇酯	100	90
矿物油	600	500
磷酸酯防锈剂	80	100
聚醚	30	40
非离子表面活性剂6501	30	20
水	加至1000	加至1000

［制备方法］ 将部分酸解的干性油聚乙二醇酯、矿物油、磷酸酯防锈剂、聚醚、非离子表面活性剂和水混合分散得到水基金属切削液。

［原料介绍］

所述部分酸解的干性油聚乙二醇酯通过以下制备方法得到：

（1）将异戊酸和干性油混合，加入催化剂X，搅拌，150～250℃加热反应，得到淡黄色混合液；

（2）将淡黄色混合液和聚乙二醇400混合，加入催化剂Y，搅拌，150～250℃加热反应，得到部分酸解的干性油聚乙二醇酯。

所述催化剂X为2∶1质量比的钛酸异丙酯和经超细化处理的黄丹。

所述催化剂Y为苯磺酸。

所述干性油为亚麻籽油。

所述异戊酸和所述干性油的质量比为1∶(2～6)。

所述淡黄色混合液和所述聚乙二醇400的质量比为1∶(2～6)。淡黄色混合液和聚乙二醇400反应后去除生成的水分。

［产品特性］ 该水基金属切削液具有较好的稳定性，能够有效提高金属切削效果。该水基金属切削液制备的部分酸解的干性油聚乙二醇酯结构独特，具备非常稳定的树脂结构，用其配制的金属

加工切削液润滑性、水分散性、稳定性极好，能长期使用不发生水解，抗硬水性好，使用中不泛白，不易发生皂化、起泡现象，且与阳离子型表面活性剂能兼容不产生沉淀，解决了传统自乳化酯在使用过程中存在的缺陷，改进了自乳化酯的性能和使用效果，既符合环保节能要求，又拓宽了自乳化酯型金属加工切削液的使用范围。本品提供的金属加工切削液具有更好的循环稳定性，使用寿命延长，保证了金属切削的散热效果。

配方 302 水基铝合金切削液

[原料配比]

原料		配比（质量份）
辛癸酸		4.5
硼酸		2.5
甘油		11
单硬脂酸甘油酯		7
聚异丁烯		2.6
匙叶桉油烯醇		11
二异丙基萘磺酸钠		1.5
羧甲基纤维素		1.5
二甘醇二丁醚		4.5
助剂		7
水		200
助剂	氧化胺	1
	吗啉	2
	纳米氮化铝	0.1
	硅酸钠	1
	硼砂	2
	2-氨基-2-甲基-1-丙醇	2
	聚氧乙烯山梨糖醇酐单油酸酯	3
	桃胶	2
	过硫酸铵	1
	水	20

[制备方法] 将水、二异丙基萘磺酸钠、羧甲基纤维素混合，加热至40～50℃；在3000～4000r/min搅拌下，加入甘油、单硬脂酸甘油酯、聚异丁烯、匙叶桉油烯醇、二甘醇二丁醚、助剂，加热到70～80℃，继续搅拌10～15min；加入其他剩余成分，继续搅拌15～25min，即得。

[原料介绍]

所述的助剂制备方法是将过硫酸铵溶于水后，再加入其它剩余物料，搅拌10～15min，加热至70～80℃，搅拌反应1～2h，即得。

[产品应用] 本品适用于有色金属和黑色金属的加工，尤其适用于铝材加工。

[产品特性] 该切削液具有不腐蚀铝材、冷却速度快、润滑性好的特点。本品清洗性好，还具有良好的润滑性能，克服了乳化型切削液易变质发臭、使用寿命短的缺点，大大提高了机械和切削液的使用寿命，而且冷却性能好，并有效防止铝材表面腐蚀。

配方 303 水基切削液（1）

[原料配比]

原料	配比（质量份）
聚苯胺	25

原料		配比（质量份）
硼酸		5
三乙醇胺		8
表面活性剂	十二烷基苯磺酸钠	8
苯并三氮唑		8
醇	丙三醇	10
水		40
改性添加剂		16

制备方法 将水与醇混合于搅拌机中，并向搅拌机中加入聚苯胺、硼酸、三乙醇胺、表面活性剂、苯并三氮唑和改性添加剂，于温度为45～55℃、转速为300～400r/min的条件下，搅拌混合30～40min后，得水基切削液。

原料介绍

改性添加剂制备方法如下：

（1）将混合粉末高温处理，得预处理改性粉末，将预处理改性粉末先用质量分数为12%～15%的盐酸洗涤5～10次后，再用去离子水洗涤5～10次，并将洗涤后的预处理改性粉末于温度为70～80℃的条件下干燥1～2h后，得改性粉末；将改性粉末与无水乙醇按质量比（1∶10）～（1∶15）混合，于频率为50～60kHz的条件下超声分散30～60min后，得改性粉末分散液，将改性粉末分散液与氧化石墨烯分散液按质量比（2∶1）～（3∶1）混合于烧杯中，于频率为45～55kHz的条件下超声分散30～40min后，向烧杯中加入改性粉末分散液质量0.3～0.6倍的混合金属盐溶液，于温度为30～45℃、转速为400～600r/min的条件下，搅拌混合1～2h后，并用质量分数为25%～28%的氨水调节烧杯内物料的pH值至10.0～10.5，得混合分散液，将混合分散液与水合肼按质量比（10∶1）～（12∶1）混合，于温度为50～80℃、转速为300～400r/min的条件下，搅拌反应5～8h后，过滤，得滤饼，将滤饼于温度为80～90℃的条件下干燥2～4h后，并于研磨机中研磨30～60min，得添加剂坯料。

（2）将添加剂坯料移入马弗炉中，向马弗炉内以100～200mL/min的速率通入氮气，先以8～15℃/min的升温速率升温至300～380℃，并向马弗炉内以100～120mL/min的速率通入氢气，恒温还原烧结1～2h后，再向马弗炉内以100～200mL/min的速率通入氮气，并以10～15℃/min的升温速率升温至700～800℃，恒温烧结1～2h后，将马弗炉内物料温度降至室温，出料，得烧结料，将烧结料研磨1～2h后，得添加剂，将添加剂与质量分数为60%～70%的乙醇溶液按质量比（1∶8）～（1∶12）混合于烧瓶中，并向烧瓶中加入添加剂质量1～3倍的正硅酸乙酯和添加剂质量0.3～0.8倍的质量分数为15%～25%的氨水，于温度为30～45℃、转速为300～400r/min的条件下搅拌反应10～12h后，过滤，得改性添加剂坯料，将改性添加剂坯料于温度为80～90℃的条件下干燥1～2h，并置于研磨机中研磨1～2h后，得改性添加剂。

所述混合粉末为将二氧化钛和碳酸钾按摩尔比（4.0∶1.3）～（4.0∶1.5）混合研磨1～2h后得到的混合粉末。

所述高温处理为以5～10℃/min的升温速率升温至750～850℃，恒温烧结12～16h。

所述氧化石墨烯分散液为将氧化石墨烯与水按质量比（1∶120）～（1∶200）混合，超声分散得到。

所述混合金属盐溶液为将质量分数为10%～20%的四水合醋酸钴溶液与质量分数为10%～18%的氯化铅溶液按质量比（1∶1）～（2∶1）混合得到。

产品特性

本品加入改性添加剂，首先，添加剂中含有四钛酸钾片层结构，在加入产品中后，可使产品的润滑性提高；其次，添加剂在制备过程中，可在四钛酸钾片层结构中形成纳米合金沉淀，从而使片层结构间的相对阻力减小，进而使产品的润滑性提高，并且由于纳米合金颗粒存在于添加剂的片层结构中，从而使添加剂的导热性提高，进而使产品的散热性提高；再者，添加剂在改性后，表面沉积有二氧化硅，在加入产品中后，可使四钛酸钾的片层结构表面的锐角钝化，进而提高产品的润滑性，并且由于纳米二氧化硅的沉积，可使改性添加剂的润滑性提高，进而使产品的润滑性提高。

配方 304 水基切削液（2）

[原料配比]

原料	配比（质量份）		
	1#	2#	3#
三乙醇胺脂肪酸酯	20	50	35
三乙醇胺氨基酸酯	10	30	25
有机硼	3	8	6
多元醇	6	8	7
杀菌剂	1	5	4
油酸三乙醇胺	9	15	13
酚羟基改性硅油	15	35	20
纳米立方氮化硼颗粒	20	25	23
玻璃屑沉降剂	1	9	8
水	40	90	80

[制备方法] 将各组分原料混合均匀即可。

[产品特性] 本品润滑性能、极压抗磨性能、防锈性能和切削能力等技术指标均优于传统的微乳化切削液，并且本品是一种环保绿色产品，可有效保护工人安全。

配方 305 水基切削液（3）

[原料配比]

原料		配比（质量份）								
		1#	2#	3#	4#	5#	6#	7#	8#	9#
桐油二聚酸	桐油酸	100	100	100	100	100	100	100	100	100
	叔丁基对苯二酚	0.5	0.5	0.5	0.5	0.5	0.5	0.5	0.5	0.5
桐油二聚酸		4	8	2	10	4	4	4	4	4
有机醇胺	三乙醇胺	1	3	3	0.5	1	—	1	1	1
	乙醇胺	—	—	—	—	—	1	—	—	—
防腐剂	尼泊金酯	2	2.3	3	2	2	2	—	—	2
	三丹油	—	—	—	—	—	—	2	—	—
	吡啶硫酮钠	—	—	—	—	—	—	—	2	—
苯并三氮唑		0.2	0.4	0.1	0.5	0.2	0.2	0.2	0.2	0.2
软水剂	乙二胺四乙酸	0.1	0.3	0.1	0.6	0.1	0.1	0.1	0.1	—
	次氮基三乙酸钠	—	—	—	—	—	—	—	—	0.1
水		92.7	86	91.8	86.4	92.7	92.7	92.7	92.7	92.7

[制备方法] 首先按配比将桐油二聚酸和有机醇胺混合，升温至100～150℃进行反应，放置至室温，再加入防腐剂、苯并三氮唑、软水剂，充分搅拌，最后加入水，搅拌后过滤得到全合成水基切削液。搅拌转速为100～200r/min，过滤采用常规使用的过滤方法，如机械过滤、膜过滤等。

[原料介绍]

所述的有机醇胺为一异丙醇胺、二异丙醇胺、三异丙醇胺、乙醇胺、二乙醇胺、三乙醇胺等中的至少一种。

所述的桐油二聚酸是以桐油酸为原料制备的二聚酸。所述的桐油二聚酸制备过程可以为：以桐油酸为原料，在阻聚剂存在下，搅拌同时氮气吹扫，升温至180～230℃反应，反应完成后得到二聚酸粗产物，再经两级分子蒸馏得到桐油二聚酸。所述阻聚剂可以为对苯二酚、对苯醌、甲基对苯二酚、叔丁基对苯二酚、吩噻嗪等中的至少一种。

所述的软水剂为乙二胺四乙酸、乙二胺四乙酸二钠、次氨基三乙酸钠、葡萄糖酸钠、柠檬酸钠、酒石酸钠、羧甲基琥珀酸钠、聚丙烯酸等中的至少一种。

[产品特性]

（1）本品中桐油二聚酸除含有两个羧酸根基团外，碳链中含有柔性结构同时双链之间主要为刚性环结构，通过疏水作用促进多分子层的形成，在极压条件下，使本品表现出较好的润滑性和防锈能力，从而使本品综合性能更好。

（2）本品配方中各组成物质协同作用，从而起到润滑、防腐、防锈等作用。本品是一种绿色环保型全合成水基切削液，生物降解性好，适合各种磨床加工工艺。

（3）本品配方中桐油二聚酸和有机胺协同作用，能够形成吸附膜，无需额外添加润滑剂、极压抗磨剂等，无需使用硼酸盐、苯甲酸盐、癸二酸、乌洛托品等毒性物质，解决了含亚硝酸钠切削液在使用过程中在金属表面结块的问题。

（4）本品性能满足使用要求，且溶质含量低，环保经济性好。最大无卡咬负荷较高，说明切削液的润滑性能较好。

配方 306 水基切削液（4）

[原料配比]

原料		配比（质量份）				
		1#	2#	3#	4#	5#
钼类润滑剂	2,6-二叔丁基对甲酚	45	45	45	45	45
	二硫化钼	10	10	10	10	10
	硫化二烷基二硫代氨基甲酸氧钼	35	35	35	35	35
防锈剂	三乙醇胺硼酸酯	1	2	5	17	10
消泡剂	DT-135	1	2	3	4	5
杀菌剂	硼砂	1	1	2	3	3
改性钼类润滑剂		30	32	35	38	40
纯水		40	42	50	55	60

[制备方法] 按质量份数计，称取防锈剂、消泡剂、杀菌剂、改性钼类润滑剂和纯水，将防锈剂、消泡剂、杀菌剂、改性钼类润滑剂装入纯水中，在40～45℃下搅拌30～40min，再加入适量三乙醇胺调节pH值至8后，即得水基切削液。

[原料介绍]

所述改性钼类润滑剂的制备步骤为：将钼类润滑剂和*O*，*O*-二烷基二硫代磷酸酯混合，在40～50℃下搅拌反应20～30min后出料得到改性钼类润滑剂。

所述钼类润滑剂的制备步骤为：按质量份数计，称取40～50份2,6-二叔丁基对甲酚、7～12份二硫化钼和30～40份硫化二烷基二硫代氨基甲酸氧钼混合得到钼类润滑剂。

[产品特性]

（1）本品使用含硫、磷元素的表面活性剂对钼类润滑剂进行表面改性，表面活性剂中含有的P、S等活性元素会产生协同效应，可使钼类润滑剂形成的表面膜更好地吸附在金属表面，增强有机钼的抗磨性和减摩作用，这是因为含P、S等元素的化合物吸附在金属表面，减小金属表面之间的摩擦，起到抗磨作用。随着负荷的增大，P、S等元素会在金属表面进一步发生化学反应，形成反应膜，从而避免金属间的直接接触，达到保护金属的目的，起到极压作用。添加剂的极压性能与其分子结构中的活性元素有关，P、S等元素在金属表面形成的吸附层与起极压作用的反应膜能起到“化学抛光”的作用，使得金属接触面间的滑动更容易，从而导致摩擦因数减小，从而可以提高切削液的使用性能。

（2）改性后的润滑剂具有定向吸附作用，极性基团吸附于金属表面，改变了金属表面的界面性质和电荷状态，使其表面的能量处于稳定状态，增大腐蚀反应的活化能，减慢腐蚀的速度；另外，非极性基团将金属与腐蚀介质隔离开，形成一层保护膜，从而起到防锈的作用。

（3）本品钼类润滑剂中的抗氧剂，可以抑制油品的氧化过程，钝化金属对氧化的催化作用，起到延长油品使用和保护机器的目的；极压剂可以使润滑剂在低速高负荷或高速冲击负荷摩擦条件下，即在所谓的极压条件下防止摩擦面发生烧结、擦伤；有机钼在局部高温高压条件下与磨损表面作用，微凸体被碾压产生塑性变形，通过微流变作用填平凹槽，凹凸不平的摩擦表面再次被磨合形成较平整的摩擦表面，即对摩擦受损表面有一定程度的修复作用，从而降低磨损。

（4）本品中无油脂类物质存在，因此切削液呈无色透明状，并且表面没有任何油污。零件加工完后只需要在清水中冲洗加工过程中产生的铝屑即可。可以完美地替代传统切削液，并且可以省去超声波清洗环节。本品防锈性佳，切削效果好，应用前景广阔。

配方 307 水基切削液（5）

原料配比

原料		配比（质量份）		
		1#	2#	3#
多功能表面活性剂		10	15	20
润滑剂	异构十一醇聚氧乙烯醚（EO=13）	5	—	—
	异构十三醇聚氧乙烯醚（EO=11）	—	7.5	—
	异构十三醇聚氧乙烯醚（EO=9）	—	—	10
保湿剂	乙二醇	10	—	—
	丙二醇	—	15	—
	甘油	—	—	20
杀菌剂	苯丙异噻唑啉酮	0.5	1.5	—
	甲基异噻唑啉酮	—	—	2
消泡剂	聚醚改性有机硅消泡剂	0.1	0.2	0.3
去离子水		74.4	60.8	47.7
多功能表面活性剂	物质B（$n=5$）	223.18	—	—
	物质B（$n=10$）	—	333.18	—
	物质B（$n=15$）	—	—	265.91
	物质C	110.5	110.5	66.3
	带水剂甲苯	100.1	133.1	99.66
	催化剂甲基磺酸	0.43	0.58	0.43
	30% NaOH溶液	0.56	0.75	0.56
	水	324.68	434.68	326.81

制备方法 将多功能表面活性剂、润滑剂、保湿剂、杀菌剂、消泡剂加入去离子水中，搅拌均匀即得所述水基切削液。

原料介绍

所述多功能表面活性剂具有快速降低表面张力的能力，其3%质量分数的水溶液采用鼓泡法动态表面张力测试0.5s以内得到稳定的表面张力值，采用铂金板法测试的静态表面张力值为

23.0～27.0mN/m。

所述多功能表面活性剂由如下通式所示物质B与物质C通过酯化反应合成，在水基切削液中的质量分数在10.0%～20.0%之间。

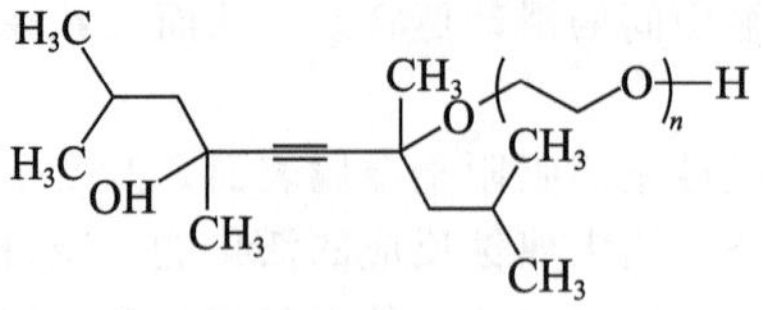

物质B 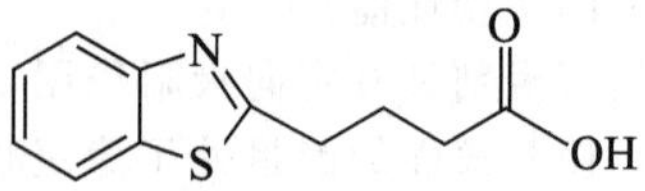　　物质C

所述物质B与物质C的酯化反应，催化剂为甲基磺酸、苯磺酸、浓硫酸、氯铂酸中的一种；反应温度为90～110℃；带水剂为甲苯、二甲苯中的一种。

多功能表面活性剂制备方法如下：取一带有搅拌与温度计的1000mL容积四口烧瓶作为反应烧瓶放置在油浴锅上，缓慢加入物质B、物质C、催化剂和占反应组分30%～40%的带水剂，连接分水器，分水器上端连接冷凝管；开启搅拌，将反应烧瓶内物料升温至90%～110℃加热反应；通过反应过程中分出水分的质量判断反应终点，当分水器中收集的水分的质量大于理论量的96%时停止反应；取下分水器，换用水平冷凝管，水平冷凝管一端连接反应烧瓶，另一端连接一500mL容积的三口烧瓶作为带水剂的收集瓶；500mL容积三口烧瓶其中一个口连接真空泵，另一口封闭：保持反应烧瓶内物料温度为90～110℃，减压蒸馏30～45min，再将反应烧瓶内物料温度升高至125～135℃，继续减压蒸馏30～45min除去物料中的带水剂：减压蒸馏结束，将反应烧瓶中的物料降温至50～60℃，加适量的30% NaOH溶液和理论100%酯化反应生成产物等质量的去离子水，搅拌15～20min；停止搅拌后，自然冷却至室温，收集反应烧瓶中的产物，产物即为多功能表面活性剂。

[产品特性]

（1）本品中的多功能表面活性剂具有高的表面活性，与商业表面活性剂相比，能够更快速地降低体系表面张力，在切削加工过程中迅速带动体系内的润滑组分迁移至加工表面，降低切削阻力。同时，本品中的多功能表面活性剂具有适宜的静态表面张力值，不会因静态表面张力值太低而导致加工过程中产生的气泡无法快速消泡，因而可以少量添加消泡剂即可以取得好的消泡效果。

（2）多功能表面活性剂结构中的N原子和S原子与金属原子之间存在化学吸附作用，使得刚暴露出来的金属表面迅速被多功能表面活性剂占据，利用切削过程中产生的大量热量促进分子中的N原子和S原子与金属原子反应生成硬质膜层，使本品具有优异的防锈性能。

配方 308 水基切削液（6）

[原料配比]

原料		配比（质量份）									
		1#	2#	3#	4#	5#	6#	7#	8#	9#	10#
聚丙二醇	聚丙二醇（PPG）1000	80	50	60	70	65	—	—	—	65	65
	聚丙二醇（PPG）600	—	—	—	—	—	65	—	—	—	—
	聚丙二醇（PPG）1500	—	—	—	—	—	—	65	—	—	—
	聚丙二醇（PPG）2000	—	—	—	—	—	—	—	65	—	—
三乙醇胺硼酸酯（BN）		15	25	22	18	20	20	20	20	20	20
油酰三乙醇胺（TO）		10	10	10	10	10	10	10	10	10	10
羟乙基十二烷基咪唑啉（DC）		25	15	22	18	20	20	20	20	20	20

续表

原料		配比（质量份）									
		1#	2#	3#	4#	5#	6#	7#	8#	9#	10#
丙二醇无规聚醚（PPE）		70	130	90	110	100	100	100	100	100	100
支链化10碳格尔伯特醇聚氧乙烯醚	Lutensol XL80	50	30	45	35	40	40	40	40	—	—
	Lutensol XL90	—	—	—	—	—	—	—	—	40	—
	Lutensol XL100	—	—	—	—	—	—	—	—		40
去离子水		1000	1040	996	1044	1020	1020	1020	1020	1020	1020

[制备方法]

（1）将聚丙二醇（PPG）、三乙醇胺硼酸酯（BN）、羟乙基十二烷基咪唑啉（DC）溶于去离子水得到溶液（1）。

（2）将油酰三乙醇胺（TO）、丙二醇无规聚醚（PPE）和支链化10碳格尔伯特醇聚氧乙烯醚混合。

（3）将溶液（1）在搅拌状态下加入步骤（2）的混合液中，持续搅拌成为均一透明液体。

[原料介绍]

所述丙二醇无规聚醚规格为PPE-1500；所述聚丙二醇为聚丙二醇600、聚丙二醇1000、聚丙二醇1500或聚丙二醇2000，优选聚丙二醇1000。

所述支链化10碳格尔伯特醇聚氧乙烯醚为巴斯夫Lutensol XL70、Lutensol XL80、Lutensol XL90、Lutensol XL100中的一种或几种，优选Lutensol XL80。

所述羟乙基十二烷基咪唑啉（CAS：16058-17-6），即4，5-二氢-2-十二烷基-1*H*-咪唑-1-乙醇。

[产品特性] 本品在现有的丙二醇聚醚与油酰三乙醇胺复配水基基础上，增加少量的支链化10碳格尔伯特醇聚氧乙烯醚、三乙醇胺硼酸酯、羟乙基十二烷基咪唑啉、聚丙二醇并优选了不同组分的配比后，可以显著提高切削液的性能。得到的切削液不但能够在常规的稀释浓度（含水量95%）时保持较高的润滑性能和极压性能，在高度稀释（含水量99%）时同样能够保持较好的极压性能，从而可以在一般使用场合中采用高度稀释的方式，减少切削液原液的使用，降低使用成本。此外本品具有良好的防锈性能，切削液原液（含水量20%）具有良好的存储稳定性，稀释后的切削液（含水量90%～99%）能够保持较高的澄明度。

配方 309 水基切削液（7）

[原料配比]

原料	配比（质量份）		
	1#	2#	3#
油酸三乙醇胺	8	10	9
十二烷基苯磺酸钙	4	6	5
聚乙二醇	2	3	2.5
石蜡油	15	25	20
去离子水	30	40	35
二烷基二硫代磷酸锌	7	9	8
十二烯基丁二酸	5	6	5.5
N-烷基苯并咪唑啉阳离子缓蚀剂	2	3	2.5
二甲基硅油	0.5	1	0.75

[制备方法] 将油酸三乙醇胺、十二烷基苯磺酸钙、聚乙二醇、石蜡油、二甲基硅油加入去离子水中，开启搅拌并加热至70～74℃，2h以后冷却至室温，然后加入二烷基二硫代磷酸锌、十二烯基丁二酸、*N*-烷基苯并咪唑啉阳离子缓蚀剂，继续搅拌70～110min即得水基切削液。

[产品特性] 本品不含对人体有害的亚硝酸盐、甲醛基、氯化石蜡，较为绿色环保，且水基切削液的防锈性能、抗磨性能、极压性能均较为优异。

配方 310 水基全合成切削液

[原料配比]

原料			配比（质量份）	
			1#	2#
亲水性纳米二氧化硅	无水乙醇		28（体积份）	28（体积份）
	疏水性纳米二氧化硅	表面修饰有六甲基二硅氮烷的纳米二氧化硅	2	2
	氢氧化钠溶液	NaOH	1.2	1.2
		水	170（体积份）	170（体积份）
	浓度为 6mol/L 的 NH_4Cl 溶液		100（体积份）	100（体积份）
有机酸	油酸		6	4
	癸二酸		2.5	2.5
有机醇胺	三乙醇胺		1.25	0.9
水①			25	25
硼酸			0.15	0.3
聚乙二醇			5	6
水②			25	25
非离子型表面活性剂	曲拉通 X-114		0.175	0.25
	二乙二醇丁醚		10	7.5
苯并三氮唑			0.2	0.1
阴离子性表面活性剂	十二烷基苯磺酸钠		2	1
水溶性硼酸酯			5	5
消泡剂	有机硅消泡剂		0.5	0.4
亲水性纳米二氧化硅			0.62	0.39
pH 调节剂	乙醇胺		1.6	1.4

[制备方法]

（1）将油酸和三乙醇胺混合，升温至 75℃，搅拌 30min 后，依次加入水①、硼酸和聚乙二醇，保持温度为 75℃，搅拌 1h，冷却，得到第一溶液；

（2）将水②升温至 40℃后，依次加入曲拉通 X-114、苯并三氮唑、十二烷基苯磺酸钠、二乙二醇丁醚、癸二酸、水溶性硼酸酯、消泡剂（有机硅消泡剂）和亲水性纳米二氧化硅，每次加入一种原料，使其搅拌均匀后再加入下一种原料，保持温度为 40℃，搅拌 30min，冷却，得到第二溶液；

（3）将所述第二溶液加入第一溶液中，加入乙醇胺，调节 pH 值至 9.4，继续搅拌，得到所述水基全合成切削液（淡黄色澄清透明均一的溶液）。

[原料介绍]

所述有机酸选自油酸、辛酸、异辛酸、癸酸、癸二酸和十一碳二元酸中的一种或几种。

所述有机醇胺选自三异丙醇胺、二乙醇胺和三乙醇胺中的一种或几种。

所述聚乙二醇的分子量为 300～600。

所述阴离子性表面活性剂选自十二烷基苯磺酸钠、十六烷基苯磺酸钠、十二烷基磺酸钠和十二烷基硫酸钠中的一种或几种。

所述非离子型表面活性剂包括曲拉通、乙二醇单丁醚、二乙二醇丁醚和二丙二醇丁醚中的一种或几种。

所述水基全合成切削液的 pH 值为 8.0～10.0。

所述亲水性纳米二氧化硅为水基分散性的凝胶状纳米二氧化硅；所述水基分散性的凝胶状纳米二氧化硅的制备方法，包括以下步骤：

（1）将疏水性纳米二氧化硅和无水乙醇混合，得到疏水二氧化硅分散液。

（2）将所述疏水二氧化硅分散液和氢氧化钠溶液混合后，NH_4Cl 溶液调节至弱碱性，静置，得到所述水基分散性的凝胶状纳米二氧化硅。氢氧化钠溶液的浓度优选为 0.1～0.5mol/L。

所述疏水性纳米二氧化硅为 DNS 系列，即表面修饰有六甲基二硅氮烷的纳米二氧化硅。

产品特性

（1）在本品中，所述有机醇胺具有较好的润滑性和防锈性，聚乙二醇和水性硼酸酯是抗水解、抗磨极压性能较好的添加剂，两者进行复配后具有极压、减摩抗磨的协同效应；有机酸和水性硼酸酯两者复配可以显著提高所述水基全合成切削液的防锈性，并且使所述水基全合成切削液不含有害物质。

（2）本品为清澈透明无味的液体，不含亚硝酸盐、Cl、S、P、苯酚、甲醛和重金属等有害物质，有利于保护环境和人体健康；同时，本品是一种单相水溶液体系，不含矿物油，稳定性极大，优于乳化液和微乳液，不存在破乳造成油水分离的现象，不吸油、不析皂，能长期稳定存放，并发挥冷却、润滑、防锈和清洗的作用。

（3）亲水性纳米二氧化硅在水中可以稳定分散，同时起到滑动/滚动效应，增加了所述水基全合成切削液的耐磨寿命。

（4）本品具有优良的防锈、防腐蚀性能；防锈、防腐蚀性能达到 A 级；具有优异的综合性能且对环境友好、性能稳定。

配方 311 水基微乳化切削液

原料配比

原料			配比（质量份）				
			1#	2#	3#	4#	5#
切削液母液	基础油	白油	10	10	10	10	10
	二烷基二硫代磷酸锌（ZDDP）		3	3	3	3	3
	苯并三氮唑		0.5	0.5	0.5	0.5	0.5
	消泡剂		0.5	0.5	0.5	0.5	0.5
	去离子水		19	19	19	19	19
	有机醇胺	三乙醇胺	6	6	6	6	6
	曲拉通	曲拉通 X-114	8	8	8	8	8
	石油磺酸钠		2	2	2	2	2
	聚醚	二乙二醇丁醚	5	5	5	5	5
	司盘	司盘-80	5	5	5	5	5
切削液母液			2	2	2	2	2
纳米硫化镍			0.2	0.3	0.4	0.1	0.06
去离子水			37.8	37.7	37.6	37.9	37.94

制备方法 向混合罐中加入切削液母液、纳米硫化镍、去离子水，混合均匀得到半透明均一的水基微乳化切削液。

原料介绍

二烷基二硫代磷酸锌具有非常优异的润滑和承载能力；其与基础油、纳米硫化镍复配可提高水基微乳化切削液的润滑性能，同时具有高的抗磨极压协同效应。

苯并三氮唑具有较好的防锈润滑作用及抗菌稳定作用，可以有效防腐防变质。

石油磺酸钠具有非常优异的防锈作用。

聚醚在水基微乳化切削液中具有乳化、分散以及润滑的作用。

司盘具有很强的乳化、分散和润滑性能，也是良好的稳定剂和消泡剂。

所述基础油优选白油、植物油和石蜡油中的一种或多种。

所述消泡剂优选改性硅油、天然油脂和聚醚中的一种或多种。

所述纳米硫化镍由长链烷基黄原酸镍经热分解得到。所述纳米硫化镍的制备方法包括以下步骤：

(1) 将长链烷基黄原酸钾水溶液和镍盐水溶液混合搅拌，得到长链烷基黄原酸镍溶液；

(2) 将所述长链烷基黄原酸镍溶液进行热分解，得到所述纳米硫化镍。

所述长链烷基黄原酸镍溶液的浓度为0.005～0.015mol/L。所述热分解的温度为70～90℃，时间为80～100min。所述长链烷基黄原酸钾中长链烷基中碳的个数为10～35；所述镍盐选自硝酸镍、氯化镍、硫酸镍和醋酸镍中的一种或多种。所述镍盐和长链烷基黄原酸钾的摩尔比为1：(0.5～1.5)。

所述的曲拉通包括曲拉通X-100和曲拉通X-114。

所述聚醚为乙二醇单丁醚、二乙二醇丁醚和二丙二醇丁醚中的一种或多种。

所述司盘为司盘-20、司盘-40、司盘-60和司盘80中的一种或多种。

所述有机醇胺为三异丙醇胺、二乙醇胺和三乙醇胺中的一种或多种。

产品特性

(1) 本品中聚醚、司盘和石油磺酸钠复配，起到较好的乳化稳定作用，使得各个组分在水中均匀稳定分散，防止有效成分的沉降、分层、团聚、絮凝或老化，提高水基微乳化切削液的储存稳定性。

(2) 本品具有优异的极压抗磨性能，表现为最大无卡咬负荷可达1069N。摩擦系数为0.088，并始终保持在0.1以下。本品润滑性能良好。切削液的磨斑直径（WSD）为0.474mm，磨斑直径较小，表面光滑平整。

配方 312 水溶性切削液

原料配比

原料		配比（质量份）		
		1#	2#	3#
去离子水		12	10	15
胺类		6	8	15
防锈剂		2	3	5
腐蚀抑制剂		1	1.5	1
润滑剂	二聚蓖麻油酸	10	13	8
界面活性剂	脂肪醇聚氧乙烯醚	6	8	7
特殊合成添加剂		7	6	8
基础油	10#白油	50	45	44
助剂		3	2	4
防腐防霉剂		2	3	2
消泡剂		1	0.5	1

制备方法

(1) 称取去离子水投入反应釜中；

(2) 开始搅拌，并投入胺类物质，加热至(60±5)℃，随后搅拌10～30min至完全溶解；

(3) 将基础油、防锈剂、腐蚀抑制剂、润滑剂、界面活性剂、特殊合成添加剂、防腐防霉剂、助剂依次投放至反应釜中，搅拌溶解；

(4) 步骤(3)中投放的物料全部溶解后，投入消泡剂，搅拌溶解得到水溶性切削液。

[原料介绍]

所述基础油为10#和/或5#白油。

所述润滑剂为二聚蓖麻油酸、四聚蓖麻油酸、三羟甲基丙烷油酸酯中的一种或多种的混合物。

所述界面活性剂为脂肪醇聚氧乙烯醚、阴离子表面活性剂、非离子表面活性剂中的一种或多种的混合物。

所述切削液的pH值为1.0～9.0。

[产品特性]

(1) 本品以水为溶剂，代替以矿物油为基础的油基切削液，成本降低且产生的废液减少，具有较强的耐腐蚀性能、乳化稳定性，使用寿命长；

(2) 本品具有良好的防止铝变色、发霉等特点，对设备无腐蚀、对人体无害。

配方 313 水溶性全合成切削液

[原料配比]

原料	配比（质量份）			
	1#	2#	3#	4#
二乙二醇甘胺	35	30	42	45
十二烯基琥珀酸	3.8	3	4.6	5
硼酸	1.2	1	2	1.8
水性润滑抗磨剂	6	6.7	8	7.2
聚醚	13.2	13.2	13.2	13.2
多功能中和剂	6	6	6	6
杀菌剂	1	1	1	1
快速消泡剂	0.2	0.2	0.2	0.2
一乙醇胺	1	1	1	1
腐蚀抑制剂	0.5	0.5	0.5	0.5
抑泡剂	0.2	0.2	0.2	0.2
改性磷酸酯	0.8	1	1.1	1.4
苯并三氮唑	0.5	0.5	0.5	0.5
纯水	加至100	加至100	加至100	加至100

[制备方法]

(1) 向盛有纯水的反应釜中依次加入二乙二醇甘胺、十二烯基琥珀酸、硼酸、水性润滑抗磨剂、聚醚、多功能中和剂、杀菌剂、快速消泡剂、一乙醇胺、腐蚀抑制剂、抑泡剂、改性磷酸酯、苯并三氮唑，搅拌混合均匀得到混合液体；

(2) 将步骤(1)中的混合液体加热至60℃，继续搅拌反应3h，然后进行过滤包装即可得到水溶性全合成切削液。

[原料介绍]

所述多功能中和剂为甲基醇胺、三乙醇胺、二甘醇胺、异丙醇胺中的一种或几种混合而成。多功能中和剂用于将水溶性全合成切削液的pH值控制在10～11之间，在此pH值范围内切削液具有更好的防锈能力和抗菌能力。

所述快速消泡剂为烷基聚硅氧烷、有机磷化合物或聚环氧烷；所述抑泡剂为非离子有机硅氧烷。所述的快速消泡剂中烷基聚硅氧烷选自二甲基聚硅氧烷、二乙基聚硅氧烷、二丙基聚硅氧烷、甲基丙基聚硅氧烷和二丁基聚硅氧烷；所述的有机磷化合物选自磷酸正三丁酯、磷酸正三丁氧基乙酯和亚磷酸三苯酯；所述的聚环氧烷为环氧乙烷和环氧丙烷的共聚物。快速消泡剂将使用时切削液的起泡降到最少并去除起泡的化合物。所述的抑泡剂可以采用商品575抑泡剂，其不仅消泡快，作用时间持久，且水溶性好，与快速消泡剂配合使用可有效地控制泡沫。

杀菌剂为由1,2-苯并异噻唑-3-酮、ε-聚赖氨酸和水溶性有机胺制备而成，其中，所述1,2-苯并异噻唑-3-酮与所述ε-聚赖氨酸的质量比为3∶1，所述ε-聚赖氨酸与所述水溶性有机胺的质量比为2∶1。杀菌剂以较低的使用量就能达到较好的杀菌效果，并且该杀菌剂不会产生环境污染，环保性好，具有广阔的应用前景。杀菌剂与具有抑制细菌生长作用的硼酸配合使用，进一步增强了切削液的防腐蚀和抗菌性能。

所述的腐蚀抑制剂由硼酸酰胺、苯并环丙三酮和对氯硝基苯混合组成，其中硼酸酰胺、苯并环丙三酮和对氯硝基苯的质量比为2∶1∶1。腐蚀抑制剂在金属加工过程中使切削液对金属起到缓腐蚀和阻垢的作用。

所述改性磷酸酯为聚乙二醇改性磷酸酯或聚丙二醇改性磷酸酯。改性磷酸酯可以配合切削液中其他组分在金属表面形成亲水层，从而起到对金属润滑、防锈和抗磨的作用，同时不易在金属表面留下残留物，减少后续清洗工序段。

所述水性润滑抗磨剂为醇胺型硼酸酯或聚醚酯。

所述聚醚为聚乙二醇。

[产品应用] 本品主要用于黑色金属如铸铁、碳钢、模具钢、不锈钢等敏感金属的切削、磨削加工。

[产品特性] 本品稀释液透明便于观察加工，具有优异的润滑性、冷却性、生物性能稳定性、防锈性、消泡性和超强的抗菌性能，可有效地提高加工面的光洁度、加工效率和加工精度，并延长刀具的使用寿命，同时该产品防锈润滑时间长，可长时间循环使用，降低综合使用成本，尽可能减少废液的排放。

配方 314 水溶性微乳化切削液

[原料配比]

原料		配比（质量份）		
		1#	2#	3#
基础油	22#锭子油	31	26	—
	油酸	4	—	—
	5#白油	—	—	25
油性剂	妥儿油	—	8	—
	油酸	—	—	5
阴离子表面活性剂	石油磺酸钠	10	12	10
非离子表面活性剂	脂肪醇聚氧乙烯醚	3	2	7
三乙醇胺		2	2	2
油酸酰胺		4	4	5
氯化石蜡		10	10	10
防腐杀菌剂	吗啉衍生物（MBM）	2	2	2
	1,2-苯丙异噻唑啉-3-酮（BIT）	0.2	0.2	0.2
苯并三氮唑缓蚀剂		0.2	0.2	0.2
有机硅消泡剂		0.2	0.2	0.2
水软化剂	乙二胺四乙酸钠盐	0.4	0.4	0.4
助溶剂		3	3	3
去离子水		30	30	30

[制备方法]

(1) 先将基础油、油性剂与阴离子表面活性剂、非离子表面活性剂进行微乳化，搅拌至均匀透明，备用；

（2）将搅拌器中先加入适量的去离子水，在低转速状态下，依次缓慢加入油酸酰胺、苯并三氮唑缓蚀剂、水软化剂、三乙醇胺、氯化石蜡、防腐杀菌剂及助溶剂，加热至40～60℃，搅拌使其完全溶解；

（3）将步骤（1）的混合液缓慢倒入到步骤（2）的混合物中，常温搅拌至均匀透明，然后加入有机硅消泡剂，搅拌10～20min，即可。

原料介绍

所述的基础油为油酸、22＃锭子油、5＃白油中的一种、两种或两种以上的组合物。

所述的油性剂为油酸、妥尔油、蓖麻油酸中的一种、两种或两种以上的组合物。

所述的阴离子表面活性剂为石油磺酸钠、石油磺酸钡、磺酸蓖麻油等磺酸盐系列中的一种、两种或两种以上的组合物。

所述的非离子表面活性剂为脂肪醇聚氧乙烯醚。

所述的防腐杀菌剂为吗啉衍生物（MBM）和1,2-苯丙异噻唑啉-3-酮（BIT）复配的防腐杀菌剂，MBM与BIT的质量比为（10∶1）～（4∶1）。

所述的水软化剂为乙二胺四乙酸钠盐。

产品应用 本品主要用于各种高负荷加工，以及钢材、铸铁、铝材的车、切、磨、钻孔、攻丝等加工。

产品特性 该切削液不含亚硝酸钠，稳定性好，抗菌性强，对皮肤无不良刺激，对人体无害，综合性能强。该切削液采用苯并三氮唑可对铜起到保护作用；采用MBM和BIT复配防腐杀菌剂，大大提高了产品的使用寿命，集中供液可长期循环使用；综合性能强。

配方 315 水溶性自抑菌自消泡的合成切削液

原料配比

原料		配比（质量份）			
		1＃	2＃	3＃	4＃
基础油	植物油	5	10	8	7
乳化剂	失水山梨醇油酸酯	7	9	8	8.5
碱值稳定剂		23	35	25	30
自乳化酯		5	7	5	7
多功能胺助剂	AMP-95	14	16	15	15
表面活性剂	脂肪醇聚氧乙烯醚	5	7	6	6
防锈剂	石油磺酸钠	2.5	3.5	3	3
杀菌剂		2.2	2.5	2.2	2.4
抗氧化剂		2	3	2.5	2.5
润滑剂	氯化石蜡	3	5	4	4
消泡剂		1.2	1.8	1.5	1.6
分散剂	烷基酚聚乙烯醚	4	5	5	4.5
络合剂		3	4	3.5	4
腐蚀抑制剂	*N*-甲基吗啉	0.4	0.6	0.5	0.6
增亮剂	苯并三氮唑	0.4	0.6	0.5	0.6
水		10.5	15.5	12.5	15.5
碱值稳定剂	三乙醇胺	10	10	10	10
	一乙醇胺	0.9	1.1	1	1
抗氧化剂	硼酸	1	2	1.5	1.5
	低泡磷酸酯	0.8	1.2	1	1
消泡剂	快速消泡剂	2	2	2	2
	抑泡剂	0.9	1.1	1	1

续表

原料		配比（质量份）			
		1#	2#	3#	4#
络合剂	多元癸酸	5	5	5	5
	乙二胺四乙酸钠	1.8	2.2	2	2
杀菌剂	细菌杀菌剂	10	10	10	10
	真菌杀菌剂	0.9	1.1	1	1

制备方法 将基础油、乳化剂、碱值稳定剂、自乳化酯、多功能胺助剂、表面活性剂、防锈剂、杀菌剂、抗氧化剂、润滑剂、消泡剂、分散剂、络合剂、腐蚀抑制剂、增亮剂和水加入至搅拌容器中，升温至40～60℃后，在搅拌转速为300～500r/min的条件下搅拌至少30min，真空除泡，即得合成切削液。

产品特性

（1）本品具有稳定性好、防锈效果好、润滑性能好、清洗性能好、不易产生异味、使用寿命长以及不易产生泡沫的优点，其制备方法简单，通过升温合成即可制得，工序简单，工作效率高。

（2）本产品是一种铝、铝合金合成金属加工液，在金属加工液中添加了碱值稳定剂使得切削液的碱值保持稳定，添加了杀菌剂使得切削液可抗细菌和真菌，确保乳化液的稳定性，并延长冷却剂的使用寿命。

（3）本产品能有效地对细菌和泡沫进行抑制、杀菌、消泡、防腐；其中所含的各种添加剂有利于延长刀具寿命，添加了苯并三氮唑后可以实现高标准的表面抛光；在软水和硬水中形成的半透明乳化液有着卓越的防腐和消泡的功能；防锈效果好、可以减少工序间防锈。

（4）本产品具有良好的冷却、润滑、清洗性能；含油适中、不易产生异味，适合长时间使用；使用寿命长、稳定性好。

配方 316 水性合成切削液

原料配比

原料		配比（质量份）			
		1#	2#	3#	4#
清洗剂	三乙醇胺	8	8	8	8
	一乙醇胺	5	5	—	5
	1-异丙醇胺	—	—	5	—
	醇醚羧酸	1	1	1	1
防锈剂	硼酸	6	—	—	—
	癸二酸	—	2	2	2
	三元酸	—	4	4	4
	正辛酸	3	3	—	3
	新癸酸	—	—	3	—
	苯并三氮唑	1	1	1	1
润滑剂	油酸	3	3	3	—
	四聚蓖麻油	3	3	3	—
	PO-EO嵌段聚醚	12	12	12	18
极压剂	硼酸酯	10	10	10	10
	磷酸酯	3	3	3	3
防腐剂	1,2-苯并异噻唑-3-酮	1	1	—	1
	1,3,5-三（2-羟乙基）-六氢三嗪	—	—	2	—
消泡剂	二甲基硅油乳液消泡剂	0.1	0.1	0.1	0.1

续表

原料	配比（质量份）			
	1#	2#	3#	4#
纯水	43.9	43.9	42.9	43.9

[制备方法] 将清洗助剂溶解于一部分纯水中，搅拌均匀，边搅拌边加入防锈剂、润滑剂和极压剂至混合液透明，然后再加入一部分纯水，冷却后加入防腐剂和消泡剂，最后加入剩余的纯水搅拌均匀即可。

[产品特性] 本品使用水基替代油基成本降低，不含矿物油能源消耗少，不含硫、磷、氯废液易处理。同时，使用本品切削工件时，工件没有温升，并且齿面光滑，没有裂纹。

配方 317 水性环保纳米切削液

[原料配比]

原料			配比（质量份）		
			1#	2#	3#
组分A	醋酸		4	6	8
	酒石酸		5	8	10
	六次甲基四胺		5	8	10
	十二烷基硫酸钠		1	1	2
	去离子水		50	80	100
	柠檬酸铵		10	15	20
组分B	反应液A	油酸	20	30	40
		三乙醇胺	10	15	20
产物颗粒	反应液B	二甲基海因	10	15	20
		氢氧化钾	1	1	2
		去离子水	40	60	80
		0.5mol/L 甲醛溶液	5	8	10
	丙酮		20	20	20
组分C	产物颗粒		5	8	10
	纳米二氧化钛		2	3	4
	十二烷基硫酸钠		1	1	2
	去离子水		40	60	80
组分A			50	80	100
组分B			30	45	60
组分C			40	60	80

[制备方法]

(1) 取醋酸、酒石酸、六次甲基四胺、十二烷基硫酸钠、去离子水和柠檬酸铵混合均匀，得到组分A；

(2) 取油酸和三乙醇胺混合后加入至反应釜中，通氮气鼓泡并搅拌，加热至130℃，然后保温30min，得到反应液A；

(3) 将反应液A再以5℃/min的速率升温至150℃，保温2h，然后停止加热并通入10℃去离子水冷却，得到组分B；

(4) 取二甲基海因、氢氧化钾和去离子水混合均匀，在冰水浴条件下搅拌，然后滴加0.5mol/L甲醛溶液，得到反应液B；

(5) 将反应液B室温下静置12h，然后以20℃/h的速率升温至40℃，抽真空干燥，得到产出液，用丙酮洗涤产出液3～5次，然后干燥，得到产物颗粒；

(6) 取产物颗粒、纳米二氧化钛、十二烷基硫酸钠和去离子水混合搅拌，得到组分C；

（7）取组分 A、组分 B 和组分 C 混合搅拌，得到水性环保纳米切削液。

原料介绍

二甲基海因经过反应后生成的二羟甲基海因能够通过在使用过程中缓慢释放甲醛来起到杀菌抑菌的效果，由于释放缓慢且量小，所以不会对人体造成伤害。

纳米二氧化钛能够在紫外光和阳光照射下将多余的甲醛以及切削液中的一些污染物分解为水和二氧化碳，也能够起到辅助杀菌抑菌的作用，减少了对环境的污染并延长了切削液的使用寿命。

柠檬酸铵能够将基体表面生锈处的铁离子络合进其中，达到去锈效果；将柠檬酸铵和六次甲基四胺协同使用，能够在除锈的同时保护机体不被酸蚀，具有良好的除锈清洗能力。

产品特性

（1）本品具有良好润滑性以及除锈作用，冷却效果好，而且能够抑制细菌滋生，具有良好的耐久性，使用寿命长，不含磷酸盐类物质，对环境污染小。

（2）本品具有良好的减摩抗磨、防锈性能。

配方 318 水性环保切削液

原料配比

原料		配比（质量份）			
		1#	2#	3#	4#
防锈剂	三乙醇胺	12	12	15	—
	硼酸酯	3	8	—	20
表面活性剂	聚乙二醇合成乳化剂	3	4	—	—
	复合多元醇酯 PE-25	1	4	4	8
极压剂	ZDDP	3	5	3	—
	纳米氧化铝	1	1	—	6
缓蚀剂		1	3	1	3
消泡剂	B118	0.5	2	0.5	2
水	去离子水	76.5	61	76.5	61
缓蚀剂	苯并三氮唑	1	1	1	1
	硫脲	10	15	10	15

制备方法 按配比称取各组分，在 60～80℃的防锈剂中依次加入水、表面活性剂和极压剂搅拌溶解后，再依次加入缓蚀剂和消泡剂搅拌至溶解完全。

原料介绍

所述防锈剂由有机醇胺和硼酸酯制成，制备方法为：将有机醇胺和硼酸酯搅拌并加热至 60～80℃。所述有机醇胺为三乙醇胺。

所述消泡剂为 B118、B103、B273 和 B308 中的至少一种。

产品特性

（1）本品配方原料具有水溶性，在水中的稳定性好，不会有油析出，且不含有毒有害物质，对环境友好；

（2）使用本品进行机械加工，加工完的工件光洁度高，无需额外增加清洗步骤，缩短了工艺流程，提高了工作效率；

（3）本品使用周期长、使用过程中不会出现异味。

配方 319 太阳能硅片切削液

[原料配比]

原料	配比（质量份）			
	1#	2#	3#	4#
水性聚醚	20	30	40	50
分子量为400的聚乙二醇	30	40	50	60
烷基酚聚氧乙烯醚	2	3	4	5
妥尔油三乙醇胺酯	16	17	18	19
分子量为600的聚马来酸酐	14	15	16	17
四甲基氢氧化铵（25%水溶液）	3.4	4	5.4	6.4
聚甲基硅氧烷型消泡剂	0.2	0.3	0.4	0.5
硼酸三乙醇胺酯	5	6	7	8
杀菌剂	0.8	0.9	1	1.1
去离子水	8.6	9.6	10.6	11.6

[制备方法] 在容器中放入水性聚醚、聚乙二醇、烷基酚聚氧乙烯醚、妥尔油三乙醇胺酯、聚马来酸酐、四甲基氢氧化铵、聚甲基硅氧烷型消泡剂、硼酸三乙醇胺酯、杀菌剂、去离子水后，对其匀速搅拌，使其充分混合，即得太阳能硅片切削液。

[原料介绍]

所述硼酸三乙醇胺酯由硼酸和三乙醇胺混合制成。

所述妥尔油三乙醇胺酯由妥尔油和三乙醇胺混合制成。

[产品特性] 本品环保高效，不会产生泡沫，自身损耗小，提升切割质量，使用周期长。

配方 320 钛合金切削液组合物

[原料配比]

原料		配比（质量份）		
		1#	2#	3#
聚α-烯烃		10	20	15
蓖麻油		10	5	7.5
抗磨剂	硫化三聚丁烯	5	10	7.5
抗氧剂	二异辛基二苯胺	1	—	—
	辛基丁基二苯胺	—	0.1	0.5
润滑剂	油酸	0.05	1	1
	三乙醇胺硼酸酯	0.05	1	1
防锈剂	油酰肌氨酸	7	—	—
	咪唑啉铵盐	—	3	5
表面活性剂	石油磺酸钠	20	—	—
	脂肪醇聚氧乙烯醚	—	30	25
消泡剂	聚醚改性硅油	0.3	0.1	0.2
杀菌剂	苯并异噻唑啉酮	0.1	—	—
	吗啉类	—	1	0.5
防雾剂	乙丙共聚物	0.5	0.1	0.3
金属减活剂	苯并三氮唑衍生物	0.5	1	0.75
水		30	30	25

[制备方法]

(1) 将水和表面活性剂混匀后，加入聚 α-烯烃和蓖麻油，在 80～90℃下进行乳化，得到乳化液；

(2) 在所述乳化液中依次加入抗磨剂、抗氧剂、润滑剂、防锈剂、杀菌剂、防雾剂和金属减活剂，混匀后，加入消泡剂去除泡沫，得到切削液前驱体；

(3) 将所述切削液前驱体的 pH 值调节至 8～9，得到所述钛合金切削液组合物。

[产品特性]

(1) 选用聚 α-烯烃和蓖麻油作为基础油，可生物降解，对环境无污染；

(2) 以硫化三聚丁烯作为抗磨剂，减磨性大幅提高，四球试验 PB 超过 1000N，烧结负荷 PD 超过 8000N。

配方 321 通用金属切削液

[原料配比]

原料	配比（质量份）
水溶性聚醚	10
防锈剂	2
极压抗磨剂	1
抗泡剂	0.5
抗氧剂	2
杀菌剂	1
钼酸钠	2
pH 调节剂	1
水	加至 100

[制备方法] 将各组分原料混合均匀即可。

[原料介绍]

所述的防锈剂为苯并三氮唑、有机胺、硼酸盐中的一种或几种。

所述的极压抗磨剂为油酸二乙醇酰胺硼酸酯与羟甲基化苯并三氮唑反应得到有机硼酸酯，然后与中碱性磺酸钙复配所得。

所述的抗泡剂为非硅型丙烯酸酯与醚共聚物复配所得。

所述的抗氧剂为 2,6-二叔丁基对甲酚。

所述的杀菌剂为硼砂。

所述的 pH 调节剂为磷酸氢二钠。

[产品特性] 本品不含亚硝酸盐和氯化物，故对人体无害，环保无污染，通用性好，具有良好的润滑、冷却、防锈性能，且具有优良的抗极压性能。

配方 322 通用型高润滑全合成切削液

[原料配比]

原料	配比（质量份）
去离子水	加至 100
氨基酸防锈剂	4
苯并三氮唑	1.5
氢氧化钾	2
罗地亚 Rhodafac ASI-80	2

续表

原料	配比（质量份）
复合缓蚀剂	3
聚醚	4
四聚蓖麻油酸酯	6.5
格尔伯特醇	7
醚羧酸复配剂	2.8

制备方法

（1）在容器内依次加入去离子水、氨基酸防锈剂、苯并三氮唑、氢氧化钾，常温搅拌直至均匀透明；

（2）再将罗地亚 Rhodafac ASI-80、复合缓蚀剂、聚醚、四聚蓖麻油酸酯、格尔伯特醇、醚羧酸复配剂加入上述均匀透明液体，在 60～80℃的温度下搅拌至均匀透明。

原料介绍

罗地亚 Rhodafac ASI-80 可用于金属清洗及切削液，具有非常好的润滑和极压性能。Rhodafac ASI-80 用于水溶性配方，操作简单，可直接加入浓缩物中，不需要加入耦联剂，金属加工用户可以直接使用以提高工作液的性能。Rhodafac ASI-80 对金属铝的表面处理最有效，尤其是在诸如敏感的航空铝合金的处理中，数据结果表明，在浓度 1%时，Rhodafac ASI-80 对金属锌也十分有效，对镁也会起到缓蚀作用。由于产品中存在的膦酸基团，Rhodafac ASI-80 不但易与溶液中铝的氧化物络合，同时也与加工液中的钙、镁离子络合。水的硬度不大于 300μg/g 的时候，不会产生明显的沉淀。

氨基酸防锈剂为酰基氨基酸型防锈剂，对铸铁和其他黑色金属都有良好的防锈性能，不会引起铝变色。

醚羧酸复配剂具有优异的抗硬水性能，与水中的 Ca^{2+}、Mg^{2+} 螯合，并且生成的螯合物有良好的分散作用；低泡，使用液不会产生大量泡沫；环保，低毒，且具有优良的生物降解性能。

复合缓蚀剂具有缓释效果，适用范围广，对镁合金有很好的保护作用。

苯并三氮唑在电镀中用以表面纯化银、铜、锌，有防变色作用。苯并三氮唑与铜原子形成共价键和配位键，相互交替成链状聚合物，在铜加工表面形成多层保护膜，使铜的表面不起氧化还原反应，起防蚀作用。对铅、铸铁、镍、锌等金属材料也有同样效果。苯并三氮唑可与多种缓蚀剂配合，提高缓蚀效果。

格尔伯特醇具有低挥发性、低刺激性、低凝固点、优良的润滑性、优良的氧化稳定性、很好的溶解性和溶解能力、低黏度、良好的生物降解能力。

聚醚在催化剂作用下开环均聚或共聚制得线型聚合物。基于聚醚的极性，加上具有较低的黏性系数，在几乎所有润滑状态下能形成非常稳定的具有大吸附力和承载能力的润滑剂膜，具有较低的摩擦系数与较强的抗剪切能力。

四聚蓖麻油酸酯具有一定的自乳化性，在少量碱存在的条件下极易乳化，水解稳定性好。

氢氧化钾可以提高切削液中脂肪酸和醇胺的反应活性，更利于提高效率；可以提高碱值，减少碱的用量；氢氧根结合水质中的钙、镁，形成细小颗粒沉淀，避免脂肪酸结合钙、镁，形成絮状沉淀。

产品应用 本品是一种主要用于黑色金属和铝合金加工的通用型高润滑全合成切削液。

产品特性

（1）通用性强，不仅防止铁件生锈也能防止铝件氧化。

（2）不含基础油，不产生油雾，污染小、危害小。

（3）清洗冷却性好。

（4）抗硬水性能强，稳定性好，长时间使用稀释液稳定均一，不需要频繁换液，节约成本。

（5）不含劣质油和其他有害物质，对环境友好，对工人无害。

(6) 对铝合金保护性能好，能满足各种铝合金材质加工。

(7) 稳定，润滑性好，延长刀具寿命，低浓度也能满足加工要求，极大地节约成本。

(8) 产品易清洗，后道工序清洗剂消耗少，清洗比较容易。

配方 323 通用型切削液

原料配比

原料		配比（质量份）		
		1#	2#	3#
矿物油	矿物油（150SN）	400	350	300
植物油酸	棉籽油酸	65	69	73
醇胺	单乙醇胺	40	50	60
防腐剂	硼酸醇胺酯	80	100	120
	二环己胺	20	25	30
	苯并三氮唑	2	6	10
表面活性剂	壬基酚聚氧乙烯醚	20	25	30
	司盘-80	30	35	40
	油醇醚羧酸	5	8	10
耦合剂	C_{16} 格尔伯特醇	2	4	6
杀菌剂	吗啉类杀菌剂（MBM 杀菌剂）	5	8	10
消泡剂	水溶性含硅消泡剂	1	2	3
水		400	450	500

制备方法 加热矿物油到60℃后依次加入植物油酸、耦合剂、单乙醇胺、防腐剂、表面活性剂搅拌 0.5h，加入水，搅拌 0.5h 后，降温至 30℃，加入杀菌剂、消泡剂，搅拌 1h，静置 1～2h，过滤灌装即可。

产品特性

(1) 本品不含亚硝酸盐及硫化物，属于环境友好型产品；

(2) 本品使用壬基酚聚氧乙烯醚、司盘-80、油醇醚羧酸作为乳化剂组合物，工作液稳定，并具有优异的抗硬水能力，适用于不同地区的多种水质条件；

(3) 本品中植物油酸、硼酸醇胺酯、C_{16} 格尔伯特醇均具有提高产品润滑能力的功能，能够满足多种 CNC、龙门数控、钻床、磨床等机械加工的工艺要求；

(4) 本品中硼酸醇胺酯、二环己胺、苯并三氮唑三种防腐添加剂的使用，使产品能够满足各类常规金属材料的防腐要求；

(5) 本品具有工艺、加工材质、配液水质的广泛适应能力，能够简化大型机加工企业生产过程中的油品维护及管理规程，降低综合使用成本。

配方 324 通用型全合成有色金属切削液

原料配比

原料	配比（质量份）		
	1#	2#	3#
聚亚烷基二醇	3	6	5
聚合酯	7	9	15
聚醚酯	5	10	8
有色金属缓蚀剂	3	11	5
硼酸酯	15	8	7

续表

原料	配比（质量份）		
	1#	2#	3#
异丙醇胺	2	5	3
三乙醇胺	8	12	10
特殊胺	1	3	2
有机钼	1	0.5	2
醇醚羧酸	3	3	5
防腐剂	1	2	1.5
水	51	30.5	36.5

制备方法 将水加入至混合容器中，然后分别按配比加入其他配料搅拌 40min 至外观透明，即制得切削液。

原料介绍

本品选用聚合酯和聚醚酯作为主润滑抗磨剂，配合有机钼和硼酸酯（作为辅助极压润滑剂），极大地提高了切削液整体的极压润滑性能，避免了一般全合成切削液极压润滑性能普遍较差的缺点，使其在机械加工过程中降低刀具的磨损，提高工件的表面精度，得以承受更高负荷的加工要求。

本品采用异丙醇胺、三乙醇胺、特殊胺、硼酸酯等通过协同作用确保产品具备足够的碱值储存能力，保障其防锈性能的稳定性。

本品采用的有色金属缓蚀剂针对有色金属材料能提供很好的缓蚀性能，防止工件表面出现氧化变色、霉变和白斑等。

本品利用聚亚烷基二醇来确保切削液的清洗性能，提高工件表面和机台的清洁度，便于加工过程中的观察。

本品采用醇醚羧酸来提高切削液的抗硬水性能，通过减少钙、镁离子的析出与分散，减少其对有色金属材料表面质量的影响和对切削液整体性能的影响。

本品所采用的防腐剂能提高切削液对相关细菌、真菌的抑菌杀菌能力，以延长切削液的使用寿命。

产品应用 本品是一种有色金属切削、加工、成型等工艺用金属加工液。

产品特性

（1）本品解决了一般全合成切削液普遍极压润滑性能较差的问题，可满足各类苛刻加工的要求，提高了工件加工精度，减少了对刀具的磨损，从而降低了整体使用成本。

（2）本品解决了乳化或微乳化型切削液使用寿命短的问题，如按要求操作使用本产品，只需添加，可不更换，极大延长了使用周期，减少了废液排放，降低了废液处理成本。

（3）本品具有良好的防锈防腐性能，适用于铝合金、铜合金、镁合金、钛合金等材料的加工，也可用于黑色金属材料的加工，适用材料范围广，解决了多种有色金属材料需要分别使用多款切削液的问题，是一款通用性较强的切削液。

（4）本品是一款不含硫、磷、氯的通用型全合成有色金属切削液，其成品为透明液体，清洁性较好，保证了工件与机台的清洁度，有利于在加工过程中对工件的观察。

（5）本品生产工艺简单，无需加温加压，对环境影响小。

配方 325 通用型铝材加工微乳化切削液

原料配比

原料	配比（质量份）	
	1#	2#
碱性物质	10	10.5

续表

原料		配比（质量份）	
		1#	2#
金属防锈剂		5	7
金属缓蚀剂		1	0.8
润滑极压剂		30	20
抗硬水剂	醇醚羧酸	2	—
	乙二胺四乙酸（EDTA）	—	1.5
阴离子表面活性剂		8	9
非离子表面活性剂	脂肪醇聚氧乙烯醚	3.5	—
	失水山梨醇单油酸酯	—	3.7
水		10	14
基础油	10#白油	25	—
	150SN	—	28
杀菌剂		3	2.5
耦合剂	二乙二醇单丁醚	2	—
	格尔伯特醇	—	2.5
消泡剂	道康宁1267	0.5	—
	道康宁1247	—	0.5
碱性物质	三乙醇胺	5	—
	一异丙醇胺	2	—
	甲基二乙醇胺	3	—
	一乙醇胺	—	1
	二乙醇胺	—	2
	二环己胺	—	1
金属防锈剂	十二碳二元酸	1	—
	三元酸	4	—
	癸二酸	—	5
	十一碳二元酸	—	2
金属缓蚀剂	苯并三氮唑（BTA）	3	—
	甲基苯并三氮唑（TTA）	—	1
	磷酸酯	7	1
润滑极压剂	四聚蓖麻油酸酯	2	—
	三羟甲基丙烷油酸酯	—	12
	磷酸酯	—	3
	氯化石蜡	1	5
阴离子表面活性剂	妥尔油脂肪酸	5	—
	蓖麻油脂肪酸	3	4
	菜籽油脂肪酸	—	5
杀菌剂	1，2苯并异噻唑啉-3-酮（BIT-20）	—	3
	碘代丙炔基氨基甲酸丁酯（IPBC-30）	—	2
	N,*N*-亚甲基双吗啉（MBM）	3	—

制备方法

（1）按照配比将水、碱性物质、金属防锈剂混合搅拌均匀，至固体完全溶解；

（2）按照配比加入基础油、润滑极压剂、抗硬水剂、金属缓蚀剂、阴离子表面活性剂、杀菌剂混合搅拌均匀；

（3）按照配比加入耦合剂、非离子表面活性剂混合搅拌均匀；

（4）按照配比加入消泡剂，搅拌均匀得到一种通用性铝材加工微乳化切削液。

产品应用 本品主要用于加工铝制、铜制、铁制的工件、零件、材料等领域。所述铝制品为铝合金（1系、2系、3系、5系、6系、7系等）、压铸铝等；所述铜制品为铜合金、纯铜等；所述铁制品为钢件、铁件等。

通用性铝材加工微乳化切削液使用与维护：

（1）使用切削液前选用适当清洗剂彻底清洗掉贮液槽和设备中原有的金属加工液、切屑和污物；如果贮液槽已经被生物污染，可选用合适的杀菌剂进行杀菌处理；溶液循环30min，然后排放；最后加入工作液循环均匀后便可使用。

工作液配制方法：使用清洁的自来水按一定比例稀释一种通用性铝材加工微乳化切削液，均匀搅拌，乳化完全后即可使用。工作液的浓度（质量分数）：磨削，2%～4%；中度加工，3%～5%；锯削，3%～5%；重度加工，5%～10%。

可根据加工工件的材质、加工要求等调整使用浓度。

（2）箱液的日常维护：当箱液需要补充时，应加水同时加入相应比例的产品，在使用期间应及时清除箱液内的切屑和机床漏出的浮油，定期监测箱液的pH值和浓度，并适当补充或更换新液。

产品特性

（1）该微乳化切削液工作性能优异、安全系数高、通用性强。

（2）本品属于浓缩型产品，低浓度稀释使用，平均使用成本低。

（3）本品因加入了特殊结构的磷酸酯组分与BTA组分进行复配，使其具有对于不同系列的铝材安全系数高、通用性强的功能，可以降低加工过程中由于铝材变色带来的风险。

（4）本品用于不同系列的铝材，因加入了聚合度优异的聚合酯组分与氯化石蜡组分进行复配，使其具有良好的润滑极压性能，对于各类切削粗加工及攻丝、钻孔等精加工，可以延长刀具使用寿命，提高工件表面的光洁度。

（5）本品因加入了特殊碳链长度的脂肪醇聚氧乙烯醚组分与清洗性能优良的妥尔油、蓖麻油脂肪酸组分，使其具有优异的冷却性能和清洗性能，可以保证工件形状、尺寸和加工精度，同时降低由于铝屑残留而带来的铝材腐蚀的风险。

（6）本品因加入了杀菌性能优良的MBM组分与一异丙醇胺组分，使其具有优良的抗腐败性能。体系中醇胺与杀菌剂适合的搭配比例，可以大大延长工作液的使用寿命，延长换液周期，生物稳定性极佳。

（7）本品因加入了特殊短碳链结构的醇醚羧酸，使其具有优异的抗硬水性能，在自来水条件下不会出现明显的析皂现象，适合于绝大部分水质条件，可以一定程度降低加工过程中镁离子析出带来的硬度升高问题。

（8）本品对人体无毒副作用、对环境无公害、废液易处理，组分中不含亚硝酸盐、硼酸等物质，属环保型产品。

配方 326 铜合金切削液组合物

原料配比

原料				配比（质量份）				
				1#	2#	3#	4#	5#
曼尼希碱原料	粗产品	苯并三氮唑		4	4	4	4	4
		40%的甲醛水溶液		3	3	3	3	3
		有机碱	二乙胺	2	—	—	—	—
			二甲胺	—	2	—	—	—
			吗啉	—	—	2	—	—
			哌嗪	—	—	—	2	2
	粗产品			1（体积份）	1（体积份）	1（体积份）	1（体积份）	1（体积份）
	无水乙醇			3（体积份）	3（体积份）	3（体积份）	3（体积份）	3（体积份）

续表

原料		配比（质量份）				
		1#	2#	3#	4#	5#
曼尼希碱产品	对甲基苯并三氮唑哌嗪	—	—	—	3	2.5
	二乙氨基苯并三氮唑	1	—	—	—	—
	二甲氨基苯并三氮唑	—	2	—	—	—
	吗啉甲基苯并三氮唑	—	—	2	—	—
白油	在40℃下的运动黏度为 $8mm^2/s$	—	—	—	45	52.5
	在40℃下的运动黏度为 $10mm^2/s$	60	—	—	—	—
	在40℃下的运动黏度为 $7.5mm^2/s$	—	50	—	—	—
	在40℃下的运动黏度为 $6mm^2/s$	—	—	55	—	—
磺化蓖麻油		10	15	20	25	17.5
石油磺酸钠	分子量为465	—	—	—	10	—
	分子量为400	20	—	—	—	—
	分子量为500	—	15	—	—	—
	分子量为420	—	—	15	—	—
	分子量为450	—	—	—	—	12.5
液体松香		7	4	3	1	5
特殊胺	二甘醇胺	—	—	4	5	1.5
	二羟乙基环己胺	1	3	—	—	2
壬基酚聚氧乙烯醚		5	3	4	0.5	4.5
支链脂肪醇	C_{14} 支链脂肪醇	0.5	0.5	1.5	3	2.5
	C_{15} 支链脂肪醇	0.5	3	1.5	3	2.5
司盘-80		1.4	0.8	0.7	0.2	0.6
消泡剂	聚醚改性有机硅类消泡剂	0.1	0.4	0.3	0.7	0.2

制备方法 将白油投入反应釜中，在500r/min的搅拌速率下依次加入磺化蓖麻油、石油磺酸钠、曼尼希碱产品、液体松香、特殊胺、壬基酚聚氧乙烯醚、支链脂肪醇、司盘-80、消泡剂，搅拌至均匀透明后，出料。

原料介绍

所述曼尼希碱的制备方法为：

（1）将苯并三氮唑、甲醛水溶液和有机碱在室温下进行反应后，经蒸馏得到粗产品；

（2）将所述粗产品和无水乙醇按照1∶3的体积比进行醇沉，收集沉淀物用无水乙醇进行抽提，经干燥得到所述曼尼希碱；

所述甲醛水溶液的质量分数为40%，所述苯并三氮唑、甲醛水溶液和有机碱的质量比为4∶3∶2。所述有机碱包括二乙胺、二甲胺、吗啉和哌嗪中的至少一种，更优选为哌嗪。

所述液体松香的酸值不低于180，松香酸含量为28%～32%，铁钴比色的颜色不超过13。

所述支链脂肪醇为 C_{14} 支链脂肪醇和 C_{15} 支链脂肪醇的混合物。

所述消泡剂为聚醚改性有机硅类消泡剂，平均粒径为2～10μm。该类型的消泡剂耐酸碱pH值范围为2～12，抗剪切稳定性好，可承受2000r/min 30min以上，切削液经长时间循环、过滤后依然有效。

所述石油磺酸钠的平均分子量为400～500，更优选为465，因为低分子量磺酸钠的乳化性好，高分子量磺酸钠防锈性好，分子量为465时可兼顾乳化性和防锈性。

所述白油在40℃下的运动黏度为 $5\sim10mm^2/s$。

所述磺化蓖麻油的活性物含量不低于10%，硫化基的含量不低于1.8%，pH值为7～8.5。

所述特殊胺为二甘胺和/或二羟乙基环己胺。

[产品特性]

(1) 本品通过添加曼尼希碱作为缓蚀剂，通过分子中苯并三氮唑环与铜表面发生吸附而起到缓蚀作用，同时，氨基上的N原子提供孤对电子与铜表面发生吸附作用，进一步增强了缓蚀剂分子与金属的结合力，而且分子中氨基上的烷基部分也能有效阻止介质中腐蚀离子的进攻；

(2) 通过特殊胺可以保持切削液pH值，同时对铜还有优异的缓释作用，可以对铜起到10天以上的防锈效果；

(3) 本品不添加氯系的极压剂，通过添加脂肪酸，得到良好的润滑性能；

(4) 本品不使用对铜有不利影响的原料，同时又保证了切削液加工性能。

配方 327 铜铝铁材加工用微乳化切削液

[原料配比]

原料		配比（质量份）				
		1#	2#	3#	4#	5#
脱蜡处理全损耗系统10#机械油		30	35	32	30	30
油溶性缓蚀剂		18.2	21.3	19.5	18.2	18.2
水溶性防锈剂		15	17	16	15	15
表面活性剂		5	5.6	5.4	5	5
铝材缓蚀剂		2	2.3	2.2	2	2
铜材缓蚀剂		1	1.2	1.2	1	1
耦合剂乙醇		2	2.4	2	2	2
硬度调节剂	乙二胺四乙酸（EDTA）	2	1.5	2	2	2
pH调节剂	30%的氢氧化钾溶液	3	3.2	3	3	3
水		25	30	28	25	25
油溶性缓蚀剂	石油磺酸钠（T702）	12	14	13	12	12
	石油磺酸钡（T701）	3	3.5	3	3	3
	环烷酸锌（T704）	3.2	3.8	3.5	3.2	3.2
水溶性防锈剂	三乙醇胺	1.7	1.7	1.7	7	5
	油酸	3.3	3.3	3.3	10	10
	片碱（氢氧化钠）	—	—	—	—	0.4
表面活性剂	司盘-80	2.5	2.8	2.7	2.5	2.5
	OP-10	2.5	2.8	2.7	2.5	2.5

[制备方法] 将脱蜡处理全损耗系统10#机械油和油溶性缓蚀剂在50～60℃搅拌混合至少30min，然后依次加入水溶性防锈剂、表面活性剂、铝材缓蚀剂、铜材缓蚀剂、耦合剂乙醇、硬度调节剂、水混合均匀，然后用pH调节剂调节pH值为8～9。

[原料介绍]

所述油溶性缓蚀剂由石油磺酸钠12～14份、石油磺酸钡3～3.5份和环烷酸锌3.2～3.8份组成。

所述水溶性防锈剂为三乙醇胺油酸皂。

所述pH调节剂为30%的氢氧化钾溶液，用量为3～3.2份。

所述表面活性剂由HLB值不大于6的亲油性表面活性剂和HLB值大于12的亲水性表面活性剂按质量比1：1组成。所述亲油性表面活性剂为司盘-80，所述亲水性表面活性剂为OP-10。

所述的铝材缓蚀剂选择硅氧烷酮。

所述的铜材缓蚀剂选择苯并三氮唑。

[产品特性]

(1) 将脱蜡处理全损耗系统10#机械油和油溶性缓蚀剂预先进行混合，可使各成分溶为一体，促进润滑能力大幅提高。

(2) 采用上述方法配制成的微乳化切削液，最终形成稳定均匀透明液体，外观为棕红色，具有良好的防锈性、防腐性、润滑性、冷却性、清洗性。

(3) 本品各项技术指标优异。微乳化切削液不含国家指定的重金属和有害物质，对眼睛和皮肤无刺激，不易生长微生物，可改善工人的操作条件，对环境不造成污染。

(4) 本产品具有优异的减摩擦性，在高速套扣中没有烂牙现象发生，加工性能优于进口同类产品，大大提高了零部件的质量加工水平。

配方 328 透明水溶性切削液

[原料配比]

原料	配比（质量份）	
	1#	2#
乙二醇	10	15
抗氧剂	5	8
硅油	15	20
硼酸	2	5
油酸	2	5
助剂	5	8
四硼酸钠	5	10
偏硅酸钠	5	8
磷酸钠	5	8
甲基丙烯酸酯	3	6
表面活性剂	5	10
添加剂	5	10
水	20	30

[制备方法] 将各组分原料混合均匀即可。

[产品特性] 本品性能稳定，具有良好的润滑性、冷却性、清洗性和防腐性，可提高工件的精密度，延长工件的使用寿命。

配方 329 微合成铝加工切削液

[原料配比]

原料	配比（质量份）		
	1#	2#	3#
液体石蜡	5	8	10
磷酸酯改性物	10	15	20
自乳酯	5	8	10
防锈复合剂	15	15	15
醇类耦合剂	3	5	5
磺酸盐清洗剂	8	5	5
水	59	44	35

[制备方法]

(1) 将液体石蜡、磷酸酯改性物、自乳酯、防锈复合剂、醇类耦合剂、磺酸盐清洗剂按顺序和质量比加入调和反应釜中，常温搅拌混合；

(2) 加入水，搅拌混合，得到微合成铝加工切削液。

[原料介绍]

所述磷酸酯改性物由以下制备方法制备得到：

（1）磷酸酯淀粉制备：

① 将玉米淀粉烘干至含水量10%～12%，获得干燥淀粉；

② 将干燥淀粉与磷酸酯混合并用集热式恒温加热磁力搅拌器搅拌均匀，获得混合物，然后在混合物中加入质量为混合物总质量0.1%的氢氧化钠作为催化剂，升温至110～120℃并维持搅拌，然后施加1～3T的紊乱磁场，反应1～3h后获得磷酸酯淀粉。

（2）阳离子取代处理：

① 将磷酸酯淀粉中加入其质量8～9倍的纯净水，获得混溶液，采用阶段酸度计监测混溶液的pH值，然后通过添加氢氧化钠将混溶液的pH值调整为11.5～12.5，获得碱化混溶液；

② 将碱化混溶液加热至42～45℃，然后将3-氯-2-羟丙基三甲基氯化铵与氢氧化钠按质量比（6～7）∶1混合后，边搅拌边缓慢加入加热后的碱化混溶液中，保温同时保持搅拌6～8h，获得糊状物；

③ 将糊状物采用电热鼓风干燥箱完全烘干，获得干块，然后将干块研碎后采用乙醇水溶液对碎末进行冲洗，然后干燥；

④ 重复步骤③5～7次，即获得所需与阳离子兼容的磷酸酯改性物。

所述自乳酯为消泡型聚醚共聚物。所述自乳酯由以下制备方法制备得到：

（1）制备前准备：

① 原材料准备：按质量份准备环氧乙烷28～35份、聚烯烃共聚物10～15份、含醇有机物1～1.2份、C_{14}～C_{16}脂肪酸4～15份；

② 工艺辅材准备：甲苯42～48份、水溶性无机碱1～2份、氮气、足量乙醇胺、足量纯净水；

③ 设备及工装准备：准备设置有控温装置的真空反应釜，阳离子交换树脂柱，设置有分水器、搅拌器及氮气导管的控温反应釜，与各反应釜匹配的微波发生设备。

（2）聚醚共聚物的制备：

① 将阶段（1）步骤①准备的含醇有机物与阶段（1）步骤②准备的水溶性无机碱混合并搅拌均匀后装入阶段（1）步骤③准备的真空反应釜中，持续抽真空至釜内压力为负压，范围为－100～－90kPa，升温至50～100℃，不断均匀搅拌，采用阶段（1）步骤③准备的微波发生设备以800～1000W的功率处理8～15min后，获得待处理预备反应液；

② 在步骤①获得的待处理预备反应液内通入阶段（1）步骤②准备的氮气，使釜内压力恢复成正压，范围为90～110kPa，并保持压力，调整温度至90～130℃，然后通过入阶段（1）步骤①准备的环氧乙烷25～30份，采用阶段（1）步骤③准备的微波发生设备以800～1000W的功率处理8～15min后，获得待聚合反应液；

③ 在步骤②获得的待聚合反应液中加入阶段（1）步骤①准备的所有聚烯烃共聚物，保持温度和压力，继续采用阶段（1）步骤③准备的微波发生设备以800～1000W的功率处理8～15min后，获得预聚合反应液；

④ 在步骤③获得的预聚合反应液中加入剩余的环氧乙烷，保持温度和压力，继续采用阶段（1）步骤③准备的微波发生设备以800～1000W的功率处理8～15min后，取出反应釜内的反应产物，获得粗品聚醚；

⑤ 将步骤④获得的粗品聚醚浸入足量温度为50～90℃纯净水中，采用阶段（1）步骤③准备的阳离子交换树脂柱除去粗品聚醚中的原阳离子，然后取出阳离子交换树脂柱，停止氮气输入，烘干水分，获得所需聚醚共聚物。

（3）聚醚共聚物自消泡改性：

① 将阶段（2）步骤⑤获得的聚醚共聚物投入阶段（1）步骤③准备的控温反应釜中，然后在反应釜中投入阶段（1）步骤①准备的C_{14}～C_{16}脂肪酸和阶段（1）步骤②准备的甲苯，获得待处理消泡反应釜；

② 在步骤①获得的待处理消泡反应釜内通入氮气，使釜内压力范围为90～110kPa，并保持压力，升温至130～160℃，采用阶段（1）步骤③准备的微波发生设备以800～1000W的功率处

理 8～15min，获得碱性聚醚溶液；

③ 将步骤②获得的碱性聚醚溶液降温至 35～45℃，然后在反应釜内缓慢滴加阶段（1）步骤②获得的乙醇胺，至反应物的 pH 值至 6.5～7.5，获得中性聚醚溶液；

④ 停止通入氮气，卸压至压力恢复常压，加热至甲苯沸点，蒸离甲苯，即获得所需微波催化自消泡型聚醚共聚物润滑剂。

所述防锈复合剂包括以下质量份组分：醇胺 40～60 份、二元酸 10～20 份和四元酸 10～20 份。

所述醇类耦合剂选自异己醇。

所述磺酸盐清洗剂选自脂肪酸甲酯磺酸钠。

［产品特性］ 本品通过加入的各种原料组合，具有润滑、清洗和防锈三重功能，既解决了铝的防腐问题，又加强了抗磨及消泡的功能，大幅度减少了表面活性剂的用量，减少了环境污染的可能；与传统半合成切削液相比，添加材料在水中的颗粒度变小，使得切削液的状态更加趋向于全合成，且加工产品的清洁度明显提高。本微合成铝加工切削液大幅减少添加剂的用量，提高生产效率和产品质量，清洁性优异，使用寿命延长，具有明显的经济、环保和节约能源的效益。

配方 330 微量润滑切削液

［原料配比］

原料	配比（质量份）			
	1#	2#	3#	4#
蓖麻油	20	15	25	22
氢氧化钠	10	5	15	12
油酸	20	10	40	30
硼酸	10	5	25	15
甘油	20	15	25	22
癸二酸	10	8	12	11
十二碳二元酸	20	15	25	22
三乙醇胺	20	10	30	25
钼酸钠	20	15	25	22
聚乙二醇	30	15	45	40
聚醚	25	15	25	22
水	30	25	35	33

［制备方法］

（1）将相应质量份的水和氢氧化钠混合，然后依次加入蓖麻油、硼酸、油酸、聚乙二醇和三乙醇胺，采用温度为 100～105℃的加热炉加热 15～20min，得到硼氮改性蓖麻油酸酯；

（2）按质量份配比称取硼酸、三乙醇胺、聚乙二醇和甘油混合搅拌 5～10min，采用温度为 100～105℃的加热炉加热 30～40min，得到硼氮合成酯；

（3）按质量份配比称取油酸和三乙醇胺至入搅拌装置中搅拌 5～10min，后将搅拌液放入加热炉中，在温度 100～105℃的环境下加热 15～20min，得到油酸酯；

（4）按质量份配比称取癸二酸、十二碳二元酸和三乙醇胺混合搅拌 5～10min，采用温度为 100～110℃的加热炉加热 20～25min，得到羧酸盐；

（5）将相应质量份的钼酸钠、聚乙二醇、聚醚和水混合，然后依次加入经（1）、（2）、（3）和（4）步骤配制成的溶液，混合搅拌 30～40min 后采用温度为 100～105℃的加热炉加热 30～40min，制得润滑切削液。

［产品特性］ 采用硼酸、三乙醇胺、聚乙二醇和甘油制得的硼氮合成酯具有良好的润滑冷却性，增强切削液的润滑效果，可确保加工精度和表面质量，减少刃具的磨损；十二碳二元酸的防锈性较好，可为机床、工件提供防锈保护，使得工件在工序间无需再进行防锈处理。本品制备方法简单，性能稳定，润滑防锈效果较好。

配方 331 微乳化防锈切削液

[原料配比]

原料		配比（质量份）		
		1#	2#	3#
聚四氢呋喃二醇		25	12	18
水溶性高分子乳液	丙烯酸乳液	12	5	—
	聚氨酯乳液	—	—	11
三乙醇胺		4	2～4	3
聚异丁烯		2	1～2	1
单烯基丁二酰亚胺		5	2	3
玻璃纤维		3	1	2
去离子水		85	45	55
清净剂	中碱值石油磺酸钙	3	—	—
	高碱值石油磺酸钙	—	1	3
乳化剂	脂肪醇聚氧乙烯醚	2～7	2	—
	山梨糖醇酐单油酸酯	—	—	4

[制备方法]

（1）称量：按照各个组分的质量份数称取各个组分；

（2）混合：将各个组分依次放入搅拌器中进行搅拌；

（3）真空静置：将搅拌好的混合液放入容器中，放置在真空室温环境下静置8～15h；

（4）封装：真空静置后，进行包装封装，即得到微乳化防锈切削液。

[产品特性]

（1）本品制作工艺简单快捷，可根据操作地点现行配制，十分便利；而且该切削液流动性适中，具有优良的冷却和润滑作用，是一种非常理想的金属加工切削液。

（2）本品为均匀液态，无分层沉淀现象。

配方 332 微乳化切削液（1）

[原料配比]

原料	配比（质量份）		
	1#	2#	3#
pH调节剂	20	15	20
防锈剂	0.5	1	3
抑菌剂	0.5	1	2
非离子表面活性剂	1.5	5	4
阴离子表面活性剂	10	18	9
缓蚀剂	1	2	3
基础油	10	8	15
水	43.5	50	44

[制备方法] 在0～40℃范围内，首先向反应釜中加入适量的水，然后依次投料顺序如下：pH调节剂、防锈剂、抑菌剂、阴离子表面活性剂、非离子表面活性剂、缓蚀剂和基础油，混合搅拌至透明即生产完成，其中投料间隔为8min，搅拌速度为60r/min。

[原料介绍]

所述pH调节剂为单乙醇胺、二乙醇胺、三乙醇胺、二环己胺、环己胺、烷醇酰胺、脂肪醇酰胺中的一种或者几种的混合物。

所述防锈剂为脂肪族二元羧酸中的一种或一种以上的混合物，具体为辛二酸、壬二酸、癸二酸、十一碳二酸、十二碳二酸、十三碳二酸、十四碳二酸中的一种或几种的混合物。防锈剂能够在金属表面上形成一层润滑膜，可以抑制湿气及许多其它化学成分造成的腐蚀。

所述抑菌剂为硼酸盐、三嗪衍生物、吗啉衍生物、聚季铵盐、异噻唑啉酮中的一种或几种的混合物。抑菌剂能够抑制微乳化液内细菌的滋生，能够自体抗菌，解决了夏季微乳化液发臭的问题。

所述非离子表面活性剂为脂肪醇聚氧乙烯醚、烷基酚聚氧乙烯醚、脂肪胺聚氧乙烯醚、聚氧乙烯山梨糖醇酐脂肪酸酯中的一种或几种的混合物。所述阴离子表面活性剂为油酸、油酸钾、油酸钠、妥尔油酸、蓖麻油酸、脂肪醇硫酸酯盐、脂肪醇聚氧乙烯醚硫酸钠、脂肪酸磺烷基酰胺、琥珀酸酯磺酸盐、脂肪醇硫酸盐中的一种或几种的混合物。由于非离子表面活性剂在溶液中不是以离子状态存在，所以它的稳定性高，不易受强电解质存在的影响，也不易受酸、碱的影响，与其他类型表面活性剂能混合使用，相容性好，在各种溶剂中均有良好的溶解性，在固体表面上不发生强烈吸附，且非离子表面活性剂有良好的耐硬水能力，有低起泡性的特点。阴离子表面活性剂具有分散、乳化、泡沫、润湿的性能，可以降低乳化系统中的界面张力，阻止絮凝，打碎胶团，改善涂料的遮盖力、流动性和流平性，解决了现有微乳化切削液润湿性差的问题。

所述缓蚀剂为铝合金缓蚀剂，由含氮氧化合物的杂环化合物中的一种或一种以上物质组成，具体可为硅酸盐、钼酸盐、聚磷酸盐、膦酸盐、膦羧酸、巯基苯并噻唑、磺化木质素、磷酸酯、改性磷酸酯中的一种或几种的混合物。加入缓蚀剂，使微乳化切削液具备良好的稳定性，降低金属被腐蚀的概率，同时使切削液对细菌和霉菌具有抵抗能力，解决了现有乳化切削液容易发臭、变质的问题。

[产品应用] 本品主要用于铝件、钢件等金属的加工。

[产品特性]

（1）通过pH调节剂将切削液的pH值调节为9.0～9.2，使切削液的pH值稳定在最佳值，这样不仅能有效抑制细菌的滋生繁殖避免切削液发臭的问题，同时能有效保护加工工件避免其被腐蚀。

（2）本品具有优良的防锈性、润滑性，特别对铝合金有极佳的缓蚀性，很好地解决了现有微乳化切削液存在的对不同铝合金加工缓释性差的问题，不含有对人体或环境产生不利影响的亚硝酸盐、有机酚等有毒化学品，是一种环保型的高效微乳化切削液。

配方 333 微乳化切削液（2）

[原料配比]

原料		配比（质量份）	
		1#	2#
碱性物质		6	8
防锈剂		9	6
抗硬水剂		0.5	1
非离子表面活性剂		5	4
乳化剂		13.2	15
极压润滑剂		3	2
基础油	机械油	30	—
	矿物油	—	30
杀菌剂		2	1
金属缓蚀剂		1.3	2
水		30	31

续表

原料		配比（质量份）	
		1#	2#
碱性物质	氢氧化钾	1	—
	乙醇胺	1	2
	氢氧化钠	—	1
防锈剂	有机羧酸盐	1	1
	磷酸盐	2	—
	钼酸盐	—	2
乳化剂	多元醇酯	1	—
	油酸	1	1.5
	烷基醇酰胺	—	1
杀菌剂	异噻唑啉酮	1	—
	吡啶类	1	—
	碘代丙炔基氨基甲酸丁酯	3	3
	三嗪类	—	1
抗硬水剂	乙二胺四乙酸（EDTA）钠盐	—	1
	氮川三乙酸（NTA）钠盐	0.5	1
非离子表面活性剂	脂肪醇聚氧乙烯醚类	—	1
	烷基酚类聚氧乙烯醚	—	1.5
	脂肪酸皂	5	—
极压润滑剂	氯化石蜡	—	2
	磷酸酯	3	1
金属缓蚀剂	有机磷酸酯	1.3	2
	咪唑啉	—	3

制备方法

（1）将水先加入反应容器内，启动搅拌，按照配比依次投入碱性物质、抗硬水剂，搅拌5～30min至完全溶解，优选为10min；

（2）在搅拌下，按照配比依次投入防锈剂、非离子表面活性剂，充分搅拌10～30min，优选为20min；

（3）在搅拌下，按照配比再依次投入基础油、极压润滑剂、金属缓蚀剂、杀菌剂，充分搅拌10～30min，优选为20min；

（4）最后在搅拌下，将乳化剂缓慢投入反应容器中，搅拌1h以上至溶液完全透明，制备得到微乳化切削液。

产品应用 本品主要用于铝及铝合金、铜及其合金、铸铁、碳钢、合金钢等材料的磨削加工、切削加工或重度加工。

适用于各种普通磨床、数控专用磨床各种磨削加工和车削、铣削等轻加工和中载加工。

（1）使用微乳化切削液前，选用适当的清洗剂彻底清洗掉贮液槽和设备中原有的金属加工液、切屑和污物。如果贮液槽已经被生物污染，可选用合适的杀菌剂进行杀菌处理。溶液循环30min，然后排放。最后配入本品工作液循环均匀后便可使用。

（2）配制方法：使用清洁的自来水按一定的比例稀释本品，搅拌均匀，乳化完全后即可使用。

（3）推荐使用浓度：

磨削：2%～4%。中度加工：3%～5%。

锯削：3%～5%。重度加工：5%～10%。

可根据加工工件的材质、加工要求等调整使用浓度。

（4）箱液的日常维护：当箱液需要补充时，加水的同时加入相应比例的微乳化切削液，在使用期间应及时清除箱液内的切屑和机床漏出的浮油，定期监测箱液的pH值和浓度，并适当补充或更换新液。

使用时的注意事项：工作液应保持清洁、良好通风，机床应有完备的过滤、除渣系统，应及时清除铁屑、浮油等杂质，若机床多日不开动，应定期对箱液进行空循环和充氧；防止冻结，如果本品在较冷或可结冰的温度下储存，可能会分层或变稠，但产品性能不会改变，在使用前，将其暖至室温并彻底搅拌后便可使用；避免儿童接触甚至误服。

[产品特性]

（1）本品具有良好的极压润滑、冷却、防腐防锈、清洗等功效。本品微乳化切削液中含有特殊的表面活性剂成分，具有良好的清洗性能，使得加工后的工件表面保持干净。本品微乳化切削液含有多种极压润滑剂，可以提供优良的润滑性，甚至可以满足高难度的加工方式，如攻丝钻孔的加工。

（2）本品无毒、无异味、对皮肤无刺激，使用方便。

（3）本品经济合理，可用水高倍数稀释使用。

（4）本品能防止设备生锈和腐蚀，可有效延长刀具和机床的使用寿命；本品含有的防锈成分，具有优良的防锈性能，能有效阻止有害物质的侵蚀，起到保护工件的作用。

（5）抗泡性好，使用周期长，使用成本低。

（6）本品具有几大优势：优良的润滑性，可提高钻具、机床的使用寿命和工件的加工精度；冷却效果好，不产生油烟，操作可见性强；清洗效果好，可有效地去除工件和机床上的油污，提高工件表面光洁度，减轻机床维护成本；优异的防锈性能，满足机加工过程中工件的防锈以及工序间的防锈要求；独特的杀菌体系，使得产品的抗菌性能突出，能有效防止高温环境下加工液腐败发臭；作为微乳化切削液，克服了合成切削液润滑性能差和乳化油易变质发臭的缺点，在很多行业中得到了广泛应用。

配方 334 微乳切削液（1）

[原料配比]

原料		配比（质量份）			
		1#	2#	3#	4#
基础油	HVI 75	30	35	25	28
水		20	30	15	27
复合表面活性剂		25	20	30	27
油酸甘油酯		5	4.5	7	4
硼酸钠		5.4	5.4	6	5
脂肪酸酰胺		6	6.5	7.2	4
防锈剂		5	5	6.2	2
三乙醇胺		1.5	1.5	1.5	1
杀菌剂	2,4,5,6-四氯-1,3-苯二甲腈	1	1	1	1.3
耦合剂	十二烯基丁二酸	1	—	—	—
	十六烯基丁二酸	—	1	—	—
	十八烯基丁二酸	—	—	1	—
	壬基苯氧基乙酸	—	—	—	0.6
消泡剂	工业级的高碳醇脂肪酸酯复合物	0.1	0.1	—	0.1
	高碳醇脂肪酸酯复合物	—	—	0.1	—
复合表面活性剂	十六烷基三甲基溴化铵	2	1	1.5	3
	十二烷基硫酸钠	2	1	3	3
	脂肪醇聚氧乙烯醚	1	2	1.5	0.5
防锈剂	二乙醇胺	2.5	—	—	—
	三乙醇胺	—	2.5	—	2.5
	单乙醇胺	—	—	2.5	—
	甲酸	4	—	4	4
	磷酸	—	4	—	—

[制备方法]

(1) 将水、复合表面活性剂、硼酸钠加入反应器中加热至70～90℃；

(2) 70～90℃下，向反应器中加入基础油、油酸甘油酯、脂肪酸酰胺、三乙醇胺并搅拌均匀，然后自然冷却；

(3) 冷却至室温加入防锈剂、杀菌剂、耦合剂、消泡剂并搅拌均匀，即得到成品切削液。

[原料介绍]

复配表面活性剂能形成水包油型微乳液，水包油型微乳液是水溶性的，可以直接用水清洗。同时表面活性剂复配后起协同增效的作用，比单一使用效果好，增强了增溶性，所用表面活性剂剂量减少，降低了生产成本。

防锈剂是乙醇胺与酸的复配防锈剂，很稀的烷基醇酰胺溶液具有防锈和耐水解性能，能长时间在微乳状态下保持作用，同时对防锈水有增稠作用，从而避免了防锈水从金属表面流失，并使防锈剂在金属表面牢固附着。

高碳醇脂肪酸酯具有无腐蚀性、不易燃、不易爆、不挥发、性质稳定的特点，能够快速渗透到液体内部，并迅速地扩散开，消除因多种表面活性剂产生的顽固性泡沫，在工作过程中不会产生有害气体，不会破坏切削件表面形状。

四氯间苯二甲腈是广谱性、保护性杀菌剂，药效长久稳定，能对多种真菌起到预防作用，悬浮在切削液表面，使切削液不易变质。

[产品特性]

(1) 微乳切削液把油的润滑性、防锈性和水的冷却性结合起来，同时具备较好的润滑冷却性，因而在有大量热生成的高速低压力金属切削加工中有良好的使用前景，与传统的油基切削液相比，有着良好的散热性。

(2) 本品具有优良的水溶性及易清洗性，直接使用，解决了机件表面油类物质残留问题，残留物能用水清洗，并且能够长期储存而不变质。

配方 335 微乳切削液（2）

[原料配比]

原料			配比（质量份）				
			1#	2#	3#	4#	5#
油相	基础油	黏度10～15mm²/s的环烷基矿物油	12	12	15	15	15
	极压剂	氯化石蜡T301	—	5	5	—	5
	乳化剂A	油酸三乙醇胺盐	4	4	3	3	4
油相	乳化剂B	脂肪醇聚氧乙烯醚羧酸的乙醇胺盐	1	1	0.5	1	1
	油性防锈剂	重烷基苯磺酸醇胺盐	15	15	10	10	10
	非离子乳化剂A	辛基酚聚氧乙烯醚（OP-10）	8	8	8	6	5
	非离子乳化剂B	失水山梨醇单油酸酯（SP-80）	2	2	2	3	3
水相	水性防锈剂A	一乙醇胺硼酸酯	8	8	—	—	—
	水性防锈剂B	二乙醇胺硼酸酯	5	7	5	10	6
	水性防锈剂C	三元有机酸的一/三乙醇胺盐	—	—	10	5	9
	耦合剂	格尔伯特酸	—	—	2	1	1
	有色金属缓蚀剂A	非磷型铝缓蚀剂	—	—	3	—	4
	有色金属缓蚀剂B	苯并三氮唑T706	—	—	—	1	1
	消泡剂	非硅型浓缩抗泡剂L5674	0.03	0.02	0.05	0.05	0.05
	水		35	30	25	30	25

[制备方法]

(1) 按质量份将油相中的各组分依次加入反应釜，搅拌混匀，制得油相；

(2) 在搅拌条件下，按质量份向油相中依次加入水相中除水之外的组分，最后加入水，搅拌混匀，制得微乳切削液。

[原料介绍]

极压剂可以采用氯化石蜡，例如氯化石蜡 T301 等，其主要用于提供边界润滑，提高工件的加工精度和加工效率。

乳化剂 A 兼备乳化、润滑、防锈、清洗等功效，适合乳化环烷基基础油，同时提供 pH 值大于 7.5 以及一定碱保持力的体系。

乳化剂 B 具有出色的助乳化能力，配合乳化剂 A，完全乳化环烷基基础油，具有适中的碱性，提供 pH 值大于 7.5 以及一定碱保持力的体系，同时兼顾了黑色金属的防锈性和有色金属的耐腐蚀性对 pH 值的要求，此外具有出色的抗硬水能力和耐电解质能力，不论是加工黑色金属还是有色金属，乳化液的稳定性都能得以保持。

油性防锈剂优点在于：防锈等级高，可替代石油磺酸钠，在同等防锈等级的条件下，剂量仅为石油磺酸钠的一半；具有较高的碱值储备能力和 pH 稳定性，有助于抗菌防腐和防锈；对铝及其合金污斑腐蚀低，对铜金属溶出/腐蚀远远低于其它胺盐；能同时兼顾黑色金属的防锈性与有色金属的防腐蚀性；作为乳化剂，助乳化能力强，乳化液稳定性好。

非离子乳化剂 A 协同乳化剂 A 和乳化剂 B 起乳化作用；非离子乳化剂 B 协同乳化剂 A、乳化剂 B 乳化基础油，同时调整微乳液的 HLB 值。

水性防锈剂 A 在本品的微乳切削液体系中主要用作黑色金属的防锈组分，同时用来提高体系碱值、杀菌防腐败以及作为极压减磨剂使用；水性防锈剂防锈、杀菌、减磨作用优异，同时增加碱保持性；水性防锈剂具有防锈膜薄、防锈能力强等优点。

耦合剂对金属表面的润湿力好，能提升配方稳定性；与水性防锈剂 A、防锈剂 B 复配，在低 pH 值（pH＝8.0）时防锈等级高；单独抑制有色金属腐蚀的能力高，尤其是在低 pH 值环境下；此外，与有色金属缓蚀剂 A 复配，对所有类型的铝及其合金、铜等有色金属都具有腐蚀抑制能力。

[产品应用] 微乳切削液在黑色金属和/或有色金属加工中的应用：微乳切削液可加 35～45 倍水稀释直接作为工作液使用，或 1∶(0.5～1.5) 兑水调和制成低含油微乳切削液，还可以 1∶(0.5～1.5) 兑基础油调和制成高含油微乳化切削液。

[产品特性] 该微乳切削液生产工艺简单、产品功能全面、产品质量稳定，能同时适应多种材质和多种加工工艺。

配方 336 微乳切削液（3）

[原料配比]

原料		配比（质量份）
基础油	10#工业白油	10～25
石油磺酸钠		8～15
油酸		6～12
三乙醇胺		10～20
烷基酚聚氧乙烯醚（OP-10）		10～16
烷基醇酰胺磷酸酯 6503		1～5
防锈剂单体		10～20
十四醇或十八醇		1～10
苯并三氮唑		1～2
四硼酸钠		1～10

续表

原料		配比（质量份）
碳酸钠		1～5
三嗪化合物或苯并异噻唑啉酮杀菌剂		1～3
消泡剂		0.25～1
水		30～50
防锈剂单体	十二碳二元脂肪酸	1
	三乙醇胺	4

[制备方法]

（1）油相体系的配制：在反应容器中加入基础油，搅拌加热，达到60℃时，缓慢加入石油磺酸钠，搅拌溶解均匀，缓慢加入油酸，搅拌溶解均匀，缓慢加入三乙醇胺，搅拌反应充分，缓慢加入烷基酚聚氧乙烯醚，搅拌溶解，乳化均匀，缓慢加入烷基醇酰胺磷酸酯，搅拌溶解均匀，缓慢加入防锈剂单体，搅拌溶解均匀；

（2）水相体系的配制：在容器中加入水，加热到60℃，在搅拌下缓慢加入四硼酸钠、碳酸钠、十四醇（或十八醇），充分溶解均匀；

（3）微乳体系的配制：在保持一定温度下，将步骤（2）中的水相体系缓慢细流地加入搅拌下的步骤（1）中的油相体系中，再缓慢加入消泡剂和杀菌剂，最终得到棕色透明均匀油状液体。

[原料介绍]

防锈剂单体为十二碳二元脂肪酸与三乙醇胺按1∶4质量比在80～90℃下搅拌2h获得。

[产品特性]

（1）本品不仅具有乳化型切削液良好的润滑性和合成型切削液清洗性好的优点，还克服了乳化型切削液易变质发臭、使用寿命短及合成型切削液油性、润滑性能较差的缺点，具有润滑性好、冷却及清洗能力强、使用寿命长等特点。在微观抗磨方面也有较大改善，能广泛在各类金属切削加工中用作润滑冷却液，尤其在柔性加工中心和集中润滑冷却系统及大循环混流加工中应用更能显示出优良效果。

（2）本品可以像乳化型切削液一样，溶液干后能形成一层防锈保护膜，对机床滑动和转动部件起良好的防锈作用，因此尤其适合于全封闭加工机床。

（3）本品清洗性能适中，优于乳化型切削液，但又不损坏机床涂料，因此在保护机床外观质量上是合成型切削液不可替代的。

（4）该切削液的润滑性能和防锈性能好，微乳型切削液使用周期长，是乳化型切削液的4～6倍，对工作人员皮肤无刺激性，对人体无害。

配方 337 微乳切削液（4）

[原料配比]

原料		配比（质量份）				
		1#	2#	3#	4#	5#
复合防锈剂	三乙醇胺硼酸酯	14	16	15	15	15
	三乙醇胺油酸皂	14	16	15	15	15
羊毛脂		8	10	10	13	13
聚乙二醇400		10	10	10	10	8
脂肪醇聚氧乙烯醚（AEO-9）		12	15	15	13	13
润滑油	精制润滑油	20	20	20	19	19
失水山梨醇脂肪酸酯		3	3	3	3	3
去离子水		19	20	22	22	24

续表

原料		配比（质量份）				
		1#	2#	3#	4#	5#
精制润滑油	矿物基础油	32	32	32	32	32
	合成基础油	43	43	43	43	43
	聚乙烯	2	2	2	2	2
	琥珀酸酐	1	1	1	1	1
	聚异丁烯	3	3	3	3	3
	乙烯丙烯共聚物	9	9	9	9	9
	复合功能添加剂	10	10	10	10	10
复合功能添加剂	液压油复合剂	3	3	3	3	3
	工业齿轮油复合剂	1	1	1	1	1
	工业润滑油复合剂	10	10	10	10	10
	防锈油复合剂	15	15	15	15	15

制备方法

（1）向搅拌器中先加入所述去离子水，在低转速状态下，依次缓慢加入聚乙二醇400、脂肪醇聚氧乙烯醚（AEO-9）、失水山梨醇脂肪酸酯，常温搅拌至体系均匀透明；所述低转速为200～500r/min。

（2）向步骤（1）得到的体系中加入三乙醇胺硼酸酯、三乙醇胺油酸皂、羊毛脂和精制润滑油，搅拌，即得到所述微乳切削液。所述搅拌的时间为10～20min，温度为20～35℃。

原料介绍

所述聚异丁烯的平均分子量为500～5000。

所述乙烯丙烯共聚物的平均分子量为7万～15万。

所述液压油复合剂的型号为KT55012A。

所述工业齿轮油复合剂的型号为KT310 GL-3。

所述工业润滑油复合剂的型号为KT9505。

所述防锈油复合剂的型号为KT6265A。

产品特性

（1）本品具有良好的生物降解性、极压润滑性、防锈性、冷却性和清洗性，且对人体无害。

（2）本品为淡黄色透明液体，贮存稳定，可长期存放，用于机件加工具有极佳的极压润滑性、冷却性、清洗性和防锈性，可明显提高加工效率和产品的光洁度，延长刀具使用寿命，能广泛在各类金属切削加工中用作润滑冷却液。本品无毒、无害，且不会损坏机床涂层，因此在保护机床外观质量上是其他切削液不可替代的。本品制备方法简单，易控制。

配方 338 微乳水基切削液

原料配比

原料		配比（质量份）		
		1#	2#	3#
矿物油		30	50	40
脂肪酸油性剂		15	25	20
表面活性剂	烷基酚聚氧乙烯醚	15	—	—
	脂肪醇聚氧乙烯醚	—	20	—
	吐温-80	—	—	17
极压剂		5	15	10
有机酸三乙醇胺		10	20	15

续表

原料		配比（质量份）		
		1#	2#	3#
消泡剂	乳化硅油	1	2	—
	高级醇	—	—	1
防腐剂		1	3	2
耦合剂	乙醇	1	—	—
	丙三醇	—	—	1
	异丙醇	—	2	—
防霉剂	异噻唑啉酮	1	2	—
	乙内酰脲	—	—	1
去离子水		150	300	200

制备方法 将各组分原料混合均匀即可。

产品特性

（1）本品具有优良的润滑性、防锈性、耐高温性、清洗性、杀菌性，在机械制造行业中，可满足各种进口、国产设备及各种材质机加工工艺要求，是一种环保型的金属切削液。

（2）本品能形成一层防锈保护膜，对机床滑动和转动部件起到良好的防锈作用；具有良好的冷却性，能够在加工过程中快速降温，耐高温性能好；清洁性能好，不会损害机床油漆，使用周期长，对工作人员的皮肤无刺激性，对人体无害。

配方 339 微乳型切削液

原料配比

原料			配比（质量份）	
			1#	2#
油相	矿物油	ISOVG100 矿物润滑油（Mobil 美孚）	6	8
	妥尔油		4	7
	合成油酸酯	油酸异辛酯	2.4	3.6
		油酸乙酯	1.8	2
		季戊四醇油酸酯	1.8	2.4
	三羟甲基丙烷油酸酯		5	7
	山梨醇酐单油酸酯		3	4
	油酸单甘油酯		7	—
	硬脂酸单甘油酯		—	8
	油酸二乙醇酰胺硼酸酯		3	5
油包水（W/O）型初乳	油相		34	47
	水①		26	32
	有机胺	三乙醇胺	0.8	1.3
		2-氨基-2-甲基-1-丙醇	0.6	1
		3-氨基-4-辛醇	0.4	0.7
	防腐杀菌剂	苯甲酸钠	0.3	0.4
	聚乙二醇 400		0.5	—
	聚乙二醇 600		—	1.2
水②			34	38
辛烷基酚聚氧乙烯醚			8	10
月桂醇聚氧乙烯醚			4	6

续表

原料		配比（质量份）	
		1#	2#
有机胺	三乙醇胺	1.4	1.3
	2-氨基-2-甲基-1-丙醇	1	1
	3-氨基-4-辛醇	0.8	0.7
防腐杀菌剂	苯甲酸钠	0.7	0.8
聚乙二醇400		1.5	—
聚乙二醇600		—	2.8

制备方法

（1）将ISOVG100矿物润滑油（Mobil美孚）、妥尔油、油酸异辛酯、油酸乙酯、季戊四醇油酸酯和三羟甲基丙烷油酸酯在70℃条件下加热，搅拌混合均匀后，加入山梨醇酐单油酸酯（司盘-80）、油酸单甘油酯和油酸二乙醇酰胺硼酸酯搅拌溶解，得到油相；

（2）取水①，在70℃条件下搅拌加热，加入三乙醇胺、2-氨基-2-甲基-1-丙醇、3-氨基-4-辛醇、苯甲酸钠和聚乙二醇400（或聚乙二醇600）搅拌溶解后，加入步骤（1）所得油相，1000r/min条件下搅拌6min，再用高压均质机进行均质得到油包水（W/O）型初乳，所述均质的参数为：均质压力在12MPa，均质时间6min；

（3）取水②，在70℃条件下搅拌加热，加入辛烷基酚聚氧乙烯醚、月桂醇聚氧乙烯醚、三乙醇胺、2-氨基-2-甲基-1-丙醇、3-氨基-4-辛醇、苯甲酸钠和聚乙二醇400（或聚乙二醇600），搅拌溶解后，加入步骤（2）所述的油包水（W/O）型初乳中，在2400r/min条件下搅拌12min，得到水/油/水（W/O/W）微乳型切削液。

原料介绍

矿物油、妥尔油、合成油酸酯和三羟甲基丙烷油酸酯作为基础油（油相），能够在摩擦界面上形成一层油膜，发挥润滑作用；矿物油、妥尔油、合成油酸酯和三羟甲基丙烷油酸酯的组合能够发挥协同作用。与单独矿物油相比，能够明显提高皂化值，提高摩擦面油膜的强度，提高润滑性。本品中，为了实现微乳型切削液的优异特性，矿物油、妥尔油、合成油酸酯和三羟甲基丙烷油酸酯混合后40℃的黏度优选为70～110mm^2/s，该黏度范围的基础油制备的微乳型切削液不仅能具有很好的润滑性，而且还具有很好的流动性和冷却性能，同时对油性添加剂具有良好的溶解度，在加入大范围的量的油性添加剂后，切削液仍然满足质量要求，且存放过程中，切削液保持稳定的分散体系，不发生乳化液分层等不良现象。妥尔油中含有大量的有机酸如松香酸和脂肪酸等，合成油酸酯和三羟甲基丙烷油酸酯含有酯基，在切削过程中，妥尔油、合成油酸酯和三羟甲基丙烷油酸酯中的羧基、酯基等极性基团，吸附在金属的表面，在金属的表面生成坚固而又薄的单分子层保护膜，不降低接触面的摩擦系数，而且还可以抑制水分子与金属的接触，起到防锈作用。

聚乙二醇作为水溶性添加剂，能够提高微乳型切削液的润滑性，且聚乙二醇还能够提高微乳型切削液的清洗能力。

防腐杀菌剂的添加能够明显地抑制微生物的繁殖和生长，提高微乳型切削液的稳定性。

油酸二乙醇酰胺硼酸酯在高温下与金属表面发生化学反应生成化学反应膜，在切削中起极压润滑作用。油酸二乙醇酰胺硼酸酯油膜强度高，摩擦系数低，具有良好的减磨抗磨性能，而且和密封材料有良好的相容性，对人体无毒害作用。油酸二乙醇酰胺硼酸酯也具有防锈功能。油酸二乙醇酰胺硼酸酯带有的亲水性基团氨基、酯基吸附在切刀、工件和金属的表面，油酸的疏水性长链脂肪酸链形成一层油性保护膜，阻止水分与切刀、工件和金属的接触，从而起到防锈作用。

所述的矿物油选自ISOVG100和ISOVG150中的一种或其组合。

所述的微乳型切削液为水/油/水（W/O/W）微乳型切削液，粒径为10～80nm。

所述的有机胺为三乙醇胺、2-氨基-2-甲基-1-丙醇和3-氨基-4-辛醇的混合物，具有防锈作用，有机胺的亲水基团吸附在切刀、金属、工件的表面，疏水性基团形成一层疏水膜，避免水分子与切刀、金属、工件的接触，防止其生锈。

所述的聚乙二醇选自聚乙二醇200、聚乙二醇400、聚乙二醇600、聚乙二醇800、聚乙二醇2000中的一种或多种。

产品应用 微乳型切削液使用时，根据加工条件，将微乳型切削液稀释成3%～10%体积分数的稀释液。

产品特性

（1）本品具有良好的流动性，乳滴能够在金属的表面快速进行铺展形成完整的油膜，增强润滑性，且良好的流动性使得水/油/水（W/O/W）微乳型切削液的冷却性能大大提高，小粒径范围的水/油/水（W/O/W）型微乳液也便于稀释和清洗。本品是一种良好稳定的分散体系，具有优异的润滑性、流动性、冷却性、抗锈性、易清洗性。

（2）本品包含油包水（W/ O）型乳化剂，油包水（W/ O）型乳化剂能够明显抑制泡沫的产生。本品通过合理搭配水包油（O/W）型乳化剂和油包水（W/O）型乳化剂，既能够制备微乳型切削液，又能够抑制泡沫产生。本品在切削过程中泡沫产生量低，满足生产需求。

（3）本品的pH值优选为8～9，该pH值范围内的切削液能够大幅度提高切削液的润滑性和去污能力，对如钢铁等工件的腐蚀程度也明显降低，且碱性也不容易导致细菌的滋生，大大提高切削液的稳定性和使用寿命。

（4）本品同时也具有强络合能力，能够与硬水中的钙离子、镁离子等发生络合，防止钙皂、镁皂的生成和聚集，提高微乳型切削液稳定性；因有机胺的加入，可用硬水对本品所述的微乳型切削液中进行稀释调配，而不出现析油、分层、相变等不良现象。

（5）本品适合于多种金属，可确保加工精度和延长刀具的使用寿命，可长时间循环使用；不含亚硝酸盐、硫、磷、酚类等有毒有害物质，对环境和健康有利，且本品对微生物的抵抗力强，不易发臭变质，储存时间长。

配方 340 无醇胺类全合成水性切削液

原料配比

原料		配比（质量份）			
		1#	2#	3#	4#
黑色金属防锈剂	氢氧化钠	20	25	30	35
	十二碳二元酸	2.5	1	2	1
	癸二酸	2	1	2	1
	硼酸	1.7	2	2	1
	异壬酸	1	1	2	1
	异辛酸	15	1.5	5	1
表面活性剂	聚氧乙烯聚氧丙烯嵌段聚醚	6.2	5	4	6
	二乙二醇丁醚	6	5	4	6
	聚乙烯亚胺均聚物	0.5	1	2	0.5
	聚乙二醇油酸酯	—	1	—	—
	山梨醇酐油酸酯	—	1	—	—
	聚醚930	—	—	2	—
抑菌剂	2,4-二氯-3,5-二甲基苯酚	0.2	0.5	1	0.5
	3,5-二甲基-4-氯苯酚	0.2	0.5	1	0.5
消泡剂	聚醚改性聚硅氧烷消泡剂	0.3	0.5	1	0.5
水		加至100	加至100	加至100	加至100

［制备方法］ 将各组分原料按比例搅拌均匀得到。

［产品应用］ 本品主要用于高品位的金属工件加工。

［产品特性］ 本品抗腐蚀性能优（30℃恒温条件下30天不生菌），防锈性能好（铸铁48h无锈点），且不含醇胺类添加剂，产生的废水可以达标排放。

配方341 无硼无杀菌剂全合成镁合金长效切削液

［原料配比］

原料		配比（质量份）		
		1#	2#	3#
原料	水溶性极压添加剂	6	7	8
	水溶性润滑添加剂	6	8	10
	镁合金缓蚀剂	4	6	8
	抗硬水剂	2	4	6
	助剂	1	3.5	6
辅料	缓蚀增强剂	2	6	10
	防锈剂	2	6	10
	防腐剂	4	8	12
	润滑增强剂	2	6	10
缓蚀增强剂	铬酸盐	2	3	4
	亚硝酸盐	2	3	4
	硅酸盐	4	5	6
	钼酸盐	1	2.5	4
	钨酸盐	2	3	4
	聚磷酸盐	1	1.5	2
	锌盐	2	4	6
防锈剂	石油磺酸钠	2	4	6
	硫酸锌	4	6	8
	柠檬酸钠	2	3	4
防腐剂	四氟乙烯	2	4	6
	丙烯酸	2	3	4
	硅藻土	4	5	6
	高氯化聚乙烯	2	3	6
润滑增强剂	硅油	1	3	5
	脂肪酸	2	3	4
	油酸	1	2.5	4
	聚酯	2	3	4
	合成酯	2	4	6
	羧酸	2	3	4

［制备方法］

（1）将水溶性极压添加剂、水溶性润滑添加剂、镁合金缓蚀剂放入搅拌机中进行搅拌，从而得到混合物A；搅拌温度为80～90℃，搅拌时间为10～12min。

（2）将混合物A、抗硬水剂、助剂放入搅拌机中进行搅拌，从而得到混合物B；搅拌温度为80～90℃，搅拌时间为10～12min。

（3）将混合物B、缓蚀增强剂放入搅拌机中进行搅拌，从而得到混合物C；搅拌温度为80～85℃，搅拌时间为12～14min。

（4）将混合物C、防锈剂放入搅拌机中进行搅拌，从而得到混合物D；搅拌温度为80～

100℃，搅拌时间为 20～22min。

(5) 将混合物 D、防腐剂放入搅拌机中进行搅拌，从而得到混合物 E；搅拌温度为 90～110℃，搅拌时间为 20～22min。

(6) 将混合物 E、润滑增强剂放入搅拌机中进行搅拌，从而得到切削液。搅拌温度为 90～120℃，搅拌时间为 20～26min。

[原料介绍]

所述缓蚀增强剂的制备流程如下：

(1) 将铬酸盐、亚硝酸盐、硅酸盐放入反应釜中进行搅拌混合，搅拌温度为 120～140℃，搅拌时间为 12～18min；

(2) 将钼酸盐、钨酸盐、聚磷酸盐、锌盐放入反应釜中进行搅拌混合，搅拌温度为 140～160℃，搅拌时间为 20～24min；

(3) 将上述的两种混合物放入反应釜中进行搅拌混合，搅拌温度为 140～150℃，搅拌时间为 18～22min，从而得到缓蚀增强剂。

所述防锈剂的制备流程如下：

(1) 将石油磺酸钠和硫酸锌放入反应釜中进行搅拌混合，搅拌温度为 110～120℃，搅拌时间为 12～16min；

(2) 将上述的混合物与柠檬酸钠放入反应釜中进行搅拌混合，搅拌温度为 110～120℃，搅拌时间为 12～16min，从而得到防锈剂。

所述防腐剂的制备流程如下：

(1) 将四氟乙烯、丙烯酸放入反应釜中进行搅拌混合，搅拌温度为 510～520℃，搅拌时间为 20～24min；

(2) 将硅藻土、高氯化聚乙烯放入反应釜中进行搅拌混合，搅拌温度为 540～560℃，搅拌时间为 20～26min；

(3) 将上述的两种混合物放入反应釜中进行搅拌混合，搅拌温度为 540～560℃，搅拌时间为 22～24min，从而得到防腐剂。

所述润滑增强剂的制备流程如下：

(1) 将硅油、脂肪酸、油酸、聚酯放入反应釜中进行搅拌混合，搅拌温度为 80～100℃，搅拌时间为 8～12min；

(2) 将合成酯、羧酸放入反应釜中进行搅拌混合，搅拌温度为 80～90℃，搅拌时间为 8～12min；

(3) 将上述的两种混合物放入反应釜中进行搅拌混合，搅拌温度为 90～100℃，搅拌时间为 12～14min，从而得到润滑增强剂。

[产品特性] 本品通过加入防腐剂实现在加工件的表面形成防腐层，以达到对加工件进行防腐目的，从而会提高加工件的使用寿命；通过加入缓蚀增强剂提高切削液的缓蚀效果；通过加入防锈剂提高切削液的防锈效果；通过加入润滑增强剂提高切削液的润滑效果。

配方 342 无消泡剂的水性切削液

[原料配比]

原料		配比（质量份）			
		1#	2#	3#	4#
润滑剂	分子量 2100 的环氧乙烷环氧丙烷嵌段共聚物	10	—	30	—
	分子量 2600 的环氧乙烷环氧丙烷嵌段共聚物	20	—	—	30
	聚乙二醇 400	—	35	—	—
	壬基酚聚氧乙烯醚	—	—	5	—

续表

原料		配比（质量份）			
		1#	2#	3#	4#
分散剂	聚乙二醇脂肪酸酯	—	—	1	—
	丙烯酸均聚物钠盐	1	1	—	1
渗透剂	炔二醇乙氧基化合物	—	—	5	—
	异构十三醇聚氧乙烯醚	10	10	—	15
防锈剂	三乙醇胺硼酸酯	—	3	—	—
	苯并三氮唑	2.5	—	—	2.5
	柠檬酸	—	—	2	—
极压剂	水性硼酸钼	0.5	—	0.3	0.5
	硫化脂肪酸酯	—	0.4	—	—
水		56	50.6	66.7	51

制备方法

（1）将水、润滑剂、除锈剂、分散剂和极压剂加入反应釜中搅拌，充分溶解得到第一溶液；

（2）在第一溶液中加入渗透剂并搅拌，得到无消泡剂的水性切削液。

产品特性

（1）本品不添加有机溶剂——消泡剂，不仅泡沫程度低且性能与添加消泡剂的产品无异，因此，解决了现有向水性切削液中添加消泡剂，由于消泡剂不易溶于水，常常在切削液中形成分层，且随着使用次数的增加消泡剂失效会造成更多的泡沫，以及在切削液当中添加有机溶剂还额外增加生产成本问题。

（2）本品无挥发、气味小、性能稳定且对人体无害。

（3）本品配方原料简单易得、成本低廉，生产过程也简化无腐蚀，且制备得到的无消泡剂的水性切削液为中性，对金属无腐蚀。

（4）本品不仅泡沫程度低且整体性能与含有消泡剂的产品无异，还表现出优异的润滑性，清洗也相对容易。

配方 343 新型合成切削液

原料配比

原料		配比（质量份）			
		1#	2#	3#	4#
混合芳烃		60	80	70	75
TX-10 乳化剂		适量	适量	适量	适量
石油磺酸钠		3	6	4.5	5
防锈络合物		4	8	6	7
油酸		5	10	7.5	8
OP-10		3	6	4.5	5
水		加至 100	加至 100	加至 100	加至 100
防锈络合物	三乙醇胺	1	1	1	1
	三元酸	1	1	1	1
	水	1	1	1	1

制备方法

（1）在容器中加入混合芳烃，由于混合芳烃自身凝点较低，再向容器中加入 TX-10 乳化剂后搅拌均匀，将容器放置于−25℃的环境下等待 10～15min，得到没有浑浊且不黏稠的液体。

（2）向步骤（1）中的容器中按照质量份加入石油磺酸钠、防锈络合物、油酸、OP-10 以及水，之后搅拌均匀，将容器静置于常温环境下 10～15min 得到混合后的液体。

（3）将步骤（2）得到的液体检验、分装，得到成品新型合成切削液。

[原料介绍]

所述混合芳烃为窄馏分重整芳烃抽提所得的芳烃混合物，为苯、甲苯、二甲苯的混合物。

所述防锈络合物为三乙醇胺、三元酸以及水三者之间按照 1∶1∶1 的配比混合制成。

[产品特性] 本品具有凝点低、湿润性好以及防锈性能好的特点，提高了对有色金属的抗氧化性，且还有良好的挤压抗磨性能，大大降低了企业的生产成本。

配方 344 新型环保切削液

[原料配比]

原料		配比（质量份）				
		1#	2#	3#	4#	5#
聚乙二醇型二十碳烯酸三乙醇酰胺硼酸酯	二十碳烯酸	20	20	20	20	20
	三乙醇胺	10	10	10	10	10
	硼酸	4	4	4	4	4
	聚乙二醇 400	40	40	40	40	40
水		27	20	25	22	23
椰子油脂肪酸二乙醇酰胺		8	15	10	13	12
防锈剂	聚乙二醇型二十碳烯酸三乙醇酰胺硼酸酯	14	7	12	9	11
N5 白油		18	26	20	23	22
极压抗磨剂	二烷基二硫代氨基甲酸盐	9	3	8	4	5
防腐蚀剂		2	4	2.8	3.7	3
乙醇		2	1.2	1.9	1.6	1.8
乳化剂		2	5	2.9	4.7	3.5
消泡剂	聚醚 L61	7	3	6	4	5
防霉剂	五氯苯酚钠	0.5	1.6	0.8	1.4	1
乳化剂	油酸钠	5	5	5	5	5
	油酸	1	1	1	1	1
防腐蚀剂	碳酸钠	1	1	1	1	1
	葡萄糖酸钠	2	2	2	2	2
	硼砂	2	2	2	2	2

[制备方法]

（1）将水加入反应器中，升温至 60℃，开启搅拌装置，然后加入椰子油脂肪酸二乙醇酰胺、防锈剂搅拌 15min；

（2）再加入 N5 白油、极压抗磨剂、防腐蚀剂、乙醇、乳化剂、消泡剂，搅拌 30min；

（3）将温度降至 40℃，加入防霉剂，继续搅拌 20min 即得。

[原料介绍]

本品利用油酸钠和油酸复配作为乳化剂，油酸的加入可以抑制油酸钠的水解，油酸钠（HLB=18）与油酸（HLB=1）复配，可中和乳化剂的 HLB 值，其用量比例决定着乳化剂最终的 HLB 值，本品通过将油酸钠与油酸按照质量比 5∶1 混合成乳化剂，得到的乳化剂 HLB 值接近本品中被乳化物质的 HLB 值，因而取得了很好的乳化效果，提高产品的稳定性。

所述的聚乙二醇型二十碳烯酸三乙醇酰胺硼酸酯由以下制备方法制备得到：取 20 份二十碳烯酸与 10 份三乙醇胺加入带有搅拌器、温度计和回流冷凝管的三口瓶中，加热至 60℃，开始搅拌反应 1h，并同时开动减压蒸馏装置，抽出反应生成的水，加入 4 份硼酸，继续反应 1h，将 40 份的聚乙二醇 400 加入三口瓶中，反应 1.5h，趁热倒出产物，干燥除去残留在产物中的水分，得到聚乙二醇型二十碳烯酸三乙醇酰胺硼酸酯。

［产品特性］

(1) 本品性能优异，各项性能都能达到标准要求；不含对人体有害的亚硝酸钠，工作废液易于处理，对环境无污染，具有重要的环保意义。

(2) 本品的表面活性剂聚乙二醇型二十碳烯酸三乙醇酰胺硼酸酯，使切削液具有优异的防锈性和润滑性，与加入的防腐蚀剂产生复合增效作用，可以在金属器械以及加工金属的表面形成吸附保护膜层、钝化膜层，有效地防止阴、阳极腐蚀过程，并且能够有效地隔绝水分子、氧气等其他腐蚀性物质的浸入，具有优良的防腐、防锈性能，还具有很好的润滑性。

配方 345 新型环保透明切削液

［原料配比］

原料	配比（质量份）		
	1#	2#	3#
烷基二苯醚双磺酸盐	8	5	4
环氧乙烷/环氧丙烷共聚物	7	9	10
支链仲醇乙氧基化物	4.5	5	3.5
三乙醇胺	3	5	4
新癸酸	1.5	3.5	2
三元羧酸	2	3	4
反式聚醚	5	8	4
季铵盐	3	2	3.5
磷酸酯类	5	2	7

［制备方法］ 将以上成分按比例混合、搅拌均匀得到产品。

［产品应用］ 本品主要用于黑色金属、铝合金、铜、不锈钢的磨削和重负荷切削加工。

［产品特性］ 本品具备良好的冷却性能、润滑性能、防锈性能、除油清洗功能、防腐功能、易稀释特点；完全能够满足机械操作高速进料、高速运转的要求；不含氯和亚硝酸盐，具有良好生物稳定性；具有无毒、无味、对人体无侵蚀、对设备不腐蚀、对环境不污染等特点；具有低泡沫性，不论在硬水中还是在软水中都能表现出良好的性能。

配方 346 新型金属切削液

［原料配比］

原料		配比（质量份）				
		1#	2#	3#	4#	5#
消泡剂	菜籽油	50	50	50	50	50
	冰醋酸	15（体积份）	15（体积份）	15（体积份）	15（体积份）	15（体积份）
	过氧化氢	50（体积份）	50（体积份）	50（体积份）	50（体积份）	50（体积份）
	浓硫酸	0.1（体积份）	0.1（体积份）	0.1（体积份）	0.1（体积份）	0.1（体积份）
水		37	22	34	25	30
三羟甲基丙烷油酸酯		28	37	32	35	34
石蜡基油		34	26	30	28	29
壬基酚聚氧乙烯醚硫酸钠		21	29	23	27	25
月桂基甜菜碱		21	16	20	18	19
琥珀酸酯磺酸钠		17	25	19	23	21
螯合剂		12	5	10	7	9
防锈剂		7	14	9	12	10

续表

原料		配比（质量份）				
		1#	2#	3#	4#	5#
杀菌剂		3	1	2.8	1.6	2
消泡剂		2	5	2.8	4.4	3
螯合剂	酒石酸	1	1	1	1	1
	葡萄糖酸钠	1	1	1	1	1
	二乙醇胺	2	2	2	2	2
防锈剂	硅酸钠	8	8	8	8	8
	蓖麻酸	0.6	0.6	0.6	0.6	0.6
	十二烯基丁二酸	1.3	1.3	1.3	1.3	1.3
	钼酸钠	2	2	2	2	2
	水	15	15	15	15	15
杀菌剂	苯醚甲环唑	3	3	3	3	3
	戊二醛	0.8	0.8	0.8	0.8	0.8

制备方法

（1）将水加入反应器中，加热至60～70℃，开启搅拌装置，然后依次加入三羟甲基丙烷油酸酯、石蜡基油、壬基酚聚氧乙烯醚硫酸钠、月桂基甜菜碱、琥珀酸酯磺酸钠，搅拌20～30min至混合均匀；

（2）将温度降低至40～50℃，继续加入螯合剂、防锈剂、杀菌剂，搅拌混合15～25min，然后加入消泡剂，搅拌8～15min即得。

原料介绍

本品以酒石酸、葡萄糖酸钠和二乙醇胺复配螯合剂，可以有效地增强切削液的防锈性能和耐腐蚀性能。

本品以硅酸钠、蓖麻酸、十二烯基丁二酸、钼酸钠和水复配防锈剂，有效提高了切削液的防锈性能。蓖麻酸和十二烯基丁二酸的碳链较长，可以在加工器件表面形成较厚并且致密的疏水性保护膜，能够有效阻止水分侵蚀金属表面。钼酸盐的添加可以在金属表面形成致密的金属氧化物薄膜，阻止腐蚀反应的进行。

所述的消泡剂由下述制备方法制备得到：

（1）在一个三口烧瓶中加入50质量份的菜籽油，瓶口一端分别插入装有15体积份冰醋酸、50体积份过氧化氢和0.1体积份浓硫酸的分液漏斗，预热至40℃，并保持温度在40～60℃之间，开启搅拌装置，1h内分别将分液漏斗中溶液滴加完毕，保持温度于60～65℃，继续反应3h，然后倒出，置于分液漏斗中静置20min，用0.7%的氢氧化钠溶液洗涤至pH=5，分层后将水相放出，余下的油相即环氧菜籽油；

（2）将步骤（1）得到的环氧菜籽油加入三口瓶中，再加入异辛醇和浓硫酸，在80℃左右搅拌反应4h即得到消泡剂，控制环氧菜籽油和异辛醇的摩尔比为1∶5.2，所用浓硫酸的质量为环氧菜籽油质量的1.5%。

产品应用 本品主要用于加工中心、数控机床、自动化生产线加工铝合金、铸铁、碳铁、不锈钢、模具钢、铜等多种材质。

产品特性

（1）采用高黏度三羟甲基丙烷油酸酯和低黏度石蜡基油进行复配，制备得到的切削液成本合理，黏度适宜，并且具有很好的润滑性。

（2）本品质量稳定，性能优良，使用寿命长。

（3）本品自制了消泡剂，对制备得到的环氧菜籽油进一步改性，提高了其稳定性，并且将消泡剂的环氧值控制在4.537，达到了最佳的消泡性能。

（4）本品pH值保持在稳定范围内，能够避免切削液受污染，并且加强切削液的防锈性能。

配方 347 新型水溶性切削液

[原料配比]

原料		配比（质量份）		
		1#	2#	3#
去离子水或纯水		10	12	15
胺类	一乙醇胺	9	11	13
防锈剂		2	3	5
腐蚀抑制剂		1	1	2
润滑剂		10	7	12
脂肪酸	丙烯醛基化脂肪酸酯	7	5	10
合成添加剂	聚醚类	8	10	5
基础油		50	45	36
助剂		2	5	1.5
消泡剂		1	1	0.5

[制备方法]

（1）称取一定质量的去离子水或纯水投入反应釜中；

（2）开始搅拌，并投入胺类物质，加热至（60±5）℃，随后搅拌10～30min至完全溶解；

（3）将基础油、防锈剂、腐蚀抑制剂、润滑剂、脂肪酸、合成添加剂、助剂、消泡剂按顺序投放至反应釜中，搅拌溶解，得到水溶性切削液。

[原料介绍]

所述胺类为一乙醇胺、三乙醇胺、一异丙醇胺中的一种或几种的混合物。

所述合成添加剂为聚醚类、自乳化酯类物质。

所述脂肪酸为丙烯醛基化脂肪酸酯、四聚蓖麻油酸、异壬酸中的一种或多种的混合物。

[产品特性]

（1）本品以水为溶剂代替矿物油，降低切削液成本并减少废液的产生，具有较强的耐腐蚀性能、乳化稳定性，使用寿命长；具有优异的耐硬水性能和低温储藏性能。

（2）本品添加的胺类物质，可有效地控制其他组分的水解；聚醚类、自乳化酯类添加剂在水中分散性能优异，低泡，润滑性能良好；丙烯醛基化脂肪酸酯、四聚蓖麻油酸、异壬酸具有优异的防锈和润滑作用。

配方 348 应用于铝合金材质的超高润滑环保切削液

[原料配比]

原料		配比（质量份）
异丙醇胺		4
三元酸防锈剂		5
苯并三氮唑		1
丙三醇		8
润滑剂	聚酯 GY-25	8
妥尔油酸二乙醇酰胺		2
妥尔油		4
异构十三醇聚氧乙烯醚		2
环烷基基础油		45
格尔伯特醇		2

续表

原料		配比（质量份）
醚羧酸复配剂		2
复合缓蚀剂		2
氢氧化钾		1
疏水性乳化剂	MARLOX RT 42	2
水		加至100

制备方法

（1）根据配比，准备超高润滑环保切削液的制备材料；

（2）在容器中加入水、异丙醇胺、三元酸、苯并三氮唑、氢氧化钾，常温搅拌直至均匀透明，得到液体A；

（3）将丙三醇、润滑剂、妥尔油酸二乙醇酰胺、妥尔油、异构十三醇聚氧乙烯醚、环烷基基础油、格尔伯特醇、醚羧酸复配剂、复合缓蚀剂、疏水性乳化剂加入液体A中，在40℃下搅拌至均匀透明。

原料介绍

所述的醚羧酸复配剂包括以下质量分数的组分：醚羧酸35.71%；短链醚羧酸21.43%；长链醚羧酸42.86%。

所述的复合缓蚀剂包括以下质量分数的组分：金属缓蚀剂26.67%；表面活性剂53.33%；硅氧烷20.00%。

产品应用 本品适合于多种铝合金材质加工。

产品特性

（1）本品润滑性非常好，低浓度也能满足加工需求，不含甲醛、亚硝酸盐和苯酚类杀菌剂等有害物质。本品金属保护性能优异，能满足各种铝合金材质的加工；润滑性好，能满足各种工艺的加工；气味低，不含劣质基础油和添加剂，对人体友好，对环境友好。

（2）本品采用聚酯GY-25作为润滑剂，此润滑剂具有良好的水解稳定性和热、氧化性能，适用于高温退火，抑制细菌滋生；取代含氯、硫系极压添加剂，避免有毒物质和油雾生成，润滑性好、不污染环境。

（3）本品中，醚羧酸复配剂具有优异的抗硬水性能，与水中的Ca^{2+}、Mg^{2+}螯合，并且生成的螯合物有良好的分散作用。本品低泡，使用液不会产生大量泡沫；环保，低毒，且具有优良的生物降解性能。

配方 349 用于Al-7050的微乳化切削液

原料配比

原料		配比（质量份）	
		1#	2#
有机醇胺		10	15
防锈剂	十二碳二元酸（DDDA）	2	—
	癸二酸、C_{21}二元酸	—	1.5
抗硬水剂	乙二胺四乙酸二钠（EDTA-2Na）、醇醚羧酸	1	0.5
阴离子表面活性剂	妥尔油酰胺	10	—
	聚异丁烯丁二酸酐酰胺	—	8
基础油	10#环烷基油	45	—
	5#环烷基油	—	30
非离子表面活性剂	脂肪醇聚氧乙烯醚	3	—
	蓖麻油酸聚氧乙烯醚	—	5

续表

原料		配比（质量份）	
		1#	2#
润滑极压剂	聚合酯、氯化石蜡	13	—
	聚合酯	—	8
杀菌剂	*N*,*N*-亚甲基双吗啉（MBM）、2-丁基-1,2-苯并异噻唑啉-3-酮（BBIT-25）	2	—
	N,*N*-亚甲基双吗啉（MBM）	—	1.5
缓蚀剂	苯并三氮唑	2.5	—
	磷酸酯 ADDCOTM CP-NF-3	—	2
消泡剂	有机硅消泡剂 MS575	0.1	—
	有机硅消泡剂 XIAMETER AFE-1267	—	0.5
水		11.9	33.4
有机醇胺	一异丙醇胺	2	3
	二环己胺	3	2
	三乙醇胺	3	3
	甲基二乙醇胺	2	—
	2-氨基-2-甲基-1-丙醇（APM-95）	—	2

［制备方法］

（1）按照配比将水、有机醇胺、防锈剂、抗硬水剂混合均匀，搅拌至粉体完全溶解。

（2）按照配比加入阴离子表面活性剂，搅拌均匀。

（3）按照配比加入基础油，搅拌均匀。

（4）按照配比加入润滑极压剂、杀菌剂、缓蚀剂、非离子表面活性剂，搅拌均匀。

（5）按照配比加入消泡剂，搅拌均匀。混合过程中反应釜内温度应保持在 30～40℃。

［产品应用］ 本品主要应用于铝制、铁制的工件、零件、材料的切削、铣削、钻孔、攻丝等机加工领域。所述的铝制品为 1 系、2 系、5 系、6 系、7 系铝合金及压铸铝等；所述的铁制品为钢及其合金等。

Al-7050 的微乳化切削液的使用：

（1）首先需要对集中供液系统或单机储槽进行清理、清洗、漂洗等，如存在生菌问题，需要对油槽内部工作液进行杀菌处理。

（2）然后将所需量的水注入集中供液系统或单机储槽中。

（3）加入适量的用于 Al-7050 的微乳化切削液，配制工作液。

（4）在开始生产之前工作液循环，整个系统以确保混合适当；循环新加工液到室温温度，避免首班生产时可能会遇到的尺寸控制问题。

推荐使用浓度（质量比%）：磨削 2%～4%；中度加工 3%～5%；锯削 3%～5%；重度加工 5%～10%。可根据加工工件的材质、加工要求等调整使用浓度。

［产品特性］

（1）本品属于浓缩型产品，按照一定浓度稀释使用，平均成本低。

（2）本品通过特种醇胺（如 APM-95 等）和特殊结构磷酸酯的综合作用，使其对铝合金的保护效果优异，特别适用于敏感度高的铝合金（如 2A14、5056、7050 等等）防护，能够有效地防止因其腐蚀变色带来的损失。

（3）多种合成酯的复配使用，使得本品具有优异的润滑极压性能，能够大大地提高加工后产品的表面光洁度；在重负荷加工中，如钻孔、攻丝，能够很好地保护刀具，从而延长其使用寿命。

（4）本品未添加亚硝酸盐、硼酸等物质，对人体无毒副作用，属于环保型产品。

（5）醇醚羧酸、乙二胺四乙酸在本品中的使用，使其具有优秀的硬水适应能力，在 500μg/g 硬度下，使其稀释液稳定，未发现明显的析油析皂问题，润滑、缓蚀等性能仍能维持不变。

(6) 本品采用了特定的组分及配比，使其对敏感度较高铝合金（2系、5系、6系、7系等）的防护做到最优；润滑性尤为突出，能够确保加工件质量；产品抗腐败能力优异，使用寿命延长；且不含硼酸及硫类添加剂，对人体和环境安全。

配方 350 用于不锈钢的切削液

原料配比

原料	配比（质量份）					
	1#	2#	3#	4#	5#	6#
棕榈酸	1	2	3	2	2	2
磺化蓖麻油	1	2	3	2	2	2
妥儿油	3	5	7	5	4	4
醚羧酸	0.5	1	1.5	1	1	1
重烷基苯磺酸	3	6	8	6	6	6
硼酸	3	4	5	4	4	4
苯并三氮唑	0.1	0.5	1	0.5	0.5	0.5
单乙醇胺	3	4	5	4	4	4
磷酸酯	1	1.5	2	1.5	1.5	1.8
三乙醇胺	3	5	7	5	5	5
十二碳二元酸	2	3	4	3	3	3
硫化脂肪	5	8	10	7	7	7
硫化烯烃	5	8	10	7	7	7
硫化棉籽油	1	2	3	2	2	2
均三嗪	2	3	4	3	3	3
二甲基硅油	0.05	0.08	0.1	0.07	0.07	0.07
高黏度聚酯	3	4.5	6	4	4	5
司盘-80	1	3	5	3	3	4
30#环烷基基础油	40	50	60	50	45	50
烷氧基化多羟基化合物	3	4	5	4	4	4
水	5	10	15	10	9	10

制备方法

(1) 将硼酸、单乙醇胺加入反应容器中，保温反应，得到反应物一；保温反应的温度为95～100℃，保温反应的时间为1h。

(2) 向所述反应物一中加入十二碳二元酸、三乙醇胺，保温反应，得到反应物二；保温反应的温度为90～95℃，保温反应的时间为5～10min。

(3) 向所述反应物二中加入棕榈酸、醚羧酸、妥儿油、重烷基苯磺酸和磷酸酯，保温反应，得到反应物三；保温反应的温度为90～95℃，保温反应的时间为10～15min。

(4) 向所述反应物三中加入苯并三氮唑和磺化蓖麻油，保温反应，得到反应物四；保温反应的温度为90～95℃，保温反应的时间为10～15min。

(5) 向所述反应物四中加入司盘-80、烷氧基化多羟基化合物、硫化棉籽油、硫化烯烃、硫化脂肪、高黏度聚酯和30#环烷基基础油，搅拌混匀，得到混合物。

(6) 将所述混合物降温至40～50℃，向所述混合物中加入水、二甲基硅油和均三嗪，得到所述用于不锈钢的切削液。

产品特性 本品完全替代纯油性产品，通过二甲基硅油、均三嗪复配，达到增强刀具耐磨性和增加切削液的润滑性的效果，同时通过有机醇类和酯类的复配来达到优异的润滑效果，使得最终得到的切削液在制备不锈钢等材料时润滑性更好，制备出的材料表面光洁度更高。

配方 351 用于高速切削的新型切削液

[原料配比]

原料	配比（质量份）
石油磺酸钠	13
聚氧乙烯烷基酚醚	6.5
氯化石蜡	10～30
环烷酸铅	5
三乙醇胺油酸皂	2.5
有机杀菌剂	10
高速机械油	加至 100

[制备方法]

（1）首先在搅拌釜中放入高速机械油；

（2）然后依次放入石油磺酸钠、聚氧乙烯烷基酚醚、氯化石蜡、环烷酸铅、三乙醇胺油酸皂、有机杀菌剂，搅拌混合，得到切削液。

[原料介绍]

所述有机杀菌剂为一种取代苯类杀菌剂。

所述高速机械油又称高速锭子油，其是轻质机械油的一种，为一种黏度较低的润滑油。

[产品特性] 本品具有良好的润滑作用、防锈性、冷却性和抗泡性能，适用于铝合金的高速加工，可延缓刀具磨损，多数情况下对产品不产生化学作用，易清洗，长时间不使用不发臭。

配方 352 用于光伏硅片的高性能水基切削液

[原料配比]

原料		配比（质量份）				
		1#	2#	3#	4#	4#
氟碳表面活性剂		—	—	—	0.1	0.2
水		29.9	27.4	20.9	32.3	34.2
分散剂	聚氧丙烯嵌段聚合物	3	—	2	—	4
	聚氧乙烯嵌段聚合物	—	5	2	3	3
	乙二醇单丁醚	10	—	—	—	5
	异丙醇	—	10	12	4	5
润湿剂	聚氧乙烯醚山梨醇酯	5	—	—	—	5
	炔二醇醚	30	20	30	30	20
	脂肪酸甘油酯	—	10	—	—	—
	聚氧乙烯醚烷基酚醚	—	20	20	—	—
	聚甘油酯	—	—	—	5	—
	山梨醇	—	—	—	10	4
消泡剂	炔二醇	20	5	10	10	10
	聚硅氧烷	0.5	—	1	4	5
	三氟丙基甲基环三硅氧烷	—	—	—	—	3
杀菌剂	三嗪	2	2	2	1	1
	山梨酸钾	—	—	—	0.5	0.5
pH 调节剂	柠檬酸	0.1	—	—	0.1	—
	异壬酸	—	0.1	0.1	—	—
	草酸	—	—	—	—	0.1

［制备方法］ 将水与氟碳表面活性剂混合，加热到50～60℃后，加入分散剂、润湿剂、消泡剂、杀菌剂、pH调节剂，混合搅拌而得。

［原料介绍］

所述分散剂为丙二醇、乙二醇单甲醚、乙二醇单乙醚、乙二醇单丁醚、乙二醇、乙醇、异丙醇、聚氧乙烯嵌段聚合物、聚氧丙烯嵌段聚合物、聚氧乙烯聚氧丙烯嵌段共聚物中的一种或任意几种。分散剂使硅片切割后的颗粒不易接近、团聚，同时分散剂易于快速渗入切割表面，以提高切割效率。

所述润湿剂为聚氧乙烯醚烷基酚醚、脂肪酸甘油酯、聚甘油酯、山梨醇、聚氧乙烯醚山梨醇酯、炔二醇醚中的一种或任意几种。润湿剂可显著降低液体表面张力，提供润滑性和渗透性，使切削液具备更好的渗透、浸润性能，切割硅片的表面时，可显著降低摩擦力，减少切割损伤，提高硅棒的切割良率。

消泡剂抑制泡沫的产生，以充分发挥切削液的浸润渗透作用。

杀菌剂抑制细菌的产生，避免生物侵蚀，以维持切削液的性能。

pH调节剂调节pH值，使切削液更稳定，同时抑制硅片切割中氢气的产生。

氟碳表面活性剂高效、稳定，具有高表面活性、高热力学和化学稳定性，提高了切削浓缩液的使用效率。

［产品应用］ 将切削液用水稀释500～1350倍后，供光伏硅片切削使用。

［产品特性］

(1) 本品可快速渗透到加工界面，降低表面张力，降低摩擦阻力；同时分散切割碎屑，有效防止碎屑团聚；有效降低切割表面的温度，使用方便并且高效。

(2) 作用稳定：降低配比后，切削液性能并未下降。

(3) 节省成本：稀释比例高，只需添加常规产品用量的1/6～1/2即可达到同等的效果，间接降低了工艺成本和原料成本。

配方 353 用于航空钛合金加工的切削液

［原料配比］

原料		配比（质量份）		
		1#	2#	3#
植物油	蓖麻油	20	25	—
	菜籽油	—	—	20
防锈剂	月桂二酸	4	—	—
	癸二酸	—	4	4
碱缓冲剂	碳酸钠	4	—	—
	碳酸钾	—	5	4
	氢氧化钠	1	—	—
	氢氧化钾	—	—	1
合成酯	四聚蓖麻油酸酯	6	8	—
	三羟甲基丙烷油酸酯	—	—	10
乳化剂	聚异丁烯丁二酸酐	3	4	6
	脂肪酸聚氧乙烯酯	3	4	4
气雾抑制剂	聚乙二醇6000	0.5	—	—
	聚丙二醇4000	—	0.5	—
	聚丙烯酸钠	—	—	0.5
防腐增效剂	乙基已基甘油	1	1	1.5
	苯氧乙醇	1	1	1.5
水		加至100	加至100	加至100

［制备方法］ 将各组分原料混合均匀即可。

［原料介绍］

所述植物油为菜籽油、大豆油、蓖麻油、棕榈油、椰子油和花生油中的一种或几种的混合物；优选精制菜油、蓖麻油。

所述乳化剂为异构十三醇聚氧乙烯醚、聚异丁烯丁二酸酐、脂肪酸聚氧乙烯酯和妥儿油中的一种或几种的混合物；优选聚异丁烯丁二酸酐与脂肪酸聚氧乙烯酯的混合物。

所述合成酯为三羟甲基丙烷油酸酯、季戊四醇油酸酯、新戊二醇油酸酯、棕榈酸异辛酯和四聚蓖麻油酸酯中的一种。

［产品特性］ 本品采用环保型乙基已基甘油与苯氧乙醇协同防腐，防腐效果好，摒弃了现有切削液中必不可少的胺类成分和生物毒性高的传统防腐组分，不仅降低了切削液在使用过程中 VOCs 的挥发量，同时防腐性能并未受到影响；

配方 354 用于机械加工的半合成水溶性切削液

［原料配比］

原料		配比（质量份）		
		1#	2#	3#
蒸馏水		40	47	45
基础油		18	10	15
聚醚		4	6	5
油酸皂		1	3	2
多元羧酸		4	3	2
三乙醇胺		12	10	11
杀菌剂		1	0.3	0.5
硫化猪油		3	1	1.5
硼酸酯		1	1	2
聚乙二醇酯		3	5.7	4
亲水表面活性剂		10	7	8
石油磺酸钠、石油磺酸钡和二壬基萘磺酸钡		3	6	4
石油磺酸钠、石油磺酸钡和二壬基萘磺酸钡	石油磺酸钠	45	45	45
	石油磺酸钡	40	40	40
	二壬基萘磺酸钡	15	15	15

［制备方法］ 将各组分原料混合均匀即可。

［原料介绍］ 所述三乙醇胺的浓度为 80%。

［产品特性］ 本品极压润滑效果出色，5%～10%工作液可以满足大部分金属材料的磨削、铣削加工；具有优异的黑色金属防锈效果，有色金属不氧化，原液透明；工作液半透明，使用寿命长达半年，可以满足同时加工黑色金属和有色金属。

配方 355 用于机械加工的超高含量微乳化切削液

［原料配比］

原料	配比（质量份）		
	1#	2#	3#
聚醚	4	7	8
蓖麻油酸合成酯	9	12	13

原料		配比（质量份）		
		1#	2#	3#
油酸皂		7	7	3
多元羧酸		2	6	6
三乙醇胺		10	12	12
杀菌剂		0.5	1	0.3
硫化猪油		3	2	2
硼酸酯		3	3	3
聚乙二醇酯		5	6	3
亲水表面活性剂		3	5	7
石油磺酸钠、石油磺酸钡和二壬基萘磺酸钡		5	5	3
基础油		加至100	加至100	加至100
石油磺酸钠、石油磺酸钡和二壬基萘磺酸钡	石油磺酸钠	45	45	45
	石油磺酸钡	40	40	40
	二壬基萘磺酸钡	15	15	15

制备方法 将各组分原料混合均匀即可。

原料介绍

所述基础油的作用为润滑及作为载体使用；

聚醚的作用为作为乳化剂使用，具有润滑效果；

蓖麻油酸合成酯的作用为润滑和极压；

油酸皂的作用为润滑、防锈和乳化；

多元羧酸的作用为防锈；

三乙醇胺（80%含量）的作用为防锈、润滑、pH 调整和保持；

杀菌剂的作用为防腐；

硫化猪油的作用为润滑和极压；

硼酸酯的作用为润滑和铝防护；

聚乙二醇酯的作用为润滑；

亲水表面活性剂的作用为乳化和 HLB 调整；

石油磺酸钠、石油磺酸钡和二壬基萘磺酸钡复配的作用为防锈。

产品特性 本品极压润滑效果出色，6%工作液可以不锈钢盲孔攻细牙、铝合金盲孔细牙挤牙，优异的黑色金属防锈、有色金属不氧化效果，有效解决了黑色金属和有色金属同时加工时出现的矛盾，使用寿命可长达半年。

配方 356 用于机械加工的切削液

原料配比

原料		配比（质量份）				
		1#	2#	3#	4#	5#
香豆胶改性吡啶季铵盐缓蚀剂	香豆胶粉	15	15	15	15	15
	95%乙醇溶液	10（体积份）	10（体积份）	10（体积份）	10（体积份）	10（体积份）
	30%氢氧化钠溶液	6	6	6	6	6
	吡啶季铵盐醚化剂溶液	20	20	20	20	20
水		29	18	27	21	25
三乙醇胺		5	10	6	9	8
防锈剂	环烷酸锌	7	2	6	3	4

续表

原料		配比（质量份）				
		1#	2#	3#	4#	5#
N-油酰基甘氨酸		25	36	28	32	30
缓蚀剂	香豆胶改性吡啶季铵盐缓蚀剂	3	1.2	2.5	1.8	2
润滑剂		11	19	13	17	15
烷基酚聚氧乙烯醚		5	1	4	2	3
烷基磺酸钠		1	6	3	5	4
螯合剂	硫酸锌	2.2	0.8	1.8	1.3	15
乳化硅油		0.1	0.9	0.3	0.7	0.5
烷基二甲基苄基氯化铵		2.6	0.7	2.3	1.5	1.8
润滑剂	蓖麻油合成酯	0.7	0.7	0.7	0.7	0.7
	三羟甲基丙烷油酸酯	2	2	2	2	2
	季戊四醇油酸酯	2	2	2	2	2

[制备方法]

（1）将水加入反应器中，升温至50℃，开启搅拌装置，然后加入三乙醇胺和防锈剂，搅拌至完全溶解；

（2）再加入N-油酰基甘氨酸、缓蚀剂、润滑剂、烷基酚聚氧乙烯醚、烷基磺酸钠，搅拌混合至均匀；

（3）继续加入螯合剂、乳化硅油搅拌均匀，然后将温度降至30℃，加入烷基二甲基苄基氯化铵，再搅拌15min后即得。

[原料介绍]

所述的香豆胶改性吡啶季铵盐缓蚀剂由下述制备方法制备得到：在反应器中加入香豆胶粉15质量份，再加入10体积份95%乙醇溶液将其润湿，然后加入6质量份30%氢氧化钠溶液，不断搅拌，反应0.5h使胶粉充分碱化，接着加入20质量份吡啶季铵盐醚化剂，在50℃保温2h，然后在60℃下熟化1h即得。

[产品特性]

（1）本品通过对辅助添加剂种类和用量的严格把控，保证了制备得到的切削液具有很好的长效性、稳定性、低泡性和防锈性能。

（2）本品呈透明均匀的液体，无变色、无沉淀、无分层，具有很好的稳定性。

（3）本品具有很好的耐腐蚀、耐锈性能，以及优异的润滑性能。切削液的pH值会影响其防锈性能，本品pH值均保持在8.7～9.4范围内，可以避免切削液被微生物污染，从而影响其使用性能和贮存性能，也避免了pH值过高导致对机械器材的腐蚀和对操作人员皮肤的伤害。

（4）本品选用了自制香豆胶改性吡啶季铵盐缓蚀剂，起到了很好的缓蚀效果。自制的缓蚀剂与体系的相容性更好，并且与本品中螯合剂可以产生协同作用，从而提高切削液的耐腐蚀耐锈性能。

（5）本品采用蓖麻油合成酯、三羟甲基丙烷油酸酯和季戊四醇油酸酯进行复配使用，得到了PB值较高、摩擦因素低、润滑性能极佳的切削液。

配方 357 用于机械加工的水基无油型节能环保高效的合成切削液

[原料配比]

原料	配比（质量份）		
	1#	2#	3#
二乙醇胺	5	6	5
聚酯酰胺酯	11	13	12

续表

<table>
<tr><td colspan="2" rowspan="2">原料</td><td colspan="3">配比（质量份）</td></tr>
<tr><td>1#</td><td>2#</td><td>3#</td></tr>
<tr><td colspan="2">多元羧酸</td><td>3</td><td>3</td><td>4</td></tr>
<tr><td colspan="2">三乙醇胺</td><td>3</td><td>3</td><td>4</td></tr>
<tr><td colspan="2">杀菌剂</td><td>1.5</td><td>0.6</td><td>0.6</td></tr>
<tr><td colspan="2">防锈复配液</td><td>40</td><td>30</td><td>25</td></tr>
<tr><td colspan="2">水</td><td>37.5</td><td>44.4</td><td>49.4</td></tr>
<tr><td rowspan="5">防锈复配液</td><td>一乙醇胺</td><td>10</td><td>12</td><td>12</td></tr>
<tr><td>钼酸钠</td><td>9</td><td>7</td><td>9</td></tr>
<tr><td>硼酸酯</td><td>9</td><td>10</td><td>10</td></tr>
<tr><td>聚乙二醇酯</td><td>11</td><td>13</td><td>13</td></tr>
<tr><td>水</td><td>61</td><td>58</td><td>56</td></tr>
</table>

制备方法 将各组分原料混合均匀即可。

原料介绍 所述防锈复配液由各组分在 32℃的环境混合复配而成。

产品特性 本配方中不含任何矿物油和动植物油，不含亚硝酸钠，且具有优异的极压润滑效果、黑色金属超长防锈效果，同时具有成本低、配制简单、污染小、无色无味、长寿命的特点，因此适用于多种机床工作。

配方 358 用于加工铝轮毂的易清洗环保切削液

原料配比

<table>
<tr><td colspan="2">原料</td><td>配比（质量份）</td></tr>
<tr><td>缓蚀剂</td><td>异丙醇胺</td><td>3.5</td></tr>
<tr><td>防锈剂</td><td>三元羧酸</td><td>3.5</td></tr>
<tr><td colspan="2">苯并三氮唑</td><td>2.5</td></tr>
<tr><td colspan="2">氢氧化钾</td><td>0.27</td></tr>
<tr><td colspan="2">纳米硅防腐蚀剂</td><td>2.5</td></tr>
<tr><td>润滑剂</td><td>186 自乳化酯</td><td>5</td></tr>
<tr><td colspan="2">妥尔油</td><td>5.5</td></tr>
<tr><td colspan="2">环烷基基础油</td><td>40</td></tr>
<tr><td colspan="2">格尔伯特醇</td><td>3.5</td></tr>
<tr><td colspan="2">醚羧酸复配剂</td><td>3.5</td></tr>
<tr><td colspan="2">石油磺酸钠</td><td>5.5</td></tr>
<tr><td colspan="2">MARLOX RT 42</td><td>2.7</td></tr>
<tr><td colspan="2">水</td><td>加至 100</td></tr>
</table>

制备方法

（1）在容器内依次加入水、异丙醇胺、三元羧酸、苯并三氮唑和氢氧化钾，常温搅拌直至均匀透明；

（2）再将纳米硅防腐蚀剂、186 自乳化酯、妥尔油、环烷基基础油、格尔伯特醇、醚羧酸复配剂、石油磺酸钠、MARLOX RT 42 加入上述均匀透明液体，在 40℃下搅拌至均匀透明。

产品特性

（1）本品不含劣质油和其他有害物质，对环境友好，对工人无害。

（2）本品对铝合金保护性能好，能满足各种铝合金材质加工。

（3）本品稳定，润滑性好，可延长刀具寿命，低浓度也能满足加工，极大地节约成本。

（4）产品易清洗，后道工序清洗剂消耗少，节约成本、减少污染。

配方 359 用于金刚线切割大尺寸硅片的切削液

[原料配比]

原料		配比（质量份）				
		1#	2#	3#	4#	5#
助溶剂	β-萘酚聚氧乙烯醚	3	1	5	2	5
乳化剂	椰油酸二乙醇酰胺	35	30	40	35	30
消泡剂	炔二醇类分子消泡剂（Surfynol DF-110D）	1	—	1	—	1
	活性聚醚消泡剂（TEGO Antifoam KS 911）	—	1	—	1	—
润湿剂	复合润湿剂（Surfynol 104H 和 Surfynol 420）	7	10	5	—	—
	非离子有机超级润湿剂（Dynol 8106）	—	—	—	10	12
润滑剂	油胺	2	1	3	2	3
水		52	57	46	54	49

[制备方法] 在室温下，先将助溶剂与水混合，再依次加入乳化剂、润滑剂和润湿剂，搅拌均匀后再加入消泡剂，持续搅拌至溶液澄清透明，获得用于金刚线切割大尺寸硅片（直径在 182～210nm）的切削液。

[产品特性] 本品润湿和润滑性能极大提升，能对更多更细的硅粉快速润湿起到清洁金刚线的作用，实现硅粉的快速“移除”，保证金刚线良好的切割能力；本品可以快速冲洗并带走切割面上的硅粉，降低切割时的阻力，减少断线，减少硅片表面线痕，使得硅片表面易于清洁，保证硅片质量，以确保后续制作高效电池组件。

配方 360 用于金属材料的切削液

[原料配比]

原料	配比（质量份）		
	1#	2#	3#
酚醛树脂	0.5	6	4
脂肪醇聚氧乙烯醚	10	35	23
吗啡啉	1	10	5
去离子水	1	3	1.5
稳定剂	1	2.5	1.25
聚酰亚胺	5	20	13
硬脂酸丁酯	10	20	15
稳定剂	30	60	45

[制备方法] 将各组分原料混合均匀即可。

[产品特性] 所有添加剂均为生物降解速度较快的添加剂，使得本加工液具有环保的作用，在生产和使用过程中不存在环境污染，高效、绿色而且环保。

配方 361 用于金属加工的水溶性多功能长效极压乳化切削液

[原料配比]

原料	配比（质量份）			
	1#	2#	3#	4#
二乙醇胺	6	8	6	8

续表

原料	配比（质量份）			
	1#	2#	3#	4#
十二碳二元酸	2	3	2	3
硼酸	5	6	5	6
一乙醇胺	1	2	1	2
二环己胺	1	1.5	1	1.5
妥尔油 M-28B	7	9	7	9
四聚油酸	2	3	2	3
环烷油	25	30	25	30
白油	5～8	8	5～8	8
合成酯	5	6	5	6
铝缓蚀剂与铜缓蚀剂	1	1.5	1	1.5
MBM 杀菌剂	1	1.5	1	1.5
BK	1	1.5	1	1.5
乳化剂	3	3.5	3	3.5
消泡剂	0.05	1	0.05	1
水	加至 100	加至 100	加至 100	加至 100

制备方法

(1) 分别取二乙醇胺、一乙醇胺、二环己胺、水，将取得的二乙醇胺、一乙醇胺、二环己胺依次加入水中，边搅拌边加热，温度控制在 60～80℃，得反应产物 A；

(2) 分别取十二碳二元酸、硼酸、四聚油酸，依次加入反应产物 A 中，搅拌 15～30min，温度控制在 60～80℃，得反应产物 B；

(3) 分别取妥尔油 M-28B、环烷油、白油、合成酯，依次加入反应产物 B 中，搅拌 15～30min，温度控制在 60～80℃，得反应产物 C；

(4) 分别取铝缓蚀剂与铜缓蚀剂、MBM 杀菌剂、BK、乳化剂，依次加入反应产物 C 中，搅拌 15～30min，温度控制在 60～80℃，得反应产物 D；

(5) 取消泡剂，加入反应产物 D 中，搅拌 15～30min，温度控制在 60～80℃，得成品。

原料介绍

所述乳化剂选自山梨酸醇脂肪酸酯类、磷脂类中的一种。

所述消泡剂选自 GPE 型、GPES 型聚醚类消泡剂中的一种或两种。

产品应用 本品主要用于要求宽泛黑色金属及有色金属的切削和磨削加工，特别是铸铁、合金钢部件的加工。

产品特性 本品能抵抗硬水，具有优异的润滑性、冷却性、防锈性、消泡性，使用寿命长；不含亚硝酸盐、苯酚等有毒有害物质，不损害健康，不污染环境。

配方 362 用于精密制造汽车铝轮毂的切削液

原料配比

原料		配比（质量份）								
		1#	2#	3#	4#	5#	6#	7#	8#	9#
防锈剂 A	二甘醇胺	3	4	4	4	5	2	4	4	4
	单乙醇胺	2	2	2	2	5	2	2	2	2
	2-氨基-9-甲基-1-丙醇	—	—	—	—	5	2	—	—	—
防锈剂 B	硼酸	3	3	3	3	3	3	2	3	3
	十碳二元酸	—	—	—	—	—	—	1	—	—
	三元羧酸	2	2	2	2	2	2	2	2	2

续表

原料		配比（质量份）								
		1#	2#	3#	4#	5#	6#	7#	8#	9#
润滑剂	蓖麻油酸	5	8	5	3	3	3	3	2	3
	二聚酸	—	—	—	—	—	—	—	2	—
	四聚蓖麻油酸酯	—	—	—	—	—	—	—	2	—
	妥尔油	3	—	3	3	3	3	3	2	3
特种功能剂	脂肪酸多元醇酯	3	3	3	5	5	5	5	3	5
平衡剂	甘油	2	2	3	3	3	3	3	2	3
微生物控制剂	2-氨基-2-甲基-1-丙醇	3	3	3	2	2	2	2	3	2
表面活性剂	脂肪醇聚氧乙烯醚羧酸	3	3	3	3	3	3	3	3	3
	烷氧基化脂肪醇	4	3	5	3	3	3	3	3	3
	失水山梨醇油酸酯	—	—	—	—	—	—	—	—	2
	脂肪醇聚氧乙烯醚	5	5	6	5	5	5	5	5	3
矿物油	变压器油	42	42	32	42	33	42	42	42	42
去离子水		20	20	26	20	20	20	20	20	20

制备方法

（1）按比例添加防锈剂A、防锈剂B和部分去离子水，加热至70～90℃，以300～500r/min的速度搅拌反应20～30min至防锈剂A和防锈剂B完全溶解，得到混合物A；

（2）按比例添加表面活性剂、润滑剂、特种功能剂和矿物油，常温下以300～500r/min的速度搅拌反应20～30min直至混合均匀，得到混合物B；

（3）将混合物A加入混合物B中，常温下以300～500r/min的速度搅拌反应20～30min直至混合均匀，加入平衡剂、微生物控制剂和剩余的去离子水，搅拌混合均匀，即得所述切削液。

原料介绍

所述防锈剂A为有机醇胺，选自三乙醇胺（TEA）、二乙醇胺（DEA）、单乙醇胺（MEA）、二甘醇胺（DGA）、2-氨基-2-甲基-1-丙醇（AMP-95）。

所述润滑剂为蓖麻油酸、二聚酸、棕榈酸、妥尔油、四聚蓖麻油酸酯、季戊四醇油酸酯、植物油酸聚酯、三羟甲基丙烷油酸酯中的至少一种。

所述脂肪酸多元醇酯采用蓖麻油酸、亚麻油酸和妥尔油酸作为原料，并加入丙三醇、二甘醇、异丙醇、二聚酸、聚乙二醇400中的至少一种，在160～240℃反应3～10h得到。

所述矿物油为变压器油、环烷基油中的至少一种。所述环烷基油的40℃运动黏度为15～35mm^2/s。

产品特性

（1）本品添加脂肪酸多元醇酯作为特种功能剂，该物质不仅具有很强的附着性、边界润滑性，且泡沫低，可以解决目前常用植物油脂泡沫多的缺陷，可以替代目前常用的有机硅类消泡剂，从而解决现有技术添加此类消泡剂容易析出，造成滤网、切削液管路堵塞、消泡持久性不佳的缺陷。

（2）本品不易发臭变质，对皮肤无刺激，且不含亚硝酸盐和氯化石蜡，有利于环境保护和人体健康。

（3）产品润滑性好：本品通过优选润滑剂种类，利用植物油脂极强的金属吸附作用，避免刀具重负荷的加工直接作用于工件表面，提高摩擦表面的润滑性和加工精度，加工制得的工件在高倍显微镜下无明显的白线，将产品合格率提高10%以上，大大降低刀具磨损20%以上。

（4）产品防铝腐蚀时间长：本品对铝合金具有优异的防腐蚀性，可满足轮毂镜面高光加工之后，进入清洗、喷涂工艺之前的长时间等待的防腐蚀要求。

（5）产品防锈性好：本品优选多种不易与钙、镁离子形成皂沉淀的防锈剂复配，对机床有良好的防锈作用，保护机床台面、冷却液管路、冷却液槽等不生锈。

(6) 清洗性好，使用寿命长，成本低：本品为水溶性切削液，工件加工完成后容易清洗；本品兑水使用，兑水比例高达 1∶30，且循环使用，反复利用，大大降低轮毂加工企业使用成本；本品选用不易与钙、镁离子产生皂沉淀的原料，使产品硬水适应性达 500μg/g 以上，使切削液维持长时间性能稳定性。

配方 363 用于铝合金的环保切削液

原料配比

原料		配比（质量份）			
		1#	2#	3#	4#
秸秆	甘蔗秸秆	12	—	—	—
	大豆秸秆和水稻秸秆的混合物	—	16.5	—	—
	大豆秸秆、甘蔗秸秆和水稻秸秆的混合物	—	—	20.4	—
	大豆秸秆、玉米秸秆、甘蔗秸秆和水稻秸秆的混合物	—	—	—	21
南瓜仁		3.8	4.5	5.1	5.4
绿豆粉		5.2	6.2	7.3	7.5
白油		9	12.4	15.5	16
脂肪醇聚氧乙烯醚		0.8	1.2	1.5	1.7
络合剂		0.6	0.9	1	1.2
丙醇		6.8	7.7	8.8	9.5
壳聚糖		4	5.8	6.9	7.2
苯磺酸钠		0.5	0.8	1.3	1.5
谷氨酸钠		1	1.2	1.6	1.7

制备方法

(1) 将绿豆粉加入其体积 3～6 倍的质量分数为 45%～70%的乙醇溶液中回流提取 3～5 次，并且采用超声波辅助，每次 36～45min，过滤并且回收乙醇，得到绿豆提取液；超声波辅助的功率为 65～90W，频率为 12～16kHz。

(2) 将南瓜仁磨碎并炒熟，将炒熟的南瓜仁和秸秆混合并且加入酒曲发酵，过滤得到发酵液和发酵产物。

(3) 将脂肪醇聚氧乙烯醚、壳聚糖、苯磺酸钠和发酵液在球磨机中球磨均匀，然后放入 540～860V 的电场中保持 12～20min，得到第一混合物；球磨机的球料比为 (80～95)∶1，球磨温度为 36～48℃。

(4) 将白油、丙醇、谷氨酸钠和绿豆提取液在 pH 值为 5.2～6 以及 42～55℃的环境下反应 45～60min，得到第二混合物。

(5) 将发酵产物超微粉碎至 10μm 以下，得到发酵产物粉末，将第一混合物、第二混合物、发酵产物粉末和络合剂混合，然后微波搅拌均匀，即得到成品。微波的功率为 80～135W。

原料介绍

所述的秸秆包括大豆秸秆、玉米秸秆、甘蔗秸秆和水稻秸秆中的至少一种。

所述的绿豆粉的粒径为 0.26～0.48mm。

产品特性 本品通过对不同的原料进行提取，得到不同的产物，再将不同的产物与剩下的原料进行复配，不仅显著改善了铝合金加工过程中存在的腐蚀现象，延长了铝合金的使用寿命，还提高了抗硬水的性能，更好地满足了铝合金切削的要求。

配方 364 用于钕铁硼材料加工的多用途全合成切削液

原料配比

原料		配比（质量份）		
		1#	2#	3#
水		54.2	48.1	38.4
有机醇胺	环己基二乙醇胺	10	10	7
	三乙醇胺	4	—	5
	二甘醇胺	—	7	5
	APM-95	—	—	2
有机羧酸	十一烷二酸	3.2	5	5.4
	十二烷二酸	0.8	2	0.6
	新癸酸	4	3	7
极压剂	AL200	2	4	4
边界润滑剂	RPE1740	3	—	3
	RPE1720	—	—	3
	RPE2520	2	3	—
	Extrimir 150C	3	2.5	3
金属缓蚀剂	四硼酸钾	2	2	2
	钼酸钠	0.6	0.6	0.6
	甲基苯并三氮唑	0.5	0.5	0.5
润湿剂	LFE-635	0.4	0.6	0.6
沉降剂	METOLAT 4050	0.5	1	1
防腐杀菌剂	苯并异噻唑啉酮	1	1	1
消泡剂	MS-575	0.1	0.2	0.2
	Jeffamine D-2000	0.3	0.6	0.6
pH 调节剂	90%含量氢氧化钾	1	0.5	0.5
软水剂	葡萄糖酸钠	0.4	0.6	0.6
	DPTA-5Na	1	0.8	1
其他助剂	乙醇	3	3	4
	聚乙二醇	2	2	2
	APG0814	1	2	2

制备方法

（1）向反应釜中依次加入有机醇胺和有机羧酸，控制温度 60～80℃，搅拌速度 50～70r/min，反应 2h，反应产物为透明黏稠液体，将此产物作为 A 剂；

（2）在反应釜中加入水，启动搅拌，搅拌速度控制在 30～50r/min，依次加入 pH 调节剂、软水剂和金属缓蚀剂，每种添加剂加料时间间隔为 10～20min；

（3）向步骤（2）得到的溶液中依次加入 A 剂、极压剂、边界润滑剂、其他助剂、润湿剂、沉降剂、防腐杀菌剂、消泡剂，每种添加剂加料时间间隔为 5～15min。

原料介绍

所述极压剂为长链烷基聚氧乙烯醚磷酸酯，选择德固赛的 AL200；

所述边界润滑剂为分子量 1700～3100 的环氧乙烷与环氧丙烷嵌段共聚物和植物油改性聚醚酯中的一种或多种，分子量 1700～3100 的环氧乙烷与环氧丙烷嵌段共聚物选择巴斯夫的 RPE1740、RPE1720、RPE2520 中的一种或两种，植物油改性聚醚酯选择广州米奇化工的 Extrimir 150C；

所述润湿剂为短碳链（<10 个碳原子）聚氧乙烯醚，选择陶氏的 LFE-635；

所述沉降剂为非离子活性剂脂肪醇聚氧乙烯聚氧丙烯共聚物，选择盟庆信的METOLAT 4050。

产品应用 使用方法：兑水使用，可以和水以任意比例互溶，使用比例根据现场工艺参数确定。

产品特性

（1）该全合成切削液不含对人体有毒有害的物质，不污染环境，能够满足钕铁硼加工所需润滑、防锈、清洗和冷却要求，提高加工废屑的再利用经济价值。

（2）通过极压剂和边界润滑剂的合理搭配，使本品具有优异的润滑性能和冷却性能，也使本产品既能满足切片和磨片的加工，又能满足钻孔、铣孔以及铰孔等打孔加工。

（3）通过引入高效润湿剂和非离子沉降剂，使得本产品具有优异的金属屑沉降性和渗透性、清洗性，确保加工精度和设备及工件的清洁。

配方 365 用于铜及其合金的切削液

原料配比

原料	配比（质量份）					
	1#	2#	3#	4#	5#	6#
植物油酸	2	5	2	3	4	4
十二碳二元酸	2	4	3.92	3	2	2
异构硬脂酸	2	5	2	3	4	3
N-油酰基肌氨酸	0.95	0.5	2	1.5	0.5	0.5
十二烯基丁二酸	0.5	1.5	0.5	1	0.5	0.7
苯并三氮唑衍生物（Irgamet 42）	0.5	1.5	0.5	1	0.5	0.5
醚羧酸	1	2	1	1.5	1	1.5
苯并异噻唑啉酮	2	5	4	3	4	4
石油磺酸钠	8	3	3	5	4	4
脂肪醇聚氧乙烯醚	1	3	2	2	1	2
硼酸	2	5	2	3	4	5
高黏度聚酯	5	5	2	3	5	4
苯并三氮唑	1	2	1	1.5	1	1
司盘-80	1	5	3	3	5	4
单乙醇胺	2	5	2	3	4	4
30#环烷基基础油	60	30	50	50	40	36
二异丙醇胺	3	7	3	5	6	7
二甲基硅油	0.05	0.1	0.08	0.75	0.05	0.05
磷酸酯	1	2	1	1.5	1	2
水	5	8.4	15	10	12.45	14.75

制备方法

（1）将硼酸、单乙醇胺加入反应容器中，保温反应，得到反应物一；保温反应的温度为95～100℃，保温反应的时间为1h。

（2）向所述反应物一中加入十二碳二元酸和二异丙醇胺，保温反应，得到反应物二；保温反应的温度为90～95℃，保温反应的时间为5～10min。

（3）向所述反应物二中加入植物油酸、异构硬脂酸、十二烯基丁二酸、磷酸酯、醚羧酸和N-油酰基肌氨酸，保温反应，得到反应物三；保温反应的温度为90～95℃，保温反应的时间为10～15min。

（4）向所述反应物三中加入苯并三氮唑和苯并三氮唑衍生物Irgamet 42，保温反应，得到反应物四；保温反应的温度为95～100℃，保温反应的时间为10～15min。

（5）向所述反应物四中加入司盘-80、石油磺酸钠、脂肪醇聚氧乙烯醚、高黏度聚酯和30#

环烷基基础油，搅拌混匀，得到混合物；

(6) 将所述混合物降温至40～50℃，在所述混合物中加入水、二甲基硅油和苯并异噻唑啉酮，得到所述用于铜及其合金的切削液。

产品特性 本品5%的稀释液，PB值能够达到850N。本品通过植物油酸、异构硬脂酸、N-油酰基肌氨酸与二异丙醇胺的反应，再与苯并三氮唑、Irgamet 42复配，用得到的用于铜及其合金的切削液制备铜件等，该铜件耐腐蚀性能更好，同时本品也能更好地抑制铜离子的析出，远远超过单一组分控制铜腐蚀和铜离子析出的效果。

配方 366 用于钨钢的切削液

原料配比

原料	配比（质量份）					
	1#	2#	3#	4#	5#	6#
硼酸	5	6	7	6	8	8
聚季铵盐	0.5	0.5	0.75	0.75	1	1
二异丙醇胺	10	12	16	15	20	18
异辛酸	3	4	4	4	5	5
单乙醇胺	5	6	7	7	8	8
EDTA-4Na	1	2	2	2	3	2
一异丙醇胺	2	3	3	3	4	4
三聚磷酸钠	2	3	4	4	5	3
癸二酸	2	3	3	4	5	5
苯并三氮唑	1	2	2	2	3	2
十二碳二元酸	2	3	3	3	4	3
硼砂	2	3	3	3	4	3
聚乙二醇6000	5	8	12	10	15	12
碳酸钠	1	2	2	2	3	3
聚醚酯	2	3	2	4	5	5
五水偏硅酸钠	0.1	0.2	0.4	0.4	0.5	0.4
水	60	45	55	50	50	55

制备方法

(1) 将硼酸、单乙醇胺加入反应容器中，保温反应，得到反应物一；保温反应的温度为95～100℃，保温反应的时间为1h。

(2) 向所述反应物一中加入十二碳二元酸、异辛酸、癸二酸和一异丙醇胺，保温反应，得到反应物二；保温反应的温度为90～95℃，保温反应的时间为5～10min。

(3) 向所述反应物二中加入二异丙醇胺，保温反应，得到反应物三；保温反应的温度为90～95℃，保温反应的时间为10～15min。

(4) 向所述反应物三中加入苯并三氮唑，保温反应，得到反应物四；保温反应的温度为95～100℃，保温反应的时间为10～15min。

(5) 向所述反应物四中加入三聚磷酸钠、五水偏硅酸钠、硼砂、碳酸钠、EDTA-4Na，搅拌混匀，得到混合物；

(6) 将所述混合物降温至40～50℃，向所述混合物中加入水、聚乙二醇6000、聚季铵盐和聚醚酯，得到所述用于钨钢的切削液。

产品特性

(1) 本品的5%稀释液，其PB值达到600N以上，远远高于市面上一般钨钢切削液的PB值。

(2) 本品通过无机盐和苯并三氮唑复配，达到抑制钴析出的效果，并且远超过使用单一组分抑制钴析出的效果，同时通过有机醇类和酯类的复配来达到优异的润滑效果，使得最终得到的切削液在制备钨钢等材料时润滑性更好，制备出的材料表面光洁度更高。

配方 367 油性切削液

〔原料配比〕

原料	配比（质量份）		
	1#	2#	3#
硼酸酯	7.5	6	8
葡萄糖酸钠	1.2	3	3
水溶性聚醚	28	23	32
氯化石蜡	4	4	4
硅油	12	9	15
苯甲酸钠	2	4	2.5
磺化蓖麻油	15	15	12
废润滑油	70	72	80

〔制备方法〕 将硼酸酯、葡萄糖酸钠、水溶性聚醚、氯化石蜡、硅油、苯甲酸钠、磺化蓖麻油混合均匀，然后和废润滑油在60℃下搅拌混合均匀。

〔原料介绍〕

所述废润滑油，经以下步骤制备：

（1）过滤，将废润滑油使用过滤器进行过滤，除去里面的固体杂质；

（2）离心，将步骤（1）处理完的废润滑油使用离心机在1200～1800r/min的转速下离心5～10min，除去上部絮状杂质和底部的沉淀，得中间液；

（3）将步骤（2）得到的中间液在195～255℃、0.8～0.9个标准大气压下进行蒸馏操作，得到润滑油。

〔产品特性〕 本品具备良好的冷却性能、润滑性能、防锈性能、除油清洗功能、防腐功能及易稀释，具有使用效果好、使用量少的特点，而且本品制作时使用了大量的再生润滑油，大大降低了成本，同时也提高了再生润滑油的价值。

配方 368 有色金属用切削液

〔原料配比〕

原料	配比（质量份）			
	1#	2#	3#	4#
苯甲酸钠	45	46	47	48
钼酸钠	10	12	14	15
十二烷基苯磺酸钠	5	6	7	8
二乙醇胺磷酸酯	2	3	4	5
硼铵	3	4	5	6
硅油	40	41	41	42

〔制备方法〕 将各组分原料混合均匀即可。

〔产品应用〕 本品是一种主要用于高压高速切削的有色金属用切削液。

〔产品特性〕 本品具有优异的润滑性能。

配方 369 长寿环保切削液

[原料配比]

原料		配比（质量份）			
		1#	2#	3#	4#
基础油（生物柴油）		32	32	34	34
复合防锈剂		15	15	10	15
复合润滑剂		15	15	10	15
表面活性剂	石油磺酸钠和异构十三醇醚	7	—	10	—
	石油磺酸钠和异构十醇醚	—	7	—	—
	石油磺酸钠、异构十醇醚和异构十三醇醚	—	—	—	10
一元醇	十二醇	3	—	—	3
	十四醇	—	3	—	—
	十八醇	—	—	3	—
消泡剂	聚醚消泡剂	0.1	—	0.1	0.1
	有机硅消泡剂	—	0.1	—	—
抑菌剂		0.5	0.5	0.5	0.5
纯水		加至 100	加至 100	加至 100	加至 100
复合防锈剂	硼酸	10	10	10	10
	三乙醇胺	25	25	25	25
	乙醇胺	70	70	70	70
	单异丙醇胺	50	50	50	50
	苯并三氮唑	1	1	1	1
复合润滑剂	六聚蓖麻油酸	20	20	20	20
	蓖麻油酸	5	5	5	5
	植物油酸	1	1	1	1
表面活性剂	阴离子型表面活性剂	1	1	1	1
	非离子型表面活性剂	2	2	2	2

[制备方法] 将反应釜升温至 60～80℃，依次加入复合防锈剂和复合润滑剂，并搅拌 30min，搅拌速度保持在 250～350r/min，然后加入表面活性剂、基础油和一元醇，继续保持 250～350r/min 搅拌，最后加入抑菌剂、消泡剂和纯水搅拌至完全透明后，待自然冷却后得到所述的长寿环保切削液。

[原料介绍]

所述基础油采用矿物油和生物柴油中的一种，所述矿物油采用 5# 白油、8# 白油和 15# 白油中的一种或几种，所述生物柴油采用地沟油制的生物柴油。

所述抑菌剂为均三嗪和异噻唑啉酮中的一种或两种。

[产品特性] 本品具有很好的清洗性和防锈性，使得加工后的工件可以存放更久，解决了传统切削液防锈效果差、润滑性能差的问题。

配方 370 长寿命镁合金切削液

[原料配比]

原料	配比（质量份）			
	1#	2#	3#	4#
环烷基基础油	15	20	10	30

续表

原料	配比（质量份）			
	1#	2#	3#	4#
菜籽油酸	5	5	3	8
三羟甲基丙烷油酸酯	5	5	5	10
脂肪醇 EO-PO 共聚物	8	8	5	10
三乙醇胺	9	9	5	10
癸二酸	5	5	5	10
醚羧酸	3	3	2	5
镁保护剂	3	3	1	3
MBM 杀菌剂	3	3	1	3
三维硅氧烷消泡剂	1	1	1	3
水	加至 100	加至 100	加至 100	加至 100

制备方法

（1）将水升温至 40～50℃，搅拌的同时加入环烷基基础油、菜籽油酸、三羟甲基丙烷油酸酯、脂肪醇 EO-PO 共聚物、三乙醇胺、癸二酸、醚羧酸和镁保护剂；

（2）向步骤（1）制得的混合液体中加入 MBM 杀菌剂、三维硅氧烷消泡剂，并搅拌；

（3）将步骤（2）制得的液体冷却至室温，即制得所需长寿命镁合金切削液。

产品应用

长寿命镁合金切削液的使用方法：

型号为 AZ91 D 的镁合金，推荐使用浓度：6%～10%；

型号为 AZ31 B 的镁合金，推荐使用浓度：10%～15%；

其他型号的镁合金，推荐使用浓度：8%～12%。

产品特性

（1）本品具有优异的防腐、润滑抗磨性能，可有效保护刀具，提高加工工件的表面质量，同时可极大地带走加工过程中产生的热量，降低工件加工面的温度，进而可有效避免工件因高温产生的卷边和变形等，极大地提高了工件的加工精度。

（2）本品不仅使用寿命长，保护了加工的工件，而且大大降低了加工时析氢风险。

配方 371 长寿命镁铝合金切削液

原料配比

原料	配比（质量份）		
	1#	2#	3#
水性防锈剂	8	8	9
螯合剂	2	6	10
耦合剂	6	5	8
稀释剂去离子水	18	15	20
润湿剂	4	3	5
特种胺	2	1	3
乳化剂	7	5	8
抗硬水剂	2	1	3
缓蚀剂复合包	1.5	1	2
杀菌剂复合包	1.5	1	2
基础油	15	10	20
水性润滑剂	6	5	10
极压润滑剂	2	1	3

续表

原料	配比（质量份）		
	1#	2#	3#
分散剂	24	20	25
表面活性剂	2	1	3
消泡剂复合包	1	0.1	2

[制备方法]

(1) 按配比称量水性防锈剂、螯合剂、耦合剂和稀释剂，放入搅拌锅中搅拌 0.5h；

(2) 按配比称量润湿剂和特种胺，加入搅拌锅中搅拌均匀；

(3) 按配比称量乳化剂和抗硬水剂，加入搅拌锅中搅拌均匀；

(4) 按配比称量缓蚀剂复合包和杀菌剂复合包，加入搅拌锅中搅拌均匀；

(5) 再按配比称量基础油、水性润滑剂、极压润滑剂以及分散剂，加入搅拌锅中搅拌均匀；

(6) 按配比称量表面活性剂，加入搅拌锅中搅拌均匀，此时溶液为黄色透明液体；

(7) 最后按配比称量消泡剂复合包，加入搅拌锅中搅拌均匀获得成品浓缩液。

[原料介绍]

所述水性防锈剂为硼酸、新癸酸和三元酸中的一种或多种的组合，所述三元酸为杭州绿普化工科技股份有限公司提供的三元聚羧酸 TAT730。

所述螯合剂为 ETDA-2Na。

所述耦合剂为一乙醇胺和三乙醇胺中的一种或两种的组合。

所述润湿剂为甘油。

所述特种胺为二环己胺和 APM-95 特种胺中的一种或两种的组合，所述 APM-95 特种胺为美国陶氏化学公司提供的 AMP-95 多功能助剂，主要成分为 2-氨基-2-甲基-1-丙醇，含 5%质量分数的水。

所述乳化剂为上海尚擎实业有限公司提供的低泡高效乳化剂 Genifol SA6062 和 Genimus 2815 酰胺乳化剂中的一种或两种的组合。

所述抗硬水剂为醇醚羧酸。

所述基础油为环烷基矿物油。

所述水性润滑剂为南京丹宇新材料科技有限公司提供的 DY-70 合成酯。

所述极压润滑剂为磷酸酯润滑油。

所述缓蚀剂复合包为铝缓蚀剂和铜缓蚀剂混合而成，且所述铝缓蚀剂为诺泰生物科技（合肥）有限公司提供的铝缓蚀剂 NEUF815，所述铜缓蚀剂为水溶性铜缓蚀剂 FUNTAG CU250。

所述杀菌剂复合包为金属加工液杀菌剂 BK 和金属加工液杀菌剂 MBM 按照 2∶1 的质量比混合而成。

所述分散剂为去离子水。

所述表面活性剂为司盘-80。

所述消泡剂复合包为快速型消泡剂与长寿命型消泡剂按照 1∶1 的质量比搅拌均匀制成，所述快速型消泡剂为德国瓦克化学提供的消泡剂 SE47，所述长寿命型消泡剂为德国明凌公司提供的产品型号为 Foam Ban MS-575 的消泡剂。

[产品应用] 使用时，将成品浓缩液与水按照 1∶19 的质量比配成微乳半透明工作液。

[产品特性]

(1) 本品使用寿命长，且对于镁铝合金的变色有抑制作用。

(2) 本品具有较好的润滑性，可应用于 CNC、加工车床、铣床、锯床等多种加工设备中，可有效减少刀具磨损，提高刀具的使用寿命。

(3) 本品具有良好的防锈清洗功能，有效折光 46%±1%，在保持工件表面清洁光亮防锈的同时，还可以较好地清洗工件。

(4) 本品通过采用多种杀菌剂组成的功能型复合包，能有效抑制真菌、霉菌等产生，不变质、不发臭，可单机使用，也可集中供应使用。

（5）本品有较好的机台防锈性能，不破坏油漆，与通常使用的机床密封件相容。

（6）本品不含氯、酚类和亚硝酸盐，也不含硫等有毒有害物质，对人体无伤害，对环境无影响，属环保型产品。

配方 372 长效缓蚀的铝合金切削液

原料配比

原料		配比（质量份）		
		1#	2#	3#
碱度调节剂	3-氨基-4-辛醇	5	4	4
	三乙醇胺	5	—	5
	N-甲基乙醇胺	—	3	—
	二甘醇胺	3	—	4
	环己基二乙醇胺	—	3	—
防锈剂	癸二酸	2	—	3
	十二碳二元酸	—	2	—
苯并三氮唑		0.3	0.3	0.2
植物油	环氧大豆油	20	20	20
润滑剂		10	10	10
植物基合成酯	三羟甲基丙烷油酸酯	5	5	8
复合磷酸酯		2.5	2.5	0.3
阴离子乳化剂	蓖麻油酸	3	3	—
	妥尔油	—	—	3
	四聚蓖麻油酸酯	5	5	4
	蓖麻油酸	—	—	1
非离子乳化剂	MTP 070（C_{16}～C_{18}的聚氧乙烯聚氧丙烯醚中EO数为7，PO数为7）	3	3	2.5
	TAGAT V20聚氧乙烯（20EO）的蓖麻油酸甘油酯	1	1	0.2
铝缓蚀剂		1	1	0.5
耦合剂	苯氧乙醇	1	2	
	异己二醇	—	—	0.5
	Isalchem 145	0.5	—	1.5
消泡剂	Foam Ban MS-575	0.2	0.2	0.2
去离子水		加至100	加至100	加至100

制备方法 将碱度调整剂、防锈剂和去离子水搅拌溶解至均匀透明；往其中加入植物油、润滑剂、植物基合成酯，搅拌至均匀的乳白色；加入复合磷酸酯、阴离子乳化剂、非离子乳化剂和耦合剂，搅拌至均匀透明；最后加入铝缓蚀剂和消泡剂，搅拌至均匀透明。

原料介绍

所述耦合剂为异己二醇、二乙二醇单丁醚、二丙二醇甲醚、苯氧乙醇、C_{14}和C_{15}单支链伯醇的混合物中的一种或两种，其中C_{14}和C_{15}单支链伯醇选Isalchem 145。耦合剂在体系中的作用为使体系更稳定。

所述植物油为环氧大豆油，其环氧值大于6.0%，酸值以KOH计小于0.5mg/g。

所述润滑剂为环氧植物油的改性物，采用如下方法改性而成：将植物油先进行环氧化反应，然后用氨基醇开环加成，最后进行酰化反应，获得乙酰化的植物油。改性后的植物油（乙酰化的植物油）的热稳定性和氧化稳定性都明显提高，且保留了良好的生物降解性。

所述植物基合成酯为三羟甲基丙烷油酸酯。所述复合磷酸酯为脂肪醇聚氧乙烯醚磷酸酯与辛基磷酸按质量比为 4∶1 的组合物，其中，脂肪醇聚氧乙烯醚磷酸酯的脂肪醇碳链为 C_{12}～C_{14}，EO 数为 3.5，单双酯比例为 5∶5。植物基合成酯在体系中的作用为辅助润滑，当作基础油用。磷酸酯按照以上比例进行复合，具有良好的乳化效果，即使油水混合体系稳定、均一；同时还很好地兼顾了极压润滑和铝缓蚀效果，通过 P-O 键在铝表面快速成膜，形成 P-O-Al 键。

所述铝缓蚀剂为硅氧烷改性物。

[产品特性]

（1）本品在使用过程中无需在槽液中额外添加缓蚀添加剂，通过特定比例磷酸酯的复配，不仅能够在铝工件表面形成致密的缓蚀膜，而且还能在气液界面形成气相防护层，从而使航空铝合金在长周期加工时不发生腐蚀变色，并且加工后放置 1 个月以上也不发生腐蚀变色。

（2）本品无硼、无氯、无硫、无甲醛，环保性能好，不易对操作者产生刺激。

（3）本品的基础油、润滑剂、合成酯、阴离子乳化剂等均源于植物油基，具有生物可降解性的特点，并且废液中的 COD 值较常规矿物油基切削液低。

（4）本品具有优异的缓蚀性能，具有突出的润滑性能，工作液稳定性好。

配方 373 长效全合成镁合金切削液

[原料配比]

原料		配比（质量份）		
		1#	2#	3#
水溶性极压添加剂	二乙醇胺硼酸酯	12	14	12
水溶性润滑添加剂	聚醚酯	10	8	16
	水溶性反式聚醚	6	10	—
	乙醇胺	—	—	8
水溶性防锈添加剂	三元酸	3	—	—
	C_{11}～C_{14} 二元酸	—	3	3
	三乙醇胺	8	8	—
镁合金缓蚀剂	烷基磷酸酯	1.5	2	2
抗硬水剂	乙二胺四乙酸四钠	2	—	2
	乙二胺四乙酸二钠	—	1	—
	醇醚羧酸	2	2	2
阳离子表面活性剂	阳离子型聚合物	1	1.5	1.5
助剂	辛癸酸	6	—	4
	异壬酸	—	7	—
去离子水		48.5	43.5	49.5

[制备方法]

（1）将三乙醇胺加入调和罐中，升温至 80℃，停止加热，在搅拌下加入三元酸 C_{11}～C_{14} 二元酸和醇醚羧酸，搅拌约 30min 至透明；

（2）往步骤（1）调合罐中加入去离子水，在搅拌下加入乙二胺四乙酸四钠或乙二胺四乙酸二钠，搅拌 10min 至全溶；

（3）在步骤（2）调合罐中加入剩余原料搅拌至透明；

（4）在步骤（3）调合罐中取样进行质量指标检测，产品指标检测合格后装桶。

[原料介绍]

所述水溶性极压添加剂为二乙醇胺硼酸酯、三乙醇胺硼酸酯的一种或二种混合物；

所述水溶性防锈添加剂为癸二酸、三元酸、C_{11}～C_{14} 二元酸与三乙醇胺中的一种或两种的混合物；

所述阳离子表面活性剂为一种阳离子型聚合物，是一种广谱高效的阳离子杀菌剂，同时也是一种高效的水溶液沉降剂。

[产品特性]

(1) 本品是一种单相水溶液体系，其稳定性极大，优于乳化液和微乳液，镁合金加工过程中，不存在因镁离子的不断增加而导致切削液破乳造成油水分离的现象，确保切削液长期稳定使用；

(2) 本品不含油脂及脂肪酸皂、不含阴离子化合物，避免了活泼的镁离子与切削液的添加剂产生化学反应而失效，使切削液能长期稳定发挥冷却、润滑、防锈、清洗作用；

(3) 本品所用的醚类润滑添加剂，既有良好的润滑作用，又有优异的抗杂油和低的起泡性，保证了水基切削液高品质的性能；

(4) 本品对微生物有很强的抗御能力，加上采用了高性能的杀菌剂和沉降剂，使切削液保持长期稳定的品质，可以连续使用不排放，从根本上解决了水基切削液废液处理复杂及废液排放造成环境污染的问题，同时也有效提高了生产效率，降低了切削加工的生产成本。

配方 374 智能手机边框合成型高光切削液

[原料配比]

原料		配比（质量份）			
		1#	2#	3#	4#
防锈剂 B	十二碳二元酸	1	1.5	2	2.5
	二元聚羧酸	4	3.5	3	2.5
防锈剂 A	三乙醇胺	10	10	8	6
	2-氨基-2-甲基-1-丙醇	2	—	2	2.5
	二甘醇胺	—	2	1	2
表面活性剂	反式聚醚 RPE 1720	—	5	7	10
	反式聚醚 RPE 1740	35	30	27	25
分散剂	新癸酸	5	4	3	—
	异壬酸	—	1	2	5
有色金属缓蚀剂	烷基磷酸酯衍生物	0.5	1	1.6	2
沉降剂	阳离子共聚物	0.1	0.2	0.4	0.2
极压润滑剂	纳米氧化钼	0.4	—	—	—
	纳米铜粉	—	0.5	0.2	0.4
水		42	41.3	42.6	42.1

[制备方法]

(1) 称取防锈剂 A 和防锈剂 B 与适量水搅拌混合后，加热至 70～90℃，于 300～500r/min 下搅拌反应 20～30min 至完全溶解；

(2) 将所述步骤 (1) 中的溶液降温至 50～60℃后，按质量份加入表面活性剂、分散剂和有色金属缓蚀剂于 350～500r/min 转速下搅拌 20～30min 至均匀；

(3) 将所述步骤 (2) 中的溶液降温至 40～50℃后，加入沉降剂和极压润滑剂，于 350～500r/min 转速下搅拌 10～15min 至溶液呈透明得到高光切削液。

[产品应用] 本品是一种消泡快、抗硬水性好且润滑性能优异的环保型智能手机边框合成型高光切削液。

[产品特性] 本品为水基完全透明液体，保证了加工现场的环境清洁，并可在 5s 内快速消泡，使用过程中能清晰地观察到工件加工状态，保证了产品加工质量，选用纳米粒子作为极压润滑剂，最大无卡咬负荷值可高达 1380N，减摩抗磨性能大大提高，硬水适应性高达 20000μg/g，且具备钙、镁皂分散特性，从而使切削液具有极强的抗硬水能力，保证了切削液的润滑性能和清洗性能的长期稳定，延长了切削液的使用寿命。

配方 375 重型螺旋刀具用耐用型切削液

[原料配比]

原料	配比（质量份）				
	1#	2#	3#	4#	5#
硫化异丁烯	13	14	15	17	19
单乙醇胺	3	5	7	8	9
乙二酸四乙酸钠	16	17	19	20	24
烷基磺胺乙酸钠	7	9	11	12	13
环烷酸锌	1	2	4	5	7
复合表面活性剂	4	6	8	9	12
杀菌剂	2.6	2.9	3.2	3.3	3.6
抗磨剂	8	9	10	11	12
基础油	17	18	19	20	24

[制备方法] 将各组分原料混合均匀即可。

[产品特性] 本品配方合理，具有极佳的防锈、冷却、润滑和清洗性能。

配方 376 轴承加工切削液

[原料配比]

原料	配比（质量份）		
	1#	2#	3#
二乙醇胺	25	20	30
正十一碳二元羧酸	30	25	35
异丙醇胺	12	8	15
三氮唑类缓蚀剂	3	1	5
乌洛托品	9	6	12
水合肼	6	4	8
去离子水	300	280	320
纳米钛白粉	28	25	32
乳化硅油	25	15	30
碳酸锌	11	8	15
丙三醇	35	30	40
乙二胺四乙酸二钠	5	2	8

[制备方法]

（1）将二乙醇胺放入反应釜升温至65～70℃，之后加入正十一碳二元羧酸反应1～2h，之后再升温至100℃，1h后再将温度降至50℃，再加入异丙醇胺混合得A品；

（2）将乌洛托品与水合肼混合溶于丙三醇，回流反应8～10h后，冷却，抽滤，再用无水乙醇洗涤，抽滤，得到B品；

（3）将剩余组分与A、B品混合，调节pH值至7.5～8即得。

[产品特性]

（1）本品具有环保、润滑效果好、冷却效果好、防锈效果好和耐硬水的特点。

（2）本品不含对人体或环境产生不利影响的亚硝酸盐、有机酚等有毒化学品，因此更加环保。

（3）本品不仅能够提高防锈效果，而且能够与硬水中的钙、镁离子有效络合，进而提高对硬水的耐受性。

配方 377 轴承加工用的切削液

[原料配比]

原料	配比（质量份）		
	1#	2#	3#
聚乙二醇	35	30	40
环烷基基础油	35	30	40
异丙醇胺	8	6	12
三乙醇胺	4	2	6
脂肪酸酯	3	1	5
水合肼	4	1	5
酸酐化合物	3	1	5
烷基胺	3	1	5
乳化硅油	6	5	8
AEO	4	2	6
石油磺酸钠	7	5	10
乙二胺四乙酸二钠	2	1	3

[制备方法]

（1）将脂肪酸酯与水合肼混合溶于乙醇，回流反应8～10h后，冷却，抽滤，再用无水乙醇洗涤，抽滤，得到白色固体；将白色固体、酸酐化合物和三乙醇胺混合溶于乙酸乙酯，回流反应1～2h，蒸去溶剂，得到A品。

（2）将剩余组分与A品混合，调节pH值至8.5～9即得。

[产品特性]

（1）本品不含对人体或环境产生不利影响的亚硝酸盐、有机酚等有毒化学品，因此更加环保。

（2）本品具有环保、润滑效果好、冷却效果好、防锈效果好的特点。

配方 378 轴承切削液

[原料配比]

原料	配比（质量份）		
	1#	2#	3#
磷酸酯	28	22	35
正十一碳二元羧酸	18	15	25
乳化硅油	40	35	45
去离子水	110	100	120
石油磺酸钠	18	15	22
甘油	18	12	25
三氮唑类缓蚀剂	8	5	12
二乙醇胺	28	25	32
异丙醇胺	16	12	25
三聚磷酸钠	34	30	38
聚乙二醇	48	40	55
纳米膨化石墨	5	3	8

[制备方法]

（1）将二乙醇胺放入反应釜升温至70～80℃，之后加入正十一碳二元羧酸反应40～50min，之后再升温至105～110℃，1.5h后再将温度降至45℃，再加入异丙醇胺混合得A品；

（2）将剩余组分与A品混合，调节pH值至7.5～8即得。

[产品特性]

（1）本品具有环保、润滑效果好、冷却效果好、防锈效果好和耐硬水的特点。

（2）通过使用纳米膨化石墨，不仅具有良好的润滑性、极压耐磨性，还具有吸附细菌的作用，使切削液保持清澈。本品不含对人体或环境产生不利影响的亚硝酸盐、有机酚等有毒化学品，因此更加环保。

配方 379 铸铁和铝合金混合件加工用切削液

[原料配比]

原料		配比（质量份）				
		1#	2#	3#	4#	5#
去离子水		52.9	29.5	8.7	20	17.2
有机胺	三乙醇胺	10	—	—	4	4
	单乙醇胺	—	3	—	—	3
	一异丙醇胺	—	—	5	—	3
	2-氨基-2-甲基-1-丙醇	—	—	—	4	—
抗硬水剂	醇醚羧酸	1	3	—	—	2
	乙二胺四乙酸	—	—	2	1	—
复合防锈防腐剂	十一碳二元酸	—	3	—	4	—
	十二碳二元酸	—	—	4	—	2
	癸二酸	3	3	—	—	1.5
	硼酸	—	—	—	—	2
	苯甲酸钠	2	3	—	2	—
	苯并三氮唑	—	3	4	0.3	0.3
	硅酸钠	—	3	—	0.5	—
	二烷酮硅酸盐衍生物	—	—	—	—	2
表面活性剂		5	10	15	—	—
表面活性剂	司盘-80	5	—	—	2	—
	吐温-80	—	5	5	—	2
	反式嵌段聚醚（RPE1720）	—	—	—	2	1
	脂肪醇聚氧乙烯醚	—	5	5	8	—
	烷基胺聚氧乙烯醚	—	—	5	—	2
复合润滑剂	水溶性聚醚酯	3	3	—	3	—
	四聚蓖麻油酸酯	—	—	4	3	8
	磷酸酯	—	3	—	1	—
	三羟丙烷油酸酯	2	5	4	—	3
	蓖麻油酸	—	4	—	—	3
基础油		20	30	50	42.5	40
杀菌剂	1，2-苯并异噻唑啉-3-酮	—	3	—	2.5	1.5
	1，3,5-三（2-羟乙基）-六氢三嗪	1	—	2	—	2
	3-碘-2-丙炔基丁基氨基甲酸酯	—	2	1	—	0.3
消泡剂	有机硅类消泡剂	1	0.5	0.3	0.2	0.2

[制备方法]

（1）称取上述各原料，备用；

（2）将去离子水、有机胺、抗硬水剂、复合防锈防腐剂投入反应釜中，并开启搅拌，搅拌时间为不少于30min，直至固体完全溶解，体系均一透明；

（3）将表面活性剂缓慢投入反应釜中，继续搅拌5～15min；

（4）将复合润滑剂缓慢投入反应釜中，搅拌时间为5～15min；

（5）将基础油缓慢投入反应釜中，搅拌至透明，搅拌时间为15～25min；

（6）确定温度不高于40℃前提下，将杀菌剂缓慢投入反应釜中，搅拌至透明，搅拌时间为5～15min；

（7）将消泡剂投入反应釜中，搅拌时间为25～35min，然后过滤，包装即得。

原料介绍 所述的基础油为环烷基基础油或中间基基础油。

产品特性

（1）出色的铸铁和铝合金防锈防腐蚀性能。

（2）不含亚硝酸盐及苯酚等有害物质，对操作者及环境友好。

（3）良好的生物稳定型配方，使其具有特别长的使用寿命；极好的冲洗及冷却性能。

（4）良好的润滑性，可减少冷却液带出量，同时保持刀具及工件清洁；强效润滑添加剂，提供卓越的工件质量，延长刀具寿命。

（5）特有抑菌成分，防止真菌和细菌污染，延长切削液寿命，降低维护成本。

（6）使用宽泛的水质条件，在所有水质条件中都具有较低的泡沫、防锈抗腐蚀及加工液的稳定性，生产制备工艺简单、生产放大过程可控等。

（7）本品不易腐败产生异味、润滑良好、使用周期长。

（8）本品具有铸铁防锈时间长、防铝合金变色性能突出、稳定性良好、性价比较高、原材料易得等优点。

配方 380 铸铁加工防锈切削液

原料配比

原料		配比（质量份）		
		1#	2#	3#
双季戊四醇酯		8	3	6
苯二甲酸二辛酯		6	3	6
油酸环氧酯		4	2	3
二聚酸		2	1	1
超细硅酸铝		2.5	0.5	1.8
丙烯酸乳液		10	4	7
去离子水		80	55	68
抗氧防腐剂	磷烷基酚锌盐	2.5	—	—
	硫磷烷基酚锌盐	—	0.8	—
	硫磷二烷基锌盐	—	—	1.8
防锈剂	重烷基苯磺酸钠	3	—	—
	氧化石油脂钡皂	—	1	—
	苯并三氮唑	—	—	2

制备方法

（1）称量：按照各个组分的质量份数称取各个组分；

（2）混合：将各个组分依次放入搅拌器中进行搅拌；

（3）真空静置：将搅拌好的混合液放入容器中，放置在真空室温环境下静置8～15h；

（4）封装：真空静置后，进行包装封装，即得到铸铁加工防锈切削液。

产品特性 本品具有较为理想的冷却、润滑作用，而且可以避免大量烟尘对加工工具造成的腐蚀作用，提高了加工的精度和效率，非常利于在铸铁加工过程中使用。根据以上制备方法得到的铸铁加工防锈切削液为均匀液态，无分层沉淀现象。

配方 381 铸铁切削液

[原料配比]

原料		配比（质量份）		
		1#	2#	3#
硼酸		80	82	86
乙二醇		160	165	172
植物油酸		280	300	310
OP-10 乳化剂		30	35	40
消泡剂	X-18C 有机硅消泡剂	10	12	15
三乙醇胺		400	420	450
DF-53 表面活性剂		10	12	15

[制备方法]

（1）将硼酸和乙二醇加入搅拌釜中，搅拌 15～30min 后加热到 60～70℃，继续搅拌 25～35min；搅拌速度为 60r/min。

（2）向搅拌釜中加入部分三乙醇胺，继续搅拌 80～100min，形成了硼酸酯；搅拌速度为 60r/min。

（3）向搅拌釜中加入植物油酸、剩余的三乙醇胺、OP-10 乳化剂升温到 80～90℃，搅拌 1.5～2.5h，冷却至 40℃，加入消泡剂、DF-53 表面活性剂即可；搅拌速度为 60r/min。

[产品特性]

（1）本品具有优良的润滑性、防锈性、冷却性和清洗性，能有效减少金属加工过程的摩擦力，降低摩擦热，并保证加工工件的光洁度，同时对人体没有任何伤害，绿色环保。而且，本品采用无毒无刺激性气味的添加剂，长时间循环使用无臭味，不损害人体皮肤，使用方便，操作安全；不会引起机床油漆起泡、开裂、脱落等不良影响；产品贮藏安定性好，使用寿命长。

（2）本品利于延长刀具的使用寿命，并且在加工过程中，泡沫少，黏度低，渗透性强。

配方 382 自清洗切削液

[原料配比]

原料	配比（质量份）		
	1#	2#	3#
二乙醇胺	9	11	13
单乙醇胺	10	13	15
丁二酸	4	6	7
聚氧乙烯聚氧丙醇胺醚	15	16	18
烷基酚聚氧乙烯醚	11	12	13
丙烯酰胺	6	6.6	7
十二烷基苯磺酸钠	7	8	9
苯并三氮唑	6	7	8
水	35	37	39

[制备方法] 将各组分原料混合均匀即可。

[产品特性] 本品润滑性能好、防锈性优异、冷却能力好、清洗效果显著。

参考文献

CN-201810988234.X
CN-201810829606.4
CN-202110150755.X
CN-201711205384.0
CN-202210492076.5
CN-202110341239.5
CN-202210645528.9
CN-201911407834.3
CN-202111540828.2
CN-201910017919.4
CN-201711116702.6
CN-201810053630.3
CN-202011644370.0
CN-202110817714.1
CN-202110664900.6
CN-201811228243.5
CN-201811264110.3
CN-201711220409.4
CN-201711369624.0
CN-201810487481.1
CN-201711459367.X
CN-202111536440.5
CN-201611124218.3
CN-201810493290.6
CN-201711064126.5
CN-201710460913.5
CN-201811321657.2
CN-201910701639.5
CN-201711499727.9
CN-202110226876.8
CN-202210595139.X
CN-201910470717.5
CN-201110795334.7
CN-201810400531.8
CN-202211563112.9
CN-201810292491.X
CN-202210958808.5
CN-201611103870.7
CN-201810447699.4
CN-202010706181.5
CN-202111238661.4
CN-201810448586.6
CN-202110852210.3
CN-201811076878.8
CN-202110253217.3
CN-202011543054.4
CN-201911250552.7
CN-201810292519.X
CN-202010372574.7
CN-201811076879.2
CN-202111205830.4
CN-201911390399.8
CN-201810558130.5
CN-202111571890.8
CN-202110908646.X
CN-201711117676.9
CN-201810325684.0
CN-201810924074.2
CN-201610989837.2
CN-202210806404.4
CN-201711117675.4
CN-201811579736.3
CN-201811042116.6
CN-201810292370.5
CN-201910027039.5
CN-201810052404.3
CN-202210486190.7
CN-202110150826.6
CN-201911424250.7
CN-201810603665.X
CN-201811265311.5
CN-201810489373.8
CN-201810068742.6
CN-201811038981.3
CN-201810296332.7
CN-201810816704.4
CN-201711116590.4
CN-202110934857.0
CN-202210744343.3
CN-202210744321.7
CN-201811321102.8
CN-202110404605.7
CN-201810987789.2
CN-201811075798.0
CN-201810259634.7
CN-201810260250.7
CN-202211359451.5
CN-201711459369.9
CN-202111472100.0
CN-201810260249.4
CN-201810260258.3
CN-201711317918.9
CN-201811076867.X
CN-201810483989.4
CN-201711352467.2
CN-202110074560.1
CN-201811342340.7
CN-201910635009.2
CN-201810262681.7
CN-201811377253.5
CN-201911199927.1
CN-201811461278.3
CN-201810122735.X
CN-201711133312.X
CN-202210864801.7
CN-201711216481.X
CN-201810262614.5
CN-201811470430.4
CN-202011261691.2
CN-202111262593.5
CN-201810059901.6
CN-201811104049.6
CN-202211312162.X
CN-201910201688.2
CN-201910201681.0
CN-201810662430.8
CN-201811310176.1
CN-202210451238.0
CN-201711370005.3
CN-202010030217.2
CN-201810749220.2
CN-202010165620.6
CN-202110799401.8
CN-201910634504.1
CN-201810198448.7
CN-202211007233.5
CN-202010800006.2
CN-202011141453.8
CN-201811075801.9
CN-201811076870.1
CN-201811072251.5
CN-201811077995.6
CN-201610990099.3
CN-201811076866.5
CN-201811184705.8
CN-202110298122.3
CN-202011194997.0
CN-202010475153.7
CN-201911357338.1
CN-201810752455.7
CN-201810600461.0
CN-201810296010.2
CN-201811077999.4
CN-202111161879.4
CN-201610987910.2
CN-201811072648.4
CN-201811228026.6
CN-201810263216.5
CN-201810263230.5
CN-201811072649.9
CN-201810377404.0
CN-201910990884.2
CN-202111173951.5
CN-202010674460.8
CN-201810263217.X
CN-201810263584.X
CN-201911230675.4
CN-201711174445.1
CN-201811309193.3
CN-202010007497.5
CN-202211033287.9
CN-201711383266.9
CN-202010283180.4
CN-201610987916.X
CN-201610990080.9
CN-201810294493.2
CN-202211224931.0
CN-201711269399.3
CN-202110310320.7
CN-201711063839.X
CN-201810540106.9
CN-201911418469.6
CN-201711093236.4
CN-201810295386.1
CN-201810538064.5
CN-201810525591.2
CN-202010629157.6
CN-202110817432.1
CN-201711369330.8
CN-201710946078.6
CN-201811442268.5
CN-201810447708.X
CN-201810291723.X
CN-201810292543.3
CN-201810294810.0
CN-201810294939.1
CN-201811287803.4
CN-201811104284.3
CN-202211521268.0
CN-202010559417.7
CN-201811321666.1
CN-201810110463.1
CN-201810294538.6
CN-201810278559.9
CN-202111413591.1
CN-201811321096.6
CN-201810521313.X
CN-202111046768.9
CN-201711133306.4
CN-201910781170.0
CN-201810295427.7
CN-201810802526.X
CN-202010972398.0
CN-202111165037.6
CN-201810448565.4
CN-201810516240.5
CN-202111598117.0
CN-201910364987.8
CN-202010595260.3
CN-201711413363.8
CN-201810484069.4
CN-201611019530.6
CN-202010112607.4
CN～202110233977.8
CN-201711245154.7
CN-201911171808.5

CN-201810294744.7
CN-201711210112.X
CN-201811272098.0
CN-201811193600.9
CN-201611001052.6
CN-202110296617.2
CN-201811041749.5
CN-201811103924.9
CN-202110698177.3
CN-201811075800.4
CN-201910608907.9
CN-202111236356.1
CN-201911395127.7
CN-201711192968.9
CN-201711369610.9
CN-201810262632.3
CN-201810806874.4
CN-201811636356.9
CN-201711082452.9
CN-201811321098.5
CN-202011245346.X
CN-202111470768.1
CN-202211499178.6
CN-201711200714.7
CN-201810440336.8
CN-201811042967.0
CN-201811563844.1
CN-201711082435.5
CN-201811321100.9
CN-201910851325.3
CN-202111678203.2
CN-202211647699.1
CN-201610990530.4
CN-202110229647.1
CN-202111656585.9
CN-201711083139.7
CN-202210587629.5
CN-202210782364.4
CN-201910647074.7
CN-201711086436.7
CN-202011640917.X
CN-201910461430.6
CN-201710585054.2
CN-201910159690.8
CN-202111567154.5
CN-201811318718.X
CN-201910159906.0
CN-201910925481.X
CN-201810230511.0
CN-201910259457.7
CN-201911163024.8
CN-201710535237.3
CN-201910159896.0
CN-201811228130.5
CN-201810824455.3
CN-201811026319.6
CN-202210503020.5
CN-201810600048.4
CN-202011108105.0
CN-202011246073.0
CN-202111370764.6
CN-201911163023.3
CN-201811556376.5
CN-201811171672.3
CN-201711117668.4
CN-202110032697.0
CN-201811015794.3
CN-201810279456.4
CN-201811420720.8
CN-201711232053.6
CN-201910060102.5
CN-201910889587.9
CN-202011143635.9
CN-201810390704.2
CN-201911069452.4
CN-201810198431.1
CN-201810127691.X
CN-201910088408.1
CN-201810903749.5
CN-201910381789.2
CN-201810749246.7
CN-201711161704.7
CN-202110592262.1
CN-201711492532.1
CN-202211339464.6
CN-202110665859.4
CN-201811317220.1
CN-201811078476.1
CN-201810663749.2
CN-201811572955.9
CN-202111434822.7
CN-202211519395.7
CN-201811026383.4
CN-201910024381.X
CN-202211492704.6
CN-202211605104.6
CN-201811486211.5
CN-201910421749.6
CN-201810693177.2
CN-201910257874.8
CN-202011051187.X
CN-201811046840.6
CN-201810358690.6
CN-201811006419.2
CN-201911057955.X
CN-201810538027.4
CN-201810484133.9
CN-202211359452.X
CN-201811345588.9
CN-202011192775.5
CN-202010809655.9
CN-201811422132.8
CN-202011253889.6
CN-201711443301.1
CN-201810922216.1
CN-201911318158.2
CN-201811005637.4
CN-201811075799.5
CN-202011108102.7
CN-201811175449.6
CN-201810619845.7
CN-202110703446.0
CN-201810262669.6
CN-201910067369.7
CN-201711369339.9
CN-201810730367.7
CN-202211514403.9
CN-202210721462.7
CN-202110445243.6
CN-202110754193.X
CN-201810425396.2
CN-201610670233.1
CN-201810425534.7
CN-201811485893.8
CN-202011532180.X
CN-202010809657.8
CN-201910621590.2
CN-201810096128.0
CN-202010629159.5
CN-202111135881.4
CN-202010599283.1
CN-202010138413.1
CN-201810425724.9
CN-202010138428.8
CN-202111519594.3
CN-202211292392.4
CN-201911089744.4
CN-201910672172.6
CN-201911147422.0
CN-201810851986.1
CN-202011351296.3
CN-201910617356.2
CN-201910617351.X
CN-201711119818.5
CN-201711426653.6
CN-202110178392.0
CN-202110910085.7
CN-201910027520.4
CN-202111274241.1
CN-201910172798.0
CN-201810920942.X
CN-201711369600.5
CN-201711056617.5
CN-201611016972.5
CN-201711092447.6
CN-202010317627.5
CN-201811076869.9
CN-201711119813.2
CN-201711119816.6